MicroPython内核开发笔记

基于MM32F3微控制器

苏勇 卓晴◎编著

清華大學出版社
北京

内 容 简 介

MicroPython本身使用GNU C进行开发，在微控制器上实现了Python 3的基本功能，拥有完备的解析器、编译器、虚拟机和类库等。在保留了Python语言主要特性的基础上，MicroPython还对微控制器的底层进行了封装，将常用功能都封装到库中，甚至为一些常用的传感器和硬件编写了专门的驱动。

全书共17章，在内容上可分为3部分：搭建环境与基本方法(第1、2章)、移植和启用核心功能(第3～7章)、设计实现更多模块(第8～17章)，并配备了丰富的样例程序，用于验证MicroPython功能模块可正常工作，并演示同这些模块相关的典型编程方法。

本书力求理论与实践紧密结合，内容翔实，实例丰富，可操作性强。本书可作为高等院校"嵌入式系统"相关课程的教材，也可供从事嵌入式系统开发与应用的工程技术人员自学，还可为电子爱好者使用嵌入式系统实现创意作品提供参考。

通过在线Git代码仓库https://gitee.com/suyong_yq/micropython-su可以下载最新代码。

图书在版编目(CIP)数据

MicroPython内核开发笔记：基于MM32F3微控制器/苏勇，卓晴编著. —北京：清华大学出版社，2023.4
(2024.9重印)
(清华开发者书库)
ISBN 978-7-302-63028-9

Ⅰ. ①M… Ⅱ. ①苏… ②卓… Ⅲ. ①软件工具－程序设计 Ⅳ. ①TP311.561

中国国家版本馆CIP数据核字(2023)第043796号

责任编辑：赵 凯 李 晔
封面设计：李召霞
责任校对：申晓焕
责任印制：杨 艳

出版发行：清华大学出版社
网 址：https://www.tup.com.cn，https://www.wqxuetang.com
地 址：北京清华大学学研大厦A座 **邮 编**：100084
社 总 机：010-83470000 **邮 购**：010-62786544
投稿与读者服务：010-62776969，c-service@tup.tsinghua.edu.cn
质量反馈：010-62772015，zhiliang@tup.tsinghua.edu.cn
课件下载：https://www.tup.com.cn，010-83470236
印 装 者：三河市人民印务有限公司
经 销：全国新华书店
开 本：185mm×260mm **印 张**：21.5 **字 数**：523千字
版 次：2023年6月第1版 **印 次**：2024年9月第2次印刷
印 数：1501～2000
定 价：89.00元

产品编号：098588-01

前言

PREFACE

当前开源硬件中最热门的技术当属 MicroPython。它是由英国剑桥大学的教授 Damien George(达米安·乔治)发明的。Damien George 也是一名计算机工程师,他每天都要使用 Python 语言工作,同时也在做一些机器人项目。有一天,他突然冒出了一个想法:能否用 Python 语言来控制单片机实现对机器人的操控呢?

可能很多读者都知道,Python 是一款非常容易使用的脚本语言,它的语法简洁,用法简单,功能强大,容易扩展。Python 有强大的社区支持,有非常多的库可以使用,它的网络功能和计算能力也很强,可以方便地和其他语言配合使用,用户也可以开发自己的库,因此 Python 被广泛应用于工程管理、网络编程、科学计算、人工智能、机器人、教育等许多行业。更重要的是,Python 是完全开源的,不受商业公司的控制和影响,完全是靠社区在推动和维护,所以 Python 受到越来越多的开发者青睐。但遗憾的是,因为受到硬件成本、运行性能、开发习惯等一些原因的影响,Python 在早期并没有在嵌入式方面得到太多的应用。

随着半导体技术和制造工艺的快速发展,芯片的升级换代速度也越来越快,芯片的功能、内部的存储器容量和资源不断增加,成本却在不断降低。这给 Python 在低端嵌入式系统上的使用带来了可能。

Damien George 花费了 6 个月的时间开发了 MicroPython。MicroPython 本身使用 GNU C 进行开发,在微控制器上实现了 Python 3 的基本功能,拥有完备的解析器、编译器、虚拟机和类库等。在保留了 Python 语言主要特性的基础上,对嵌入式系统的底层做了非常不错的封装,将常用功能都封装到库中,甚至为一些常用的传感器和硬件编写了专门的驱动。用户使用时只需要通过调用这些库和函数,就可以快速控制 LED 小灯、舵机、多种传感器、SD 卡文件系统、UART、I2C、SPI 通信总线等实现各种功能,而不用再去研究底层外设模块的使用方法。这样不但降低了开发难度,而且减少了重复开发工作,缩短开发周期。

MicroPython 最早是在 STM32F4 微控制器平台上实现的,随着社区开发者的不断努力,现在已经移植到 STM32L4、STM32F7、ESP8266、ESP32、CC3200、dsPIC33FJ256、MK20DX256、microbit、MSP432、XMC4700、RT8195、IMXRT 等众多硬件平台上。此外,不少开发者在不断尝试将 MicroPython 移植到更多的硬件平台上,还有更多的开发者在使用 MicroPython 做嵌入式应用,并将它们在网络上分享。

撰写本书的目的,原本是梳理作者在基于 MM32F3 微控制器移植 MicroPython 的过程中总结出的一些开发规范,以及一些奇思妙想,整理成文稿后,可作为软件组的其他同事在更多平台上移植 MicroPython 和深入开发的说明,撰写的重点在于如何移植现有的模块。

经过对 MicroPython 开发过程的多次梳理,作者逐渐体会到 MicroPython 的一些设计思想和典型的设计模型。因此,在开发说明文档的基础之上,补充了一些方法论的内容,将现有各模块的实现过程作为实践方法论的具体案例,从而将陈述的重点转向方法论的研究。

调整方向后，可以将通用的嵌入式系统开发工程师纳入本书的读者范围。通过本书描述的具体设计案例，读者可以了解在具体硬件平台上可能遇到的不同设计需求及其解决方法，最终能够根据各自的具体应用场景，开发出应用专属的类模块。

从一系列开发说明文档到一本关于设计方法论的书稿，在这个过程中，可以对设计内容举一反三，不限定于具体的硬件平台。更长远地看，有机会在国内培养更多能够开发MicroPython内核的开发者，为国内的MicroPython生态贡献人才储备。同时，由众多开发者创建出的更多的模块也可以加入到MicroPython的技术生态中去，进一步促进MicroPython生态的成熟，从而催生更多好的、有趣的创意设计。

具体使用MM32F3微控制器平台，借着上海灵动微电子启动面向大学的技术人才培养与储备计划（简称“大学计划”）的契机，本书也可用于支持讲授嵌入式系统入门的课程，借助于Python语言简单易上手的特质，特别适合在学校里作为嵌入式系统相关专业学生的授课素材。

本书的读者可以是有开发经验的电子爱好者、嵌入式软件开发者，以及在中学、大学开始学习嵌入式系统开发的学生以及教授相关课程的老师。

相对于常规的教科书，本书更接近于一本干货满满的开发笔记。在介绍完必要的背景知识后，尽快进入理论与实践相互配合的内容，一边分析问题，一边调试代码，跟随作者的设计与思考的过程，直至全书的结尾。事实上，本书原本就是从若干篇主题相关的开发笔记整理而来，但作者精心安排了各个模块的出场顺序，从无到有、从小到大、由易到难、由浅入深地陈述设计方法和技术要点。所以，对于首次阅读本书的读者，建议先遵循全书的成文顺序完成阅读，以便在阅读某个问题的描述时，自然而然地进入上下文环境，有助于理解。如果本书有幸让读者有所启发，那么在后续的阅读过程中，也可以将本书作为工具书，根据具体问题进行索引。本书的各个章节都着眼于解决某个或者某几个典型的设计问题，或可成为开发者在遇到具体问题时可以查阅的参考方案。

本书主要作者苏勇编写了书稿的主要内容。清华大学的卓晴老师结合自己多年的教学和丰富的开发经验，为全书设计了MicroPython的实验以及对应的示例程序。来自成都逐飞科技有限公司的工程师陶麒丞也是一位资深的智能车竞赛支持专家，使用本书讲述的MicroPython和MM32F3微控制器设计实现了一辆可自主寻迹的智能小车，并在本书的创作过程中提供了许多有意义的建议。

在创作本书的过程中，感谢上海灵动微电子股份有限公司（书中简称“灵动”）的首席技术官周荣政先生和市场总监王维先生对本书创作内容的密切关注，并向作者分享了与芯片设计、客户应用及市场推广相关的宝贵经验。感谢全国大学生智能汽车组委会将MicroPython作为智能车竞赛的创意赛题，让更多的学生和指导老师可以了解并使用MicroPython完成一些有趣的设计。感谢成都逐飞科技有限公司的总经理范兵先生和他的技术团队，他们设计并生产了PLUS-F3270开发板，作为本书讲述内容的实验平台，同时也设计了丰富的用例。

最后，感谢我的家人们——父亲、母亲、爱人和可爱的小女儿，在2021年秋天到2022年夏天的上海，为作者创造了良好的创作条件。

苏勇

2023年3月

目录

CONTENTS

第1章 MicroPython：用 Python 对微控制器编程

您对 IOT 设备、智能家居以及互联设备的开发过程感兴趣吗？您考虑过自己设计实现一个《星球大战》中的冲击波枪、激光剑或者您自己专属的 R2 机器人吗？好吧，您很幸运，MicroPython 可以帮您搞定这些事情。

1.1 缘起

1.1.1 一切源自 Python

Python 因其简单、易用并具有极为丰富的扩展功能，在软件领域的很多方向上都取得了巨大的成功。但在 MicroPython 出现之前，Python 从未在微控制器系统软件开发过程中作为主要的开发语言。但这一切在 2013 年，由于 Damien George* 发起的一项 Kickstarter 众筹活动而发生了改变。Damien 是一名狂热的机器人程序员，他想把 Python 的开发过程，从使用 GB 级别容量的机器转移到 KB 级别资源的微控制器平台上。他在 Kickstarter 发起众筹活动，最初是为了支持自己的开发，最终将自己提出的概念转变成一个完整的解决方案。

许多开发人员抓住这个机会赞助了 Damien 的项目，这不仅可以在微控制器上使用 Python，还可以获得 Damien 自己设计的参考硬件的早期版本。事实上，在活动结束时，Damien 已经超额完成了筹集 15000 英镑的目标。在 1900 多名支持者的支持下，这个项目总共募集了接近 10 万英镑。

1.1.2 从桌面系统到微控制器

最终，Python 从传统的台式机和服务器的应用领域进入了传感器、控制器、电机、LCD 显示器、按钮和电路构成的嵌入式微控制器的世界。通常情况下，Python 运行在台式机和服务器上，使用主频在千兆赫兹级别的处理器、千兆字节的内存和磁盘存储空间，并需要成熟的操作系统、设备驱动程序和真正的多任务运行环境。在资源受限的微控制器领域使用 Python 仍面临很多挑战，但同时也带来了更多的有趣的创意和商机。

在微控制器的世界中，MicroPython 就相当于操作系统。从本质上说，它位于处理器之上，这些处理器工作的时钟速度可达到 20 世纪八九十年代主流甚至更高的水准。MicroPython

---

* 关于 Damien 的在线简历可访问 http://dpgeorge.net。

无法帮助处理所有代码的执行过程，包括电路系统的输入/输出、存储、启动等所有与硬件密切相关的问题。如果开发者想在具体的硬件上运行 MicroPython，那么仍需编写一些代码来实现这些功能。

然而，Damien 设法将一个强大的、高性能的、紧凑的 Python 实现压缩到这些“微型计算机”中。这开启了一个充满各种可能的全新世界。如果读者有兴趣了解更多关于 CPython 和 MicroPython 之间的区别，也可以在 GitHub 的代码仓库中（https://github.com/micropython/micropython/）查看完整的细节。图 1-1 展示了 MicroPython 广为人知的宣传海报，图中展示了一个使用 SD 作为文件系统的介质，可以运行 Python 语言的微控制器开发板，当然，还有使用工程师钟爱的铅笔在格子手抄本上写下了“Micro Python，Python for microcontrollers”的字样。

图 1-1 MicroPython 是运行在微控制器上的 Python 语言

1.1.3 从业余爱好到商业项目

后来，MicroPython 开始得到了各种各样的 Python 爱好者社区的支持，大家对 MicroPython 有着浓厚的兴趣。除了测试和支持代码库本身，开发人员还提供教程、代码库和硬件移植，使这个项目最终远远超过了 Damien 计划独立完成的目标。

多年来，MicroPython 吸引了来自各行各业的专业人士和爱好者，大家看到了该语言的潜力和便利。这些开发者可能来自更成熟的平台，例如 Arduino。许多人开始认识到使用 MicroPython 的好处，并乐于将 Python 和 MicroPython 相提并论，而不仅仅是为了快速完成作品原型和缩短产品上市的周期。

那么，MicroPython 准备好进行严苛的、关键任务的工作了吗？欧洲航天局（ESA）似乎是这么认为的。他们资助 Damien 在 MicroPython 上的工作，因为他们想在太空中使用 Python。您会看到越来越多的爱好者和学习者进入学术界，并从那里进入电子领域的专业领域。到那时，MicroPython 将真正飞向星辰大海。

1.1.4 Python 与 STEM 学科

STEM 由科学（Science）、技术（Technology）、工程（Engineer）和数学（Mathematics）的英文首字母组成，是美国鼓励学生主修科学、技术、工程及数学的一项计划。在美国国土安全局网站上可以查到一个长长的属于STEM计划的专业列表，比如化工、计算机科学、物理、数学、生物科学和航空航天等。

STEM学科已经在教育系统中试行了好几年，这导致了针对课堂的项目和产品的爆炸式增长。Python和MicroPython都适合STEM的教师和学生使用。其基本的语法和便于集成到第三方开发环境的解释器为这些语言提供了一个有效的学习环境。事实上，不需要专属的开发环境还真是一个特别方便的优点。

几年前，英国广播公司（BBC）启动了Micro：Bit项目，目的是让更多的孩子接触到商用产品以外的计算应用。该项目的目标是让每个英国学生都能得到一块微控制器开发板。Damien在这个项目中获得了一块开发板，并很快让他的MicroPython代码在Micro：Bit开发板上运行起来。之后，成千上万的教室一下子就有了在课堂上玩转Python的机会。

最近，图形开发环境Edublocks也可以在Micro：Bit开发板上进行开发，并实现了类似于Scratch的开发方式，通过拖放组件创建Python程序。这使得更多的孩子第一次体验了微控制器和机器人编程。众筹网站Patreon的捐款进一步支持了该项目的持续增长。

1.2 微控制器软件

回到MicroPython的话题上来，微控制器软件指的是什么？通常情况下，应用程序包含三类基本元件。

- 输入单元：一个按键、信号、网络通信事件，甚至从传感器读入一个数据。
- 处理单元：微控制器处理输入信息后更新输出信息。
- 输出单元：可以马达旋转、LED点亮、计数器改变、信息发送或其他类似事件的形式发送。

这些元件通常由导线连接，并由电源供电进行工作。

1.2.1 什么是微控制器

顾名思义，微控制器很小，而且不如台式机或服务器机架上的计算机功能强大，但微控制器无处不在，就在大家的身边，控制周围的设备并实现了智能。从家用电器、家庭安全装置到心脏起搏器、暖通空调系统等，它们被嵌入到几乎所有的东西中。

微控制器日复一日、可靠地做着相对简单的事情，而且封装紧凑。它们将CPU、内存和输入/输出单元压缩到一个通用芯片中，而不是需要整个开发板来完成一项任务。它们运行的代码被称为固件（Firmware），在写入微控制器集成的存储器之后才能运行。

伴随早期微型计算机（如ZX81和Commodore Vic20）长大的工程师们可能会发现这些芯片难以置信地强大，但从技术上讲，使用微控制器还可以实现更多的功能。显然，微控制器是非常有用的，即使它们的处理能力和内存能力有限，但这些“小家伙”可以做很多事情。

1.2.2 为什么使用MicroPython

如果这些微控制器早在MicroPython被创造出来之前就已经普及了，那么相对于传统的开发方式，MicroPython能给开发者和用户带来什么好处呢？

首先，相对于其他可用于开发微控制器的编程语言，该语言对初学者来说更容易理解，同时对于工业应用来说仍然足够强大。用户可以快速学习基础知识并能很快地设计出一个作品的原型。

其次，Python允许快速反馈执行结果。这是因为用户可以交互式地输入命令并使用REPL获得响应。用户甚至可以调整代码后立即运行它，而不是重复地执行“编码-编译-上传-运行”。

最后，Python已经具备丰富的样例代码片段和知识积累，如果是一名Python程序员，可以更快、更容易地做一些事情。例如，在MicroPython世界中，Python引用库、处理字符串和JSON的工具就比C++更容易。

1.2.3 为什么不是C++

C++语言生成的固件执行速度快、占用体积小，也被广泛应用。在微控制器开发的圈子里，也有大量的C++程序员，以及丰富的Arduino和PIC开发人员社区，随时准备帮助开发者和用户。C++难道不是一个更好的选择吗？

显而易见，MicroPython在易用性和便利性方面胜过C++。C++语法不是那么容易让人理解。更重要的是，在得到结果之前，代码需要被编译，然后下载到开发板上，所以开发者通常还是需要一个编译器。

当然，C++的开发工具正在变得越来越好，但MicroPython仍然具有优势。虽然C++可能有速度优势，但对于大多数目的来说，MicroPython已经足够快了。此外，如果真的需要C++，也可以从MicroPython调用C++代码。

1.2.4 汇编语言怎么样

就最终性能而言，没有比汇编语言更快的了。当然，汇编语言的执行效率也高出MicroPython许多。

不过，MicroPython已经足够快了。如果确实需要紧密结合硬件充分发挥算力，那么也可以向MicroPython项目中添加内联汇编程序。

1.2.5 BASIC语言怎么样

如果看到一台老式微型计算机，那么几乎可以肯定它们已经安装了BASIC语言。这门语言是整整一代人的入门编程语言，其中包括Elon Musk（艾隆·马斯克，有“硅谷钢铁侠”之称的工程师企业家），他似乎是在Vic 20计算机上学会编程的。

今天，BASIC的光芒有些暗淡。Python和其他高级语言已经在教育领域取代了它，它在科技行业几乎没有什么影响。Python拥有BASIC的所有优点，却没有任何BASIC的限制。

1.2.6 与树莓派相比

树莓派（Raspberry Pi）也可以直接运行Python，并大量应用在教育领域。由于其开放了可编程的通用IO引脚，它在电子和物理计算领域占据了一席之地。树莓派也是一款功能齐全的通用Linux桌面计算机。它拥有强大的处理器、内存和存储容量，甚至还有一个GPU。

然而，最后一个方面实际上可以成为不选择树莓派而选择微控制器板的一个原因。树莓派运行桌面应用程序和多媒体的能力非常棒，特别是当具体项目中可能需要这种硬件能力时。例如，人工智能(Artificial Intelligence，AI)、视频流和数据库项目可能就是这种情况。

但是，当确实需要实时处理时，这可能会导致问题。如果需要非常精确的计时，那么通常不希望这些代码在数十个不同的进程后面等待，而希望这些进程同时执行。

如果需要模拟输入，那么使用树莓派需要额外的硬件。相反，大多数能够运行MicroPython的微控制器至少有一个模拟输入，甚至更多。此外，树莓派的系统不是很稳定，而且可能更贵。因此，在具体项目中使用一个微控制器，而不是一个“重量级”以树莓派为核心的大系统，可能更有经济意义。

开发者不必选择其中一个而抛弃另一个。也许，将树莓派与微控制器配对是某些项目的最佳解决方案。例如，可以使用树莓派的处理能力和微控制器与硬件接口。

1.3　MicroPython 支持的硬件

如果要使用 MicroPython，还需要一些兼容的硬件。幸运的是，现在已经有很多开发板可供选择，在每种价位和应用场景下，都有一些可用的板子，所以请花些时间来选择适合具体应用场景的解决方案。

1.3.1　第一块 MicroPython 开发板

Kickstarter 平台启动了 MicroPython 项目，同时也推出了相关的硬件。专为 MicroPython 设计的 Pyboard 现在已经升级到 v1.1 了(https://pyboard.org/)，如图 1-2 所示。

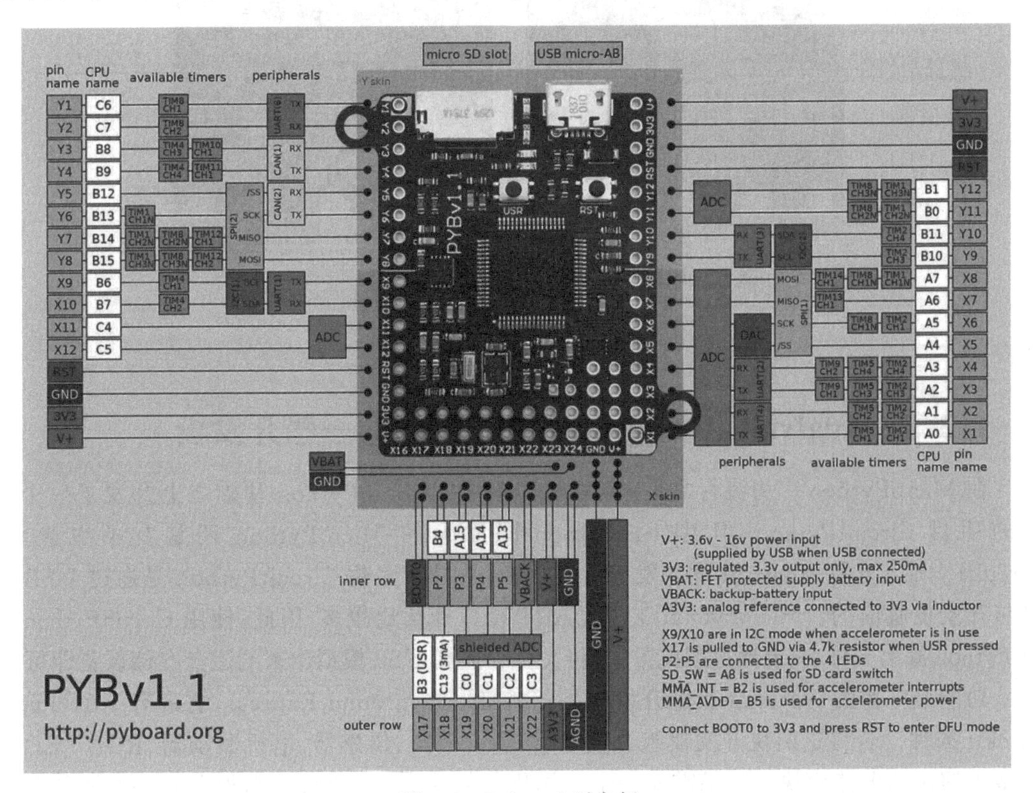

图 1-2　Pyboard 开发板

Pyboard 是规格最齐全的开发板之一。它基于 STM32 微控制器，CPU 运行频率为 168MHz，有很多通用输入/输出端口(General Purpose Input/Output，GPIO)，还有一个 SD 卡插槽和一个加速传感器。

1.3.2 ESP8266/ESP32 开发板

另一个性价比较高的方案是使用 ESP8266 开发板。这些开发板只有一个模拟输入，而且没有 Pyboard 那么多引脚，但集成了 Wi-Fi 功能。

ESP32 是 ESP8266 的升级版。它增加了性能和功能，同时增加了蓝牙的功能。这些开发板中功能最丰富的是一套名为 M5 Stack 的板子。这个板子上配有一个扬声器、一块电池、一个读卡器和一个彩色显示屏模块，如图 1-3 所示。

图 1-3 M5 Stack 开发板

1.3.3 BBC Micro：Bit 开发板

Micro：Bit 是一个基于 Nordic nRF51822 微控制器的小巧的开发板。它内置了蓝牙和温度传感器、外加一个加速度传感器、几个按钮和一个 5×5 的 LED 矩阵，如图 1-4 所示。

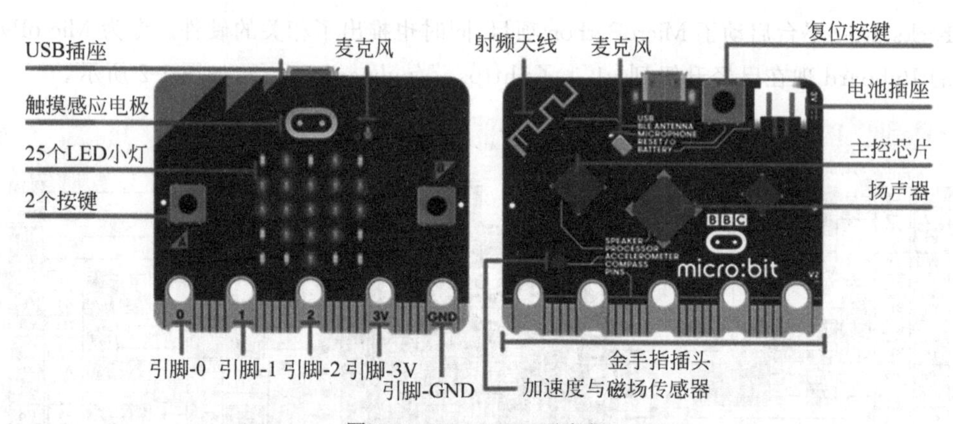

图 1-4 Micro：Bit 开发板

1.3.4 Adafruit 和支持 CircuitPython 的一些开发板

在 MicroPython 广为流行之后，Adafruit 公司在 MicroPython 基础之上开发了一个衍生的项目 CircuitPython，但 CircuitPython 同原生的 MicroPython 还是有不少区别。CircuitPython 支持 Adafruit 设计发售的开发板，并且大多数 CircuitPython 是通过 USB 接口与开发板通信的。MicroPython 支持 UART 接口通信比较多，因此，使用 CircuitPython 下载 Python 源码文件，只要通过拖曳方式，将文件存放到 USB 模拟出来的磁盘存储设备即可。

功能最丰富的 Adafruit 旗舰开发板是 Circuit Playground Express，它带有一个可选的 Crickit 插件。若将这两块开发板组合起来，将会有引脚、传感器、电机驱动器、RGB LED 和更多可演示的电路模块。如果需要一个一体化的解决方案，那么这套板子是一个不错的选择，如图 1-5 所示。

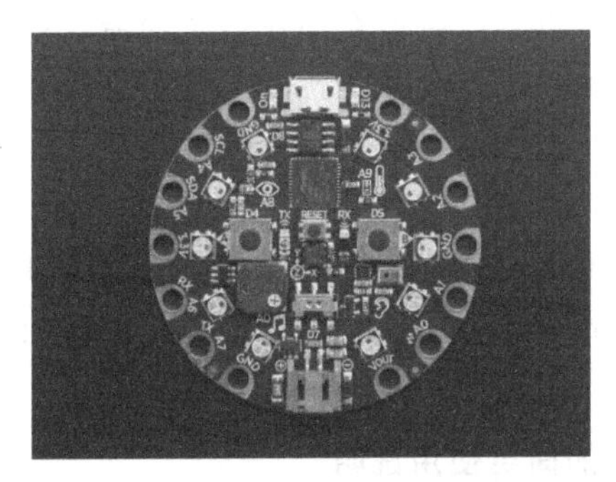

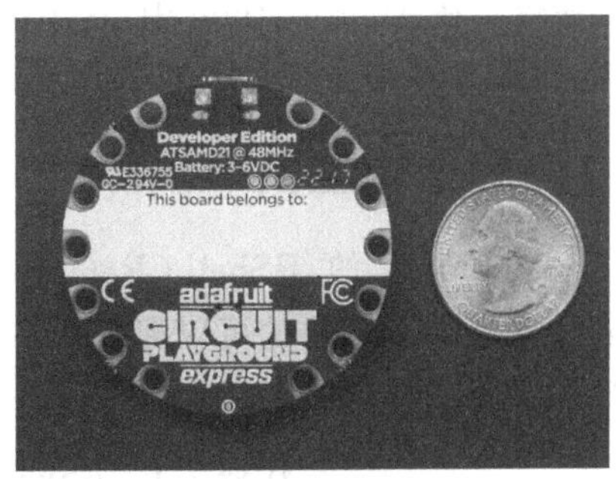

图 1-5 Adafruit Circuit Playground Express 开发板

不过，Adafruit 已经放弃了与 ESP8266 的兼容性。相反，Adafruit 选择在未来发布的版本中，将 ESP32 作为一个纯粹的 Wi-Fi 模块。

1.4 MicroPython 编程体验

熟悉 Arduino 编程过程的读者会知道开发 Arduino 需要准备编译器、开发环境和调试器等一系列工具。然而，MicroPython 不需要这么麻烦。

1.4.1 REPL

MicroPython 是预先安装到开发板上的，开发者可以像使用 Python 一样同它进行交互通信。可以通过两种方法获得交互式会话：

- 使用串口通信终端软件。这种方式总是可用的，可以使用命令行工具，或者使用支持串口通信界面的集成开发环境。
- 使用 WebREPL。这种方式仅能在集成 Wi-Fi 功能的开发板使用，基本上就是为 ESP8266/ESP32 量身定制的。

例如，如果是在 Mac OS 系统中使用串行通信的 REPL，那么可以使用支持终端通信的 Screen 软件，并指定通信端口和波特率：

```
$ screen /dev/tty.wchusbserial1430 115200
```

之后，就可以在已连接串行设备的清单中找到与 MicroPython 开发板通信的串行通信端口：

```
$ ls /dev/tty.*
```

在 Linux 系统中也可以使用类似的操作。

在 Windows 系统中，可以使用 PuTTY 软件，Tera Term 也是不错的串口调试终端。实际上，在本书描述的开发过程中，作者就是使用 Tera Term 作为主要串口通信终端工具。总之，只要启动串口终端调试软件，连接到 MicroPython 开发板对应的 COM 端口，波特率配置成 115200bps，就可以建立与 MicroPython 的通信了。

连接到 MicroPython 之后，通过 MicroPython 的 REPL，就可以像在 Python 交互会话中那样输入命令。在 MicroPython 中，这个接口也是可以像在操作系统的命令行环境下进行工作(比如删除文件或创建文件夹)的地方。

1.4.2 命令行工具

Dave Hyland 开发的 RShell(Remote MicroPython Shell)(https://github.com/dhylands/rshell)是一个不错的可以配合 MicroPython 工作的软件工具。关于 RShell 的简要使用说明，见代码 1-1。

代码 1-1 RShell 的简要使用说明

```
$ rshell --help
usage: rshell [options] [command]

Remote Shell for a MicroPython board.

positional arguments:
  cmd                        Optional command to execute

optional arguments:
   -h, --help               show this help message and exit
   -b BAUD, --baud BAUD  Set the baudrate used (default = 115200)
   --buffer-size BUFFER_SIZE
                           Set the buffer size used for transfers (default = 512
                           for USB, 32 for UART)
   -p PORT, --port PORT  Set the serial port to use (default
                           '/dev/cu.SLAB_USBtoUART')
   -u USER, --user USER  Set username to use (default 'micro')
   -w PASSWORD, --password PASSWORD
                           Set password to use (default 'python')
   -e EDITOR, --editor EDITOR
                           Set the editor to use (default 'vi')
   -f FILENAME, --file FILENAME
                           Specifies a file of commands to process.
   -d, --debug            Enable debug features
   -n, --nocolor            Turn off colorized output
   -l, --list             Display serial ports
   -a, --ascii              ASCII encode binary files for transfer
   --wait WAIT              Seconds to wait for serial port
   --timing                 Print timing information about each command
   -V, --version          Reports the version and exits.
   --quiet                  Turns off some output (useful for testing)

You can specify the default serial port using the RSHELL_PORT environment
variable.
```

另外，Ampy 也是很不错的工具。Ampy 最初是由 Adafruit 公司开发的，是用于与 MicroPython 开发板通过串行口进行文件交互管理的一套简单工具，这样当在编辑器写好了程序，就可以通过 Ampy 上传到开发板，一次执行一个文件或者一个项目，而不用像在解释环境中那样逐句执行。关于 Ampy 的简要使用说明，见代码 1-2。

代码 1-2 Ampy 的简要使用说明

```
$ ampy --help
Usage: ampy [OPTIONS] COMMAND [ARGS]...

  ampy - Adafruit MicroPython Tool

  Ampy is a tool to control MicroPython boards over a serial connection.
  Using ampy you can manipulate files on the board's internal filesystem and
  even run scripts.

Options:
  -p, --port PORT    Name of serial port for connected board.  Can optionally
                     specify with AMPY_PORT environment variable.  [required]
  -b, --baud BAUD    Baud rate for the serial connection (default 115200).
                     Can optionally specify with AMPY_BAUD environment
                     variable.
  -d, --delay DELAY  Delay in seconds before entering RAW MODE (default 0).
                     Can optionally specify with AMPY_DELAY environment
                     variable.
  --version          Show the version and exit.
  --help             Show this message and exit.

Commands:
  get    Retrieve a file from the board. (下载开发板文件)
  ls     List contents of a directory on the board. (列出开发板文件)
  mkdir  Create a directory on the board. (在开发板上创建目录)
  put    Put a file or folder and its contents on the board. (向开发板上传文件)
  reset  Perform soft reset/reboot of the board.
  rm     Remove a file from the board.
  rmdir  Forcefully remove a folder and all its children from the board.
  run    Run a script and print its output. (执行脚本文件)
```

Ampy 现在由社区开发者维护，毕竟作为一家商业公司，Adafruit 需要更专注于他们自己的硬件。

1.4.3 MicroPython 集成开发环境

在开发 Python 项目常用的 PyCharm 集成开发环境中，也有插件可以支持 MicroPython 的开发工作，在 PyCharm 的插件管理器中搜索关键字 micropython 即可找到，如图 1-6 所示。

对于 Micro：Bit 和 CircuitPython 支持的开发板，使用体验最好的编辑器，当属 Nicholas Tollervey 开发的 Mu Editor(https://codewith.mu/)，可通过其中的 REPL 连接到开发板。或者也可以考虑试用一下 uPyCraft(https://github.com/DFRobot/uPyCraft)，如图 1-7 所示。

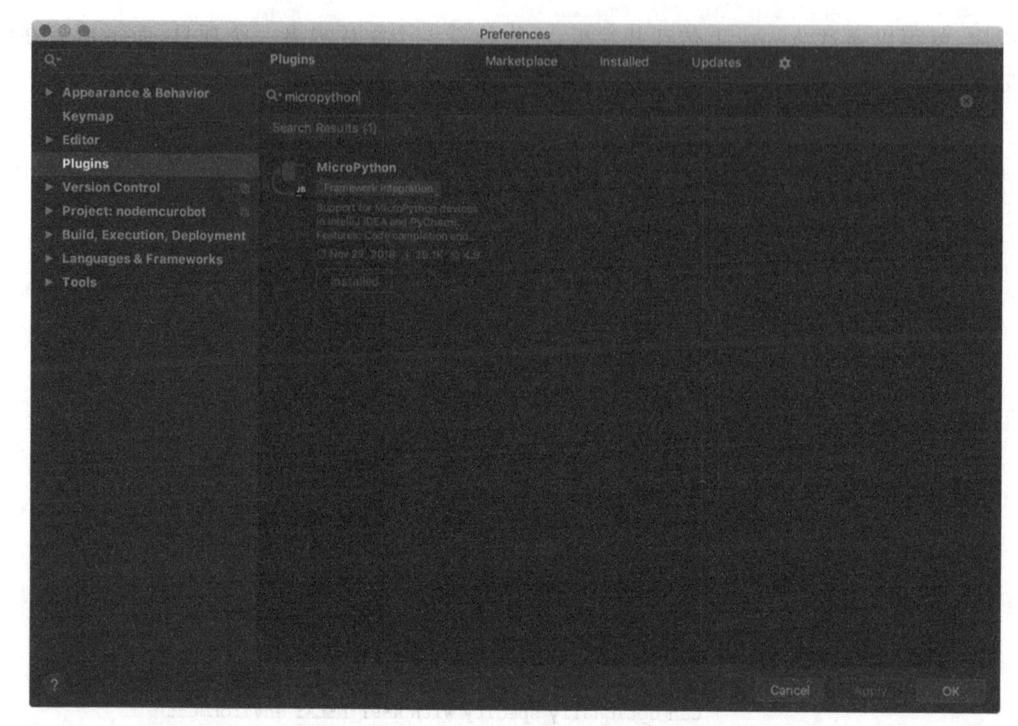

图 1-6 PyCharm 中的 MicroPython 插件

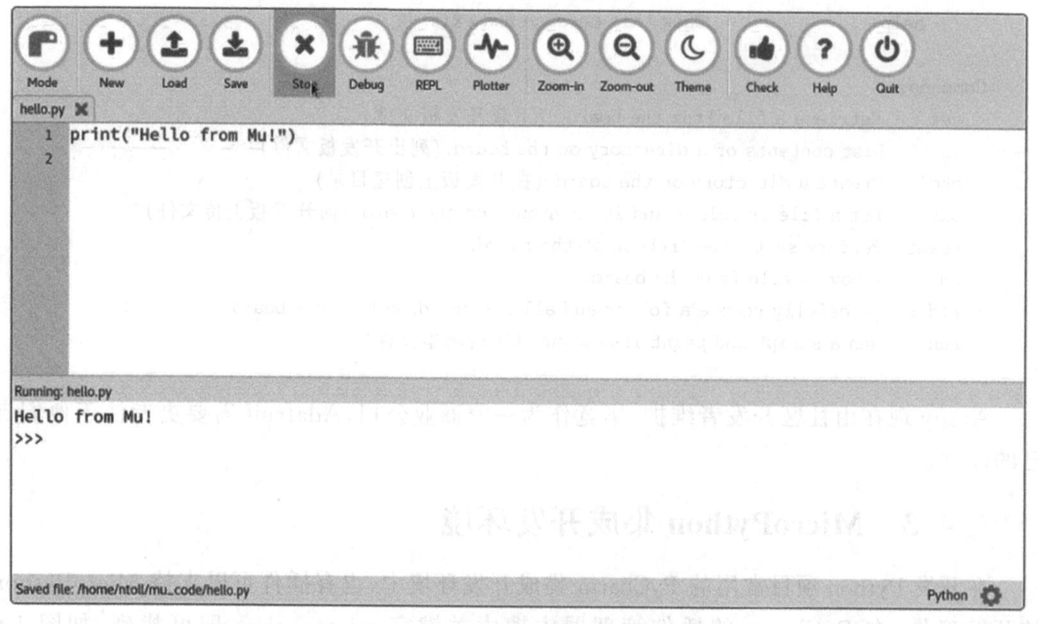

图 1-7 Mu Editor 软件界面

本书使用了 Thonny 作为 MicroPython 的集成开发环境(https://thonny.org/),如图 1-8 所示。

使用这些图形界面的集成开发环境,只要将开发板连到 PC 的 COM 端口,即可通过 REPL 与开发板交互通信。

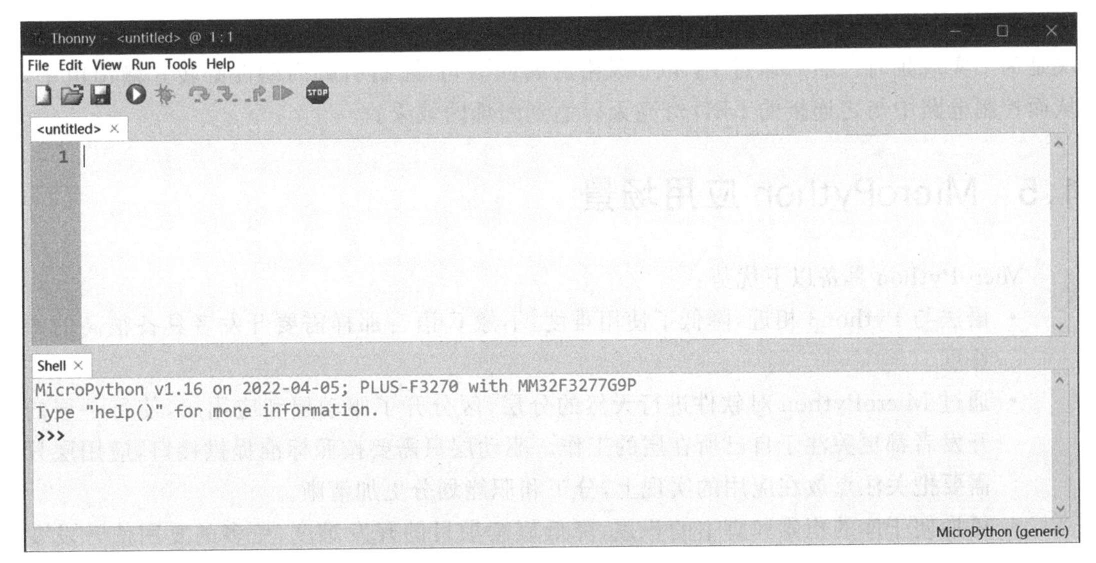

图 1-8 Thonny IDE 软件界面

1.4.4 编写 MicroPython 代码

通常情况下，学习一门编程语言，都是从打印“hello, world”的小程序开始。读者在REPL 中连接到正确的串口，输入以下命令，就可得到反馈，见代码 1-3。

代码 1-3 演示 MicroPython 的 REPL 交互终端

```
MicroPython v1.16 on 2022-04-06; PLUS-F3270 with MM32F3273G9P
Type "help()" for more information.
>>> print('hello, world')
hello, world
>>>
```

然后，读者可能还想试着控制一盏小灯进行闪烁，那么可以执行如下的命令，见代码 1-4。

代码 1-4 演示在 MicroPython 的 REPL 中编写 Python 程序

```
MicroPython v1.16 on 2022-04-06; PLUS-F3270 with MM32F3273G9P
Type "help()" for more information.
>>> print('hello, world')
hello, world
>>> from machine import Pin
>>> import time
>>> led0 = Pin('PB14', mode = Pin.OUT_PUSHPULL, value = 0)
>>> for i in range(10):
...     time.sleep_ms(200)
...     led0(1)
...     time.sleep_ms(200)
...     led0(0)
...
>>>
```

在代码 1-4 中，导入 machine 类中的 Pin 模块是为了控制引脚的输出电平，导入 time 模块是为了实现延时。然后通过 Python 风格的编程语句，控制引脚周期性翻转并输出电平，从而控制电路中与之连接的 LED 灯亮灭以达到闪烁的效果。

1.5 MicroPython 应用场景

MicroPython 具备以下优势：

- 语法与 Python3 相近，降低了使用难度，不像 C 语言那样需要开发者具备很高的熟练度。
- 通过 MicroPython 对软件进行天然的分层，区分开了驱动层和应用层，使每一层的开发者都更关注于自己所在层的工作。驱动层只需要按照标准提供接口，应用层只需要把关注点放在应用的实现上，分工和职能划分更加清晰。
- 更加便于库的积累和脚本的积累，降低后续项目的开发难度，更多的复用使开发变得更加快速。

因此，MicroPython 在以下场景中可以发挥更大的作用。

1.5.1 验证新产品原型设计

新产品开发通常需要经过可行性验证的阶段，通过可行性验证可以暴露一些在调研阶段没有发现的问题。新产品需要快速抢占市场，需要快速进行可行性验证，验证后快速进入新产品的正式开发阶段。MicroPython 为快速进行可行性验证提供了可能，针对新产品的关键技术点进行快速的原型产品开发和功能的验证，可以在相当大程度上加快新产品项目的整体进度。

1.5.2 验证硬件系统

硬件工程师在硬件初版完成后通常需要先进行硬件各部分的验证，而硬件的验证又需要软件来驱动。由于 C 语言使用难度较高，一般硬件工程师都不具备相关验证软件的开发能力，所以整个验证过程都需要软件工程师配合硬件工程师的需求进行验证软件的开发。但是硬件工程师可以通过简单的学习快速上手 MicroPython，通过编写一些脚本或者利用现有的一些脚本运行，这样整个验证过程就可以由硬件工程师一个人独立完成，减少了沟通成本，提高了硬件验证的效率。

1.5.3 编程教育

MicroPython 的语法与 Python3 相近，非常易于上手，而且由于 MicroPython 具备底层的硬件访问能力，所以在面向儿童编程入门教育、大中小学生计算机课程教育、编程爱好者进行的一些嵌入式项目上都具备相当的优势。用来学习的项目也不仅局限于 PC 端，还可以是类似智能小车、小型机器人这种对实际设备进行控制的一些好玩的项目，寓教于乐，在玩中不断提高编程水平，锻炼编程思想。

1.6　本章小结

对开发者来说，对机器人、微控制器、电子设备和其他硬件进行编程，从来没有像现在这样容易。传统上，要为这些设备编程，必须使用像汇编程序或 C/C++ 等语言，并牺牲大量功能。这一切都随着 MicroPython 的引入而改变，相当于一个 Python3 的版本被塞进了更小的物理计算设备中。

在本章中，读者已经沉浸到 MicroPython 和电子硬件的世界，并了解了 MicroPython 的历史，以及它与其他平台的比较。读者还学习了 MicroPython 工作流程，将代码部署到自己的开发板上，并在真实世界中看到实际运行的效果。

MicroPython 正在继续发展。社区中的开发人员不断添加新的代码、工具、项目和教程。对于 MicroPython 开发人员和用户来说，从来没有比这更令人兴奋的时刻了！

第2章 准备 MicroPython 开发环境

开发 MicroPython，需要先准备好一些工具，建立开发环境。应先从 MicroPython 的官网下载 MicroPython 的源码包，然后在开发主机系统上安装一些必要的软件工具，再找一块开发板以及对应的驱动软件包，就可以坐下来开始调程序了。其实 MicroPython 同别的嵌入式软件项目相比，没有特别奇怪的开发方式，只是最终实现的功能比较有趣而已，开发工具还是嵌入式软件工程师熟悉的那几种。本书在具体开发过程中，使用了 Windows 操作系统，为了模拟 MicroPython 基于 Linux 的开发环境，安装了 MSYS2 并在 MSYS2 环境下安装了一系列的软件工具，包括 PC 上的 Python 解释器、arm-none-eabi-gcc 编译工具链、make 工具等。当然，还需要一些调试工具将编译生成的可执行文件下载到开发板上。

2.1 MicroPython 源码

2.1.1 获得 MicroPython 的源代码

从 MicroPython 官网的下载页面上可以获取最新版本的源码包。在本书的配套资料中，包含了一个预先下载好的 MicroPython 源码包，还提供了在启动开发时需要的官方 MicroPython v1.16 源码包，以供读者研究和学习使用。

在撰写本书的时候，MicroPython 已经发布了 v1.17 版，而本书的绝大多数开发工作都是在 v1.16 版本基础上完成的。为了确信在 v1.16 版本上的开发工作同样可以适用于 v1.17 版本，作者查阅了 MicroPython 的 ChangeLog 文件。

```
> MicroPython change log
>
> ========
>
> Thu, 2 Sep 2021 00:07:13 +1000
>
> v1.17              F-strings, new machine.I2S class, ESP32-C3 support and LEGO_HUB_NO6 board
>
>     This release of MicroPython adds support for f-strings (PEP-498), with a
>     few limitations compared to normal Python.  F-strings are essentially
>     syntactic sugar for "".format() and make formatting strings a lot more
>     convenient.  Other improvements to the core runtime include pretty printing
>     OSError when it has two arguments (an errno code and a string), scheduling
```

```
>     of KeyboardInterrupt on the main thread, and support for a single argument
>     to the optimised form of StopIteration.
>
>     In the machine module a new I2S class has been added, with support for
>     esp32 and stm32 ports.  This provides a consistent API for transmit and
>     receive of audio data in blocking, non-blocking and asyncio-based
>     operation.  Also, the json module has support for the "separators" argument
>     in the dump and dumps functions, and framebuf now includes a way to blit
>     between frame buffers of different formats using a palette.  A new,
>     portable machine.bitstream function is also added which can output a stream
>     of bits with configurable timing, and is used as the basis for driving
>     WS2812 LEDs in a common way across ports.
>
>     There has been some restructuring of the repository directory layout, with
>     all third-party code now in the lib/ directory.  And a new top-level
>     directory shared/ has been added with first-party code that was previously
>     in lib/ moved there.
```

相对于 v1.16，v1.17 版本比较显著的更新是在 Python 内核中支持 F-Strings 的用法（一种新的格式化字符串的表示方法），还新增了一些对硬件的支持，并且微调了文件组织结构等。

这些变更对于本书讲述的在微控制器上开发和应用 MicroPython 基本没有影响，所以本书仍以 v1.16 版本作为开发基础。如果读者想从最新版本的 MicroPython 开始开发，也是可以兼容的。本书实际的开发过程绝大多数都是与微控制器硬件相关的工作，几乎不涉及新增功能，而 MicroPython 内核的工作机制始终是通用的。因此，在本书所讲述的设计与开发工作的过程、体会，使用的一些思路和方法，甚至具体的代码，均可适用于近期前后的版本。

遗憾的是，当需要获取 MicroPython 的源码时，MicroPython 的官网没有提供历史版本的下载链接，如图 2-1 所示。

图 2-1 从 MicroPython 官网获取源码

一种可行的做法是，读者可以自行在 MicroPython 在 GitHub 的仓库中回滚到 v1.16 版本的状态再提取代码，但 MicroPython 仓库中部分 Submodule 的仓库地址可能已经失效(如 LwIP)，新的开发者已经不能通过 Git 下载到完整的 MicroPython 代码包(后续的版本可能解决了这个问题)。因此，读者不必在 Github 上克隆 MicroPython 的代码仓库，而是在官网下载页面下载打包好的源码压缩包，这是从 MicroPython 的原始测试服务器上打包的源码，保存了 MicroPython 历史上的所有源文件，也包括已经失效的 Submodule 仓库地址中的源文件。

2.1.2 MicroPython 源码文件结构分析

MicroPython 的基本源程序是由 C 语言编写而成的。在编译过程中，使用了少量的 Python 脚本，用于在预编译过程中处理字符串。表 2-1 中展示了 MicroPython 项目的源码文件结构。

表 2-1 MicroPython 项目的源码文件结构

一级子目录	功能说明
docs	配置到 Sphinx 的整个文档网站
drivers	通过软实现的硬件驱动，基于 py 的架构，使用标准 C 实现的 Python 模块(C+Python)，和芯片自己提供的 SDK 略微不同，有较好的兼容性
examples	一些用 Python 语言编写的演示脚本
extmod	一些不需要在内核中实现的扩展模块的实现。例如，控制硬件的 machine_spi、支持解析 json 数据格式的 modujson 等
lib	给 ports 目录下各平台的使用的第三方库，例如，inyusb、oofatfs 等协议栈，也包括 stm32lib、nxp_driver 等固件库
logo	一些关于 MicroPython 的图片素材，包括那条作为 MicroPython 吉祥物的盘坐在芯片上的大蛇的图片
mpy-cross	MicroPython 解释器的项目目录，mpy-cross 可在开发主机系统中运行，将 Python 脚本文件编译成 Python 中可直接执行的字节码
ports	MicroPython 针对具体运行平台的移植工程，包括为数不少的 Arm 微控制器，以及 UNIX、Windows、Zephyr 操作系统等
py	Python 解释器内核实现的抽象代码
tests	MicroPython 框架测试脚本
tools	各类脚本辅助工具，例如，conf. py 和 mpy-tools. py 在编译 MicroPython 的过程中被调用

其中，py 目录下存放了 Python 内核的全部源代码，这是实现 Python 功能的基础。在后续开发 MicroPython 的过程中，为保证同 Python 标准用例的一致性，将不会修改其中的任何源代码。

lib 目录和 extmod 目录都存放了 MicroPython 扩展功能的组件，但仍有具体分工：lib 目录里的内容是同 MicroPython 无关的，在具体的微控制器平台上，lib 目录中包含的组件可以独立运行在微控制器平台上，然后支持 MicroPython 功能的实现，它们位于 MicroPython 的下层，例如，各个微控制器平台的固件库、基本的文件系统协议栈、USB 协议栈等；extmod 目录中实现的扩展模块，都是基于 MicroPython 实现的，在 MicroPython 内部实现扩展功能，例如，machine_spi 模块就是在 MicroPython 的 machine 类中实现的

SPI 类模块。

对微控制器开发者最有用的目录是 ports，里面存放了 MicroPython 支持的所有微控制器的移植代码，如图 2-2 所示。在 v1.16 版本中，除了对 Windows、UNIX、Zephyr 等操作系统的支持，已经支持了 STM32、NXP MIMXRT、TI CC3200、Atmel SAMD、ESP8266、ESP32、Raspberry PICO 等微控制器平台。其中还包含了 bare-arm 和 minimal 工程，基于 STM32F405 微控制器，为在 ARM 内核微控制器芯片上移植 MicroPython 提供了一个最简单的范例。

在具体微控制器平台的目录下，存放了各自对 MicroPython 的底层移植源文件，以及移植工程的 Makefile 文件。

为了便于开发 MicroPython 的源码，作者经过一些尝试，尽量删除了一些不必要的代码，例如，docs 目录、lib 目录中不同厂家微控制器的 SDK 代码包、ports 目录下针对具体平台的移植工程等，仅保留 bare-arm 和 minimal 工程，最终创建了一个精简版的 MicroPython 代码包。这个精简的操作是卓有成效的，在保证这两个基本工程能够编译的前提下，成功将整个 MicroPython 源代码的压缩包从最初的 104MB 缩减到不到 2MB。精简后的 micropython-1.16-mini.zip 压缩包也将作为本书的配套资源提供给读者，从而方便读者继续深入研究的时候阅读核心部分的代码。精简后的 MicroPython 代码包文件结构，如图 2-3 所示。

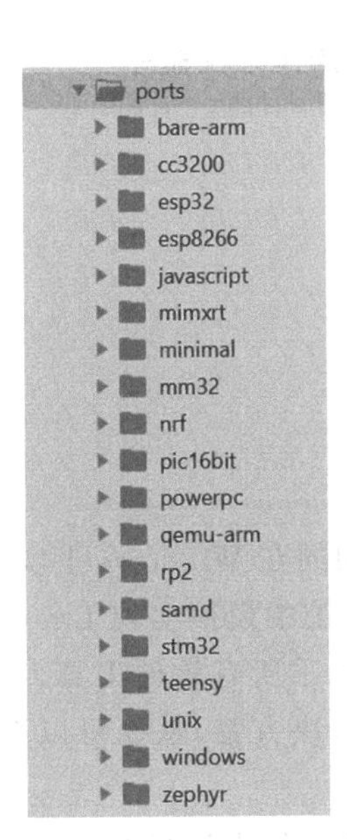

图 2-2 MicroPython 已经支持的移植平台

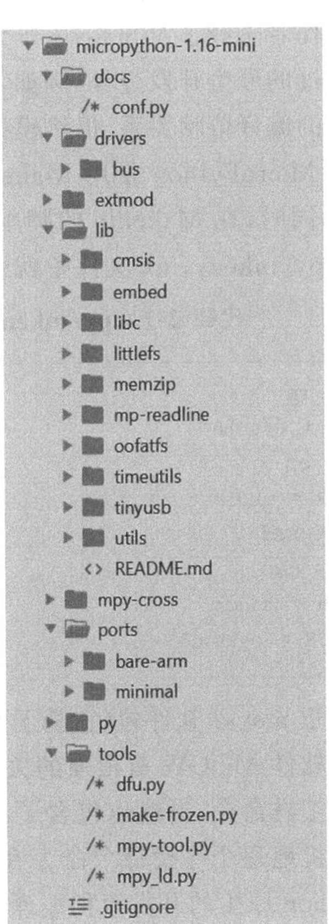

图 2-3 精简后的 MicroPython 代码包文件结构

事实上，当读者拿到这个精简的代码包之后，还可以继续调整 minimal 工程的编译过程，简化一些步骤以进一步删减不必要的源文件。此处为了尽量保持原汁原味，完全没有改变现有的 minimal 工程，并且保存了少量将来有可能使用到的源代码，例如，lib 目录下的部分组件等。在本章的后续部分，将具体说明如何编译 MicroPython 的 minimal 工程，而第 3 章将会继续深入分析 minimal 工程的组织结构，并以该工程为基础，改装成基于现有的 MM32F3 微控制器开发板可运行的 MicroPython 最小工程。

2.2 基于 Windows 操作系统搭建 MicroPython 编译环境

原生 MicroPython 工程使用 GCC(GNU Compiler Collection，GNU 编译器套件)工具链进行编译，可以很方便地在 Linux 操作系统中高效地运行。但对于微控制器平台上的软件开发者，Windows 操作系统有更多方便易用的工具，更便于调试微控制器的底层代码。例如，当用于向 MicroPython 中集成的驱动程序工作不正常时，可以使用 Keil MDK 或者 IAR 在图形界面下逐行调试这些代码，查看微控制器内部是否按照预期的方式工作，哪怕是不小心出现严重错误(Hardfault)的时候，也可以通过一些熟悉的手段和工具进行调试。而这些，在 Linux 的命令行交互界面中，操作起来并不是很方便。

尽管作者选择了 Windows 作为开发和调试 MicroPython 的操作系统，但为了充分利用已经验证过的原生开发过程，例如，用于管理项目源代码的 Makefile 文件以及其中包含的各种烦琐的编译依赖关系，仍然模拟了 MicroPython 原生的 GCC 开发环境。

原生 MicroPython 使用 Makefile 组织项目源代码，如此就需要一个 make 工具解析 Makefile，同时，在 Makefile 的脚本中还调用了 Linux 操作系统中的一些命令参与编译过程，例如，py/mkenv. mk 文件中就引用了 mkdir、sed 等命令，见代码 2-1。

代码 2-1 py/mkenv. mk 文件中引用的 Linux 操作系统命令

```
RM = rm
ECHO = @echo
CP = cp
MKDIR = mkdir
SED = sed
CAT = cat
TOUCH = touch
PYTHON = python3
```

得益于 msys2 软件包(它基于 Cygwin，同另一个广为人知的在 Windows 上实现 GNU 工具集的软件 MinGW 有很强的关联)，它在 Windows 操作系统中模拟实现 Linux 绝大多数常用的工具命令，当然也包含了编译 MicroPython 需要的几乎所有软件工具，让读者不必费尽心机地逐个寻找每个命令在 Windows 环境下的替代解决方案，从而可以直接遵循 MicroPython 原生的开发流程编译工程并创建可执行文件。

作为一个很好的工具容器，msys2 解决了在 Windows 操作系统上运行 Linux 常用命令的问题，甚至可以在 msys2 内部安装一个可用的 Python 版本，但仍需要安装一些依赖于原生 Windows 系统的软件工具，例如，基于 Windows 系统的 arm-none-eabi-gcc 的工具包，配置 msys2 专属的环境变量后集成到 msys2 中。另外，还需要在计算机上安装一些微控制器开发专属的工具，例如，实现向微控制器下载可执行文件的工具，同微控制器开发板进行模拟命令行交互的串口通信终端软件，以及更多在微控制器软件和硬件系统开发中常用的各种得心应手的工具软件。

开发者中不乏有一些高手(例如，MicroPython 的原作者和代码贡献者们)，可以直接在 Linux 环境下搭建原生的 MicroPython 环境，以及必要的工具集。如果是熟悉 Linux 操作系统的微控制器开发者，那么在阅读本章时，可以概略地阅读本节的后续内容，了解必要的事项即可，而不必关注具体的操作细节。对于在大多数时间都在 Windows 操作系统上工作的开发者，建议关注本章讲述每一步操作的细节，因为作者在项目早期调试这些工具确实花了不少时间和精力，通过这些操作和工具，确保以原生的方式编译 MicroPython 项目过程中的每个环节能够正常执行，并最终生成了在微控制器上可执行的二进制文件。

2.2.1 安装 msys2 基础软件包

msys2 是 msys 的一个升级版，准确地说，是集成了 pacman 和 Mingw-w64 的 Cygwin 升级版，提供了 bash shell 等 Linux 环境、版本控制软件(git/hg)和 MinGW-w64 工具链。msys2 与 msys 最大的区别是移植了 Arch Linux 的软件包管理系统 pacman(其实是与 Cygwin 的区别)。下面将会使用 pacman 命令安装 make 等工具。

在 msys2 的官网(http://www.msys2.org/)可以下载当前最新的安装包。启动安装，安装到 C 盘根目录下即可，如图 2-4 所示。

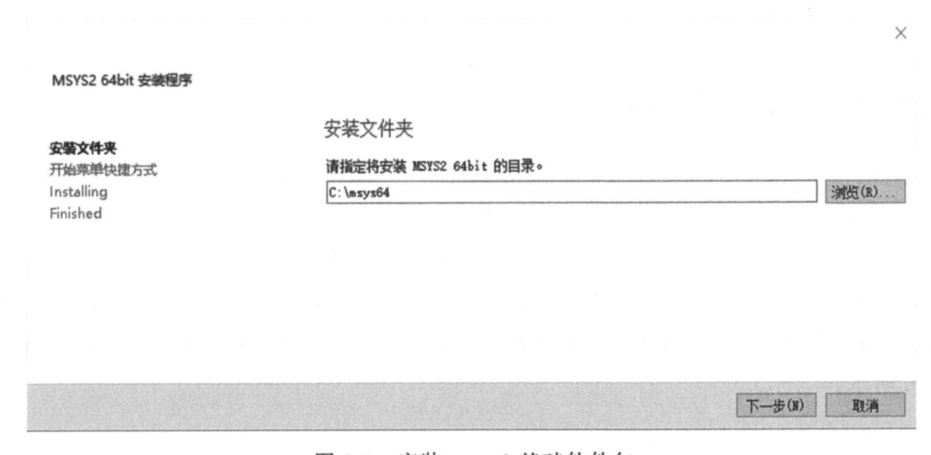

图 2-4　安装 msys2 基础软件包

安装完毕后，可以 msys2 的命令行终端里试用 Linux 下的文件夹查看命令 ls，确保可以正常运行。然后，再调用 Windows 系统下的“explorer .”命令查看当前的工作目录。从图 2-5 中可以看到，msys2 在自己的安装目录下创建了专门的用户目录，并包含了该用户环境的配置文件。例如，在后续开发中，可以在.bashrc 文件中配置一些 alias 条目，定制自己专属的缩写命令等。

注意，此时仅仅是安装好了 msys2 的基础软件包，相当于一个容器，容器中的 Python、Make 等软件尚未安装。通过“--version”命令参数，可以验证这些工具确实还没有安装到 msys2 中，见代码 2-2。

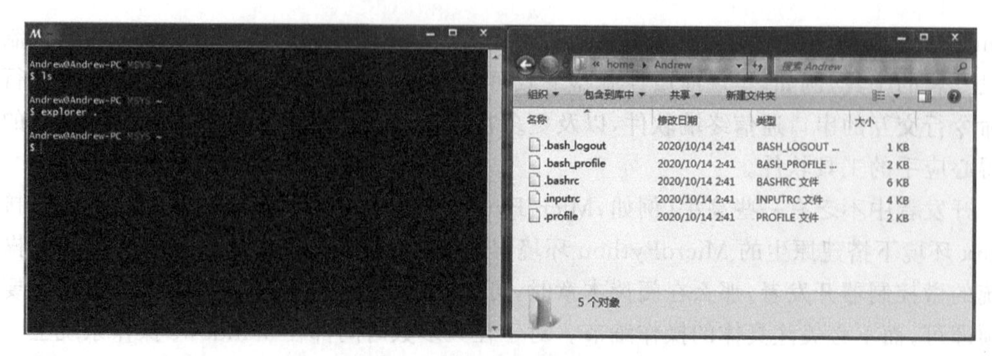

图 2-5　试用安装好的 msys2

代码 2-2　查看 msys2 中尚未安装必要工具

```
Andrew@Andrew-PC MSYS ~
$ python --version
bash: python: command not found

Andrew@Andrew-PC MSYS ~
$ make --version
bash: make: command not found

Andrew@Andrew-PC MSYS ~
$ gcc --version
bash: gcc: command not found
```

2.2.2　在 msys2 中安装 make

MicroPython 使用 Makefile 组织工程的编译过程，使用 make 工具解析并执行 Makefile 中的命令，因此需要在 msys2 中安装 make 工具。

首先，需要修改 pacman（msys2 的软件包管理器）的软件源。使用过 arch linux 的开发者都会知道，当使用 pacman 安装软件时，如果没有设置好软件源，那么下载速度将会非常慢。在 msys2 安装根目录下修改软件源镜像配置文件“\etc\pacman.d\mirrorlist.msys”，如图 2-6 所示。

图 2-6　修改 msys2 软件源的配置文件

面向国内用户，推荐使用清华大学或者中国科技大学的源。实际上，在默认安装设置下，这个配置文件就已经包含了它们的源地址了。但是它们并不会被优先选择。为了确保使它们生效，最好将选定软件源排在配置文件的前面。配置 mirrorlist. msys 文件中的源码，见代码 2-3。

代码 2-3 为 msys2 添加软件源

```
##
## 64-bit Mingw-w64 repository mirrorlist
##

## Primary
## Server = https://repo.msys2.org/mingw/x86_64/
## Mirrors
Server = https://mirrors.tuna.tsinghua.edu.cn/msys2/mingw/x86_64/
Server = http://mirrors.ustc.edu.cn/msys2/mingw/x86_64/
Server = http://mirror.bit.edu.cn/msys2/mingw/x86_64/
Server = https://mirrors.sjtug.sjtu.edu.cn/msys2/mingw/x86_64/
```

重启 msys2 软件，以确保修改后的配置文件生效。

之后在 msys2 中安装其他工具，就可使用全部的 pacman 命令了。常用的 pacman 命令如下：

```
pacman -Sy          # 更新软件包数据
pacman -Syu         # 更新所有
pacman -Ss xx       # 查询软件 xx 的信息
pacman -S xx        # 安装软件 xx
```

以安装 make 工具为例。先运行查询命令，查看 make 工具的可用版本，见代码 2-4。

代码 2-4 在 msys2 中查看 make 工具的可用版本

```
Andrew@Andrew-PC MSYS ~
$ pacman -Ss make
...
msys/make 4.3-1 (base-devel)
    GNU make utility to maintain groups of programs

...
```

在此处可以看到，每个软件分为了多个平台下的实现，如 mingw32、mingw64 和 msys。这里使用的是 msys2，因此对应下载 msys 分类下的 make。

运行命令，下载并安装 make 工具，见代码 2-5。

代码 2-5 在 msys2 中安装 make 工具

```
Andrew@Andrew-PC MSYS ~
$ pacman -S msys/make
```

```
resolving dependencies...
looking for conflicting packages...

Packages (1) make-4.3-1

Total Download Size:    0.45 MiB
Total Installed Size:   1.48 MiB

:: Proceed with installation? [Y/n] Y
:: Retrieving packages...
make-4.3-1-x86_64    456.7 KiB    374 KiB/s 00:01 [#######################] 100%
(1/1) checking keys in keyring                     [#######################] 100%
(1/1) checking package integrity                   [#######################] 100%
(1/1) loading package files                        [#######################] 100%
(1/1) checking for file conflicts                  [#######################] 100%
(1/1) checking available disk space                [#######################] 100%
:: Processing package changes...
(1/1) installing make                              [#######################] 100%
:: Running post-transaction hooks...
(1/1) Updating the info directory file...
```

通过运行"--version"命令参数,可以看到 make 工具已经安装成功,可正常运行。在 msys2 的命令行终端中显示执行命令的 log,见代码 2-6。

代码 2-6 在 msys2 中查看已安装 make 工具的版本

```
Andrew@Andrew-PC MSYS ~
$ make --version
GNU Make 4.3
Built for x86_64-pc-msys
Copyright (C) 1988-2020 Free Software Foundation, Inc.
License GPLv3+: GNU GPL version 3 or later <http://gnu.org/licenses/gpl.html>
This is free software: you are free to change and redistribute it.
There is NO WARRANTY, to the extent permitted by law.
```

2.2.3 在 msys2 中安装 Python

在以原生的方式编译 MicroPython 工程的过程中,需要调用 Python 执行一些文本处理操作,例如,提取 QSTR 字符串,在编译过程中创建一些头文件等。因此,需要在 msys2 环境下安装 Python。

在初期的尝试过程中,作者曾经使用在 msys2 引用 Windows 主机系统中已经安装的 Python 工具,实现在 msys2 中调用 Python 命令。但这个过程中出现了一些杂七杂八的问题,虽然后来一一克服,但总归是比较烦琐的操作。后来偶然发现,msys2 的 pacman 也包含了 Python 的安装包,之后在搭建 MicroPython 开发环境的时候,就换用了这种更简便的方式。

首先,在 pacman 中查看可用的 Python 版本,运行命令,见代码 2-7。

代码 2-7 在 msys2 中查看 Python 的可用版本

```
Andrew@Andrew-PC MSYS ~
$ pacman -Ss python
...
msys/python 3.9.9-1
    Next generation of the python high-level scripting language
...
```

然后，在 pacman 中安装 Python，运行命令，见代码 2-8。

代码 2-8 在 msys2 中安装 Python

```
Andrew@Andrew-PC MSYS ~
$ pacman -S msys/python
resolving dependencies...
looking for conflicting packages...

Packages (2) mpdecimal-2.5.0-1  python-3.9.9-1

Total Download Size:     16.22 MiB
Total Installed Size:   113.19 MiB

:: Proceed with installation? [Y/n] Y
:: Retrieving packages...
mpdecimal-2.5.0-...    104.8 KiB   162 KiB/s 00:01 [########################] 100%
python-3.9.9-1-x...     16.1 MiB  2.50 MiB/s 00:06 [########################] 100%
Total (2/2)             16.2 MiB  2.49 MiB/s 00:07 [########################] 100%
(2/2) checking keys in keyring                     [########################] 100%
(2/2) checking package integrity                   [########################] 100%
(2/2) loading package files                        [########################] 100%
(2/2) checking for file conflicts                  [########################] 100%
(2/2) checking available disk space                [########################] 100%
:: Processing package changes...
(1/2) installing mpdecimal                         [########################] 100%
(2/2) installing python                            [########################] 100%
```

最后，通过执行带“--version”参数的命令，确认 Python 安装成功，并正常运行，见代码 2-9。

代码 2-9 在 msys2 中查看已安装 Python 的版本

```
Andrew@Andrew-PC MSYS ~
$ python --version
Python 3.9.9
```

2.2.4 在 msys2 中安装 GCC 工具链

在编译 MicroPython 的过程中，如果需要预先把部分 Python 脚本程序编译成目标平台（微控制器）上执行的字节码（Python 层面上的可执行程序），则需要先通过交叉编译器

mpy-cross 将 Python 脚本程序编译一次。而这个交叉编译器本身，也是需要在宿主机中编译生成的。这里需要安装一个 Windows 操作系统平台上的 GCC 编译器，先用 Windows 的 GCC 编译出一个可以在 Windows 上运行的 Python 编译器 mpy-cross，这个新编译出来的 mpy-cross 编译器将编译 Python 脚本程序，用以生成微控制器上的 MicroPython 可以执行的 Python 文件。

仍然使用 pacman 软件包管理器中安装 GCC。

首先，在 pacman 中查看可用的 GCC 版本，运行命令，见代码 2-10。

代码 2-10　在 msys2 中查看 GCC 的可用版本

```
Andrew@Andrew-PC MSYS ~
$ pacman -Ss gcc
...
msys/gcc 10.2.0-1 (msys2-devel)
    The GNU Compiler Collection - C and C++frontends
...
```

然后，在 pacman 中安装 GCC，运行命令，见代码 2-11。

代码 2-11　在 msys2 中安装 GCC

```
Andrew@Andrew-PC MSYS ~
$ pacman -S msys/gcc
resolving dependencies...
looking for conflicting packages...

Packages (8) binutils-2.36.1-4  isl-0.22.1-1  mpc-1.2.1-1
             msys2-runtime-devel-3.2.0-15
             msys2-w32api-headers-9.0.0.6158.1c773877-1
             msys2-w32api-runtime-9.0.0.6158.1c773877-1
             windows-default-manifest-6.4-1  gcc-10.2.0-1

Total Download Size:      43.39 MiB
Total Installed Size:    320.78 MiB

:: Proceed with installation? [Y/n] Y
:: Retrieving packages...
   msys2-w32api-run...  1914.9 KiB  1577 KiB/s 00:01 [########################] 100%
   msys2-runtime-de...     5.3 MiB  3.04 MiB/s 00:02 [########################] 100%
   isl-0.22.1-1-x86_64 506.2 KiB   1841 KiB/s 00:00 [########################] 100%
   mpc-1.2.1-1-x86_64    67.4 KiB    695 KiB/s 00:00 [########################] 100%
   windows-default-...  1388.0   B  22.6 KiB/s 00:00 [########################] 100%
   msys2-w32api-hea...     4.7 MiB  1893 KiB/s 00:03 [########################] 100%
   binutils-2.36.1-...     5.2 MiB  1932 KiB/s 00:03 [########################] 100%
   gcc-10.2.0-1-x86_64   25.7 MiB  2.66 MiB/s 00:10 [########################] 100%
   Total (8/8)           43.4 MiB  4.34 MiB/s 00:10 [########################] 100%
(8/8) checking keys in keyring                      [########################] 100%
(8/8) checking package integrity                    [########################] 100%
(8/8) loading package files                         [########################] 100%
```

```
(8/8) checking for file conflicts                [ ######################## ] 100 %
(8/8) checking available disk space              [ ######################## ] 100 %
:: Processing package changes...
(1/8) installing binutils                        [ ######################## ] 100 %
(2/8) installing isl                             [ ######################## ] 100 %
(3/8) installing mpc                             [ ######################## ] 100 %
(4/8) installing msys2 - runtime - devel         [ ######################## ] 100 %
(5/8) installing msys2 - w32api - headers        [ ######################## ] 100 %
(6/8) installing msys2 - w32api - runtime        [ ######################## ] 100 %
(7/8) installing windows - default - manifest    [ ######################## ] 100 %
(8/8) installing gcc                             [ ######################## ] 100 %
:: Running post - transaction hooks...
(1/1) Updating the info directory file...
```

最后，通过执行带“--version”参数的命令，确认 GCC 安装成功，并正常运行，见代码 2-12。

代码 2-12　查看 msys2 中已安装的 GCC 版本

```
Andrew@Andrew - PC MSYS ~
$ gcc -- version
gcc (GCC) 10.2.0
Copyright (C) 2020 Free Software Foundation, Inc.
This is free software; see the source for copying conditions.  There is NO
warranty; not even for MERCHANTABILITY or FITNESS FOR A PARTICULAR PURPOSE.
```

2.2.5 在 msys2 中导入 arm-none-eabi-gcc

MicroPython 的源代码还是由 C 语言编写，最终是要通过 armgcc 编译器，将 C 程序代码编译成微控制器可执行的二进制文件。这里有个小插曲，作者在 pacman 中查看 GCC 的可用版本时，很惊喜地发现其中竟然有 arm-none-eabi-gcc 的身影，甚至还有给 AVR 微控制器使用的 GCC 编译器，见代码 2-13。这就意味着有机会使用 pacman 继续安装 armgcc 编译工具链。

代码 2-13　在 msys2 中查看可用的 armgcc 编译工具链

```
Andrew@Andrew - PC MSYS ~
$ pacman - Ss gcc
mingw32/mingw - w64 - i686 - arm - none - eabi - gcc 10.1.0 - 2 (mingw - w64 - i686 - arm - none -
eabi - toolchain)
    GNU Tools for ARM Embedded Processors - GCC (mingw - w64)
mingw32/mingw - w64 - i686 - avr - gcc 8.4.0 - 4 (mingw - w64 - i686 - avr - toolchain)
    GNU compiler collection for AVR 8 - bit and 32 - bit microcontrollers (mingw - w64)
...
mingw64/mingw - w64 - x86_64 - arm - none - eabi - gcc 10.1.0 - 2 (mingw - w64 - x86_64 - arm -
none - eabi - toolchain)
    GNU Tools for ARM Embedded Processors - GCC (mingw - w64)
mingw64/mingw - w64 - x86_64 - avr - gcc 8.4.0 - 4 (mingw - w64 - x86_64 - avr - toolchain)
...
```

但遗憾的是，msys 的分类下没有 arm-none-eabi-gcc，因此不得不需要用外部导入的方法，在 msys 中导入预先在 Windows 操作系统中安装好的 arm-none-eabi-gcc。实际上，在一些初期的开发试验过程中，也是用这种方法安装指定版本的 Python 编译器的。这种方法比较适合在网速特别慢并且需要下载的文件特别大的情况下。在这里，作者认为有必要专门描述一下“老办法”，因为其中的一些操作，例如，配置 msys2 下的环境变量，对后续使用 msys2 进行嵌入式开发还是非常有意义的。

Arm 官网（https://developer.arm.com/tools-and-software/open-source-software/developer-tools/gnu-toolchain/gnu-rm/downloads）提供了以压缩包方式发布的 arm-gcc-none-eabi 的编译器工具包，将之下载后解压到“C:/msys64/usr”目录下，如图 2-7 所示。

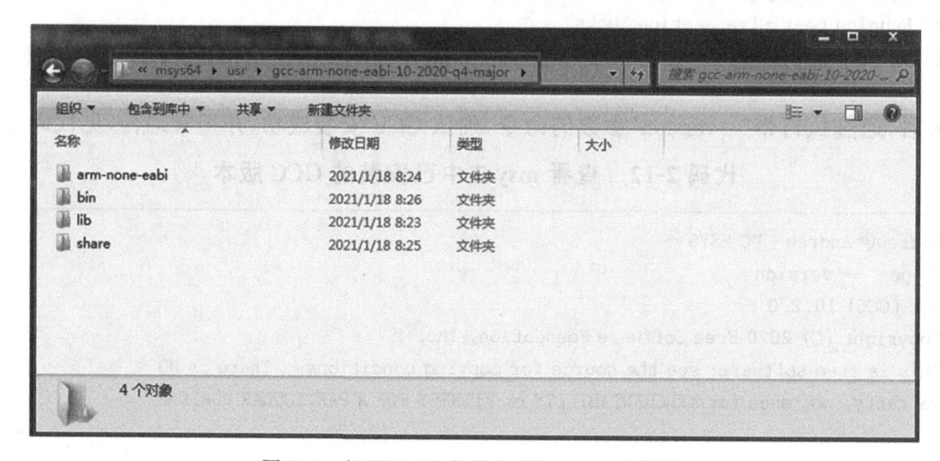

图 2-7　解压 GCC 软件包到 msys2 目录下

之后，在用户目录下的“/etc/profile”文件中添加对 arm-none-eabi-gcc.exe 等编译器工具链可执行程序的引用路径，如图 2-8 所示。

```
176    echo "#                                                         #"
177    echo "#                                                         #"
178    echo "###########################################################"
179    echo
180    echo
181  fi
182  unset MAYBE_FIRST_START
183
184  export PATH="/usr/Python38:/usr/Python38/Scripts:$PATH"
185  export PATH="/usr/gcc-arm-none-eabi-10-2020-q4-major/bin:$PATH"
186
```

图 2-8　在 profile 文件中添加 GCC 工具的路径

在文件末尾添加配置程序代码如下：

```
export PATH = "/usr/gcc - arm - none - eabi - 10 - 2020 - q4 - major/bin: $ PATH"
```

使用 source 命令如下，激活在.profile 文件中的变更，见代码 2-14。

代码 2-14　使用 source 命令激活变更配置

```
Andrew@Andrew - PC MSYS ~
$ source /etc/profile
```

此时，使用 echo 命令时查看环境变量 PATH 的最新值，就能看到其中已经包含了关于 arm-none-eabi-gcc 的引用路径了，见代码 2-15。

代码 2-15 使用 echo 命令时查看环境变量 PATH

```
Andrew@Andrew - PC MSYS ~
$ echo $PATH
/usr/local/bin:/usr/bin:/bin:/opt/bin:/c/Windows/System32:/c/Windows:/c/Windows/System32/
Wbem:/c/Windows/System32/WindowsPowerShell/v1.0/:/usr/bin/site_perl:/usr/bin/vendor_perl:/
usr/bin/core_perl

Andrew@Andrew - PC MSYS ~
$ source /etc/profile

Andrew@Andrew - PC MSYS ~
$ echo $PATH
/usr/gcc - arm - none - eabi - 10 - 2020 - q4 - major/bin:/usr/local/bin:/usr/bin:/bin:/opt/
bin:/c/Windows/System32:/c/Windows:/c/Windows/System32/Wbem:/c/Windows/System32/
WindowsPowerShell/v1.0/:/usr/bin/site_perl:/usr/bin/vendor_perl:/usr/bin/core_perl
```

也可以再试着运行 arm-none-eabi-gcc 的命令，查看版本号，从而验证 armgcc 已经可以在 msys2 中被正常调用。在 msys2 命令行终端中验证 arm-none-eabi-gcc 安装成功，见代码 2-16。

代码 2-16 在 msys2 中查看已安装 armgcc 编译工具链版本

```
Andrew@Andrew - PC MSYS ~
$ arm - none - eabi - gcc --version
arm - none - eabi - gcc.exe (GNU Arm Embedded Toolchain 10 - 2020 - q4 - major) 10.2.1 20201103
(release)
Copyright (C) 2020 Free Software Foundation, Inc.
This is free software; see the source for copying conditions.  There is NO
warranty; not even for MERCHANTABILITY or FITNESS FOR A PARTICULAR PURPOSE.
```

至此，编译 MicroPython 的工具已经全部准备完毕。

2.2.6 编译 minimal 工程验证编译工具链

minimal 是 MicroPython 代码仓库中自带的一个仅包含 MicroPython 内核的最小工程，可以作为开发者开始一个全新 MicroPython 项目的起点，也可以用来验证开发 minimal 开发环境的所必需的工具是否全部正常工作，以支持后续 MicroPython 的开发。

编译 MicroPython 的 minimal 工程之前，需要先在开发主机上编译创建 MicroPython 的交叉编译器 mpy-cross。mpy-cross 编译器用于将 Python 脚本文件编译成 MicroPython 可以直接执行的 mpy 字节码文件。在运行 MicroPython 时，直接导入 mpy 文件即可执行，从而节约了在微控制器平台上解释原始 Python 脚本程序的时间，提高了执行效率。这个操作对应于 Python 中的 frozen 模块的工作模式。

调用 mpy-cross 导入 frozen 模块的操作并不是必要的，但 minimal 工程中包含了实现这个操作过程的演示，因此，此处也尽量复现 minimal 原本的编译过程，尽量验证

MicroPython 完整的开发工具链。

首先，在 msys2 的命令行终端进入 mpy-cross 目录，执行其中的 Makefile 编译 mpy-cross 交叉编译程序，见代码 2-17。

代码 2-17　编译 MicroPython 中的 mpy-cross 交叉编译器

```
Andrew@Andrew-PC MSYS /c/_git_repo/micropython_su/micropython-1.16-mini/mpy-cross
# make
Use make V=1 or set BUILD_VERBOSE in your environment to increase build verbosity.
mkdir -p build/genhdr
GEN build/genhdr/mpversion.h
GEN build/genhdr/moduledefs.h
GEN build/genhdr/qstr.i.last
GEN build/genhdr/qstr.split
GEN build/genhdr/qstrdefs.collected.h
QSTR updated
GEN build/genhdr/qstrdefs.generated.h
mkdir -p build/lib/utils/
mkdir -p build/py/
CC ../py/mpstate.c
CC ../py/nlr.c
CC ../py/nlrx86.c
CC ../py/nlrx64.c
...
CC ../py/repl.c
CC ../py/smallint.c
CC ../py/frozenmod.c
CC main.c
CC gccollect.c
CC ../lib/utils/gchelper_generic.c
LINK mpy-cross
   text    data     bss     dec     hex filename
 305685    3784     416  309885   4ba7d mpy-cross
```

此时，在 mpy-cross 目录下，生成了一个文件 mpy-cross.exe，这就是 mpy-cross 交叉编译器。

然后，在 mys2 的命令行界面进入 ports/minimal 目录，继续执行其中的 Makefile，编译最终的 MicroPython 程序。需要特别注意的是，在运行 make 命令时，一定要传入"CROSS=1"选项，明确指定是面向微控制器平台进行交叉编译，否则会出现编译错误。编译过程见代码 2-18。

代码 2-18　编译 MicroPython 的 minimal 工程

```
Andrew@Andrew-PC MSYS /c/_git_repo/micropython_su/micropython-1.16-mini/ports/minimal
# make CROSS=1
Use make V=1 or set BUILD_VERBOSE in your environment to increase build verbosity.
mkdir -p build/genhdr
GEN build/genhdr/mpversion.h
GEN build/genhdr/moduledefs.h
GEN build/genhdr/qstr.i.last
```

```
GEN build/genhdr/qstr.split
GEN build/genhdr/qstrdefs.collected.h
QSTR updated
GEN build/genhdr/qstrdefs.generated.h
GEN build/genhdr/compressed.split
GEN build/genhdr/compressed.collected
Compressed data updated
GEN build/genhdr/compressed.data.h
mkdir -p build/build/
mkdir -p build/lib/libc/
mkdir -p build/lib/mp-readline/
mkdir -p build/lib/utils/
mkdir -p build/py/
CC ../../py/mpstate.c
CC ../../py/nlr.c
CC ../../py/nlrx86.c
CC ../../py/nlrx64.c
...
CC ../../py/repl.c
CC ../../py/smallint.c
CC ../../py/frozenmod.c
CC main.c
CC uart_core.c
CC ../../lib/utils/printf.c
CC ../../lib/utils/stdout_helpers.c
CC ../../lib/utils/pyexec.c
CC ../../lib/mp-readline/readline.c
MISC freezing bytecode
CC build/_frozen_mpy.c
CC ../../lib/libc/string0.c
LINK build/firmware.elf
   text    data     bss     dec     hex filename
  67296       0    2528   69824   110c0 build/firmware.elf
Create build/firmware.dfu
```

最后，成功完成编译和链接过程，生成 firmware.elf 文件，并额外生成了 firmware.dfu 文件。

至此，验证了面向 Arm 内核微控制器交叉编译 MicroPython 的软件开发环境已经搭建完毕。

2.3 硬件平台介绍

2.3.1 MM32F3 微控制器

本书描述的绝大多数设计方法和开发工作都是在 MM32F3 微控制器上验证的。来自上海灵动微电子的 MM32F3 系列微控制器，使用高性能的 Arm Cortex-M3 内核的 32 位微控制器，最高工作频率可达 120MHz，内置高速存储器(512KB Flash，128KB RAM)，丰富的 I/O 端口和多种外设。MM32F3 系列中的主要产品之一——MM32F3270 微控制器芯片的系统框图如图 2-9 所示。

其中包含：

- 3 个 12 位的 ADC、2 个 12 位的 DAC、2 个比较器。

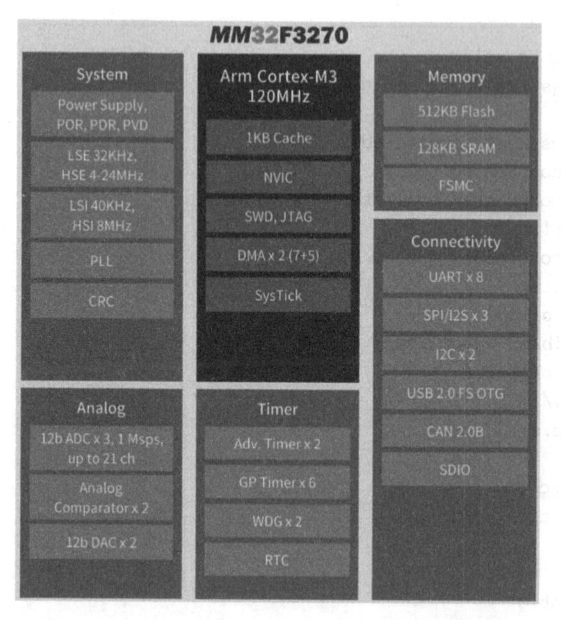

图 2-9 MM32F3270 微控制器芯片的系统框图

- 2 个 16 位通用定时器、2 个 32 位通用定时器、2 个 16 位基本定时器和 2 个 16 位高级定时器。
- 2 个 I2C 接口、3 个 SPI 接口、3 个 I2S 接口和 8 个 UART 接口。
- 1 个 USB OTG 全速接口。
- 1 个 CAN 接口。
- 1 个 SDIO 接口。
- 工作电压为 2.0～5.5V。
- 工作温度范围(环境温度)－40～85℃工业型和－40～105℃扩展工业型(后缀为 V)。
- 多种省电工作模式支持低功耗应用的需求。
- 提供 LQFP144、LQFP100、LQFP64、LQFP48 和 QFN40 封装。

目前,MM32F3270 系列微控制器包含的具体型号清单如图 2-10 所示。

Series	Part No.	Core	Max Speed (MHz)	Memory			I/O#	Timer Functions				Connectivity							Analog Interface			Pin Info		Operation Temp
				Flash (KB)	RAM (KB)	Ext. Bus I/F		Adv TMR	GP TMR	WDG	RTC	UART	I^2C	SPI	FS	USB 2.0 FS	CAN 2.0B	SDIO	ADC (1Msps, 12bit)	DAC (12bit)	ACMP	Package	Package Size	
MM32F3270	MM32F3273E6P	M3	120	256	128		38	2	6	2	Y	7	2	2	2	D/H/O	1		2, 10ch	2	2	LQFP48	7x7	-40~85C
	MM32F3273E7P	M3	120	256	128		52	2	6	2	Y	7	2	2	2	D/H/O	1	1	2, 16ch	2	2	LQFP64	10x10	-40~85C
	MM32F3273E8P	M3	120	256	128	FSMC	84	2	6	2	Y	8	2	2	2	D/H/O	1	1	2, 16ch	2	2	LQFP100	14x14	-40~85C
	MM32F3273E9P	M3	120	256	128	FSMC	116	2	6	2	Y	8	2	3	3	D/H/O	1	1	3, 21ch	2	2	LQFP144	20x20	-40~85C
	MM32F3273G6P	M3	120	512	128		38	2	6	2	Y	7	2	2	2	D/H/O	1		2, 10ch	2	2	LQFP48	7x7	-40~85C
	MM32F3273G7P	M3	120	512	128		52	2	6	2	Y	7	2	2	2	D/H/O	1	1	2, 16ch	2	2	LQFP64	10x10	-40~85C
	MM32F3273G8P	M3	120	512	128	FSMC	84	2	6	2	Y	8	2	2	2	D/H/O	1	1	2, 16ch	2	2	LQFP100	14x14	-40~85C
	MM32F3273G9P	M3	120	512	128	FSMC	116	2	6	2	Y	8	2	3	3	D/H/O	1	1	3, 21ch	2	2	LQFP144	20x20	-40~85C
	MM32F3273GAQ	M3	120	512	128		27	2	6	2	Y	4	2	2	2	D/H/O	1		2, 10ch	2	2	QFN40	6x6	-40~85C

图 2-10 MM32F3270 系列微控制器选型表

MM32F3270 系列微控制器,适合于多种应用场合,包括工业控制、小型 PLC、家电控制、指纹识别、打印机、消防监控、电梯主控、断路器、电池管理、不间断电源、LED 面板控制、GPS 追踪器、通信转换模块等。

2.3.2 PLUS-F3270 开发板

本书使用逐飞科技设计并发售的 PLUS-F3270 开发板作为调试和实验平台。PLUS-

F3270 开发板以 LQFP144 封装的 MM32F3273G9P 作为主控芯片，集成 JTAG 调试插座和 SWD 调试插座、TF 卡插座、USB 转串口电路、复位按键等支持 MicroPython 必要的外扩电路，同时集成了更加丰富的外扩电路，并将所有信号通过 2.54mm 间距的插针引出，便于用户测量或进行二次开发使用微控制器的信号。PLUS-F3270 开发板如图 2-11 所示。

图 2-11　PLUS-F3270 开发板实物效果图

PLUS-F3270 开发板集成了丰富的扩展电路资源，包括：

- 1 个独立的 DC 电源插座，可以使用最高 14V 的直流电压输入。内部通过两组独立的 DC/DC 电路分别给舵机插座和其他包含主控芯片系统的电路供电。
- 1 个 2.54mm 间距的 2×10P JTAG 调试器插座，支持 SWD 接口。
- 1 个复位按键、4 个可编程用户按键、4 路拨码开关。
- 3 个可编程 LED 灯。
- 1 个 12MHz 晶振，为主控芯片提供外部时钟源。
- 1 个基于 CH340E 的 USB 转串口电路，使用 Type-C 插座。
- 2 个 USB 插座对应主控芯片 USB，USB 设备通过 USB Type-C 插座引出，USB 主机通过 USB Type-A 插座引出。
- 1 个 RS485 通信端口。
- 1 个 CAN 通信端口。
- 2 路 ADC 输入端口、1 个光敏电阻、1 个温敏电阻、1 个电位器。
- 1 个 SPI Flash 存储芯片。
- 1 个 I2C EEPROM 存储芯片、1 个 I2C 接口的加速度传感器。
- 1 个 MicroSD 卡插座。
- 1 个 FSMC 接口外扩的 LCD 屏模块插座，可选配 320×480 的 TFT 显示屏模块。
- 1 个外扩 8 MB 的 PSRAM。

其中，MM32F3 微控制器的最小系统电路以及运行 MicroPython 需要的 SD 卡插座电路如图 2-12 所示。

在本书的配套资源中，可以查阅 PLUS-F3270 的原理图文件 plus-f3270-schematic.pdf 和 nano-f3270-sch.pdf。

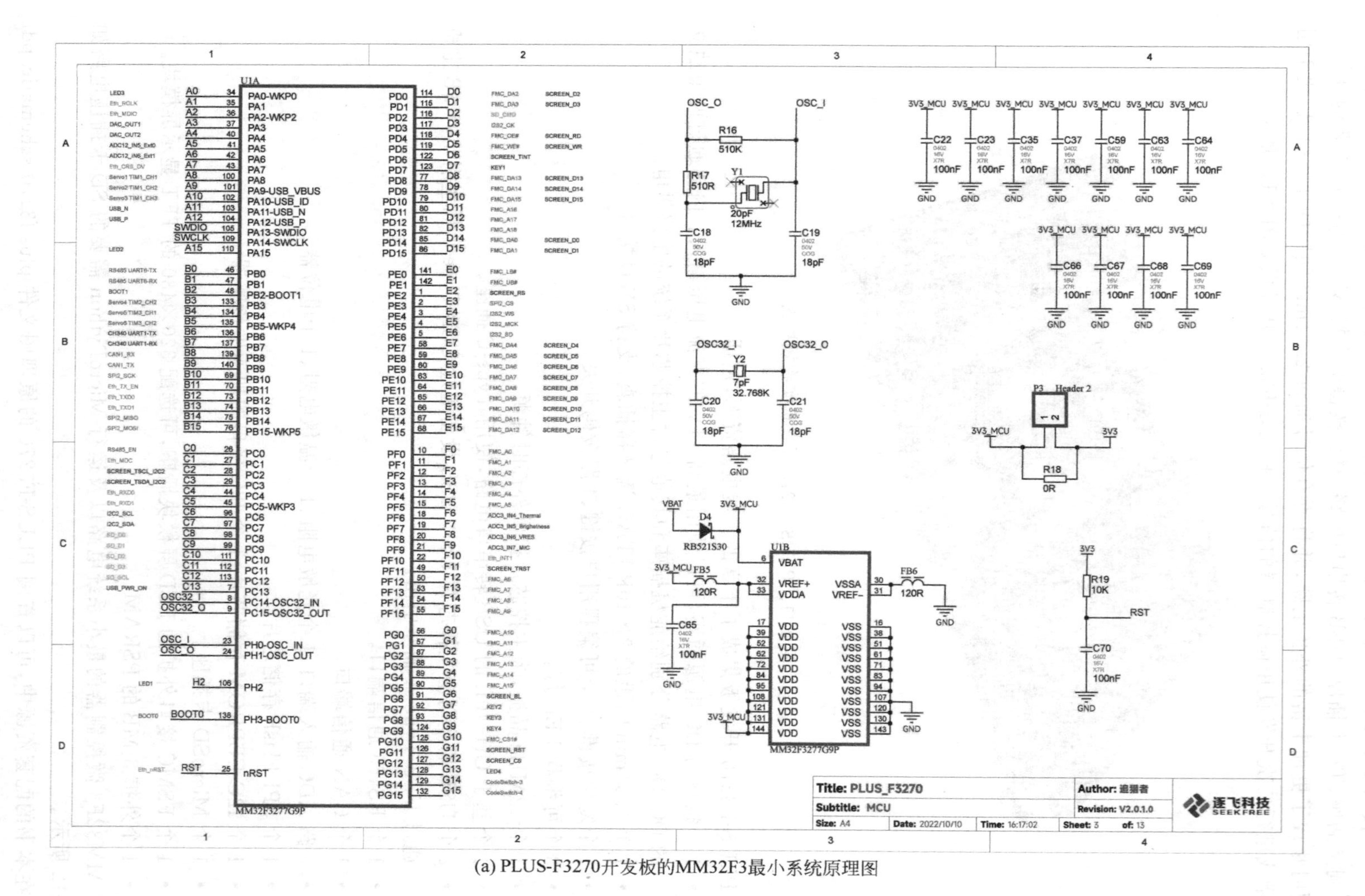

(a) PLUS-F3270开发板的MM32F3最小系统原理图

图 2-12 PLUS-F3270 开发板的 MM32F3 最小系统原理图及 SD 卡接口电路

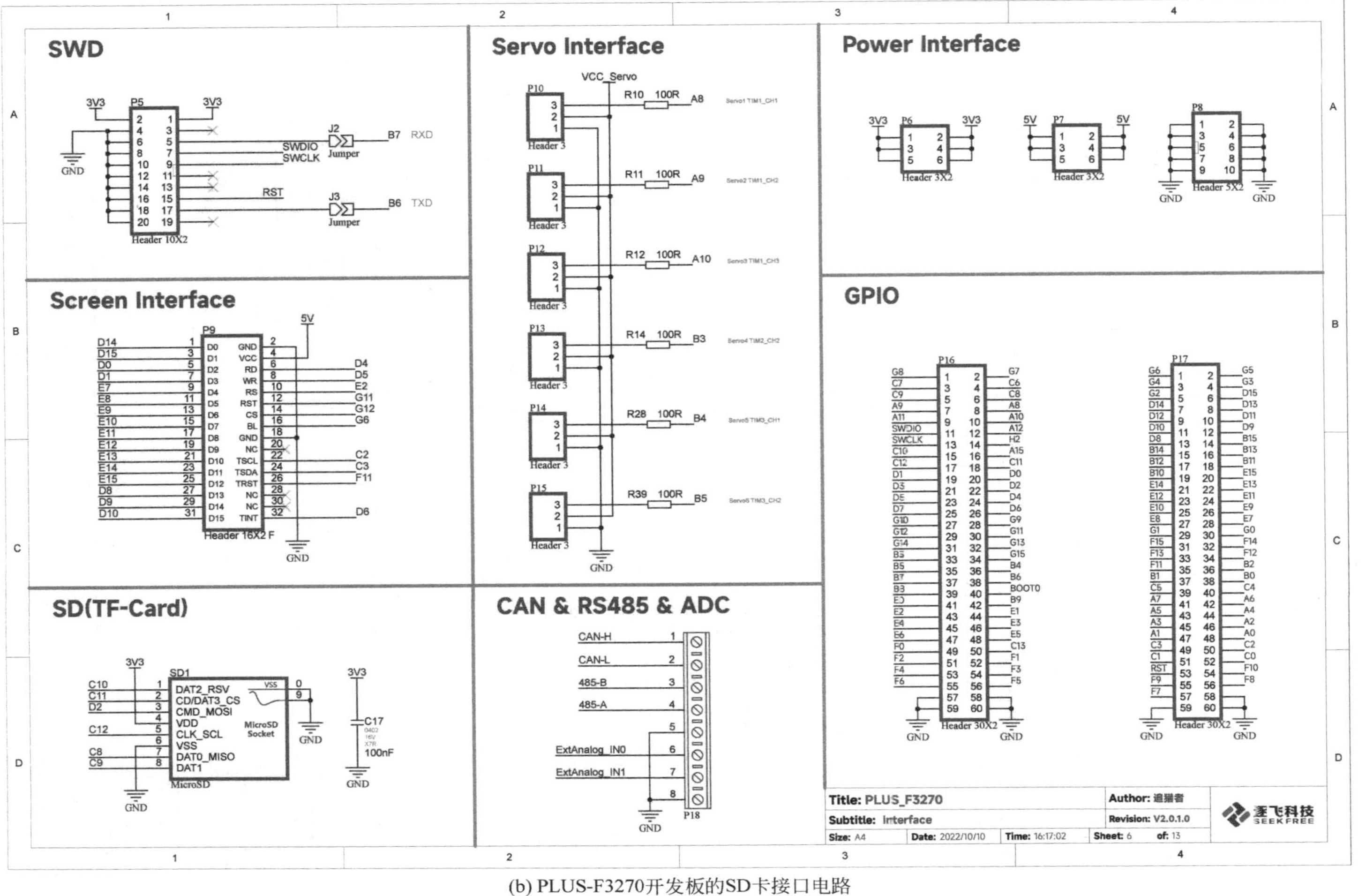

(b) PLUS-F3270开发板的SD卡接口电路

图 2-12 （续）

2.3.3 F3270 最小系统实验板

卓晴老师在 F3270 微控制器上开发 MicroPython 时，为了方便实验，也做了一块非常有趣的小板子。不同于在 PLUS-F3270 开发板上使用 LQFP144 封装的主控芯片，在 F3270 最小系统实验板上，使用了更加小巧的 LQFP64 封装的主控芯片。除了封装不同外，两个芯片的片内资源完全相同，程序也完全兼容。

现在流行的一些 MicroPython 板卡，大都是将单片机、调试接口以及必要的电路紧凑封装在一个电路板上，外部通过间距 100mil 的插针方便与其他电路板、面包板相连，完成基础的测试实验。相比于 PLUS-F3270 实验板，这种实验电路板能够更加灵活地搭建各种测试电路。这里给出了带有 SD 卡的最小系统实验电路板的设计原理图和 PCB 版图。有意思的是，为了适应基于热转印快速制版，PCB 版图专门进行了单面铺设，仅使用少量欧姆电阻充当跳线，便可以在单面覆铜板上制作建议实验电路板了。

图 2-13 中展示了 F3270 最小系统实验板的原理图。

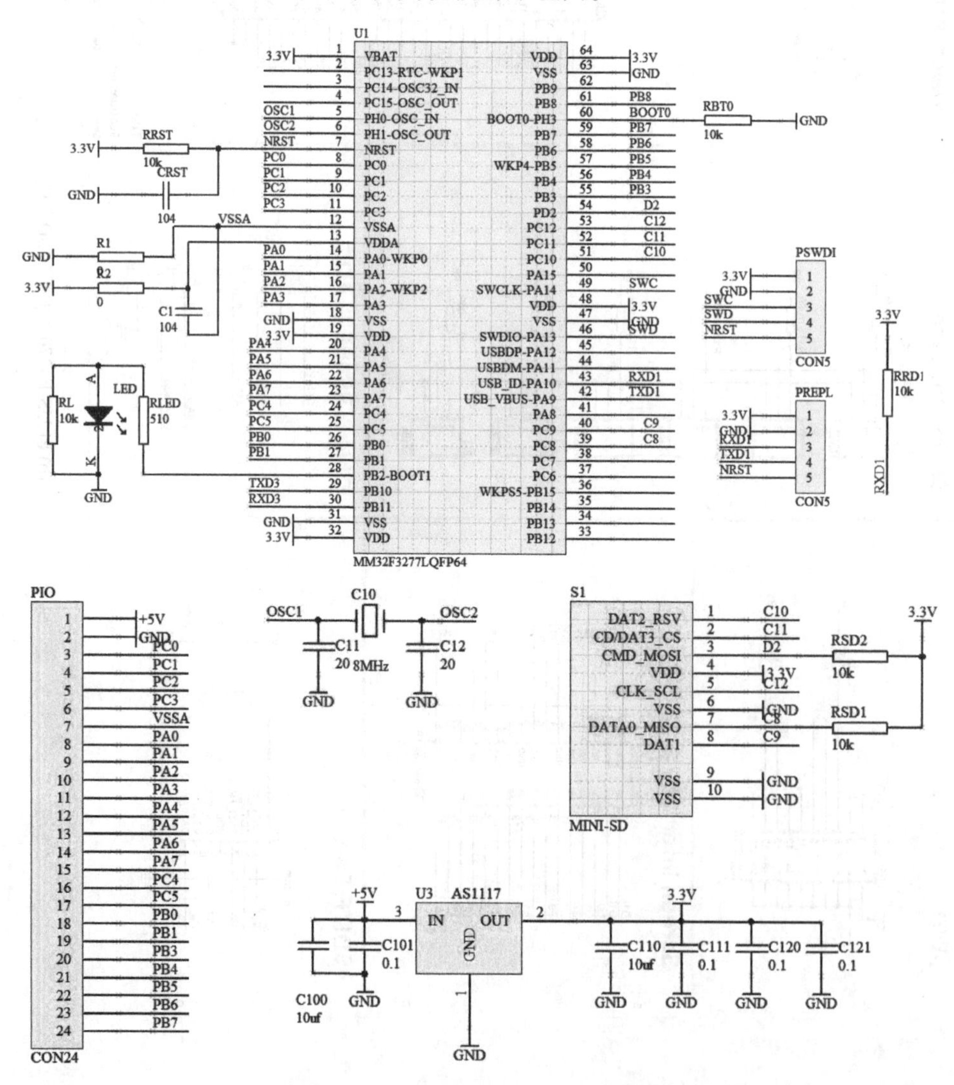

图 2-13 F3270 最小系统实验板的原理图

图 2-14 展示了 F3270 最小系统实验板的 PCB 版图，它适合单面快速制版。如果使用双面板制作，可以将电路制作得更加精巧。最终经焊接元件后的电路板实物如图 2-15 所示。它可以插在面板板上构建实验电路。

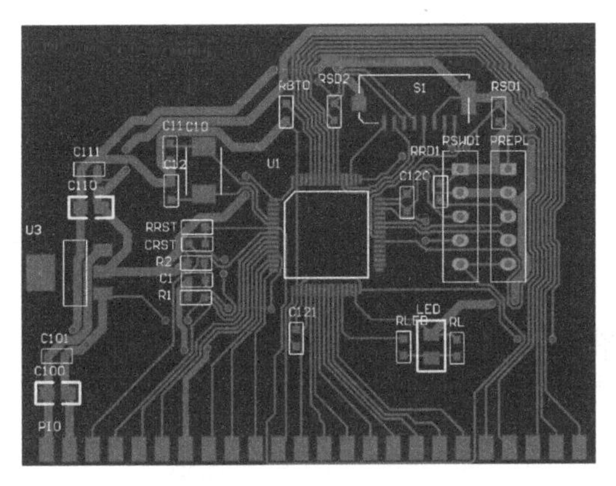

图 2-14 F3270 最小系统实验板的 PCB 版图

图 2-15 F3270 最小系统实验板实物图

关于制作 F3270 最小系统实验板的设计文件，可在本书的配套资源中找到，详见 f3270-minibrd-pcb.zip。

2.3.4 POKT-KE18F 开发板

本书的大部分开发工作都是基于 MM32F3270 微控制器平台完成的，但某些具体的功能，由于 MM32F3270 微控制器硬件设计的限制，无法充分展现出 MicroPython 的工作机制和设计方法。例如，在讲述 MicroPython 硬件 I2C 类模块的实现过程中，为了支持 I2C 类模块的 scan()方法，machine_i2c 框架要求硬件 I2C 外设能够实现发送“零负载”数据帧的功能，即 I2C 主机仅发送设备地址后等待总线回应 ACK 或 NACK。为此，作者又特别设计了使用 NXP 半导体公司设计的 KE18F 微控制器作为主控芯片的 POKT-KE18F 开发板，KE18F 上 LPI2C 模块可以充分支持 machine_i2c 对硬件 I2C 外设的需求。以此来完整地讲述使用 machine_i2c 框架设计硬件 I2C 类模块的方法。

图 2-16 展示了 POKT-KE18F 开发板的原理图。

图 2-17 展示了 POKT-KE18F 开发板的实物效果图。

POKT-KE18F 开发板上除了必要的 SD 卡插座和 USB 转串口电路外，还加入了使用 I2C 接口的 MPU6050 六轴加速度传感器，可用于完成 I2C 通信相关的实验。

2.3.5 MindSDK 软件包

MindSDK 是由灵动官方的软件团队开发和维护的基于灵动微控制器的软件开发平台。

- MindSDK 包含开发灵动微控制器所必需的芯片头文件、启动程序、连接命令脚本等源码，包含灵动微控制器集成外设模块的驱动程序源码，以及大量便于用户使用的软件组件源码和开发工具。
- MindSDK 还提供了丰富的其样例工程和综合演示工程，便于用户在一个具体的应用场景中了解驱动程序和软件组件的 API 的用法，并且可以直接在 MindSDK 支持的硬件开发板上下载和运行，以演示实际的工作情况。

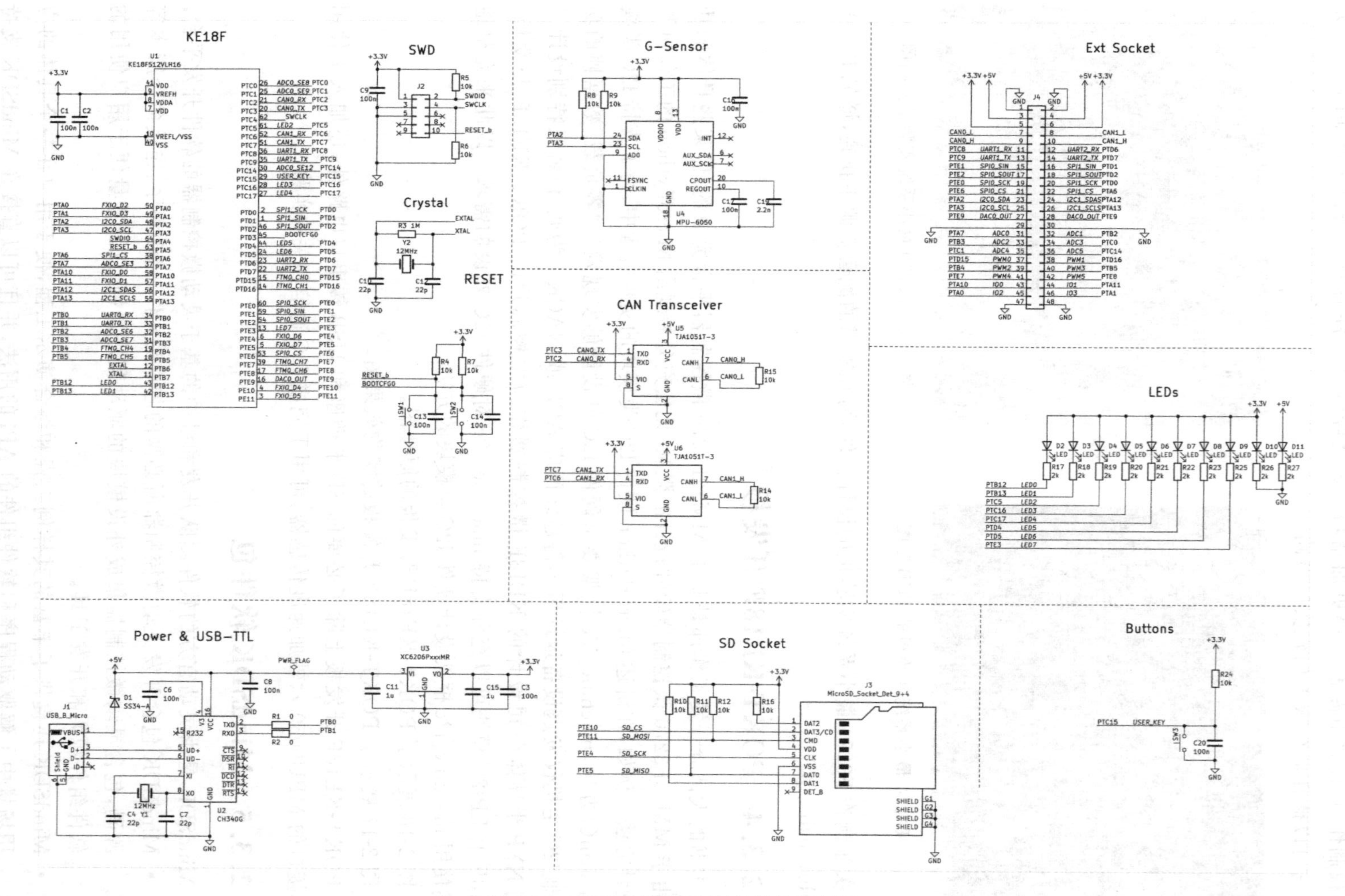

图 2-16 POKT-KE18F 开发板的原理图

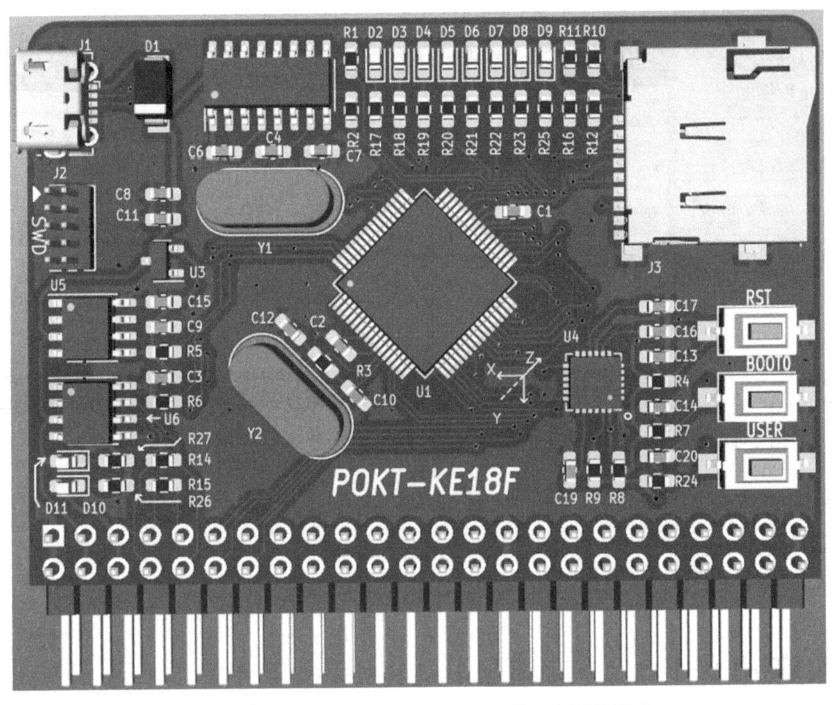

图 2-17　POKT-KE18F 开发板的实物效果图

- MindSDK 在灵动主流的微控制器间实现了跨平台兼容，同一份样例工程可以在不同平台之间无缝移植，便于用户在产品选型阶段快速完成评估，选择最具性价比型号的微控制器。
- MindSDK 的驱动代码经过充分的测试，可提供稳定可靠的软件支持。

MindSDK 软件包的系统框图如图 2-18 所示。

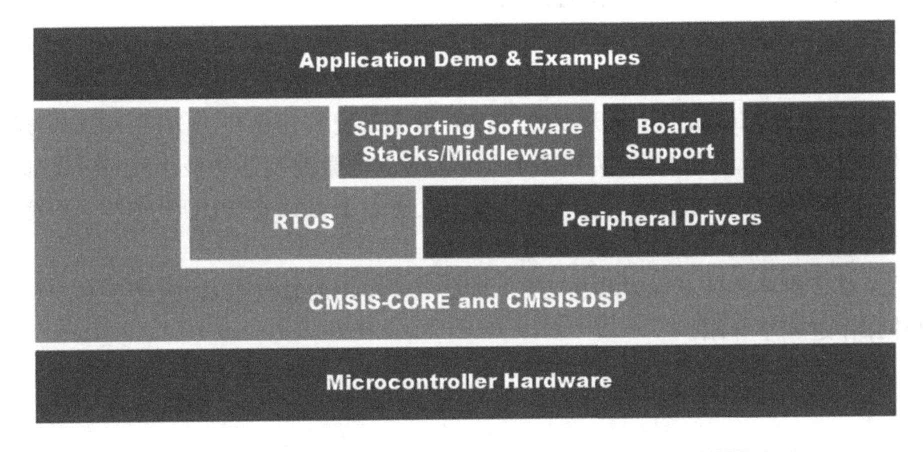

图 2-18　MindSDK 软件包的系统框图

使用 MindSDK 的线上发布平台可以下载灵动微控制器的软件支持包。操作步骤如图 2-19 所示。

图 2-19　使用 MindSDK 的线上发布平台下载灵动微控制器的软件支持包

本书的配套资源中也附带了预先下载的 PLUS-F3270 的 SDK 代码包：

- plus-f3270_armgcc. zip/plus-f3270_mdk. zip。
- plus-f3270_hello_world_armgcc. zip/plus-f3270_hello_world_mdk. zip。

2.4 本章小结

本章详细描述了搭建 MicroPython 开发环境的准备工作：

- 从 MicroPython 的官网获取 MicroPython 的源码包，并对 MicroPython 源码的文件组织结构进行了说明，便于后续阅读代码和新增源文件。
- 基于 Windows 操作系统安装必要的软件工具，打通了以原生的开发方式编译 MicroPython 的各个流程，以 MicroPython 自带的 Minimal 工程为例，生成可执行文件以验证工具链安装及配置的正确性。
- 介绍了本书进行 MicroPython 开发的硬件电路系统，搭载了灵动 MM32F3270 微控制器的 PLUS-F3270 开发板，以及对应的软件开发包。
- 介绍了辅助 MicroPython 开发的 F3270 最小系统实验板和 POKT-KE18F 开发板。

第 3 章将在 MicroPython 中实现基于 MM32F3270 微控制器的最小移植：添加必要的源文件，使用本章中准备好的编译工具链，编译生成一个可以在 PLUS-F3270 开发板上运行 Python 内核的工程。

在后续章节讲述具体开发过程中，还会涉及一些实用的软件工具，这些工具及使用情况将在具体操作过程中介绍。

第3章

移植 MicroPython 最小工程

MicroPython 提供了 minimal 工程，它是基于微控制器平台开发的起点。本章将在现有的 MM32F3 微控制器平台上移植 minimal 工程并将之下载到 MM32F3 的开发板上，利用 UART 串口作为 REPL，在 MM32F3 微控制器上运行 MicroPython 内核来执行 Python 脚本。在移植 minimal 工程的过程中，也将为后续增加硬件外设相关的类模块做好规划，约定好后续添加源代码的规则。

3.1 MicroPython 的最小工程

原始的 MicroPython 提供了两个最小工程：bare-arm 和 minimal。bare-arm 相对于 minimal 更小，它以最简单直接的方式实现了一个完整的 Arm 内核微控制器平台上的 MicroPython 移植。bare-arm 工程的移植代码及其 Makefile 都是最简单的，对于想深入研究 MicroPython 内核的开发者有比较高的价值，这个工程以最小的代码量同一个可运行的微控制器平台建立关联，可以让开发者集中精力调试 MicroPython 内核，尽量减少在编译具体微控制器平台相关源码上所花费的时间。

对于关注应用的开发者，通常会将开发和研究的重心放在具体的微控制器平台上，而非实现 Python 功能的内核。作者参考 MicroPython 社区开发者的建议和自己的开发经验，选择 minimal 作为基于平台进行开发的起点。相对于 bare-arm，minimal 工程的组织结构对在微控制器平台上实现各部分功能的源代码进行了明确的划分，并且引入了 MicroPython 的存储管理组件 GC，它更接近一个成熟的移植项目。基于一个具体的微控制器平台，以 minimal 工程为起点，只要继续新增与微控制器外设和电路板相关的类模块即可。

3.1.1 minimal 项目目录下的文件

minimal 项目目录下包含基于微控制器 STM32F405 且支持 MicroPython 的基本移植源代码和项目组织文件，见表 3-1。

表 3-1 minimal 项目目录下的文件

文件名	功能简要说明
frozentest. mpy/ frozentest. py	Python 预编译功能的测试代码
main. c	minimal 项目的 main()函数所在文件

续表

文 件 名	功 能 简 要 说 明
Makefile	minimal 项目组织文件，通过 make 启动编译过程
mpconfigport. h	移植过程中对 MicroPython 的配置文件，主要配置 MicroPython 内核
mphalport. h	移植过程中对底层硬件的配置文件，目前仅适配了一个空的时钟服务的底层实现，后续会适配引脚
qstrdefsport. h	人工定义 MicroPython 中的 QSTR 字符关键字清单，同 MicroPython 编译过程中从源代码中扫描提取的 QSTR 整合，生成最终的 QSTR 源文件交给 C 编译器
stm32f405. ld	基于具体微控制器平台 STM32F405 的链接命令文件，用于管理可执行程序中的内存分布。按照 gcc 编译工具链需要的格式编写
uart_core. c	实现通过具体微控制器的 UART 对接 REPL 的源程序

3.1.1.1 微控制器平台最小工程

main. c、uart_core. c 和 stm32f407. ld 文件与微控制器平台紧密相关，可直接访问微控制器寄存器或者调用固件库。这部分源代码是嵌入式系统软件工程师熟悉的内容，通常也能在微控制器的固件库中找到对应的内容。在 uart_core. c 中，更是可以直接操作微控制器硬件寄存器，并定义了 REPL 使用的串口的相关操作，见代码 3-1。

代码 3-1 uart_core. c 文件中绑定 REPL 的串口

```
/*
 * Core UART functions to implement for a port
 */

#if MICROPY_MIN_USE_STM32_MCU
typedef struct {
    volatile uint32_t SR;
    volatile uint32_t DR;
} periph_uart_t;
#define USART1 ((periph_uart_t *)0x40011000)
#endif

// 接收单个字符
int mp_hal_stdin_rx_chr(void) {
    unsigned char c = 0;
    #if MICROPY_MIN_USE_STDOUT
    int r = read(STDIN_FILENO, &c, 1);
    (void)r;
    #elif MICROPY_MIN_USE_STM32_MCU
    // wait for RXNE
    while ((USART1->SR & (1 << 5)) == 0) {
    }
    c = USART1->DR;
    #endif
    return c;
}
```

```
// 发送指定长度的字符串
void mp_hal_stdout_tx_strn(const char * str, mp_uint_t len) {
    #if MICROPY_MIN_USE_STDOUT
    int r = write(STDOUT_FILENO, str, len);
    (void)r;
    #elif MICROPY_MIN_USE_STM32_MCU
    while (len--) {
        // wait for TXE
        while ((USART1->SR & (1 << 7)) == 0) {
        }
        USART1->DR = *str++;
    }
    #endif
}
```

main.c 文件也包含了 STM32F405 的中断向量表和复位向量函数的定义,与 stm32f407.ld 文件一起构建了 STM32F405 微控制器的最小工程。其中,定义微控制器复位上电的程序执行流程的代码,见代码 3-2。

代码 3-2 minimal 中 main.c 定义的微控制器复位程序执行流程

```
#if MICROPY_MIN_USE_CORTEX_CPU

// 这里使用了 Cortex-M 内核处理器最简单的上电复位操作流程
extern uint32_t _estack, _sidata, _sdata, _edata, _sbss, _ebss;

void Reset_Handler(void) __attribute__((naked));
void Reset_Handler(void) {
    // 设定栈顶指针
    __asm volatile ("ldr sp, =_estack");
    // 将.data 段内容从 Flash 搬运到 RAM
    for (uint32_t *src = &_sidata, *dest = &_sdata; dest < &_edata;) {
        *dest++ = *src++;
    }
    // 将.bss 段的 RAM 空间清零
    for (uint32_t *dest = &_sbss; dest < &_ebss;) {
        *dest++ = 0;
    }
    // 跳转到用户定义的启动函数
    void _start(void);
    _start();
}

void Default_Handler(void) {
    for (;;) {
    }
}

// Cortex-M 处理器内核的中断向量表
```

```
const uint32_t isr_vector[] __attribute__((section(".isr_vector"))) = {
    (uint32_t)&_estack,
    (uint32_t)&Reset_Handler,
    (uint32_t)&Default_Handler, // NMI_Handler
    (uint32_t)&Default_Handler, // HardFault_Handler
    (uint32_t)&Default_Handler, // MemManage_Handler
    (uint32_t)&Default_Handler, // BusFault_Handler
    (uint32_t)&Default_Handler, // UsageFault_Handler
    0,
    0,
    0,
    0,
    (uint32_t)&Default_Handler, // SVC_Handler
    (uint32_t)&Default_Handler, // DebugMon_Handler
    0,
    (uint32_t)&Default_Handler, // PendSV_Handler
    (uint32_t)&Default_Handler, // SysTick_Handler
};

void _start(void) {
// 当执行至此,CPU 系统的堆栈都已经初始化完毕,bss 段已清零,data 段已赋初值
    // SCB->CCR: enable 8-byte stack alignment for IRQ handlers, in accord with EABI
    *((volatile uint32_t *)0xe000ed14) |= 1 << 9;

    // 初始化硬件外设
    #if MICROPY_MIN_USE_STM32_MCU
    void stm32_init(void);
    stm32_init();
    #endif

    // 至此,已经准备好运行环境,并可进入用户定义的 main()函数
    main(0, NULL);

    // 不应该执行到这里
    for (;;) {
    }
}

#endif
```

3.1.1.2 在 main()中启动 MicroPython

main.c 中的 main()函数实现了启动 MicroPython 作为一个大应用程序的初始化和执行过程,见代码 3-3。

代码 3-3 minimal 项目中 main()函数启动 MicroPython

```
static char *stack_top;
#if MICROPY_ENABLE_GC
```

```
static char heap[2048];
#endif

/* main()函数,应用程序入口 */
int main(int argc, char **argv)
{
    int stack_dummy;
    stack_top = (char *)&stack_dummy;

    #if MICROPY_ENABLE_GC
    gc_init(heap, heap + sizeof(heap));
    #endif
    mp_init();
    #if MICROPY_ENABLE_COMPILER
    #if MICROPY_REPL_EVENT_DRIVEN
    pyexec_event_repl_init();
    for (;;) {
        int c = mp_hal_stdin_rx_chr();
        if (pyexec_event_repl_process_char(c)) {
            break;
        }
    }
    #else
    pyexec_friendly_repl();
    #endif
    // do_str("print('hello world!', list(x+1 for x in range(10)), end='eol\\n')",
MP_PARSE_SINGLE_INPUT);
    // do_str("for i in range(10):\r\n  print(i)", MP_PARSE_FILE_INPUT);
    #else
    pyexec_frozen_module("frozentest.py");
    #endif
    mp_deinit();
    return 0;
}
```

从源代码中可以看到,minimal 项目的执行流程如下:

(1) 初始化内存管理器,调用 gc_init()指定堆空间。GC 是 MicroPython 的内存管理组件,实例化对象创建的内存,都是存放在 GC 管辖的内存中。顾名思义,在 MicroPython 认为的特定时机,也会回收不再使用的变量所占用的内存。

(2) 初始化 MicroPython 内核,调用 mp_init()。

(3) 初始化 REPL,调用 pyexec_event_repl_init()。

(4) 之后就是在一个无限循环中从 UART 串口接收数据,解析,然后执行。或者在 pyexec_friendly_repl()函数中做类似的人机交互。再或者,直接执行 frozentest.py 脚本。这里的 MICROPY_ENABLE_GC、MICROPY_ENABLE_COMPILER 是在 mpconfigport.h 中指定的,见代码 3-4。

代码 3-4　mpconfigport. h 中关于解释器和 GC 的配置

```
#define MICROPY_ENABLE_COMPILER           (1)
#define MICROPY_ENABLE_GC                 (1)
```

MICROPY_REPL_EVENT_DRIVEN 没有出现在 mpconfigport. h 中，这里使用的是默认值，在源文件 py/mpconfig. h 中指定，见代码 3-5。

代码 3-5　mpconfig. h 中关于 REPL 的配置

```
// Whether port requires event - driven REPL functions
#ifndef MICROPY_REPL_EVENT_DRIVEN
#define MICROPY_REPL_EVENT_DRIVEN (0)
#endif
```

所以，这里的 main. c 实际执行的是 pyexec_friendly_repl()，这个函数位于 py/pyexec. c 文件中，见代码 3-6。

代码 3-6　pyexec. c 中的 pyexec_friendly_repl()

```
int pyexec_friendly_repl(void) {
    vstr_t line;
    vstr_init(&line, 32);

friendly_repl_reset:
    mp_hal_stdout_tx_str("MicroPython " MICROPY_GIT_TAG " on " MICROPY_BUILD_DATE ";
" MICROPY_HW_BOARD_NAME " with " MICROPY_HW_MCU_NAME "\r\n");
    #if MICROPY_PY_BUILTINS_HELP
    mp_hal_stdout_tx_str("Type \"help()\" for more information.\r\n");
    #endif
    ...
    vstr_reset(&line);
    int ret = readline(&line, ">>> ");
    ...
            // got a line with non - zero length, see if it needs continuing
            while (mp_repl_continue_with_input(vstr_null_terminated_str(&line))) {
                vstr_add_byte(&line, '\n');
                ret = readline(&line, "... ");
                if (ret == CHAR_CTRL_C) {
                    // cancel everything
                    mp_hal_stdout_tx_str("\r\n");
                    goto input_restart;
                } else if (ret == CHAR_CTRL_D) {
                    // stop entering compound statement
                    break;
                }
            }
    ...
        ret = parse_compile_execute(&line, parse_input_kind, EXEC_FLAG_ALLOW_DEBUGGING |
EXEC_FLAG_IS_REPL | EXEC_FLAG_SOURCE_IS_VSTR);
```

```
        if (ret & PYEXEC_FORCED_EXIT) {
            return ret;
        }
}
```

从代码 3-6 中可以看到，每次复位开发板后，在 REPL 中显示的一串包含版本号和开发板信息的字符串，就是在这里输出的。之后，通过 vstr 相关函数逐行获取 REPL 的输入字符串，最后放到 parse_compile_execute()函数中，执行 MicroPython 的解释执行过程。parse_compile_execute()位于 lib/utils/pyexec.c 文件中。从这个函数深入研究下去，就可以研究 MicroPython 逐步解析 Python 语句并执行的细节了。这将会走进 Python 内核，但同微控制器平台移植关联不大，因此这里暂不深究。

代码 3-6 还显现出对 help()函数的调用，如果启用 MICROPY_PY_BUILTINS_HELP（在 py/mpconfig.h 中默认禁用，但在 minimal 项目目录下的 mpconfigport.h 文件中打开），则还会继续输出关于 help()函数的提示信息。追溯宏选项“MICROPY_PY_BUILTINS_HELP”的定义，在 mpconfig.h 文件中，还可以看到更多关于 help()函数相关的功能，见代码 3-7。

代码 3-7　mpconfig.h 文件中关于 help()的宏选项

```
// Whether to provide the help function
#ifndef MICROPY_PY_BUILTINS_HELP
#define MICROPY_PY_BUILTINS_HELP (0)
#endif

// Use this to configure the help text shown for help().  It should be a
// variable with the type "const char *".  A sensible default is provided.
#ifndef MICROPY_PY_BUILTINS_HELP_TEXT
#define MICROPY_PY_BUILTINS_HELP_TEXT mp_help_default_text
#endif

// Add the ability to list the available modules when executing help('modules')
#ifndef MICROPY_PY_BUILTINS_HELP_MODULES
#define MICROPY_PY_BUILTINS_HELP_MODULES (0)
#endif
```

例如，宏开关 MICROPY_PY_BUILTINS_HELP_MODULES 可以启用支持类模块的 help()函数，而 MICROPY_PY_BUILTINS_HELP_TEXT 指定了单纯输入 help()语句时输出的提示字符串为 py/buildinhelp.c 中定义的 mp_help_default_text，其实现见代码 3-8。关于更多 MicroPython 内建 help()函数的相关实现可见于 py/buildinhelp.c 文件，或者通过这两个宏开关在 MicroPython 的源码目录中追溯，这里暂不深究。

代码 3-8　buildinhelp.c 文件中的 help()提示字符串

```
const char mp_help_default_text[] =
    "Welcome to MicroPython!\n"
```

```
        "\n"
        "For online docs please visit http://docs.micropython.org/\n"
        "\n"
        "Control commands:\n"
        "  CTRL-A        -- on a blank line, enter raw REPL mode\n"
        "  CTRL-B        -- on a blank line, enter normal REPL mode\n"
        "  CTRL-C        -- interrupt a running program\n"
        "  CTRL-D        -- on a blank line, exit or do a soft reset\n"
        "  CTRL-E        -- on a blank line, enter paste mode\n"
        "\n"
        "For further help on a specific object, type help(obj)\n"
;
```

3.1.1.3 3个带有port后缀的源文件

除main.c文件之外，还需要具体微控制器芯片和开发板相关的，涉及移植操作的代码，它们主要位于mpconfigport.h、mphalport.h和qstrdefsport.h这3个带有port后缀的源文件中：

- mpconfigport.h用于在移植项目中配置MicroPython的内核功能，其中包含了在编译过程中启动MicroPython子功能的宏开关。与其说是归属于MicroPython的移植，作者更倾向于认为它是对MicroPython内核功能的裁剪，主要作用于MicroPython内核，对硬件依赖性很少。在基于MM32F3微控制器的移植中，将详细介绍实际使用的宏开关对应的功能。
- mphalport.h承担了一部分与硬件相关的移植工作。

目前这个源文件里仅仅实现了两个空函数，是为了保证整个项目能够正常编译而创建的两个“占位函数”，见代码3-9。

代码3-9 mphalport.h中同硬件移植相关的函数

```
static inline mp_uint_t mp_hal_ticks_ms(void) {
    return 0;
}
static inline void mp_hal_set_interrupt_char(char c) {
}
```

在后面的移植过程中还会用到这个文件，这个文件定义的函数将间接调用关于引脚和定时器的硬件驱动函数，为其他多个模块提供关于引脚和定时器的部分服务。

- qstrdefsport.h中将保存人为指定的MicroPython的QSTR字符串。

MicroPython使用QSTR引用对象实体(变量、函数、类模块等都是对象)。如果使用MicroPython自带的Makefile文件执行编译，将新增的包含QSTR关键字定义的源文件加入到变量SRC_QSTR中，则在编译期间会自动调用Python脚本(py/makemoduledefs.py、/py/makeqstrdefs.py)从参与编译的源程序代码中提取QSTR关键字清单；否则，需要开发者自行在本文件中添加QSTR。得益于make工具对编译过程的灵活控制，能够在编译过程中插入自定义的预处理脚本自动处理QSTR的提取工作。对于一些集成开发环境，可能未向用户开放自定义预处理脚本的编程接口，此时就需要人工收集 QSTR 关键字到这个文件了。

作者在早期的学习过程中，曾尝试在 qstrdefsports.h 文件中人工定义 QSTR 关键字清单。当时，参考 MicroPython 的开发者手册和已有其他平台的项目，编写源代码创建了一个新模块 led 用以点亮小灯，将该模块添加到移植的 MicroPython 工程后，可以编译通过，但是在执行可执行文件时，就是不能在 REPL 中调用预先定义好的类方法 on 和 off(但能引用类名 led)。当时大体定位是 QSTR 未识别的问题，但尚未找到合适的处理流程。后来经过一系列调试，在 qstrdefsports.h 文件中添加了 QSTR 的定义，再编译运行，就可以在 REPL 中识别到 led 模块的 on 和 off 方法了，见代码 3-10。

代码 3-10 在 qstrdefsports.h 文件中人工添加 QSTR 字符串

```
// qstrs specific to this port
// * FORMAT - OFF *

Q(on)
Q(off)
```

当然，正确的做法是，将新增的包含 QSTR 定义的源文件加入到 Makefile 文件中的变量 SRC_QSTR 中，则在编译期间会自动调用 Python 脚本搜集所有的 QSTR 的关键字，例如，代码 3-11 中的写法。

代码 3-11 在 Makefile 中的 SRC_QSTR 中添加待解析的源文件

```
# List of sources for qstr extraction
SRC_QSTR +=  modmachine.c \
            machine_pin.c \
            machine_adc.c \
            machine_dac.c \
            machine_uart.c \
            machine_spi.c \
            machine_pwm.c \
            machine_timer.c \
            machine_enc.c \
            modutime.c \
            $(BOARD_DIR)/machine_pin_board_pins.c \
```

3.1.2 从 Makefile 追溯编译过程

前面为了验证安装的编译工具链能够正常工作，已经编译过了 minimal 工程。本节将进一步研究 MicroPython 自带 Makefile 文件定义的编译 minimal 工程的具体操作步骤。为了观察 minimal 工程的编译过程，再次运行“make CROSS=1”命令，得到 build log 输出，见代码 3-12。

代码 3-12 编译 minimal 工程的详细步骤

```
$ make CROSS = 1
Use make V = 1 or set BUILD_VERBOSE in your environment to increase build verbosity
mkdir -p build/genhdr
GEN build/genhdr/mpversion.h
GEN build/genhdr/moduledefs.h
GEN build/genhdr/qstr.i.last
GEN build/genhdr/qstr.split
GEN build/genhdr/qstrdefs.collected.h
QSTR updated
GEN build/genhdr/qstrdefs.generated.h
GEN build/genhdr/compressed.split
GEN build/genhdr/compressed.collected
Compressed data updated
GEN build/genhdr/compressed.data.h
mkdir -p build/build/
mkdir -p build/lib/libc/
mkdir -p build/lib/mp-readline/
mkdir -p build/lib/utils/
mkdir -p build/py/
CC ../../py/mpstate.c
CC ../../py/nlr.c
...
CC ../../py/repl.c
CC ../../py/smallint.c
CC ../../py/frozenmod.c
CC main.c
CC uart_core.c
CC ../../lib/utils/printf.c
CC ../../lib/utils/stdout_helpers.c
CC ../../lib/utils/pyexec.c
CC ../../lib/mp-readline/readline.c
MISC freezing bytecode
CC build/_frozen_mpy.c
CC ../../lib/libc/string0.c
LINK build/firmware.elf
   text    data     bss     dec     hex filename
  67296       0    2528   69824   110c0 build/firmware.elf
Create build/firmware.dfu
```

从编译过程输出的信息中可以看到，在真正的编译过程开始之前：

- 先创建了一些头文件，这些头文件大部分都与 QSTR 有关。
- 然后创建了一些目录，似乎是原地创建了一个 build 目录，然后在这个 build 目录下创建了同源代码相同的文件组织结构。

之后，启动 C 编译器开始编译：

- 先编译 py 目录下的 Python 内核源文件。
- 再编译 minimal 项目目录中的 C 源文件。

- 然后编译了引用 lib 目录中的一些源文件。
- 中间有一个生成 frozen 字节码的操作，似乎是在新创建的 build 目录下面生成了一个_frozen_mpy. c 源文件，然后进行了编译。
- 最后通过链接过程，在 build 目录下生成了 firmware. elf，又进一步生成了 firmware. dfu 文件。

在上述过程中，生成 QSTR 相关的头文件和生成_frozen_mpy. c 源文件的操作显然不是 C 编译器能够完成的，由此可以想到是 tools 和 py 目录下的那些 Python 脚本源文件。但具体是通过哪些脚本程序创建的这些文件？并且它们是做什么工作的呢？为此，可根据编译输出信息中的提示，使用“V=1”参数重新编译工程，以获得更详细的编译信息，见代码 3-13。

代码 3-13　minimal 项目输出详细的编译信息(a)

```
$ make CROSS = 1 V = 1
mkdir - p build/genhdr
python3 ../../py/makeversionhdr.py build/genhdr/mpversion.h
GEN build/genhdr/mpversion.h
```

由代码 3-13 可知，通过执行 py/makeversionhdr. py 脚本程序，将执行结果输出到 build/genhdr/mpversion. h 文件中。看一下生成的 mpversion. h 文件中的内容，见代码 3-14。

代码 3-14　mpversion. h 文件中的 MicroPython 版本信息

```
// This file was generated by py/makeversionhdr.py
#define MICROPY_GIT_TAG "v1.16"
#define MICROPY_GIT_HASH "< no hash >"
#define MICROPY_BUILD_DATE "2021 - 12 - 21"
```

从 mpversion. h 文件的注释可以看到，这个文件由 makeversionhdr. py 脚本文件生成，用于从 MicroPython 的代码仓库中提取版本信息。其中，MICROPY_GIT_HASH 的值原本是从. git 目录中提取出来的，但是，作者在制作精简版的代码包时，把. git 目录精简掉了，因此这里没有获得任何有效的 git hash 值信息，指定定义为“< no hash >”。

在详细的编译信息中继续向下看，这里将要创建生成 moduledefs. h 文件，见代码 3-15。

代码 3-15　minimal 项目输出详细的编译信息(b)

```
GEN build/genhdr/moduledefs.h
python3 ../../py/makemoduledefs.py -- vpath = "., ../.., "  py/mpstate.c ... py/frozenmod.c
extmod/moduasyncio.c ... extmod/uos_dupterm.c lib/embed/abort_.c lib/utils/printf.c build/
genhdr/moduledefs.h > build/genhdr/moduledefs.h
```

通过执行 py/makemoduledefs. py 脚本，传入整个项目中所有的源文件的清单，将输出的信息保存到 build/genhdr/moduledefs. h 中。看一下 moduledefs. h 中文件的内容，见代码 3-16。

代码 3-16　minimal 项目生成的 moduledefs. h 源文件

```
// Automatically generated by makemoduledefs.py.
#if (MICROPY_PY_ARRAY)
    extern const struct _mp_obj_module_t mp_module_uarray;
    #define MODULE_DEF_MP_QSTR_UARRAY { MP_ROM_QSTR(MP_QSTR_uarray), MP_ROM_PTR(&mp_
module_uarray) },
#else
    #define MODULE_DEF_MP_QSTR_UARRAY
#endif
#define MICROPY_REGISTERED_MODULES \
    MODULE_DEF_MP_QSTR_UARRAY \
// MICROPY_REGISTERED_MODULES
```

从 moduledefs. h 源文件中的注释可以看到，该文件明确声明是由 makemoduledefs. py 文件产生的。从文件内容来看，是从 MicroPython 代码仓库中搜集到的某些特定方式定义启用的模块的宏开关。这些生成的宏开关将参与到最终编译 MicroPython 源码的过程中。

在详细的编译信息中继续向下看，这里将要创建生成 qstr. i. last 文件，见代码 3-17。

代码 3-17　minimal 项目输出详细的编译信息(c)

```
GEN build/genhdr/qstr.i.last
python3 ../../py/makeqstrdefs.py pp arm-none-eabi-gcc -E output build/genhdr/qstr.i.last
cflags -I. -I../.. -Ibuild -Wall -Werror -std=c99 -nostdlib -mthumb -mtune=cortex-
m4 -mcpu=cortex-m4 -msoft-float -fsingle-precision-constant -Wdouble-promotion-
Wfloat-conversion -Os -DNDEBUG -fdata-sections -ffunction-sections -DMICROPY_ROM_
TEXT_COMPRESSION=1 -DNO_QSTR cxxflags -DNO_QSTR sources ../../py/mpstate.c ... ../../lib/
utils/printf.c build/genhdr/moduledefs.h ../../py/mpconfig.h mpconfigport.h
```

由“arm-none-eabi-gcc -E”命令对整个项目中所有的 C 源代码进行预编译，展开 #include 的内容并根据 #deifne 的宏开关选出有效的代码，得到“原汁原味”的一整段 C 源程序代码。紧接着，以此输出作为参数，经由 py/makeqstrdefs. py 脚本程序，对编译器预处理输出的内容进行格式化，之后将处理结果文本输出到 build/genhdr/qstr. i. last 文件中。

简单看一下 build/genhdr/qstr. i. last 文件中的代码片段，见代码 3-18。

代码 3-18　minimal 项目生成 qstr. i. last 文件中的代码

```
# 14 "c:\\msys64\\usr\\gcc-arm-none-eabi-10-2020-q4-major\\arm-none-eabi\\
include\\stdint.h" 2 3 4
# 1 "c:\\msys64\\usr\\gcc-arm-none-eabi-10-2020-q4-major\\arm-none-eabi\\
include\\sys\\_stdint.h" 1 3 4
# 20 "c:\\msys64\\usr\\gcc-arm-none-eabi-10-2020-q4-major\\arm-none-eabi\\
include\\sys\\_stdint.h" 3 4
typedef __int8_t int8_t ;
```

这里表示定义 int8_t 的内容重复出现了多次，但最终送给 C 编译器的代码中只有一份。build/genhdr/qstr. i. last 文件更重要的意义在于展开所有的头文件，然后通过 py/makeqstrdefs. py 脚本提取其中类模块、类方法、类属性的 QSTR 字符串，而这些 QSTR 字符串将在最终的用户 Python 脚本中作为关键字表示具体的对象。

在详细的编译信息中继续向下看，紧接着就要使用 makeqstrdefs. py 脚本处理刚刚生成的 qstr. i. last 文件，将处理结果输出到 qstr 目录下，见代码 3-19。

代码 3-19　minimal 项目输出详细的编译信息(d)

```
GEN build/genhdr/qstr.split
python3 ../../py/makeqstrdefs.py split qstr build/genhdr/qstr.i.last build/genhdr/qstr _
touch build/genhdr/qstr.split
```

此时，从 build/genhdr/qstr. i. last 源文件中抽取的 QSTR 字符串将根据各自的归属关系，以每个文件表示各自的类模块，将类属性和方法提取出来并归类，存放在\build\genhdr\qstr 目录下。在 minimal 项目中，由于暂未加入任何外部的类模块，所以目前能看到的都是 Python 内置的类，如图 3-1 所示。

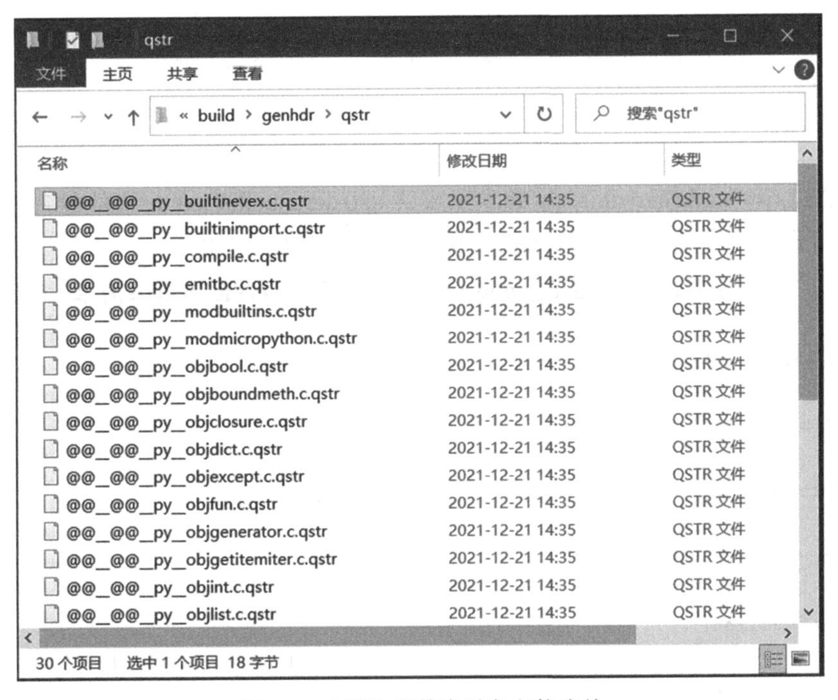

图 3-1　QSTR 字符串对象文件清单

以其中的@@_@@_py_objlist. c. qstr 文件为例，其内部包含了对象 list 类方法的 QSTR 清单，见代码 3-20。

代码 3-20　对象 list 类方法的 QSTR 清单

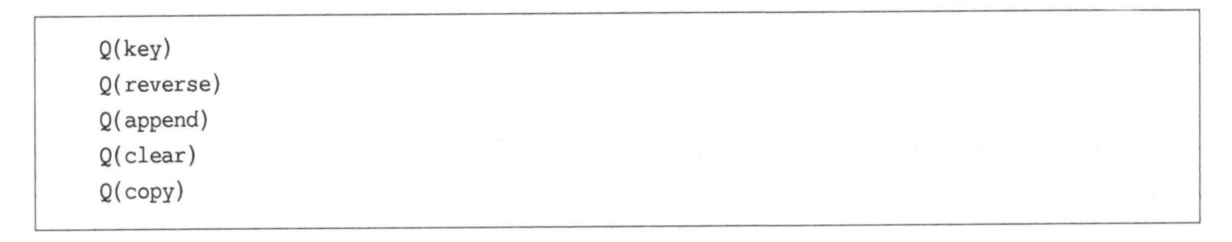

```
Q(key)
Q(reverse)
Q(append)
Q(clear)
Q(copy)
```

```
Q(count)
Q(extend)
Q(index)
Q(insert)
Q(pop)
Q(remove)
Q(reverse)
Q(sort)
Q(list)
```

在详细的编译信息中继续向下看，紧接着还要进一步将它们整合到一份头文件中，以便于编译器处理，见代码 3-21。

代码 3-21　minimal 项目输出详细的编译信息(e)

```
GEN build/genhdr/qstrdefs.collected.h
python3 ../../py/makeqstrdefs.py cat qstr _ build/genhdr/qstr build/genhdr/qstrdefs.
collected.h
QSTR updated
```

这里通过/py/makeqstrdefs.py 脚本生成的 qstrdefs.collected.h 文件包含了整个工程所有的 QSTR 字符串，但尚未处理重复出现的情况，见代码 3-22。

代码 3-22　qstrdefs.collected.h 中汇总的 QSTR 字符串清单

```
Q(ArithmeticError)

Q(ArithmeticError)

Q(AssertionError)

Q(AssertionError)

Q(AssertionError)

Q(AttributeError)

Q(AttributeError)

Q(BaseException)

Q(BaseException)

...
```

在详细的编译信息中继续向下看，继续处理 QSTR，生成 qstrdefs.generated.h 文件，见代码 3-23。

代码 3-23 minimal 项目输出详细的编译信息(f)

```
GEN build/genhdr/qstrdefs.generated.h
cat ../../py/qstrdefs.h qstrdefsport.h build/genhdr/qstrdefs.collected.h | sed 's/^Q(.*)/
"&"/' | arm-none-eabi-gcc -E -I. -I../.. -Ibuild -Wall -Werror -std=c99 -nostdlib -
mthumb -mtune-cortex m4 -mcpu=cortex-m4 -msoft-float -fsingle-precision-
constant -Wdouble-promotion -Wfloat-conversion -Os -DNDEBUG -fdata-sections -
ffunction-sections -DMICROPY_ROM_TEXT_COMPRESSION=1 - | sed 's/^\"\(Q(.*)\)\"/\1/'>
build/genhdr/qstrdefs.preprocessed.h
python3 ../../py/makeqstrdata.py build/genhdr/qstrdefs.preprocessed.h > build/genhdr/
qstrdefs.generated.h
```

这里整合了之前生成的 build/genhdr/qstrdefs.collected.h、py/qstrdefs.h 以及 minimal 项目目录下开发者自定义的 qstrdefsport.h 文件文本作为输入，通过 sed 命令进行文本匹配，将其中包含 QSTR 定义的代码语句进一步提取出来，输出到 genhdr/qstrdefs.preprocessed.h 文件。然后，通过 py/makeqstrdata.py 脚本文件，进一步提取 QSTR，并为每一条 QSTR 生成 hash 值，形成键值对，输出到 qstrdefs.generated.h。此时，qstrdefs.generated.h 文件就包含了整个工程中所有对象的 QSTR 字符串名字对应的 hash 表，见代码 3-24。

代码 3-24 minimal 项目中生成的 qstrdefs.generated.h 源文件

```
// This file was automatically generated by makeqstrdata.py

QDEF(MP_QSTRnull, (const byte*)"\x00\x00" "")
QDEF(MP_QSTR_, (const byte*)"\x05\x00" "")
QDEF(MP_QSTR___dir__, (const byte*)"\x7a\x07" "__dir__")
QDEF(MP_QSTR__0x0a_, (const byte*)"\xaf\x01" "\x0a")
QDEF(MP_QSTR__space_, (const byte*)"\x85\x01" " ")
QDEF(MP_QSTR__star_, (const byte*)"\x8f\x01" "*")
QDEF(MP_QSTR__slash_, (const byte*)"\x8a\x01" "/")
QDEF(MP_QSTR__lt_module_gt_, (const byte*)"\xbd\x08" "<module>")
QDEF(MP_QSTR__, (const byte*)"\xfa\x01" "_")
QDEF(MP_QSTR___call__, (const byte*)"\xa7\x08" "__call__")
QDEF(MP_QSTR___class__, (const byte*)"\x2b\x09" "__class__")
QDEF(MP_QSTR___delitem__, (const byte*)"\xfd\x0b" "__delitem__")
QDEF(MP_QSTR___enter__, (const byte*)"\x6d\x09" "__enter__")
QDEF(MP_QSTR___exit__, (const byte*)"\x45\x08" "__exit__")
QDEF(MP_QSTR___getattr__, (const byte*)"\x40\x0b" "__getattr__")
QDEF(MP_QSTR___getitem__, (const byte*)"\x26\x0b" "__getitem__")
QDEF(MP_QSTR___hash__, (const byte*)"\xf7\x08" "__hash__")
QDEF(MP_QSTR___init__, (const byte*)"\x5f\x08" "__init__")
...
```

这些 hash 值将在 MicroPython 运行时被用于索引字符串表示的对象。

之后，MicroPython 的原始开发者还考虑到微控制器平台上存储空间有限，又增加了一个环节，将这些 QSTR 字符串的数据进行压缩存储，见代码 3-25。

代码 3-25 minimal 项目输出详细的编译信息(g)

```
GEN build/genhdr/compressed.split
python3 ../../py/makeqstrdefs.py split compress build/genhdr/qstr.i.last build/genhdr/
compress _touch build/genhdr/compressed.split

GEN build/genhdr/compressed.collected
python3 ../../py/makeqstrdefs.py cat compress _ build/genhdr/compress build/genhdr/
compressed.collected
Compressed data updated

GEN build/genhdr/compressed.data.h
python3 ../../py/makecompresseddata.py build/genhdr/compressed.collected > build/genhdr/
compressed.data.h
```

这里生成的 compressed. data. h 文件会对整个 MicroPython 项目中的字符串数据进行压缩，将复用的字符串单元存入字典 MP_COMPRESSED_DATA，在实际使用的字符串 MP_MATCH_COMPRESSED 中，用索引取代被编入字典的字符串，从而实现数据压缩的功能，见代码 3-26。

代码 3-26 minimal 项目中生成的 compressed. data. h 源文件

```
#define MP_MAX_UNCOMPRESSED_TEXT_LEN (68)
MP_COMPRESSED_DATA("argumen\364can'\364objec\364no\364functio\356mus\364supporte\
344multipl\345assignmen\364keywor\344generato\362ar\347o\346nam\345b\345nonloca\
354require\344wron\347doesn'\364fo\362invali\344missin\347suppor\364t\357typ\
345issubclass(\251empt\371foun\344i\356n\357non - keywor\344rang\345allocatio\
356expressio\356identifie\362tuple/lis\364unexpecte\344\341argument\363hav\345redefine\
344wit\350instanc\345negativ\345sequenc\345conver\364defaul\364expect\363failed\254ha\
363indice\363in\364ou\364outsid\345impor\364inden\364lengt\350memor\371numbe\362synta\
370value\363*\370afte\362a\356byte\363clas\363inde\370isn'\364oute\362tupl\345valu\345'
%q\247fro\355ite\355lis\364lon\347sel\346zer\357\262ba\344a\363i\363o\362\261#%\
344%\361%\365'break'/'continue\247'except\247'yield\247**\370*/*\252\2633-ar\3473\
266<\275>\275BaseExceptio\356GeneratorExi\364LH\323Non\345StopIteratio\356__init__
(\251abort(\251acceptabl\345activ\345allocatin\347alread\371an\344an\371assig\
356attribut\345attribute\363bas\345base\363befor\345bindin\347buffe\362buil\344b\
371callabl\345calle\344characte\362chr(\251classe\363cod\345conflic\364consisten\364")
MP_MATCH_COMPRESSED("'break'/'continue' outside loop", "\377\327\265loop")
MP_MATCH_COMPRESSED("'yield' outside function", "\377\331\265\204")
MP_MATCH_COMPRESSED("*x must be assignment target", "\377\275\205\216\210target")

...

MP_MATCH_COMPRESSED("wrong number of values to unpack", "\377\221\272\214\274\227unpack")
MP_MATCH_COMPRESSED("zero step", "\377\315step")
// Total input length:      2865
// Total compressed length: 1221
// Total data length:       1128
// Predicted saving:        516
```

```
// gzip length:              1755
// Percentage of gzip:       133.8 %
// zlib length:              1743
// Percentage of zlib:       134.8 %
```

从此处的记录信息可以看到，总共2865个字节的字符串，经过压缩后，在用MicroPython内部的两种不同的压缩组件保存时：gzip对应长度为1755字节；zlib对应长度为1743字节。

接下来的操作就是使用mkdir命令，在build目录下创建同源代码结构相同的目录结构，用于存放C编译器编译生成的o文件。例如，在此处截取的编译过程信息的片段中，调用arm-none-eabi-gcc命令，将../../py/mpstate.c文件编译成build/py/mpstate.o文件，见代码3-27。在作者看来，这种设计也体现了作者的"洁癖"，除了原有源代码，所有新生成的文件全部放在build目录下，当需要删除编译结果时，也只需要删除整个build目录。

代码3-27　minimal项目输出详细的编译信息(h)

```
mkdir -p build/build/
mkdir -p build/lib/libc/
mkdir -p build/lib/mp-readline/
mkdir -p build/lib/utils/
mkdir -p build/py/
CC ../../py/mpstate.c
arm-none-eabi-gcc -I. -I../.. -Ibuild -Wall -Werror -std=c99 -nostdlib -mthumb -
mtune=cortex-m4 -mcpu=cortex-m4 -msoft-float -fsingle-precision-constant -
Wdouble-promotion -Wfloat-conversion -Os -DNDEBUG -fdata-sections -ffunction-
sections -DMICROPY_ROM_TEXT_COMPRESSION=1 -c -MD -o build/py/mpstate.o ../../py/
mpstate.c
...
```

在经历了漫长的编译过程之后，最后调用arm-none-eabi-ld命令执行链接过程，生成微控制器上的可执行文件build/firmware.elf，见代码3-28。

代码3-28　minimal项目输出详细的编译信息(i)

```
LINK build/firmware.elf
arm-none-eabi-ld -nostdlib -T stm32f405.ld -Map=build/firmware.elf.map --cref --
gc-sections -o build/firmware.elf build/py/mpstate.o build/py/nlr.o build/py/nlrx86.o
build/py/nlrx64.o build/py/nlrthumb.o ... build/build/_frozen_mpy.o build/lib/libc/string0.o
```

调用arm-none-eabi-size命令查看可执行文件中的内存使用情况，见代码3-29。

代码3-29　minimal项目输出详细的编译信息(j)

```
arm-none-eabi-size build/firmware.elf
   text    data     bss     dec     hex filename
  67296       0    2528   69824   110c0 build/firmware.elf
```

调用 arm-none-eabi-objcopy 命令，将 elf 文件转换成二进制的 bin 文件，见代码 3-30。

代码 3-30　minimal 项目输出详细的编译信息(k)

```
arm-none-eabi-objcopy -O binary -j .isr_vector -j .text -j .data build/firmware.elf
build/firmware.bin
```

最后，调用 tools/dfu.py 脚本程序，将 bin 文件打包成 dfu 文件，见代码 3-31。

代码 3-31　minimal 项目输出详细的编译信息(l)

```
Create build/firmware.dfu
python3 ../../tools/dfu.py -b 0x08000000:build/firmware.bin build/firmware.dfu
```

armgcc 编译工具链默认生成的可执行文件是 elf，至于生成 bin 文件乃至 dfu 文件的操作，可根据实际需要考虑是否执行，并相应在 Makefile 中调整编译脚本。

3.2　基于 MM32F3 微控制器移植 minimal 工程

基于对原生 minimal 工程的源代码内容的了解，复制一份 minimal 工程目录，改名为 mm32f3，再对应地将于微控制器型号和电路板相关的具体实现代码从默认的 STM32 微控制器平台替换到 MM32F3 微控制器平台。本节将说明在 MM32F3 微控制器上进行移植的具体过程。

3.2.1　在 lib 目录中添加 MindSDK 代码

根据 MicroPython 整体的源文件组织结构，第三方的库、代码包均放置于 lib 目录下，在完整版的 MicroPython 代码包中可以看到，stm32lib、nxp_driver 等微控制器固件开发包也在 lib 目录下。因此，可在 lib 目录下也创建了 mm32mcu 的目录，用于存放 MindSDK 的源文件，用于实现 MicroPython 工程向 MM32F3 微控制器底层硬件的访问。在 MicroPython 中添加 MindSDK 驱动代码，如图 3-2 所示。

其中包含了 MM32F3270 微控制器的芯片头文件、为 armgcc 编译器准备的启动程序和链接命令文件，以及片上外设模块驱动程序。

这里，在 mm32mcu 目录下再创建次级目录 mm32f3270，是考虑到后续还有机会支持 mm32mcu 的其他系列微控制器，以后可以在与 mm32f3270 并列的级别上再创建 mm32xxxx 目录即可。

3.2.2　在 ports 目录中创建 mm32f3 项目目录

另外，需要在 ports/mm32f3 目录下建立与电路板相关的目录 boards，之后再在下级创建具体的板子目录 plus-f3270。这里考虑的是，同样使用 mm32f3270 的微控制器，可以做出多种不同的开发板，涉及其中的引脚功能分配、时钟配置等，因此单独为每一块电路板创建独立的目录。与硬件电路无关的通用功能的实现代码，将放在 mm32f3 根目录下。此时，mm32f3 的目录结构如图 3-3 所示。

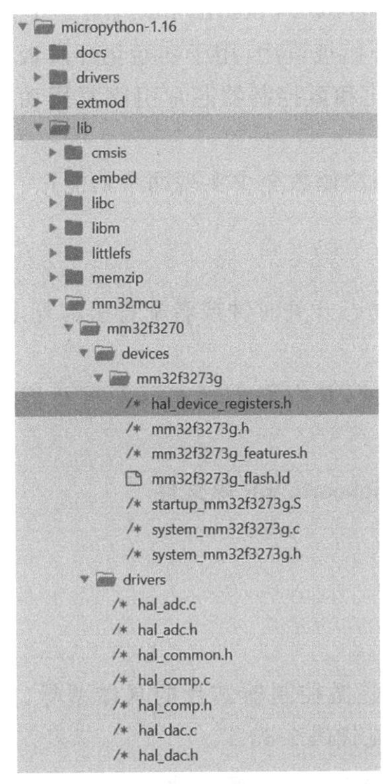

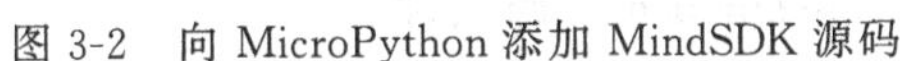
图 3-2　向 MicroPython 添加 MindSDK 源码

图 3-3　新建 mm32f3 移植项目目录结构

需要特别注意的是，相对于基于 STM32F4 微控制器创建的 minimal 项目，新建基于 MM32F3 微控制器的 mm32f3 项目的源文件组织结构进行了微调：

- 删除了与 stm32 平台相关的 stm32f405.ld 文件。在 boards 目录下，复制了来自 mm32mcu 目录的 mm32f3273g_flash.ld 文件，并进行了微调。
- 删除了 uart_core.c，与 REPL 串口相关的接口函数的实现被收纳到新创建 mphalport.c 文件中。
- 删除了 frozentest.mpy 和 frozentest.py 文件。在 mm32f3 项目中，暂时不考虑使用预编译 Python 模块。
- 增加了 modmachine.c 文件，在其中创建了一个简单的 machine 模块的实现，作为后续硬件相关模块的容器。
- 精简了 main.c 文件。将原来在 main.c 文件中定义的硬件中断向量表的部分移除，直接使用来自 MindSDK 启动代码中的中断向量表定义。移除了实际没有执行的条件编译分支。

实际上，这些文件结构的调整，借鉴了同在 ports 目录下的其他正式移植项目的文件组织结构。基于 minimal 工程，再结合正式移植项目的文件组织结构，便形成了适合正式开发的最小工程。

3.2.2.1　新建 boards 目录

在 boards 目录下细分具体板的子目录，例如，此处为 PLUS-F3270 板新建的目录，其中存放来自 MindSDK 的样例工程（如 hello_world 工程）中的关于配置板相关的源文件：

board_init. h/. c、clock_init. h/. c、pin_init. h/c。顾名思义，board_init. h/. c 中定义了 BOARD_Init()函数，这个函数将在 main()函数的最开始被调用，用于初始化开发板的硬件电路。BOARD_Init()函数内部调用的时钟系统初始化和微控制器芯片引脚复用功能的函数分别在 clock_init. h/c 和 pin_init. h/. c 文件中实现。

在 mm32f3 的最小移植工程中，通过 BOARD_Init()函数至少实现两个功能：

- 配置当前系统内核主频为 120MHz。
- 启用 UART1，并配置其波特率为 115 200bps。

后续将要使用的新的外设，如果不需要在运行时动态开关时钟或者配置引脚复用功能，则需要在此处添加配置时钟和引脚复用功能的源代码。

mpconfigboard. mk 文件是供 Makefile 文件引用的，其中指定同本开发板及板载微控制器的相关定义，见代码 3-32。

代码 3-32　mm32f3 项目的 mpconfigboard. mk 源文件

```
MCU_SERIES = mm32f3270
CMSIS_MCU = mm32f3273g
LD_FILES = boards/mm32f3273g_flash.ld
```

mpconfigboard. h 文件也定义了板子的名称和板载微控制器芯片的具体型号，这里指定的字符串将在 MicroPython 运行时从 REPL 输出，见代码 3-33。

代码 3-33　mm32f3 项目的 mpconfigboard. h 源文件

```
#ifndef __MPCONFIGBOARD_H__
#define __MPCONFIGBOARD_H__

#define MICROPY_HW_BOARD_NAME "PLUS - F3270"
#define MICROPY_HW_MCU_NAME    "MM32F3273G9P"

#endif /* __MPCONFIGBOARD_H__ */
```

3.2.2.2 调整链接命令文件 mm32f3273g_flash. ld

在微调 mm32f3273g_flash. ld 文件时，可将 MM32F3270 微控制器片内集成的 128KB 内存分成两个 64KB 的部分，并将后半部分单独分配给 MicroPython 的 GC 存储管理器使用，前半部分给整个 MM32F3270 程序的系统堆和栈使用，见代码 3-34。

代码 3-34　mm32f3 项目的链接命令文件(a)

```
/* Specify the memory areas */
MEMORY
{
  m_interrupts          (RX)  : ORIGIN = 0x08000000, LENGTH = 0x00000400
  m_text                (RX)  : ORIGIN = 0x08000400, LENGTH = 0x0007FC00 /* 512KB. */
  m_data                (RW)  : ORIGIN = 0x20000000, LENGTH = 0x00010000 /* 64KB.  */
  m_data2               (RW)  : ORIGIN = 0x20010000, LENGTH = 0x00010000 /* 64KB.  */
/* make a standalone memory block for micropython gc. */
}
```

然后，在 mm32f3273g_flash. ld 文件中创建一些关于堆和栈地址和长度的变量，用于即将微调的 main. c 的初始化 MicroPython 的过程，见代码 3-35。

代码 3-35 mm32f3 项目的链接命令文件(b)

```
 estack = __StackTop;
_sstack = __StackLimit;

/* Do not use the traditional C heap. */
__heap_size__ = 0;

/* use micropython gc. */
_gc_heap_start = ORIGIN(m_data2);
_gc_heap_end = ORIGIN(m_data2) + LENGTH(m_data2);
```

关于完整的 mm32f3273g_flash. ld 文件内容，可在本书配套资源的代码包中查阅。

3.2.2.3 新建 mphalport. c 文件

在原版的 minimal 工程中，只有 mphalport. h 文件，没有 mphalport. c 文件。对应于在正式的移植项目中使用 mphalport. h 定义 MicroPython 内核操作微控制器平台引脚的宏函数，mm32f3 项目中创建了 mphalport. c 文件，收纳了 uart_core. c 文件中的内容，用于定义 MicroPython 内核操作 UART 的函数。MicroPython 内核操作 UART，主要是实现 REPL。新创建 mphalport. c 文件中的内容，见代码 3-36。

代码 3-36 mm32f3 项目中新建 mphalport. c 源文件

```
/* mphalport.c */

#include "py/runtime.h"
#include "py/stream.h"
#include "py/mphal.h"

#include "board_init.h"
#include "hal_uart.h"

int mp_hal_stdin_rx_chr(void)
{
    while ( 0u == (UART_STATUS_RX_DONE & UART_GetStatus(BOARD_DEBUG_UART_PORT)) )
    {}
    return UART_GetData(BOARD_DEBUG_UART_PORT);
}

void mp_hal_stdout_tx_strn(const char *str, mp_uint_t len)
{
    while (len--)
    {
        while ( 0u == (UART_STATUS_TX_EMPTY & UART_GetStatus(BOARD_DEBUG_UART_PORT)) )
        {}
        UART_PutData(BOARD_DEBUG_UART_PORT, *str++);
```

```
        }
    }

    /* EOF. */
```

mp_hal_stdin_rx_chr()和 mp_hal_stdout_tx_strn()这两个函数的声明位于 MicroPython 内核源文件 py/mphal. h 中。这个文件中还声明了其他的内核操作硬件的函数，大体分为三大类：UART 串口、延时和引脚，见代码 3-37。在后续讲解增加新功能的时候，会逐渐将它们完整实现，当然，实现函数也将存放在 mphalport. c 文件中。但目前，只要实现关于 UART 的两个函数就已经可以先让 MicroPython 运行起来了。

代码 3-37 mphal. h 源文件

```
#ifndef MICROPY_INCLUDED_PY_MPHAL_H
#define MICROPY_INCLUDED_PY_MPHAL_H

#include <stdint.h>
#include "py/mpconfig.h"

#ifdef MICROPY_MPHALPORT_H
#include MICROPY_MPHALPORT_H
#else
#include <mphalport.h>
#endif

/* REPL终端的相关函数 */
#ifndef mp_hal_stdio_poll
uintptr_t mp_hal_stdio_poll(uintptr_t poll_flags);
#endif

#ifndef mp_hal_stdin_rx_chr
int mp_hal_stdin_rx_chr(void);
#endif

#ifndef mp_hal_stdout_tx_str
void mp_hal_stdout_tx_str(const char * str);
#endif

#ifndef mp_hal_stdout_tx_strn
void mp_hal_stdout_tx_strn(const char * str, size_t len);
#endif

#ifndef mp_hal_stdout_tx_strn_cooked
void mp_hal_stdout_tx_strn_cooked(const char * str, size_t len);
#endif

/* 延时相关的函数 */
#ifndef mp_hal_delay_ms
```

```
void mp_hal_delay_ms(mp_uint_t ms);
#endif

#ifndef mp_hal_delay_us
void mp_hal_delay_us(mp_uint_t us);
#endif

#ifndef mp_hal_ticks_ms
mp_uint_t mp_hal_ticks_ms(void);
#endif

#ifndef mp_hal_ticks_us
mp_uint_t mp_hal_ticks_us(void);
#endif

#ifndef mp_hal_ticks_cpu
mp_uint_t mp_hal_ticks_cpu(void);
#endif

#ifndef mp_hal_time_ns
// Nanoseconds since the Epoch.
uint64_t mp_hal_time_ns(void);
#endif

/* 引脚对象相关的函数 */
// "virtual pin" API from the core.
#ifndef mp_hal_pin_obj_t
#define mp_hal_pin_obj_t mp_obj_t
#define mp_hal_get_pin_obj(pin) (pin)
#define mp_hal_pin_read(pin) mp_virtual_pin_read(pin)
#define mp_hal_pin_write(pin, v) mp_virtual_pin_write(pin, v)
#include "extmod/virtpin.h"
#endif

#endif // MICROPY_INCLUDED_PY_MPHAL_H
```

3.2.2.4 精简 main.c 文件

minimal 项目中的 main.c 文件包含了微控制器平台的中断向量表。在 mm32f3 项目中,可以直接使用 MindSDK 中提供的启动代码中的中断向量表定义,替换掉原有的实现。同时,在具体的 mm32f3 项目中,已经明确仅使用 REPL 进行人机交互,不在代码中解析字符串,也不执行预编译脚本,因此可以进一步简化 main()函数的代码。另外,借鉴 MicroPython 中 mimxrt 项目对栈和堆的初始化操作,在代码里显式调用了 mp_stack_set_top()和 mp_stack_set_limit()函数管理 MicroPython 的栈空间,用 gc_init()管理 MicroPython 的堆空间。实际上,此处对 main()函数的精简操作,在 MicroPython 其他新平台以及后续的版本中,已经逐渐演变成事实上的标准实现。

精简后的 main()函数更加简单直观,见代码 3-38。

代码 3-38　mm32f3 项目中的 main()函数

```
#include "py/compile.h"
#include "py/runtime.h"
#include "py/gc.h"
#include "py/mperrno.h"
#include "py/stackctrl.h"
#include "lib/utils/gchelper.h"
#include "lib/utils/pyexec.h"

#include "board_init.h"

extern uint8_t _sstack, _estack, _gc_heap_start, _gc_heap_end;

int main(void)
{
    /* 初始化电路板相关配置 */
    BOARD_Init();

    /* 初始化 MicroPython 使用的堆栈 */
    mp_stack_set_top(&_estack);
    mp_stack_set_limit(&_estack - &_sstack - 1024);

    for (;;)
    {
        gc_init(&_gc_heap_start, &_gc_heap_end);
        mp_init();
        mp_obj_list_init(MP_OBJ_TO_PTR(mp_sys_path), 0);
        mp_obj_list_append(mp_sys_path, MP_OBJ_NEW_QSTR(MP_QSTR_));
        mp_obj_list_init(MP_OBJ_TO_PTR(mp_sys_argv), 0);

        /* 执行 REPL */
        for (;;) {
            if (pyexec_mode_kind == PYEXEC_MODE_RAW_REPL) {
                if (pyexec_raw_repl() != 0) {
                    break;
                }
            } else {
                if (pyexec_friendly_repl() != 0) {
                    break;
                }
            }
        }

        mp_printf(MP_PYTHON_PRINTER, "MPY: soft reboot\n");
        gc_sweep_all();
        mp_deinit();
    }
}
```

```
...

/* 将微控制器芯片启动代码引导到 main()函数 */
void _start(void)
{
    main();

    for (;;)
    {
    }
}
```

这里要注意，MicroPython 的复位中断服务程序中定义的芯片启动执行过程，在对运行时的内存环境进行了一系列初始化之后，通过_start()函数跳转到应用程序。因此，此处在 main.c 文件中直接定义 main()函数是不能启动过程调用的，需要通过_start()函数进行转接。

商用编译开发环境 Keil MDK 或 IAR 已经将从复位中断服务程序到 main()函数的执行过程封装成运行时库，而 GCC 编译器需要用户通过源代码全部实现这个启动过程。这个过程包括一系列初始化编译器库和电路系统工作环境的操作，具体包括重定向中断向量表、初始化.data 段和.bss 段中的变量、跳转到用户程序等。关于跳转到用户程序，这里跳转到的是_start()函数，而不是开发者更熟悉的 main()函数。这样做的好处是，在进入用户常用的 main()函数之前，一些高级的开发者可能会需要在进入一般意义的 main()之前，留一些可操作的余地，在必要的情况下，可以在 C 语言层面继续执行一些准备工作。这里列举 mm32f3 项目的启动代码，见代码 3-39。

代码 3-39　mm32f3 项目的启动代码

```
Reset_Handler:
    cpsid   i               /* 关总中断 */
    .equ    VTOR, 0xE000ED08
    ldr     r0, = VTOR
    ldr     r1, = __isr_vector
    str     r1, [r0]
    ldr     r2, [r1]
    msr     msp, r2
#ifndef __NO_SYSTEM_INIT
    ldr   r0, = SystemInit
    blx   r0
#endif
/* 搬运部分数据从只读存储区到 RAM 中。搬运数据的区域范围由链接命令文件中的如下符号指定:
 - __etext: 代码段的结束位置,数据段的开始位置,也是将要复制的开始位置。
 - __data_start__/__data_end__: 数据段内容应该存放在 RAM 中的位置。
 - __noncachedata_start__/__noncachedata_end__: 不可缓存的内存区,必须要 4 字节对齐。
*/
    ldr    r1, = __etext
    ldr    r2, = __data_start__
```

```
    ldr     r3, = __data_end__

#ifdef __PERFORMANCE_IMPLEMENTATION
/* 这里有另一种遍历存储区的实现:第一种对性能进行优化,第二种对代码量进行优化,模式使用
第二种。可通过定义__PERFORMANCE_IMPLEMENTATION 切换使用第一种方式的实现 */
    subs        r3, r2
    ble         .LC1
.LC0:
    subs        r3, #4
    ldr         r0, [r1, r3]
    str         r0, [r2, r3]
    bgt         .LC0
.LC1:
#else /* 对代码量进行优化的实现 */
.LC0:
    cmp         r2, r3
    ittt        lt
    ldrlt       r0, [r1], #4
    strlt       r0, [r2], #4
    blt         .LC0
#endif
#ifdef __STARTUP_CLEAR_BSS
/* 人工清零 BSS 段的内容。通常应由 C 库的启动代码实现,如果某个特定编译器的 C 库不支持清
零 BSS 段的操作,需要定义这个宏,启用人工清零 BSS 段。BSS 段的地址范围由链接命令文件中定
义如下符号指定:
- __bss_start__: BSS 段的开始位置,4 字节对齐。
- __bss_end__: BSS 段的结束位置,4 字节对齐。
*/
    ldr r1, = __bss_start__
    ldr r2, = __bss_end__

    movs     r0, 0
.LC5:
    cmp      r1, r2
    itt      lt
    strlt    r0, [r1], #4
    blt      .LC5
#endif      /* __STARTUP_CLEAR_BSS */

    cpsie   i           /* 打开总中断 */
#ifndef __START
#define __START _start
#endif
#ifndef __ATOLLIC__
    ldr     r0, = __START
    blx     r0
#else
    ldr     r0, = __libc_init_array
    blx     r0
```

```
        ldr     r0, = main
        bx      r0
    #endif
        .pool
        .size Reset_Handler, . - Reset_Handler
```

从启动代码中还看到一个要点，启动代码中对 BSS 段的初始化并不是默认开启的，需要通过__STARTUP_CLEAR_BSS 宏选项开启。BSS 段中存放的是程序中未赋初值的全局变量，这些全局变量不是默认为 0 的，只有启用了__STARTUP_CLEAR_BSS 选项，才会由启动程序逐一赋值为 0。如果没有人为写 0，那么位于内存中的变量的初值将会是随机的，并且每次都不一样，具体取决于当时 SRAM 中不十分稳定的电路状态。

作者在早期向 MicroPython 中集成 TinyUSB 协议栈时，就在这个 BSS 段的初始化问题上遇到了麻烦。在 USB 的程序中要根据之前协议栈的状态判定如何处理当前事件，这个状态当然是通过一个全局变量实现的，但同样的协议栈代码在 MindSDK 中就是正常工作的，Keil MDK、IAR 和 GCC 都验证可行，但在 MicroPython 的工程里就不能正常工作(连 USB 设备枚举都过不去)。后来经过大量的排查工作，才发现是表示当前状态的全局变量值不对，在启用 USB 协议栈之前，将这些有问题的全局变量人为赋值为 0，程序就能正常工作了。在软件中，协议栈内部的状态应该在协议栈初始化函数中完成初始化，在协议栈之上的应用层粗暴地操作协议栈内部的状态显然是不合理的，但作者又不想轻易地在第三方协议栈内部"动刀子"破坏原有协议栈的完整性，况且同样的代码在另外的编译环境也可以正常工作。最后排查到启动代码这部分，MindSDK 的 armgcc 环境的样例工程和 MicroPython 也是同一份，不一样的就只能是编译器选项了。果然，之前的 MicroPython 的 Makefile 中定义的 CFLAG 中，没有"-D__STARTUP_CLEAR_BSS"，修正之后，最终优雅地解决了问题。

当时这个案例特别难查的一个原因还在于，TinyUSB 的一些全局变量并不是定义在 C 函数外面的，而是在使用的时候才在函数内部用 static 关键字声明其为具有部分全局变量属性的"静态变量"。这也为平时编程提供了一条经验教训：在 C 语言层面，哪怕是部分全局变量属性的"静态变量"，也建议放在函数外面定义，并且应很明确地在定义变量时就赋予明确的初值，或是在整个协议栈的初始化环节，把所有表示状态的变量全部赋予明确的初值。这条经验对于嵌入式系统软件开发尤其宝贵，与桌面软件的集成开发环境中对用户程序重重保护不同，在嵌入式系统中，软件工作的每个环节都是需要明确控制的，尤其是在内存管理方面特别容易出问题。

3.2.2.5 更新 Makefile 文件

相对于 minimal 工程的 Makefile，mm32f3 项目的中将不再包含调用 mpy-cross 编译 frozentest.py 的步骤，移除了生成 DFU 文件的过程，并引入了参数 board，可以用同一个 Makefile 编译多种板子的可执行程序。实际上，在调整 Makefile 时，更多地借鉴了现有的成品移植项目 mimxrt 中 Makefile 的写法。另外，又添加了一些注释说明，让 Makefile 的内容更规整，方便后续开发过程中需要增加模块时，在 Makefile 中明确指定添加的位置。

下面详细解释 mm32f3 项目的 Makefile 的实现内容，以及后续增加新模块时更新 Makefile 的规则，见代码 3-40。

代码 3-40　mm32f3 项目的 Makefile 源文件(a)

```
BOARD ?= plus-f3270
BOARD_DIR ?= boards/$(BOARD)
BUILD ?= build-$(BOARD)

CROSS_COMPILE ?= arm-none-eabi-

ifeq ($(wildcard $(BOARD_DIR)/.),)
$(error Invalid BOARD specified: $(BOARD_DIR))
endif

include ../../py/mkenv.mk
include $(BOARD_DIR)/mpconfigboard.mk

# qstr definitions (must come before including py.mk)
QSTR_DEFS = qstrdefsport.h
QSTR_GLOBAL_DEPENDENCIES = $(BOARD_DIR)/mpconfigboard.h

# include py core make definitions
include $(TOP)/py/py.mk
```

在 Makefile 开始的位置，首先解析 BOARD 参数，这个参数同运行 make 命令时使用，见代码 3-41。

代码 3-41　mm32f3 项目的 Makefile 源文件(b)

```
$ make BOARD=plus-f3270
```

这里还包含了一些预先定义的.mk 文件(也是 Makefile 文件，mk 文件相对于 Makefile，类似于.h 文件对于 C 文件)，例如，py/mkenv.mk 和 py/py.mk，都是在 MicroPython 内核中定义好的，这里遵循已有项目的用法即可。$(BOARD_DIR)/mpconfigboard.mk 是在 boards 目录中自定义的，其中包含了与定制板子相关的配置，通过 MCU_SERIES 和 CMSIS_MCU 指定的芯片型号，实际会用来组合生成查找芯片启动文件和驱动文件的路径，而 LD_FILES 指定当前这块板子的移植项目所用到的链接命令文件，例如，ports\mm32f3\boards\plus-f3270 目录下的 mpconfigboard.mk 文件，见代码 3-42。

代码 3-42　mm32f3 项目的 mpconfigboard.mk 源文件

```
MCU_SERIES = mm32f3270
CMSIS_MCU = mm32f3273g
LD_FILES = boards/mm32f3273g_flash.ld
```

接下来 Makefile 文件就要定义编译项目的各个选项，其中的内容大体同微控制器开发者熟悉的其他工具链(如 Keil MDK、IAR 等)相似。

指定头文件搜索路径，见代码 3-43。

代码 3-43 mm32f3 项目的 Makefile 源文件(c)

```
MCU_DIR = lib/mm32mcu/$(MCU_SERIES)

# includepath.
INC += -I.
INC += -I$(TOP)
INC += -I$(BUILD)
INC += -I$(BOARD_DIR)
INC += -I$(TOP)/lib/cmsis/inc
INC += -I$(TOP)/$(MCU_DIR)/devices/$(CMSIS_MCU)
INC += -I$(TOP)/$(MCU_DIR)/drivers
```

指定 GCC 编译工具链的编译选项，用 flags 表示，包含 C 编译器选项 CFLAGS 和链接命令选项 LDFLAGS，见代码 3-44。

代码 3-44 mm32f3 项目的 Makefile 源文件(d)

```
# flags.
CFLAGS = $(INC)
CFLAGS += -Wall -Werror
CFLAGS += -std=c99
CFLAGS += -nostdlib
CFLAGS += -mthumb
CFLAGS += $(CFLAGS_MCU_$(MCU_SERIES))
CFLAGS += -fsingle-precision-constant -Wdouble-promotion
CFLAGS += -D__STARTUP_CLEAR_BSS

CFLAGS_MCU_CM7  = -mtune=cortex-m7      -mcpu=cortex-m7      -mfloat-abi=hard
                  -mfpu=fpv5-d16
CFLAGS_MCU_CM4  = -mtune=cortex-m4      -mcpu-cortex-m4      -msoft-float
CFLAGS_MCU_CM3  = -mtune=cortex-m3      -mcpu=cortex-m3      -msoft-float
CFLAGS_MCU_CM0P = -mtune=cortex-m0plus  -mcpu=cortex-m0plus  -msoft-float

ifeq ($(MCU_SERIES), mm32f3270)
CFLAGS += $(CFLAGS_MCU_CM3)
else
$(error Invalid MCU_SERIES specified: $(MCU_SERIES))
endif

CFLAGS += -DMCU_$(MCU_SERIES) -D__$(CMSIS_MCU)__
LDFLAGS = -nostdlib $(addprefix -T, $(LD_FILES)) -Map=$@.map --cref
LIBS = $(shell $(CC) $(CFLAGS) -print-libgcc-file-name)

# Tune for Debugging or Optimization
ifeq ($(DEBUG),1)
CFLAGS += -O0 -ggdb
else
CFLAGS += -Os -DNDEBUG
LDFLAGS += --gc-sections
```

```
CFLAGS += -fdata-sections -ffunction-sections
endif
```

继续向项目中添加源文件,包括 C 源文件清单 SRC_C 和汇编源文件清单 SRC_S、SRC_SS,同时为了方便管理,还用符号 SRC_HAL_MM32_C 和 SRC_BRD_MM32_C 对表示的文件清单分组,见代码 3-45。

代码 3-45 mm32f3 项目的 Makefile 源文件(e)

```
# source files.
SRC_HAL_MM32_C += \
    $(MCU_DIR)/devices/$(CMSIS_MCU)/system_$(CMSIS_MCU).c \
    $(MCU_DIR)/drivers/hal_rcc.c \
    $(MCU_DIR)/drivers/hal_gpio.c \
    $(MCU_DIR)/drivers/hal_uart.c \


SRC_BRD_MM32_C += \
    $(BOARD_DIR)/clock_init.c \
    $(BOARD_DIR)/pin_init.c \
    $(BOARD_DIR)/board_init.c \


SRC_C += \
    main.c \
    modmachine.c \
    mphalport.c \
    lib/libc/string0.c \
    lib/mp-readline/readline.c \
    lib/utils/gchelper_native.c \
    lib/utils/printf.c \
    lib/utils/pyexec.c \
    lib/utils/stdout_helpers.c \
    $(SRC_HAL_MM32_C) \
    $(SRC_BRD_MM32_C) \


# also use cm3 as gchelper_m3.s
ifeq ($(MCU_SERIES),mm32f3270)
SRC_S = lib/utils/gchelper_m3.s
else
SRC_S = lib/utils/gchelper_m0.s
endif

SRC_SS = $(MCU_DIR)/devices/$(CMSIS_MCU)/startup_$(CMSIS_MCU).S
```

特别需要注意的是,新增的类模块若需要使用 QSTR 字符串指示类模块以及类属性和类方法,但不想手动向 qstrdefport.h 文件中添加 QSTR 关键字,则需要将包含新创建类模块定义的源文件加到 SRC_QSTR 文件清单中,交由编译过程中的脚本自动提取 QSTR,见代码 3-46。

代码 3-46　mm32f3 项目的 Makefile 源文件(f)

```
# list of sources for qstr extraction
SRC_QSTR += modmachine.c
```

指定 obj 文件的存放位置。由源代码文件编译生成的 obj 文件,在 build 目录下以同样的目录结构存放,见代码 3-47。

代码 3-47　mm32f3 项目的 Makefile 源文件(g)

```
# output obj file.
OBJ += $(PY_O)
OBJ += $(addprefix $(BUILD)/, $(SRC_C:.c=.o))
OBJ += $(addprefix $(BUILD)/, $(SRC_S:.s=.o))
OBJ += $(addprefix $(BUILD)/, $(SRC_SS:.S=.o))
```

指定可执行文件的生成规则,见代码 3-48。

代码 3-48　mm32f3 项目的 Makefile 源文件(h)

```
# rules.
all: $(BUILD)/firmware.bin

$(BUILD)/firmware.elf: $(OBJ)
    $(ECHO) "LINK $@"
    $(Q)$(LD) $(LDFLAGS) -o $@ $^ $(LIBS)
    $(Q)$(SIZE) $@

$(BUILD)/firmware.bin: $(BUILD)/firmware.elf
    $(Q)$(OBJCOPY) -O binary $^ $@

$(BUILD)/firmware.hex: $(BUILD)/firmware.elf
    $(Q)$(OBJCOPY) -O ihex -R .eeprom $< $@
```

在代码 3-48 中,可以指定最后生成可执行文件的类型,默认是 elf 文件,也可以根据需要再将 elf 文件转成 bin 或 hex 文件。

最后,按照 MicroPython 所有移植项目 Makefile 都遵循的做法,还要再包含一个 mk 文件,引用 MicroPython 定义的通用的工程项目规则,见代码 3-49。

代码 3-49　mm32f3 项目的 Makefile 源文件(i)

```
include $(TOP)/py/mkrules.mk
```

在后续的开发过程中,关于 Makefile 文件,应重点关注与常用操作相关的几个地方:

- 在 INC 中添加新的源文件搜索路径。
- 在 SRC_C 中添加新的源文件,例如,更多的微控制器底层驱动程序源文件、实现新的类模块的源文件等。

- 在 SRC_QSTR 中添加新的实现新的类模块的源文件，给编译过程自动解析 QSTR 关键字。

至此，基于 MM32F3 微控制器的 MicroPython 最小工程 mm32f3 项目就移植完毕了，准备好了源代码和 Makefile，在命令行窗口中进入 ports/mm32f3 目录下，运行 make 命令开始编译，见代码 3-50。

代码 3-50 编译 mm32f3 项目

```
Andrew@Andrew-PC MSYS /c/_git_repo/micropython_su/micropython-1.16-mini/ports/mm32f3_v0.1
# make BOARD=plus-f3270
Use make V=1 or set BUILD_VERBOSE in your environment to increase build verbosity
mkdir -p build-plus-f3270/genhdr
GEN build-plus-f3270/genhdr/mpversion.h
GEN build-plus-f3270/genhdr/moduledefs.h
GEN build-plus-f3270/genhdr/qstr.i.last
GEN build-plus-f3270/genhdr/qstr.split
GEN build-plus-f3270/genhdr/qstrdefs.collected.h
QSTR updated
GEN build-plus-f3270/genhdr/qstrdefs.generated.h
mkdir -p build-plus-f3270/boards/plus-f3270/
mkdir -p build-plus-f3270/extmod/
mkdir -p build-plus-f3270/lib/embed/
mkdir -p build-plus-f3270/lib/libc/
mkdir -p build-plus-f3270/lib/mm32mcu/mm32f3270/devices/mm32f3273g/
mkdir -p build-plus-f3270/lib/mm32mcu/mm32f3270/drivers/
mkdir -p build-plus-f3270/lib/mp-readline/
mkdir -p build-plus-f3270/lib/utils/
mkdir -p build-plus-f3270/py/
CC ../../py/mpstate.c
CC ../../py/nlr.c
...
CC ../../lib/utils/printf.c
CC main.c
CC modmachine.c
CC mphalport.c
CC ../../lib/libc/string0.c
CC ../../lib/mp-readline/readline.c
CC ../../lib/utils/gchelper_native.c
CC ../../lib/utils/pyexec.c
CC ../../lib/utils/stdout_helpers.c
CC ../../lib/mm32mcu/mm32f3270/devices/mm32f3273g/system_mm32f3273g.c
CC ../../lib/mm32mcu/mm32f3270/drivers/hal_rcc.c
CC ../../lib/mm32mcu/mm32f3270/drivers/hal_gpio.c
CC ../../lib/mm32mcu/mm32f3270/drivers/hal_uart.c
CC boards/plus-f3270/clock_init.c
CC boards/plus-f3270/pin_init.c
CC boards/plus-f3270/board_init.c
AS ../../lib/utils/gchelper_m3.s
CC ../../lib/mm32mcu/mm32f3270/devices/mm32f3273g/startup_mm32f3273g.S
```

```
LINK build-plus-f3270/firmware.elf
   text    data     bss     dec     hex filename
  87396       0    2416   89812   15ed4 build-plus-f3270/firmware.elf
```

编译通过，生成可执行文件 build-plus-f3270/firmware.elf。

3.3 首次在 MM32F3 微控制器上运行 MicroPython

3.3.1 下载可执行文件到 MM32F3 微控制器

使用 Keil MDK 或者 IAR 等使用图形界面的开发环境，可以在图形界面环境下编译源码工程，并将编译生成的可执行文件下载到目标微控制器中。但若使用 ARMGCC 等命令行工具链，则需要额外的下载工具，才能将编译生成的可执行文件下载到目标微控制器中。

若使用 SEGGER J-Link 调试器，可以搭配 SEGGER Ozone 软件或者 J-FLASH、J-FLASH Lite 实现单独下载的功能。但 J-Link 调试器价格昂贵，并且老版本的 J-LINK 调试器无法支持更新的微控制设备。相比而言，开源的 DAP-Link 方案更接地气。可以适配 DAP-Link 的命令行工具有 openocd、pyocd 等，但这些工具对某些具体微控制器设备的兼容性并不是很好，时不时会出现不识别设备或者连接不上的情况，需要开发者自行调试才能确保它们能够正常工作。同时，基于命令的操作方式，对于已经习惯了在图形界面环境下调试的开发者而言，也不是很友好。不过，如果需要搭建持续集成和自动化测试系统，那么这些基于命令行的工具仍是不可或缺的。

对于仅专注于微控制器端的软件开发者而言，希望能够以最简单的方式解决单独下载可执行文件的问题。本节总结了几种简单易用的方法，专门针对使用 DAP-Link 调试器的情况，通过常用图形界面工具，实现单独下载可执行文件的功能，从而将 MicroPython 固件文件下载到 MM32F3 微控制器。

3.3.1.1 借用 Keil 工程

Keil IDE 实现下载功能的部分，相对于编译过程，在内部应该也是一个独立的小工具，这是可以实现用 Keil 下载程序的关键。Keil 没有将内部的下载工具独立确认，因此，还需要创建一个不包含任何源码的空工程，跳过编译部分，仅使用其中下载程序的功能。具体操作步骤如下：

(1) 启动 Keil IDE，创建新工程，并选定设备类型为目标微控制器设备。

例如，在本机的“D:_worksapce\keil\mm32f3”目录下，创建了 mm32f3.uvprojx 工程文件，见图 3-4。

(2) 在 Output 选项卡中，指定将要下载的可执行文件的路径。

在样例中，mm32f3 目录下存放了 micropython.hex 文件。单击 Select Folder for Objects 按钮，指定为 mm32f3 目录，然后在 Name of Executable 对应的文本框中输入文件名 micropython.hex，如图 3-5 所示。

从字面上看，这里指定的是编译输出的路径和文件名，但实际上，下载过程同编译过程是绑定的，编译过程生成的可执行文件，将被 Keil 自动作为下载过程的输入文件。

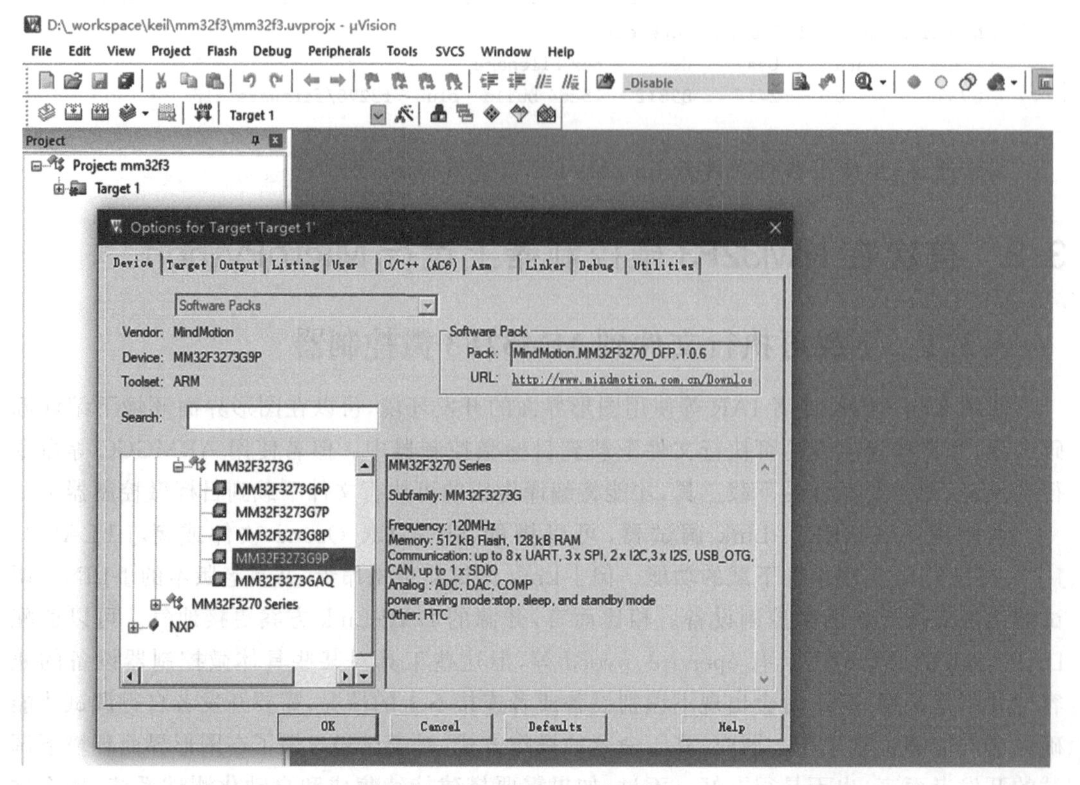

图 3-4　在 Keil IDE 中创建新工程

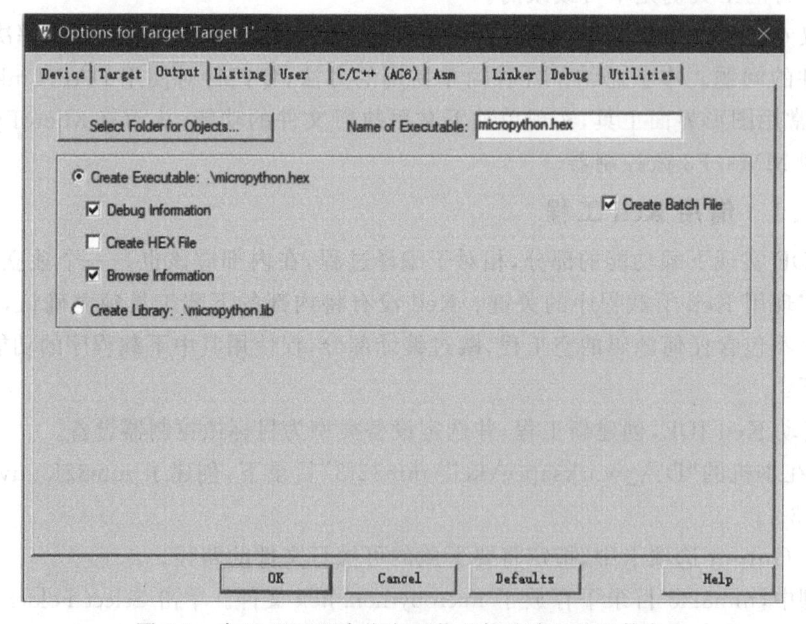

图 3-5　在 Keil 工程中指定下载文件的路径及文件名

(3) 在主窗口的工具栏中，单击 LOAD 按钮，启动下载过程，如图 3-6 所示。在 Build Output 窗口中可以查看到，当前已经擦除、下载并且校验成功。

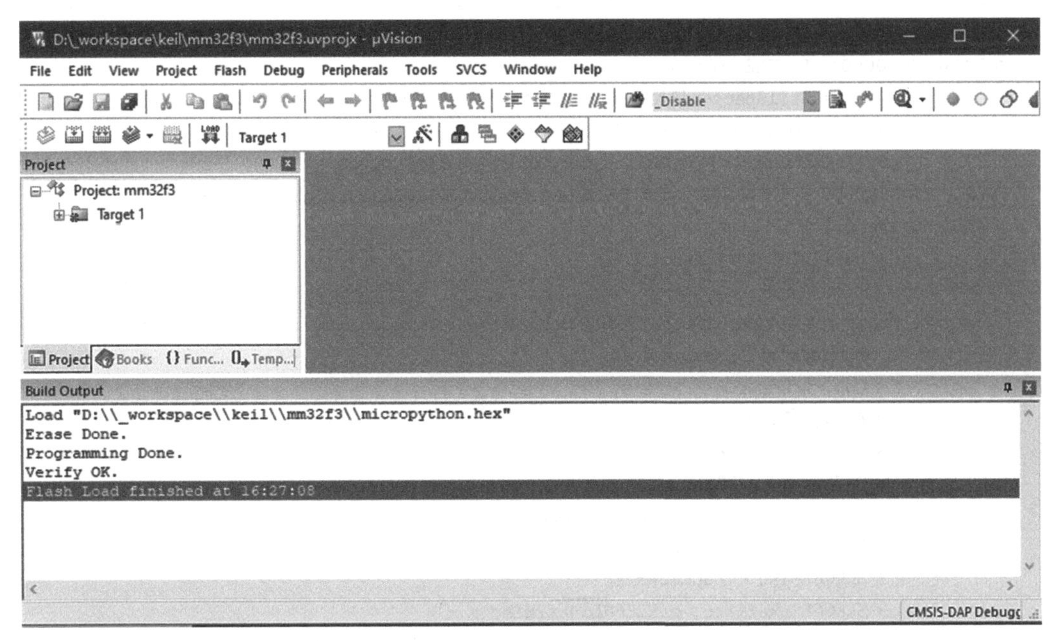

图 3-6　在 Keil 工程中下载可执行文件到微控制器

(4) 也可以使用 Keil 实现命令行式的下载操作。

此时，可将使用 Keil 创建的工程视作 uv4.exe 程序的配置文件，例如，在之前创建的 mm32f3.uvprojx 文件中，编辑 OutputDirectory 和 OutputName 字段，指定将要下载程序的路径和文件名，见代码 3-51。

代码 3-51　mm32f3.uvprojx 源文件

```
<?xml version="1.0" encoding="UTF-8" standalone="no" ?>
<Project xmlns:xsi="http://www.w3.org/2001/XMLSchema-instance" xsi:noNamespaceSchemaLocation=
"project_projx.xsd">

  <SchemaVersion>2.1</SchemaVersion>

  <Header>### uVision Project, (C) Keil Software</Header>

  <Targets>
    <Target>
      <TargetName>Target 1</TargetName>
      <ToolsetNumber>0x4</ToolsetNumber>
      <ToolsetName>ARM-ADS</ToolsetName>
      <uAC6>1</uAC6>
      <TargetOption>
        <TargetCommonOption>
          <Device>MM32F3273G9P</Device>
          <Vendor>MindMotion</Vendor>
          <PackID>MindMotion.MM32F3270_DFP.1.0.6</PackID>
          <PackURL>http://www.mindmotion.com.cn/Download/MDK_KEIL/</PackURL>
```

```
            <Cpu>IRAM(0x20000000,0x20000) IROM(0x08000000,0x80000) CPUTYPE("Cortex-M3")
CLOCK(12000000) ELITTLE</Cpu>
            <FlashUtilSpec></FlashUtilSpec>
            <StartupFile></StartupFile>
            <FlashDriverDll>UL2CM3(-S0 -C0 -P0 -FD20000000 -FC1000 -FN1 -FF0MM32F3270_
512 -FS08000000 -FL080000 -FP0($$Device:MM32F3273G9P$Flash\MM32F3270_512.FLM))
</FlashDriverDll>
            <DeviceId>0</DeviceId>

<RegisterFile>$$Device:MM32F3273G9P$Device\MM32F327x\Include\mm32_device.h</RegisterFile>
            <MemoryEnv></MemoryEnv>
            <Cmp></Cmp>
            <Asm></Asm>
            <Linker></Linker>
            <OHString></OHString>
            <InfinionOptionDll></InfinionOptionDll>
            <SLE66CMisc></SLE66CMisc>
            <SLE66AMisc></SLE66AMisc>
            <SLE66LinkerMisc></SLE66LinkerMisc>
            <SFDFile>$$Device:MM32F3273G9P$SVD\MM32F3270.svd</SFDFile>
            <bCustSvd>0</bCustSvd>
            <UseEnv>0</UseEnv>
            <BinPath></BinPath>
            <IncludePath></IncludePath>
            <LibPath></LibPath>
            <RegisterFilePath></RegisterFilePath>
            <DBRegisterFilePath></DBRegisterFilePath>
            <TargetStatus>
              <Error>0</Error>
              <ExitCodeStop>0</ExitCodeStop>
              <ButtonStop>0</ButtonStop>
              <NotGenerated>0</NotGenerated>
              <InvalidFlash>1</InvalidFlash>
            </TargetStatus>
            <OutputDirectory>.\</OutputDirectory>
            <OutputName>micropython.hex</OutputName>
            <CreateExecutable>1</CreateExecutable>
...
```

然后在 Windows 的命令行界面输入调用 Keil 编译工程的命令，见代码 3-52。

代码 3-52 使用 Keil 命令执行编译

```
uv4.exe -f "d:\_workspace\keil\mm32f3\mm32f3.uvprojx" -j0 -o "d:\_workspace\keil\mm32f3\
download_log.txt"
```

在 Windows 的命令行界面执行 Keil 下载代码的命令，如图 3-7 所示。

使用命令行方式有一点不方便，命令行在后台调用 Keil 执行下载过程没有任何用户交互。命令行触发执行 uv4.exe 程序不是阻塞式的，所以无法通过程序是否返回判定下载过

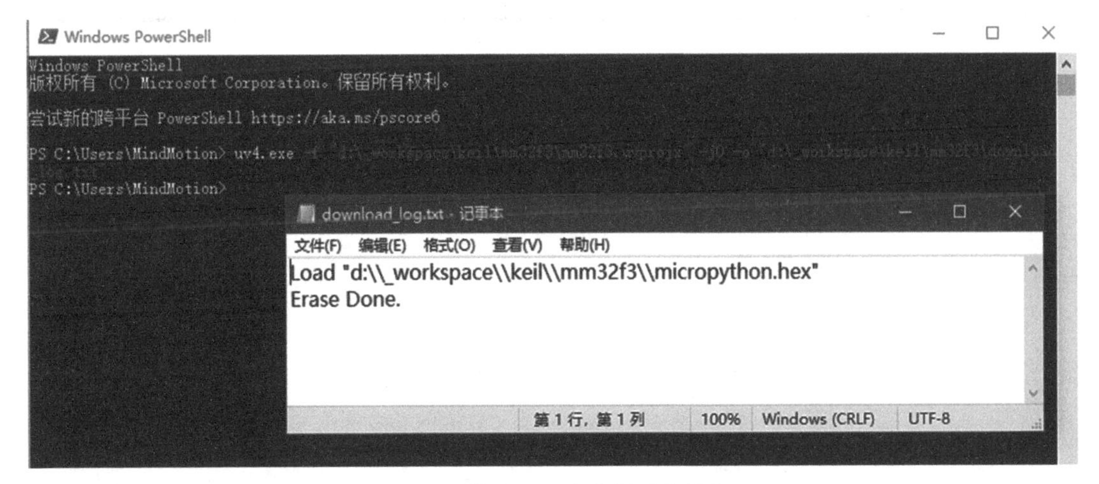

图 3-7　使用 Keil 命令行下载程序

程已结束。虽然在命令中指定输出 log 到指定文件中，但 Keil 并不是在下载结束后才创建输出文件，而是逐条写入输出文件。如果用户在下载过程中打开这个 log 输出文件，将会看到已经执行的部分操作。因此，不能通过是否创建 log 输出文件判定下载是否成功。必须检查 log 输出文件的内容，待其中包含下载成功并通过验证的记录后，才能最终判定下载情况。

3.3.1.2　使用 Ozone

常用 J-Link 调试器的开发者对 Ozone 都不陌生。Ozone 和 J-Link 都是 SEGGER 公司设计发布的面向调试和下载应用的工具，Ozone 是一套具有图形界面的上位机工具，可以适配 J-Link 调试器，独立下载可执行文件到目标微控制器并进行调试。但实际上，Ozone 除了适配自家发售的 J-Link 调试器外，还提供了对开源 CMSIS-DAP(DAP-Link)的支持，即使用 Ozone 通过 DAP-Link 连接到目标微控制器，也能够实现独立下载并执行和调试文件的功能。不过，Ozone 支持 DAP-Link 毕竟只是额外的福利，所以几乎每个步骤都会在弹窗中提示："这只是个试用功能，未经过充分测试。"

使用 Ozone 适配 DAP-Link 的操作同使用 J-Link 的情况相同，具体步骤如下：

(1) 启动 Ozone 软件，选择目标微控制器设备。

刚启动 Ozone 软件时，Ozone 会自动检测到当前电脑上已经接入了 DAP-Link 调试器，然后提示警告"必须接受如下条款：1. 当前软件仅适用非商业用途或评估；2. SEGGER 官方不会提供技术支持"。单击 Accept 按钮，如图 3-8 所示。

(2) 选择目标微控制器设备。

当确认目标微控制器设备后，警告提示对话框会再次弹出。仍然是单击 Accept 按钮，如图 3-9 所示。

(3) 在连接配置对话框中，可以看到已经识别出来的 DAP-Link，如图 3-10 所示。

Ozone 连接调试器的速度，在默认情况下被配置成 4MHz。在作者的 DAP-Link 方案中，使用的是低速 USB 接口，为了更稳妥，将速度改为 1MHz。

(4) 选择将要下载的可执行文件，如图 3-11 所示。

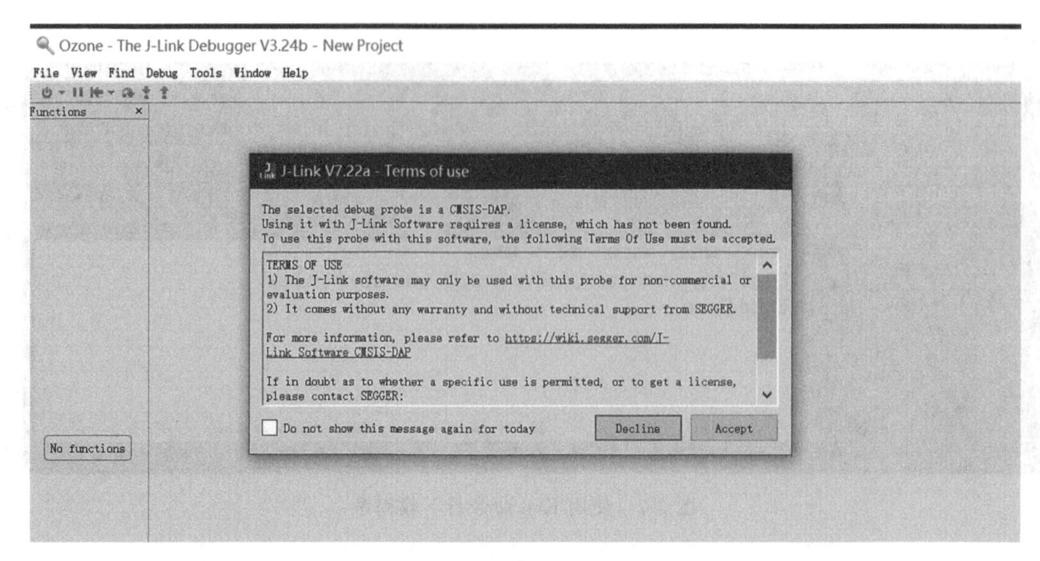

图 3-8 启动 Ozone

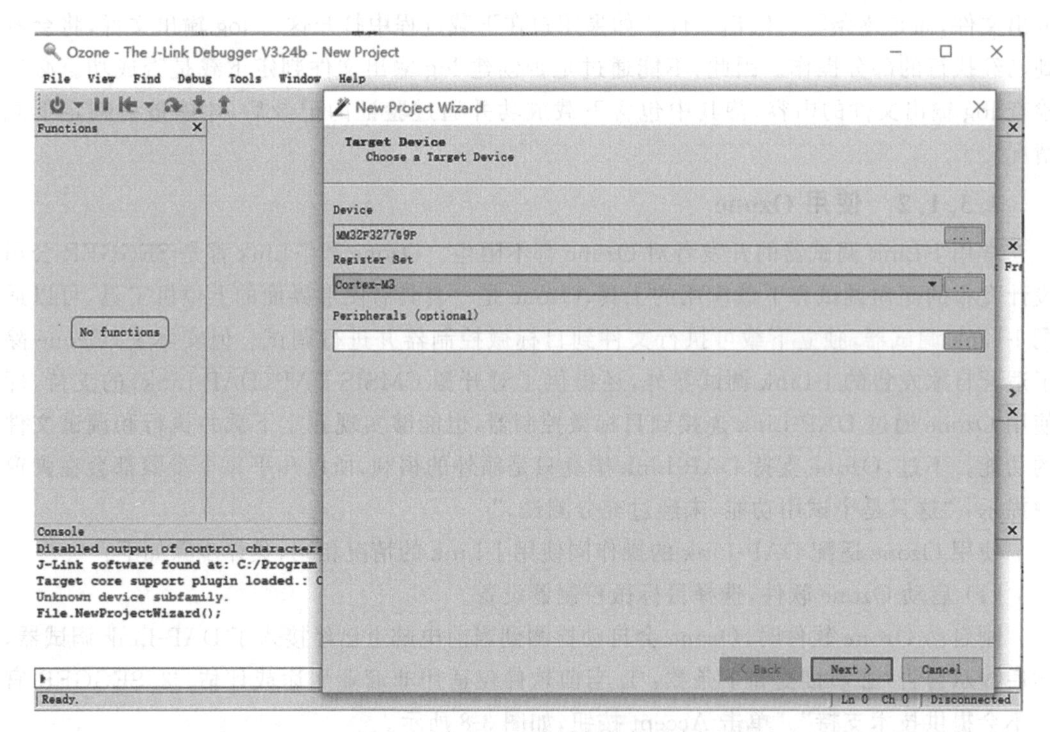

图 3-9 在 Ozone 中选择目标设备

(5) 开始下载。

弹出提示对话框，单击 Accept 按钮，如图 3-12 所示。

再次弹出提示对话框，单击 Yes 按钮。

(6) 下载成功，如图 3-13 所示。

如果不想看到频繁弹出的警告对话框，则可选中“不要重复弹出”复选框，有一定的改善效果。

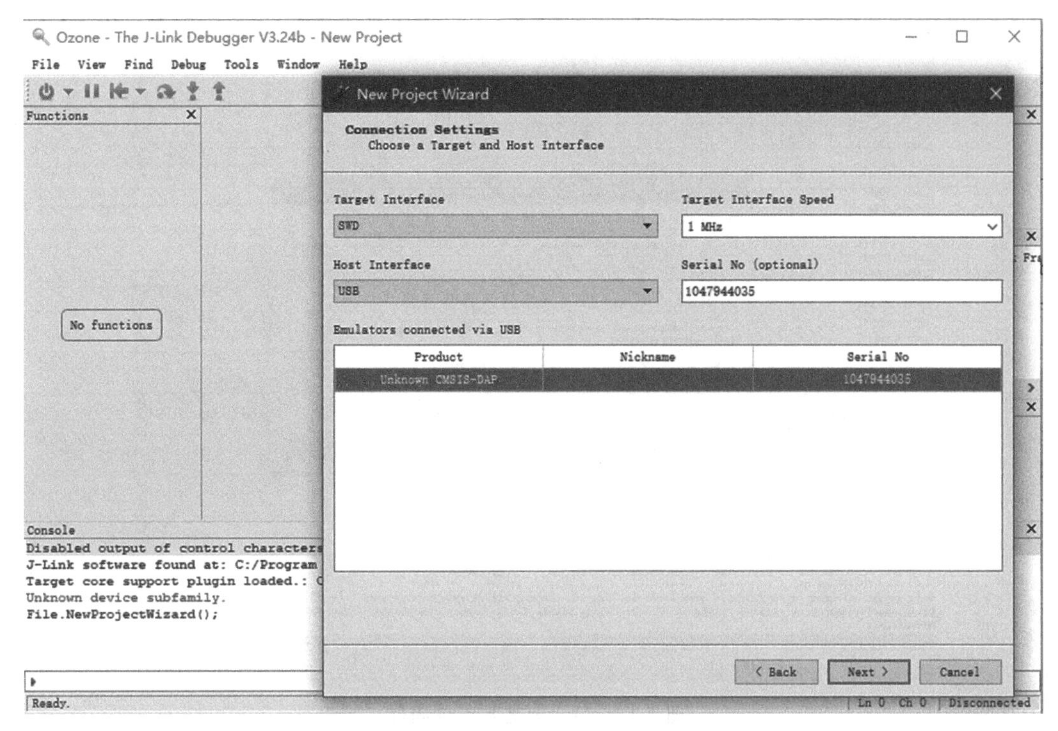

图 3-10 Ozone 显示识别出的 DAP-Link 调试器

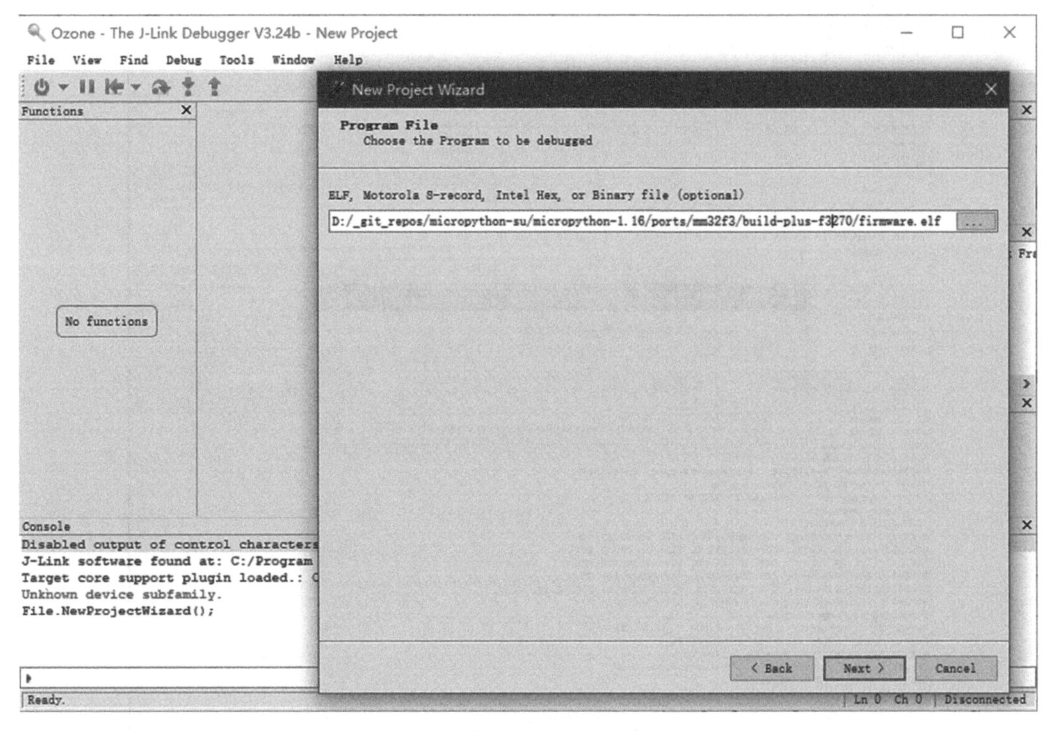

图 3-11 选择将要下载的可执行文件

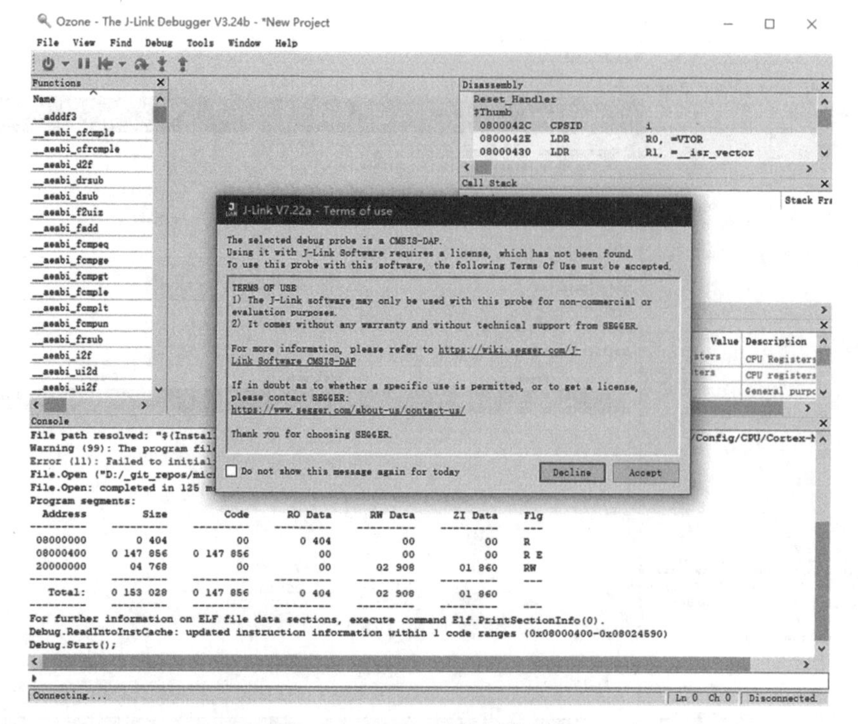

图 3-12 Ozone 准备下载固件

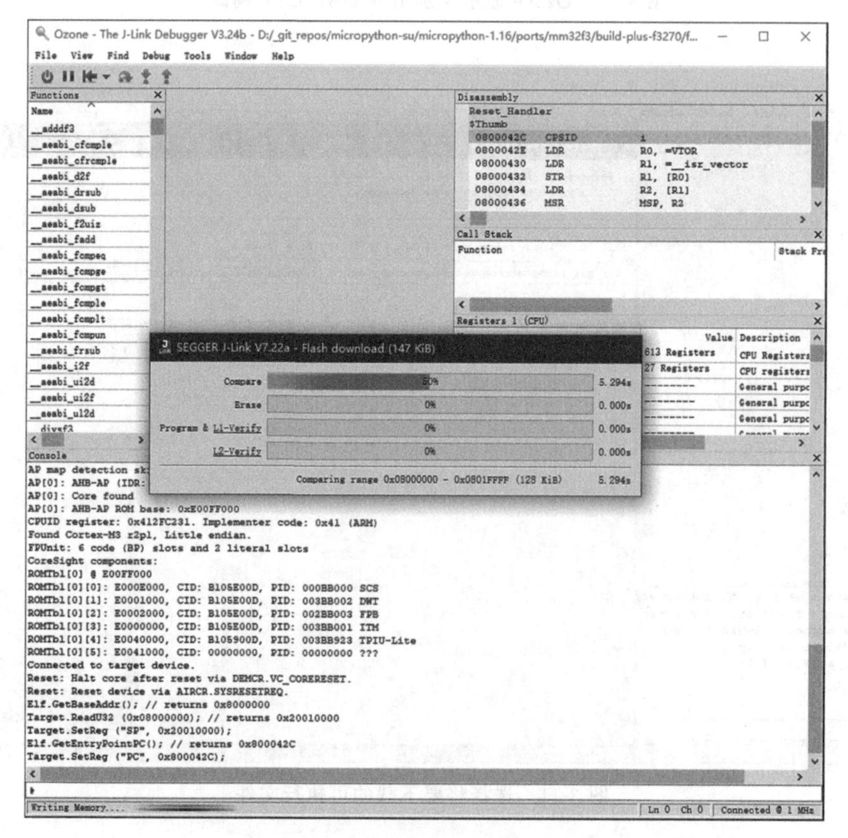

图 3-13 使用 Ozone 下载成功

3.3.2 验证及演示程序

下面介绍在 MM32F3 微控制器上运行 Python 内核。

将 MicroPython 内核编译下载到 MM32F3270 微控制器后，可以通过以下实验初步验证硬件平台和 MicroPython 内核软件工作正常。

注意，在本书用例的完整移植项目中已经包含了 Thonny 集成开发环境的支持，但读者若是从零开始开发，那么在 minimal 工程中，尚未支持 Thonny 集成开发环境（需要适配文件系统、os 模块和 time 模块等），因此仅能通过 REPL 同 MicroPython 内核建立通信。

将 MicroPython 硬件平台（比如 PLUS-F3270、MM32F3270 最小系统实验板）通过 USB 接入计算机，可以识别 USB 模拟出的串口。使用 Tera Team 等串口通信终端工具软件可以连上识别的串口，建立 REPL 通信。

MicroPython 内核通过 REPL 与用户进行交互。将 MicroPython 硬件上电后，可以观察到通信终端的信息窗口显示启动 MicroPython 内核成功的提示信息，见代码 3-53。

代码 3-53　启动 MicroPython 内核成功的提示信息

```
MicroPython v1.16 on 2022-06-29; PLUS-F3270 with MM32F3273G9P
>>>
```

试着执行一个简单的加法运算和 for 循环语句，在终端窗口中输入脚本并执行，如图 3-14 所示。

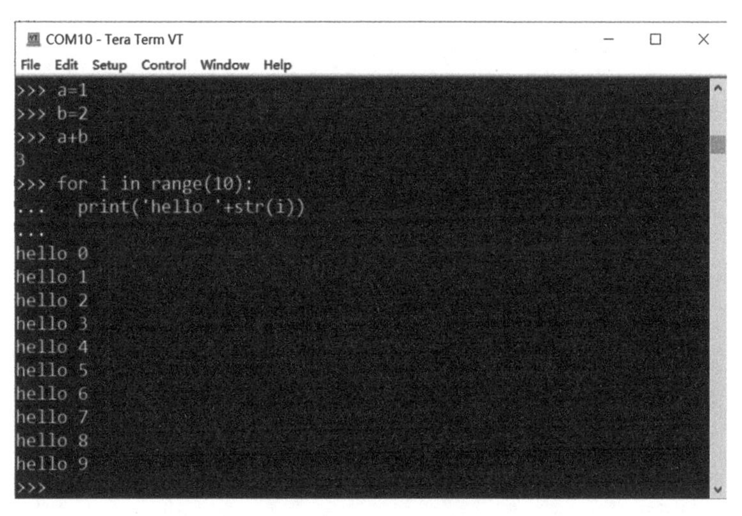

图 3-14　在 REPL 中运行 Python 脚本

由此验证，MicroPython 可以在 MM32F3 微控制器上运行。

3.4 本章小结

如前所述，准备好开发 MicroPython 的软硬件开发环境之后，本章在 MM32F3 微控制器平台上简要分析并移植了 MicroPython 自带的 Minimal 最小工程。移植过程涉及向

MicroPython源码目录中添加MM32F3的SDK启动源文件和驱动程序、为新的微控制器平台创建移植项目目录结构、改写部分与移植相关的源文件、调整main.c中的执行流程以及更新Makefile文件。经过一系列的工作，读者可以在预先搭建好的编译环境中执行编译，并创建MM32F3微控制器平台的MicroPython固件文件。本章还介绍了实现单独下载armgcc工具链创建的可执行文件到MM32F3微控制器中的多种方式。

终于可以在MM32F3微控制器上运行MicroPython啦！试着通过UART串口连上MicroPython的REPL，输入一些Python语句，开始体验使用Python进行单片机开发的乐趣吧。

第4章 MicroPython 类模块实现综述

终于能在微控制器上运行 MicroPython 执行 Python 脚本了，这确实是一件值得高兴的事情。接下来，就是要让 Python 脚本能否操作底层硬件，控制片上外设模块与外部电路系统进行通信，发挥出 MicroPython 相对于在计算机上运行 Python 的真正优势。MicroPython 访问硬件的具体做法，是先将底层驱动封装成类模块，然后在 Python 中通过 import 语句，像引入正常的 Python 类一样，引用一个封装了底层外设驱动程序的类，之后以 Python 的方式访问这些类实例化的对象，调用它们的类属性和类方法，最终调用到底层驱动程序。按照 MicroPython 的开发规范，按照特定的模式对外设驱动程序进行封装成类模块，将在后续的开发过程中成为本书讲述的主要开发模式。

4.1 基本的类模块封装模式

MicroPython 官方提供的开发文档(http://docs.micropython.org/en/latest/develop/porting.html#adding-a-module-to-the-port)中，描述了在 MicroPython 中增加一个自定义的 myport 类模块的范例，本节将基于现有的 mm32f3 项目，复现添加 myport 模块的过程。

4.1.1 新建类模块的源文件

在 ports/mm32f3 目录下创建 modmyport.c 源文件，并在其中创建 myport 类模块，见代码 4-1。

代码 4-1 modmyport.c 源文件

```
#include "py/runtime.h"

STATIC mp_obj_t myport_info(void) {
    mp_printf(&mp_plat_print, "info about my port\n");
    return mp_const_none;
}
STATIC MP_DEFINE_CONST_FUN_OBJ_0(myport_info_obj, myport_info);

STATIC const mp_rom_map_elem_t myport_module_globals_table[] = {
    { MP_OBJ_NEW_QSTR(MP_QSTR___name__), MP_OBJ_NEW_QSTR(MP_QSTR_myport) },
    { MP_ROM_QSTR(MP_QSTR_info), MP_ROM_PTR(&myport_info_obj) },
};
```

```
STATIC MP_DEFINE_CONST_DICT(myport_module_globals, myport_module_globals_table);

const mp_obj_module_t myport_module = {
    .base = { &mp_type_module },
    .globals = (mp_obj_dict_t *)&myport_module_globals,
};

MP_REGISTER_MODULE(MP_QSTR_myport, myport_module, 1);
```

注意，此处 MP_REGISTER_MODULE 宏函数中第 3 个参数的赋值 1，表示将无条件地启用新创建的模块。若要实现有条件编译加载新建模块，可使用 MICROPY_PY_MYPORT 取代 1，然后在 mpconfigport.h 文件中根据需要添加"#define MICROPY_PY_MYPORT (1)"宏。

4.1.1.1 关于 mp_printf()和 mp_plat_print

在定义 myport 类模块的用例里，使用了 mp_printf()这个打印函数和 mp_plat_print 对象。mp_printf()函数调用 mp_plat_print 对象中的方法，用于向 REPL 输出格式化字符串。其实现机制如下：

mp_plat_print 对象的定义位于 py/mpprint.c 文件中，其中指定了 plat_print_strn()作为执行打印的函数，而 plat_print_strn() 函数调用了 MP_PLAT_PRINT_STRN()函数。这里的函数名全部是大写，猜测可能是一个关联到移植的实现。

在 py/mpprint.h 中，有 mp_print_t 结构体的定义，见代码 4-2。

代码 4-2 mpprint.h 文件中定义的 mp_print_t 结构体

```
typedef struct _mp_print_t {
    void * data;
    mp_print_strn_t print_strn;
} mp_print_t;
```

在 py/mpprint.c 文件中，定义 plat_print_strn()函数，并创建 mp_plat_print 对象，见代码 4-3。

代码 4-3 mpprint.c 文件中定义的 plat_print_strn()函数

```
STATIC void plat_print_strn(void * env, const char * str, size_t len) {
    (void)env;
    MP_PLAT_PRINT_STRN(str, len);
}
const mp_print_t mp_plat_print = {NULL, plat_print_strn};
```

继续在 py/mpconfig.h 文件中追溯 MP_PLAT_PRINT_STRN()函数的定义，见代码 4-4。

代码 4-4 mpconfig.h 文件中定义的 MP_PLAT_PRINT_STRN()函数

```
// This macro is used to do all output (except when MICROPY_PY_IO is defined)
#ifndef MP_PLAT_PRINT_STRN
```

```
#define MP_PLAT_PRINT_STRN(str, len) mp_hal_stdout_tx_strn_cooked(str, len)
#endif
```

证实了前面的猜测，MP_PLAT_PRINT_STRN()函数将被映射到 mp_hal_stdout_tx_strn_cooked()函数上。从"_hal_"这个名字上看，这是一个与硬件相关的函数。mp_hal_stdout_tx_strn_cooked()函数位于 lib/utilis/stdout_helpers.c 文件中，这里做了一个格式化的转接，专门处理将"\n"字符转换成"\n\r"的操作，但发送功能还是由更底层的 mp_hal_stdout_tx_strn() 函数实现。从代码的注释中可以看到，这个 cooked 的意思，就是将"\n"字符转换成"\n\r"。在 stdout_helpers.c 文件中定义了 mp_hal_stdout_tx_strn_cooked()函数，见代码 4-5。

代码 4-5　stdout_helpers.c 文件中的 mp_hal_stdout_tx_strn_cooked()函数

```
/* 发送经过格式化的指定长度的字符串,将 LR 字符转换成 CR LR 字符串 */
void mp_hal_stdout_tx_strn_cooked(const char * str, size_t len) {
    while (len--) {
        if (* str == '\n') {
            mp_hal_stdout_tx_strn("\r", 1);
        }
        mp_hal_stdout_tx_strn(str++, 1);
    }
}
```

最终，追溯到 mp_hal_stdout_tx_strn()函数的源头，就是之前在 mm32f3 项目的最小移植中，在 ports/mm32f3/mphalport.c 文件中实现的通过 UART 串口发送数据的函数，见代码 4-6。

代码 4-6　mm32f3 项目中实现的 mp_hal_stdout_tx_strn()函数

```
void mp_hal_stdout_tx_strn(const char * str, mp_uint_t len)
{
    while (len--)
    {
        while ( 0u == (UART_STATUS_TX_EMPTY & UART_GetStatus(BOARD_DEBUG_UART_PORT)) )
        {}
        UART_PutData(BOARD_DEBUG_UART_PORT, * str++);
    }
}
```

现在，已经知道 mp_plat_print 包含了对底层函数 mp_hal_stdout_tx_strn()的包含关系，mp_plat_print 主要是被 mp_printf()函数调用，用于在 REPL 中输出用户字符串。在 py/mpprint.c 文件中可以查看 mp_printf()函数的实现，见代码 4-7。

代码 4-7　mpprint.c 文件中的 mp_printf()函数

```
int mp_printf(const mp_print_t * print, const char * fmt, ...) {
    va_list ap;
```

```
    va_start(ap, fmt);
    int ret = mp_vprintf(print, fmt, ap);
    va_end(ap);
    return ret;
}

int mp_vprintf(const mp_print_t * print, const char * fmt, va_list args) {
    int chrs = 0;
    for (;;) {
        {
            const char * f = fmt;
            while ( * f != '\0' && * f != '%') {
                ++f; // XXX UTF8 advance char
            }
            if (f > fmt) {
                print->print_strn(print->data, fmt, f - fmt);
                chrs += f - fmt;
                fmt = f;
            }
        }
        ...
}
```

由代码 4-7 可知，mp_printf()函数在内部调用了 mp_vprintf()，mp_vprintf()函数内部调用了 print-> print_strn()，这就把 print 参数也关联起来了。而在 MicroPython 内核中，调用 mp_printf()函数时，通常使用的 print 参数就是 mp_plat_print 对象，更具体地，当执行 print-> print_strn()函数时，实际调用的就是在 ports/mm32f3/mphalport. c 文件实现的 mp_hal_stdout_tx_strn()函数。

4.1.1.2 关于固定数量参数的函数对象

在定义类模块的属性方法时，经常用到 MP_DEFINE_CONST_FUN_OBJ_x()等宏函数。这些宏函数将在 C 语言中定义的函数转化成 Python 语言体系中的对象，而在类模块的类成员映射表中，将会使用封装后的函数对象而不是直接引用原始的 C 语言函数。那么这里的 MP_DEFINE_CONST_FUN_OBJ_x()宏函数是做什么的呢？

在 py/obj. h 文件中定义了宏函数 MP_DEFINE_CONST_FUN_OBJ_0()，同时还有 MP_DEFINE_CONST_FUN_OBJ_1()、MP_DEFINE_CONST_FUN_OBJ_2()和 MP_DEFINE_CONST_FUN_OBJ_3()。这组宏函数的功能，是将一个普通的 C 语言定义的函数，封装到一个 mp_obj_fun_builtin_fixed_t 类型的结构体中。例如，每次使用 MP_DEFINE_CONST_FUN_OBJ_0()函数时，就创建了一个以 obj_name 传参命名的 mp_obj_fun_builtin_fixed_t 常量结构体，并向其中填入 fun_name 传参指定的函数指针。函数名最后的数字后缀，表示函数的参数数量，见代码 4-8。

代码 4-8 obj. h 文件中定义固定数量参数的函数对象结构体 mp_obj_fun_builtin_fixed_t

```
typedef mp_obj_t ( * mp_fun_0_t)(void);
typedef mp_obj_t ( * mp_fun_1_t)(mp_obj_t);
```

```
typedef mp_obj_t ( * mp_fun_2_t)(mp_obj_t, mp_obj_t);
typedef mp_obj_t ( * mp_fun_3_t)(mp_obj_t, mp_obj_t, mp_obj_t);
...
typedef struct _mp_obj_fun_builtin_fixed_t {
    mp_obj_base_t base;
    union {
        mp_fun_0_t _0;
        mp_fun_1_t _1;
        mp_fun_2_t _2;
        mp_fun_3_t _3;
    } fun;
} mp_obj_fun_builtin_fixed_t;
...
#define MP_DEFINE_CONST_FUN_OBJ_0(obj_name, fun_name) \
    const mp_obj_fun_builtin_fixed_t obj_name = \
    {{&mp_type_fun_builtin_0}, .fun._0 = fun_name}
...
#define MP_DEFINE_CONST_FUN_OBJ_3(obj_name, fun_name) \
    const mp_obj_fun_builtin_fixed_t obj_name = \
    {{&mp_type_fun_builtin_3}, .fun._3 = fun_name}
```

使用 MP_DEFINE_CONST_FUN_OBJ_0()函数时，同时指定了 mp_obj_fun_builtin_fixed_t 类型结构体常量中表示对象类型的字段 base 中的值为 mp_type_fun_builtin_0。在 py/objfun.c 中，通过 fun_builtin_0_call()函数，先检查了传入函数对象 self_in 的类型是否为 mp_type_fun_builtin_0，然后用函数对象的指针原地运行，从而运行了函数本身。类似地，MP_DEFINE_CONST_FUN_OBJ_1()定义了具有一个参数的函数对象，见代码 4-9。

代码 4-9 objfun.c 文件中定义的 mp_type_fun_builtin_x 类型对象

```
STATIC mp_obj_t fun_builtin_0_call(mp_obj_t self_in, size_t n_args, size_t n_kw, const
mp_obj_t * args) {
    (void)args;
    assert(mp_obj_is_type(self_in, &mp_type_fun_builtin_0));
    mp_obj_fun_builtin_fixed_t * self = MP_OBJ_TO_PTR(self_in);
    mp_arg_check_num(n_args, n_kw, 0, 0, false);
    return self->fun._0();
}

const mp_obj_type_t mp_type_fun_builtin_0 = {
    { &mp_type_type },
    .flags = MP_TYPE_FLAG_BINDS_SELF | MP_TYPE_FLAG_BUILTIN_FUN,
    .name = MP_QSTR_function,
    .call = fun_builtin_0_call,
    .unary_op = mp_generic_unary_op,
};

...
```

```
STATIC mp_obj_t fun_builtin_3_call(mp_obj_t self_in, size_t n_args, size_t n_kw, const
mp_obj_t * args) {
    assert(mp_obj_is_type(self_in, &mp_type_fun_builtin_3));
    mp_obj_fun_builtin_fixed_t * self = MP_OBJ_TO_PTR(self_in);
    mp_arg_check_num(n_args, n_kw, 3, 3, false);
    return self->fun._3(args[0], args[1], args[2]);
}

const mp_obj_type_t mp_type_fun_builtin_3 = {
    { &mp_type_type },
    .flags = MP_TYPE_FLAG_BINDS_SELF | MP_TYPE_FLAG_BUILTIN_FUN,
    .name = MP_QSTR_function,
    .call = fun_builtin_3_call,
    .unary_op = mp_generic_unary_op,
};
```

mp_obj_is_type()函数的实现位于obj.h文件中，它直接通过比较对象结构体的type字段中的指针，来匹配对象类型，见代码4-10。

代码4-10　obj.h文件中的mp_obj_is_type()函数

```
#define mp_obj_is_type(o, t) (mp_obj_is_obj(o) && (((mp_obj_base_t *)MP_OBJ_TO_PTR(o))->
type == (t))) // this does not work for checking int, str or fun; use below macros for that
```

这里实现类型匹配的过程中，有两个很巧妙的设计：

- 使用对象结构体的type字段的值来匹配类型。在C程序中，通常是由C编译器判断变量的类型，但MicroPython的程序能够自己识别对象类型。这当然不是MicroPython的程序扩展了C编译器的功能，而是使用了“标记”。MicroPython的每个对象的结构体定义中，都一定会有一个type字段，这个字段指向一个可以标记该结构体类型的结构体对象，作为描述其类型的标记。这样，在程序中，只要比对该对象在定义时赋予的type字段的指针值是否与指定的类型对象的结构体实例一致，就可以判定本对象的类型。所有同一类型的对象，其内部的type字段都会指向同一个标记类型对象。当然，这个用作类型标记的类型对象的结构体也不是随便定义的，通常会包含该类型对象的公共属性和方法。所以，在后续开发新的类模块时，主要就是定义新的标记类型对象，然后将这些新的标记类型对象注册到MicroPython内核中，让MicroPython可以创建新的指向这些类型对象的新对象实例，而新实例化的对象，都可以通过访问自己的类型对象，使用类型对象中定义的类型属性和类型方法。
- 通过将C语言函数封装成“函数对象”结构体，实现了使用固定大小的(结构体)变量保存不同参数格式的函数，最终通过固定参数格式的fun_builtin_N_call()函数。这就实现了“以不变应万变”的思路，以一种固定的、统一的方式，包容了不定的、多变的函数调用场景，这也为上层函数使用统一的接口调用多种参数类型的函数奠定了基础。

4.1.1.3 关于可变数量参数的函数对象

类似地，MicroPython 还定义了一组封装可变数量传参函数的宏函数 MP_DEFINE_CONST_FUN_OBJ_VAR()、MP_DEFINE_CONST_FUN_OBJ_VAR_BETWEEN() 和 MP_DEFINE_CONST_FUN_OBJ_KW()，见代码 4-11。

代码 4-11 obj.h 文件中定义可变数量参数的函数对象结构体 mp_obj_fun_builtin_var_t

```
typedef mp_obj_t ( * mp_fun_var_t)(size_t n, const mp_obj_t * );
// mp_fun_kw_t takes mp_map_t * (and not const mp_map_t * ) to ease passing
// this arg to mp_map_lookup().
typedef mp_obj_t ( * mp_fun_kw_t)(size_t n, const mp_obj_t * , mp_map_t * );
...
typedef struct _mp_obj_fun_builtin_var_t {
    mp_obj_base_t base;
    uint32_t sig; // see MP_OBJ_FUN_MAKE_SIG
    union {
        mp_fun_var_t var;
        mp_fun_kw_t kw;
    } fun;
} mp_obj_fun_builtin_var_t;
...
#define MP_OBJ_FUN_ARGS_MAX (0xffff) // to set maximum value in n_args_max below
#define MP_OBJ_FUN_MAKE_SIG(n_args_min, n_args_max, takes_kw) \
    ((uint32_t)((((uint32_t)(n_args_min)) << 17) |\
    (((uint32_t)(n_args_max)) << 1) |\
    ((takes_kw) ? 1 : 0)))
...
#define MP_DEFINE_CONST_FUN_OBJ_VAR(obj_name, n_args_min, fun_name) \
    const mp_obj_fun_builtin_var_t obj_name = \
    {{&mp_type_fun_builtin_var}, MP_OBJ_FUN_MAKE_SIG(n_args_min, MP_OBJ_FUN_ARGS_MAX,
false), .fun.var = fun_name}
#define MP_DEFINE_CONST_FUN_OBJ_VAR_BETWEEN(obj_name, n_args_min, n_args_max, fun_name) \
    const mp_obj_fun_builtin_var_t obj_name = \
    {{&mp_type_fun_builtin_var}, MP_OBJ_FUN_MAKE_SIG(n_args_min, n_args_max, false),
.fun.var = fun_name}
#define MP_DEFINE_CONST_FUN_OBJ_KW(obj_name, n_args_min, fun_name) \
    const mp_obj_fun_builtin_var_t obj_name = \
    {{&mp_type_fun_builtin_var}, MP_OBJ_FUN_MAKE_SIG(n_args_min, MP_OBJ_FUN_ARGS_MAX,
true), .fun.kw = fun_name}
```

这一组由可变数量传参函数的宏操作创建的变量，相对于确定传参数量的函数的类型 mp_obj_fun_builtin_fixed_t，封装函数对象的结构体类型是 mp_obj_fun_builtin_var_t。mp_obj_fun_builtin_var_t 结构体定义中的函数字段只有两种类型：mp_fun_var_t 和 mp_fun_kw_t，但是另一个字段 sig 用来标识函数的参数清单属性，sig 的值由宏函数 MP_OBJ_FUN_MAKE_SIG(n_args_min，n_args_max，takes_kw)将最小参数数量、最大参数数量和关键字参数数量组合而成。MP_DEFINE_CONST_FUN_OBJ_VAR_BETWEEN()函数比 MP_DEFINE_CONST_FUN_OBJ_VAR()函数多了一个参数 n_args_max，这个参数用于指定可变数量参数的最大值，在 MP_DEFINE_CONST_FUN_OBJ_VAR() 函数中未明确指定最大参数数量，但在宏函数内部将最大数量设定为一个很大的值 MP_OBJ_FUN_ARGS_MAX。在 MP_DEFINE_CONST_FUN_OBJ_KW()函数中也未明确指定最大参数数量，同样使用了 MP_OBJ_FUN_ARGS_MAX 作为上限。

在 py/objfun.c 文件中，有 fun_builtin_var_call()函数的定义，其中调用了此处创建的可变参数数量函数对象所指定的函数，而 fun_builtin_var_call()函数也将作为可变参数数量的函数类型对象 mp_type_fun_builtin_var 引用，见代码 4-12。

代码 4-12 objfun.c 文件中定义的 mp_type_fun_builtin_var 类型对象

```
STATIC mp_obj_t fun_builtin_var_call(mp_obj_t self_in, size_t n_args, size_t n_kw, const
mp_obj_t * args) {
    assert(mp_obj_is_type(self_in, &mp_type_fun_builtin_var));
    mp_obj_fun_builtin_var_t * self = MP_OBJ_TO_PTR(self_in);

    // check number of arguments
    mp_arg_check_num_sig(n_args, n_kw, self -> sig);

    if (self -> sig & 1) {
        // function allows keywords
        // we create a map directly from the given args array
        mp_map_t kw_args;
        mp_map_init_fixed_table(&kw_args, n_kw, args + n_args);
        return self -> fun.kw(n_args, args, &kw_args);
    } else {
        // function takes a variable number of arguments, but no keywords
        return self -> fun.var(n_args, args);
    }
}

const mp_obj_type_t mp_type_fun_builtin_var = {
    { &mp_type_type },
    .flags = MP_TYPE_FLAG_BINDS_SELF | MP_TYPE_FLAG_BUILTIN_FUN,
    .name = MP_QSTR_function,
    .call = fun_builtin_var_call,
    .unary_op = mp_generic_unary_op,
};
```

阅读源码可知，MP_DEFINE_CONST_FUN_OBJ_VAR()和 MP_DEFINE_CONST_FUN_OBJ_VAR_BETWEEN()函数定义的可变参数数量的函数对象，在执行回调函数 self-> fun.var(n_args, args)时，传入的就是参数列表中参数的数量和参数列表的数组，这样，在定义回调函数时，可以由自定义函数自行解析参数。但对于包含关键字参数的可变参数数量的函数对象，情况就稍微复杂一些。

包含关键字参数的函数对象，在执行流程中，会引入一个额外的步骤：从参数列表中解析关键字参数，这个步骤使用了 mp_map_init_fixed_table()函数。在调用 mp_map_init_fixed_table()函数时，第二个参数 n_kw 是关键字参数的数量，第三个参数 args+n_args 指向参数清单的末尾，而第一个参数是对关键字参数部分的封装。

如此，这里通过源代码观察一下 mp_map_init_fixed_table()函数的功能以及实现原理，见代码 4-13。

代码 4-13 map.c 文件中的 mp_map_init_fixed_table()函数

```
void mp_map_init_fixed_table(mp_map_t *map, size_t n, const mp_obj_t *table) {
    map->alloc = n;
    map->used = n;
    map->all_keys_are_qstrs = 1;
    map->is_fixed = 1;
    map->is_ordered = 1;
    map->table = (mp_map_elem_t *)table;
}
```

可以看出，mp_map_t 类型的 kw_args 参数记录了关键字参数的数量 alloc 字段和参数表字段 table(直接指向参数列表的末尾)，同时推断这个列表的元素将会以递减方式索引。在后续实现更多种类的类对象时，需要根据类方法的使用情况，实现对应的回调函数，那时，就要遵照这里描述的传参模型去解析参数。

4.1.1.4 关于类成员映射表

在 py/obj.h 文件中有 mp_rom_map_elem_t 结构体类型的定义，见代码 4-14。

代码 4-14 obj.h 文件中定义 mp_rom_map_elem_t 结构体类型

```
typedef struct _mp_rom_map_elem_t {
    mp_rom_obj_t key;
    mp_rom_obj_t value;
} mp_rom_map_elem_t;
```

在为实现 myport 类模块而创建的 modmyport.c 文件中，通过 myport_module_globals_table[]定义了一个 QSTR 到对象实体(函数指针，或者后续将会用到的常量)的映射，在 Python 脚本中，将会使用 QSTR 字符串表示的关键字访问类方法。当在脚本中解析到有效的 QSTR 字符串时，就会通过这里的映射关系，找到对应的成员并运行或者返回值，见代码 4-15。

代码 4-15 myport 类模块的属性方法清单

```
STATIC const mp_rom_map_elem_t myport_module_globals_table[] = {
    { MP_OBJ_NEW_QSTR(MP_QSTR___name__), MP_OBJ_NEW_QSTR(MP_QSTR_myport) },
    { MP_ROM_QSTR(MP_QSTR_info), MP_ROM_PTR(&myport_info_obj) },
};
STATIC MP_DEFINE_CONST_DICT(myport_module_globals, myport_module_globals_table);
```

MP_DEFINE_CONST_DICT()宏函数同之前的 MP_DEFINE_CONST_FUN_OBJ_0()类似，将原始的数组形式的 myport_module_globals_table[]映射表打包封装成字典对象 myport_module_globals。之后，这里打包的类成员映射表被注册到 myport 类模块的类型

对象实例中，见代码 4-16。

代码 4-16　创建 myport 类模块的类型对象实例

```
const mp_obj_module_t myport_module = {
    .base = { &mp_type_module },
    .globals = (mp_obj_dict_t *)&myport_module_globals,
};

MP_REGISTER_MODULE(MP_QSTR_myport, myport_module, 1);
```

myport 类模块的类型对象实例将通过 MP_REGISTER_MODULE()宏函数注册到 MicroPython 内核中。但是，从 py/obj. h 文件中可以看到，MP_REGISTER_MODULE()函数的定义为空，见代码 4-17。

代码 4-17　obj. h 文件中的 MP_REGISTER_MODULE()函数

```
// Declare a module as a builtin, processed by makemoduledefs.py
// param module_name: MP_QSTR_<module name>
// param obj_module: mp_obj_module_t instance
// prarm enabled_define: used as #if (enabled_define) around entry

#define MP_REGISTER_MODULE(module_name, obj_module, enabled_define)
```

根据代码注释，虽然这里实现的内容是空的，但实际上会被 makemoduledefs. py 脚本所识别。在执行 Makefile 脚本编译整个工程时，会自动将其作为 MicroPython 内核内置的模块编译进去。

4.1.2　编辑 Makefile

在项目的 Makefile 文件中，也需要将新增的源码文件 modmyport. c 添加到 SRC_C 表示的源文件清单中，以编译到整个项目中。同时，由于其中定义了 QSTR，所以还需要添加到 SRC_QSTR 文件清单中，以指定由编译过程中从中提取 QSTR 字符串，见代码 4-18。

代码 4-18　在 Makefile 中添加 modmyport. c 文件

```
SRC_C += \
    main.c \
    modmachine.c \
    modmyport.c \
    mphalport.c \
    lib/libc/string0.c \
    lib/mp-readline/readline.c \
    lib/utils/gchelper_native.c \
    lib/utils/printf.c \
    lib/utils/pyexec.c \
    lib/utils/stdout_helpers.c \
    $(SRC_HAL_MM32_C) \
    $(SRC_BRD_MM32_C)
```

```
...
# list of sources for qstr extraction
SRC_QSTR += modmachine.c \
            modmyport.c
```

4.1.3　编译运行

执行编译过程，从编译过程输出的信息中可以看到，modmyport.c 文件已经被编译到项目中，见代码 4-19。

代码 4-19　编译添加了 myport 类模块的项目

```
# make
Use make V=1 or set BUILD_VERBOSE in your environment to increase build verbosity.
mkdir -p build-plus-f3270/genhdr
GEN build-plus-f3270/genhdr/mpversion.h
GEN build-plus-f3270/genhdr/moduledefs.h
GEN build-plus-f3270/genhdr/qstr.i.last
GEN build-plus-f3270/genhdr/qstr.split
GEN build-plus-f3270/genhdr/qstrdefs.collected.h
QSTR updated
GEN build-plus-f3270/genhdr/qstrdefs.generated.h
mkdir -p build-plus-f3270/boards/plus-f3270/
mkdir -p build-plus-f3270/extmod/
mkdir -p build-plus-f3270/lib/embed/
mkdir -p build-plus-f3270/lib/libc/
mkdir -p build-plus-f3270/lib/mm32mcu/mm32f3270/devices/mm32f3273g/
mkdir -p build-plus-f3270/lib/mm32mcu/mm32f3270/drivers/
mkdir -p build-plus-f3270/lib/mp-readline/
mkdir -p build-plus-f3270/lib/utils/
mkdir -p build-plus-f3270/py/
CC ../../py/mpstate.c
CC ../../py/nlr.c
...
main.c
CC modmachine.c
CC modmyport.c
CC mphalport.c
CC ../../lib/libc/string0.c
CC ../../lib/mp-readline/readline.c
CC ../../lib/utils/gchelper_native.c
CC ../../lib/utils/pyexec.c
CC ../../lib/utils/stdout_helpers.c
CC ../../lib/mm32mcu/mm32f3270/devices/mm32f3273g/system_mm32f3273g.c
CC ../../lib/mm32mcu/mm32f3270/drivers/hal_rcc.c
CC ../../lib/mm32mcu/mm32f3270/drivers/hal_gpio.c
CC ../../lib/mm32mcu/mm32f3270/drivers/hal_uart.c
CC boards/plus-f3270/clock_init.c
```

```
CC boards/plus - f3270/pin_init.c
CC boards/plus - f3270/board_init.c
AS ../../lib/utils/gchelper_m3.s
CC ../../lib/mm32mcu/mm32f3270/devices/mm32f3273g/startup_mm32f3273g.S
LINK build - plus - f3270/firmware.elf
   text    data     bss     dec     hex filename
  87520       0    2416   89936   15f50 build - plus - f3270/firmware.elf
```

复位开发板，重新启动 MicroPython，调用 myport 模块。从 REPL 的界面可以看到，MicroPython 内核已经可以识别到新增的模块了，见代码 4-20。

代码 4-20　在 REPL 中导入新建 myport 类模块

```
MicroPython v1.16 on 2021 - 12 - 24; PLUS - F3270 with MM32F3273G9P
>>> import myport
>>> myport.info()
info about my port
>>>
```

4.2　本章小结

本章描述了 MicroPython 官方开发手册中对新增一个类模块的编程方法，以调用 C 语言层面上的 printf()函数为例，实现了在现有移植项目中通过 Python 调用执行到 C 语言层面上的函数，这就为后续新增与底层硬件相关的通信外设模块奠定了基础。在对编程过程进行描述的同时，进一步分析了 MicroPython 新增模块常用的几种编程模型：在 Python 层面调用打印服务、将函数和数组以结构体的形式封装成对象、记录固定数量参数和可变数量参数的函数等，这些编程模型在后续创建新的类模块中将频繁使用。将新增源文件添加到项目的 Makefile 中也是必不可少的环节，不仅需要将新增类模块的源文件添加到编译器的清单 SRC_C 中，还要记得将包含 QSTR 字符串的源文件添加到 SRC_QSTR 中，如此才能在 Python 内核中识别到新增类模块的名字以及类属性和类方法。

虽然目前在代码上已经打通了从 Python 语言到 C 语言的通路，但目前的样例实现的仅仅是“全局”类模块，尚未实现面向对象语言中动态实例化对象的用法，更不用说使用实例化对象执行本对象专属的类属性和类方法。但即使这样，当前实现“全局”类模块的做法在实际开发中仍具有一定的价值：如果不考虑面向对象的语法特性以及关键字参数的用法，需要快速集成已经在 C 语言层面上实现的功能，可以直接通过固定数量参数的传参方式实现对应的 Python 接口，此时仅需要做一个简单的从 C 到 Python 的套接就可以实现，从而在 Python 语言环境下验证功能。

第 5 章将会以 Pin 类为例，基于本章描述的基本的新增类模块的实现方法，加入面向对象特性的实现方式，设计实现一个真正的面向对象的 Python 类。

第5章

新建 Pin 类模块

前面已经验证了 MicroPython 开发文档中描述的新增模块(Module)的操作过程,这种方法多用于创建静态模块。具体来说,就是简单地将 C 语言实现的函数套一个 Python 的“马甲”,以便从 Python 内核调用 C 语言实现的底层函数。

作者在早期研究 MicroPython 时,也曾经使用这种直接套接的方式对 C 语言实现的固件库进行封装,快速实现 C 代码向 MicroPython 的集成。例如,曾经写过如下的 MicroPython 应用代码,见代码 5-1。

代码 5-1　一种使用 Pin 类模块的方法

```
import Pin

Pin.init(0, 2, 1)  # (0, 2) = PTA2, 1 = GPIO_PinMode_Out_PushPull
Pin.write(0, 2, 1) # (0, 2) = PTA2, 1 = LOGIC_1
Pin.write(0, 2, 0) # (0, 2) = PTA2, 0 = LOGIC_0
```

在代码 5-1 中,虽然已经实现了 Python 对底层的调用,但这种用法实际上还是 C 语言的使用方式。

Python 语言的特点在于:一切皆对象,并且可以用有意义的字符串,甚至是别的对象作为传参,创建新的对象,用对象实例调用对象的属性和方法。例如,期望有下面的用法,见代码 5-2。

代码 5-2　Python 风格的使用 Pin 类模块的方法

```
import Pin
p0  = Pin('PA2', mode = Pin.OUT_PUSHPULL)      # 实例化一个 Pin 的对象,用名称指定引脚
p0.high()                                      # 通过 Pin 的实例化对象调用属性方法
p0(0)                                          # call()方法操作对象
led = Pin(p0)                                  # 用 Pin 对象实例化 Pin 对象
led.on()                                       # 通过 Pin 的实例化对象调用属性方法
led.off()                                      # 通过 Pin 的实例化对象调用属性方法
```

本章将借鉴 MicroPython 在其他微控制器平台的移植项目中创建新扩展类的做法,面向实际应用场景,以实现一个 Pin 类为例,说明在 MicroPython 项目中添加一个“原汁原味”的 Python 扩展类的操作方法。在描述过程中,同时会展示基于 MM32F3 微控制器平台的一些 MicroPython 编码规范。

5.1 新建硬件外设类模块框架

MicroPython官方的开发文档中没有详细介绍如何具体实现Pin类，但通过阅读MicroPython中集成的微控制器平台上的实现代码，可以发现，各微控制器平台上的代码实现大体遵循一些设计惯例，实现的方法大同小异。这为在MM32F3微控制器平台上自行实现Pin类提供了非常有价值的参考，从而才有后续实现的各种外设模块的移植。这里描述的一些设计要点，很大一部分是从现存源代码中提取出的设计思路，而非原创。借此机会，将这些设计经验进行归纳总结，呈现给读者。而本书额外提出的一点点奇思妙想，更多的是体现在向MM32F3微控制器平台的具体移植过程中。

参考MicroPython官方开发文档的说明，所有硬件外设相关的类模块统一归属在machine类之下，作为其中的一个子类。例如，在Python代码中将会使用如下方式引用新创建的Pin类，见代码5-3。

代码5-3 从machine类中导入Pin子类

```
from machine import Pin
```

为了实现Pin类模块，按照惯例，在ports/mm32f3目录下创建machine_pin.c和machine_pin.h文件。另外，在ports/mm32f3/boards/plus-f3270目录下新建了一个machine_pin_board_pins.c文件，专用于存放于板子相关的引脚映射表。若是以后需要支持同样使用MM32F3270微控制器的其他板子，也会在其对应板子的目录下面有一个特定的machine_pin_board_pins.c文件，其中定义了绑定到这块板子具体的电路的引脚映射。

在machine_pin.c文件中，基于第4章介绍的基本的添加类模块的方法，添加了新增类模块的框架代码，定义了machine_pin_type类型。然后，向其中填充合适的代码，调用硬件相关驱动程序的API操作硬件等，从而实现Pin类访问硬件GPIO的功能。关于完整的machine_pin.h/.c文件的源代码，可见本书配套资源中的相关源文件，本章将会抽取其中关键部分的设计思路专门讲解。

在machine_pin.c文件中基本编写好Pin类模块的实现代码后，将会定义一个表示Pin类模块的类型对象machine_pin_type，见代码5-4。

代码5-4 定义Pin类模块的类型对象machine_pin_type

```
const mp_obj_type_t machine_pin_type =
{
    { &mp_type_type },
    .name        = MP_QSTR_Pin,
    .print       = machine_pin_obj_print,     /* __repr__(), which would be called by print
                                                 (<ClassName>). */
    .call        = machine_pin_obj_call,      /* __call__(), which can be called as
                                                 <ClassName>(). */
    .make_new    = machine_pin_obj_make_new, /* create new class instance. */
    .protocol    = &pin_pin_p,               /* to support virpin. */
    .locals_dict = (mp_obj_dict_t *)&machine_pin_locals_dict,
};
```

然后，需要在 ports/mm32f3/modmachine.c 文件中添加对 machine_pin_type 类型的引用，并且将 Pin 类模块作为子类加入到 machine 类的属性列表中，见代码 5-5。

代码 5-5 向 machine 类中添加 Pin 类模块

```
extern const mp_obj_type_t machine_pin_type;
...
STATIC const mp_rom_map_elem_t machine_module_globals_table[] = {
    { MP_ROM_QSTR(MP_QSTR___name__),             MP_ROM_QSTR(MP_QSTR_umachine) },
    ...
    { MP_ROM_QSTR(MP_QSTR_Pin),                  MP_ROM_PTR(&machine_pin_type) },
    ...
}
...
```

在 Makefile 中添加此处新增的 machine_pin.c 和 machine_pin_board_pins.c 文件，并且确保 GPIO 外设模块的驱动源程序 hal_gpio.c 文件已经被包含在 Makefile 文件中，见代码 5-6。

代码 5-6 更新 Makefile 添加 Pin 类模块的源文件

```
SRC_HAL_MM32_C += \
    $(MCU_DIR)/devices/$(CMSIS_MCU)/system_$(CMSIS_MCU).c \
    $(MCU_DIR)/drivers/hal_rcc.c \
    $(MCU_DIR)/drivers/hal_gpio.c \
...

SRC_BRD_MM32_C += \
    $(BOARD_DIR)/clock_init.c \
    $(BOARD_DIR)/pin_init.c \
    $(BOARD_DIR)/board_init.c \
    $(BOARD_DIR)/machine_pin_board_pins.c \
...

SRC_C += \
    main.c \
    modmachine.c \
    machine_pin.c \
    ...
    $(SRC_HAL_MM32_C) \
    $(SRC_BRD_MM32_C) \
    $(SRC_MOD) \
    $(DRIVERS_SRC_C) \
...

# list of sources for qstr extraction
SRC_QSTR += modmachine.c \
            machine_pin.c \
            $(BOARD_DIR)/machine_pin_board_pins.c \
...
```

至此，Pin类模块作为machine类的子模块，已经被添加到MicroPython的工程中。当编写完成machine_pin.c的实现代码之后，编译工程，创建可执行文件并下载到电路板，就可以在MicroPython中使用Pin类模块了。

5.2 定义machine_pin_obj_t结构

在machine_pin.h文件中，定义了表示Pin对象的结构体类型machine_pin_obj_t，用于存放Pin对象的实例所需要保存的与本实例相关的所有信息，见代码5-7。

代码5-7 定义Pin对象实例结构体

```
/* Pin class instance configuration structure. */
typedef struct
{
    mp_obj_base_t base;        /* object base class. */
    qstr          name;        /* pad name. */
    GPIO_Type   * gpio_port;   /* gpio instance for pin. */
    uint32_t      gpio_pin;    /* pin number. */
} machine_pin_obj_t;
```

通常情况下，在定义类模块的属性方法函数时，第一个传入参数就是表示当前类模块的实例化对象，为了方便MicroPython内核在上层以统一定义的接口调用这些属性方法函数，这个参数都以通用对象的类型进行声明，但实际上，在实现函数内部，会将这个对象的访问指针转换成各自类模块的"句柄"(Handler)，从而能够访问到该类的实例对象的内部信息。例如，此处的machine_pin_obj_t就定义了Pin对象实例的"句柄"。这里以Pin类中的一个属性方法实现的函数machine_pin_high()为例，说明machine_pin_obj_t的作用，见代码5-8。

代码5-8 定义Pin类模块的属性方法函数machine_pin_high()

```
/* pin.high() */
STATIC mp_obj_t machine_pin_high(mp_obj_t self_in)
{
    /* self_in is machine_pin_obj_t. */
    machine_pin_obj_t * pin = (machine_pin_obj_t *)self_in;
    GPIO_WriteBit(pin->gpio_port, 1u << pin->gpio_pin, 1u);

    return mp_const_none;
}
STATIC MP_DEFINE_CONST_FUN_OBJ_1(machine_pin_high_obj, machine_pin_high);
```

当创建一个Pin类的实例化对象pin后，在Python脚本中使用pin.high()语句时，Python内核会调用底层的machine_pin_high()函数。此时，就像执行回调函数一样，Python内核会将表示当前Pin类对象实例pin的句柄作为参数传入machine_pin_high()函数。machine_pin_high()函数内部将控制当前pin对应引脚输出高电平，这当然要调用硬件GPIO外设外设驱动程序中的GPIO_WriteBit()函数，但仍需要拿到当前pin对应的GPIO

端口号和引脚号并传入 GPIO_WriteBit() 才能正常工作。了解到这个传参过程,就可以知道,在 machine_pin_obj_t 结构体类型的定义中,必须要包含本 Pin 类对象实例的 GPIO 端口号和引脚号。同理,当在其他类模块所属的句柄类型中定义的属性字段,也多是基于在实现本类属性方法时的输入传参需求。

machine_pin_obj_t 结构体类型的第一个字段是 mp_obj_base_t base,它将会存放指向 machine_pin_type 类型对象的指针。这个字段可被用于在 Python 内核实现类型匹配的功能,前面已经描述过 MicroPython 如何用一个巧妙的方法实现对象实例的类型匹配。同时,Pin 类对象的实例通过 base 找到 Pin 类的类属性方法,然后把自己专属的实例属性信息作为传参,代入到公用的类属性方法中,最终让公用的类属性方法为这个具体的类实例服务。类似地,当后续创建其他的外设类模块时,在所定义的 machine_xxx_obj_t 结构体类型中,也会在首先包含 mp_obj_base_t base 字段,并将本类的类型对象存入其中。

定义 QSTR 字符串类型的 name 字段,将用于使用字符串对 Pin 对象进行索引。实际上,一个真实的 machine_pin_obj_t 结构体实例将会是如下内容,见代码 5-9。

代码 5-9　定义一个 Pin 类对象的实例

```
const machine_pin_obj_t pin_PE2 =
{
    .base = { &machine_pin_type },
    .name = MP_QSTR_PE2,
    .gpio_port = GPIOE,
    .gpio_pin = 2
};
```

5.3 在构造函数中实现返回实例化对象

当在 Python 脚本中调用"pin=Pin(...)"这样的语句时,会创建 Pin 类的一个实例 pin,之后就可以用这个实例调用本身归属类的类属性方法了。在很长一段时间里,作者都很好奇这个创建实例的过程是如何实现的。事实上,当通过这种语句创建类实例时,Python 内核会在内部调用注册在对应类型对象中 make_new 字段的函数并返回一个类实例的属性句柄,而此处在 Pin 模块的类对象 machine_pin_type 中注册的,正是 machine_pin_obj_make_new() 函数,它返回一个 machine_pin_obj_t 类型的结构体实例,见代码 5-10。

代码 5-10　Pin 类对象的实例化方法函数 machine_pin_obj_make_new()

```
/* return an instance of machine_pin_obj_t when calling pin = Pin(...). */
mp_obj_t machine_pin_obj_make_new(const mp_obj_type_t *type, size_t n_args, size_t n_kw,
const mp_obj_t *args)
{
    mp_arg_check_num(n_args, n_kw, 1, MP_OBJ_FUN_ARGS_MAX, true);

    const machine_pin_obj_t *pin = pin_find(args[0]);

    if ( (n_args > 1) || (n_kw > 0) )
```

```
    {
        mp_map_t kw_args;
        mp_map_init_fixed_table(&kw_args, n_kw, args + n_args);
                /* 将关键字参数从总的参数列表中提取出来,单独封装成 kw_args. */
        machine_pin_obj_init_helper(pin, n_args - 1, args + 1, &kw_args);
    }

    return (mp_obj_t)pin;
}
```

make_new()函数还是一个回调函数,它的传参是 MicroPython 内核预先定义好的固定模式:

- type 是本对象的类型,可用于在函数内部为新实例分配内存后填充其 base 字段。但在当前的实现中完全没有用到,在应用时,使用静态内存存放预先分配好的 Pin 实例列表,并在其中填充了 type。
- n_args、n_kw 和 args,都是用于描述一个不定长的参数列表。其中 n_args 表示参数列表的总数量,n_kw 表示关键字参数的数量,args 就是参数列表中的各参数内容了。

make_new()函数传入的不定长参数数组分为两个部分:固定位置参数和关键字参数。固定位置参数将会被按照顺序存放在参数数组的特定位置上,且必须由上层调用者提供;而关键字参数是可选提供的,如果上层调用者没有传入,那么在下层的程序中会使用一个预设的默认值。具体解析关键字参数的过程位于 machine_pin_obj_init_helper()函数中。此处的 mp_arg_check_num()函数专门用于验证传入参数数组的数量是否符合预设的要求。py/runtime.h 文件中有 mp_arg_check_num()函数的实现,见代码 5-11。

代码 5-11 runtime.h 文件中的 mp_arg_check_num()函数

```
static inline void mp_arg_check_num(size_t n_args, size_t n_kw, size_t n_args_min, size_t
n_args_max, bool takes_kw) {
    mp_arg_check_num_sig(n_args, n_kw, MP_OBJ_FUN_MAKE_SIG(n_args_min, n_args_max, takes_kw));
}
```

可以看出,machine_pin_obj_make_new()函数内部对参数验证的要求是:

- 总参数数量最少为 1(n_args_min=1);
- 总参数数量最大为 MP_OBJ_FUN_ARGS_MAX(n_args_max=MP_OBJ_FUN_ARGS_MAX);
- 在参数数组中允许关键字参数存在(takes_kw=true)。

至于 mp_arg_check_num()函数内部调用的 mp_arg_check_num_sig()函数,其定义位于 argcheck.c 文件中,这个函数内部将传入的参数数组及其限制条件进行比对,当出现不匹配的情况时,会通过 mp_raise_TypeError() 函数报错,这导致 REPL 可能会输出如下的报错信息之一:

- mp_raise_TypeError(MP_ERROR_TEXT("function doesn't take keyword arguments"));

- mp_raise_msg_varg(&mp_type_TypeError, MP_ERROR_TEXT("function takes %d positional arguments but %d were given"), n_args_min, n_args);
- mp_raise_msg_varg(&mp_type_TypeError, MP_ERROR_TEXT("function missing %d required positional arguments"), n_args_min - n_args);
- mp_raise_msg_varg(&mp_type_TypeError, MP_ERROR_TEXT("function expected at most %d arguments, got %d"), n_args_max, n_args)。

make_new()函数原本是要创建一个 Pin 类对象的实例，涉及从对堆存储空间中分配出一块存储区，向其中填充必要的属性信息(包括本类的通用类属性信息等)，还有一些根据参数数组传入的信息，最终完成对这个对象的初始化工作。但在此处设计实现同底层硬件相关的 Pin 类模块，结合微控制器系统的特性，在最终实现的程序设计中进行了一些改变：

- 考虑到嵌入式系统的内存资源有限和系统运行时避免出现内存溢出的情况，使用静态内存预分配的方式取代了动态分配内存分配的过程。实际上本章为微控制器芯片上的每一个引脚都对应预先定义了各自的 Pin 实例，并且用 const 关键字将它们对应的存储空间映射到 Flash 中而非 SRAM 中，微控制器芯片内部集成的 Flash 存储空间远大于 SRAM，存放在 Flash 中的常量在编译时就会参与计算代码大小，可以预判内存是否够用。因此，消除了因为在运行时动态分配内存可能造成内存溢出的风险。
- make_new()函数内部实现的初始化实例对象的操作，不仅要初始化内存(实际上在预分配 Pin 对象结构体中已经填好信息了)，还要完成对硬件外设的初始化配置，毕竟这是一个与硬件外设相关的类模块。但此处，未将同硬件相关的操作直接在 make_new()函数中展开，而是将对硬件初始化的操作单独封装成 machine_pin_obj_init_helper()函数，是因为 Pin 类还实现了一个 init()方法，这个 init()也是实现初始化硬件的操作，其内部的实现也将复用 machine_pin_obj_init_helper()对硬件进行初始化。

machine_pin_obj_init_helper()函数不仅实现了对底层外设的初始化，还承担了大部分的解析参数列表的工作。在 make_new()函数中，使用 mp_arg_check_num()函数对参数数组的有效性进行查验，通过 mp_map_init_fixed_table()提取参数数组的关键字参数部分，最后在 machine_pin_obj_init_helper()函数中完成对参数的解析，并对硬件进行初始化。这里具体看一下 helper()函数是如何解析关键字参数的，见代码 5-12。

代码 5-12　解析实例化参数的 machine_pin_obj_init_helper()函数

```
typedef enum
{
    PIN_INIT_ARG_MODE = 0,
    PIN_INIT_ARG_VALUE,
    PIN_INIT_ARG_AF,
} machine_pin_init_arg_t;

STATIC mp_obj_t machine_pin_obj_init_helper (
    const machine_pin_obj_t * self,   /* machine_pin_obj_t 类型的变量,包含硬件信息 */
    size_t n_args,                    /* 位置参数数量 */
```

```
    const mp_obj_t * pos_args,          /* 位置参数清单 */
    mp_map_t * kw_args )                /* 关键字参数清单结构体 */
{
    static const mp_arg_t allowed_args[] =
    {
        [PIN_INIT_ARG_MODE] { MP_QSTR_mode , MP_ARG_REQUIRED | MP_ARG_INT, {.u_int =
PIN_MODE_IN_PULLUP} },
        [PIN_INIT_ARG_VALUE]{ MP_QSTR_value, MP_ARG_KW_ONLY  | MP_ARG_OBJ, {.u_obj =
MP_OBJ_NULL} },
        [PIN_INIT_ARG_AF]   { MP_QSTR_af   , MP_ARG_KW_ONLY  | MP_ARG_INT, {.u_int = 0}},
    };

    /* 解析参数 */
    mp_arg_val_t args[MP_ARRAY_SIZE(allowed_args)];
    mp_arg_parse_all(n_args, pos_args, kw_args, MP_ARRAY_SIZE(allowed_args), allowed_args,
args);

    /* 配置硬件 */
    GPIO_Init_Type gpio_init;
    gpio_init.Speed = GPIO_Speed_50MHz;
    gpio_init.Pins = (1u << self->gpio_pin);
    gpio_init.PinMode = machine_pin_modes[args[PIN_INIT_ARG_MODE].u_int];
    GPIO_Init(self->gpio_port, &gpio_init);

    if (args[PIN_INIT_ARG_MODE].u_int < PIN_MODE_AF_OPENDRAIN)
    {
        if (args[PIN_INIT_ARG_VALUE].u_obj != MP_OBJ_NULL)
        {
            if ( mp_obj_is_true(args[PIN_INIT_ARG_VALUE].u_obj) )
            {
                GPIO_WriteBit(self->gpio_port, 1u << self->gpio_pin, 1u);
            }
            else
            {
                GPIO_WriteBit(self->gpio_port, 1u << self->gpio_pin, 0u);
            }
        }
    }
    else
    {
        GPIO_PinAFConf(self->gpio_port, 1u << self->gpio_pin, (uint8_t)(args[PIN_INIT_
ARG_AF].u_int));
    }
    return mp_const_none;
}
```

在解析实例化参数的过程中，定义了一个关键字参数的匹配数组 allowed_args 参数列表，其中定义了关键字参数的名字（用到了 QSTR 字符串）、类型以及默认值。这里专门看一下 mp_arg_t 类型的定义，位于 runtime.h 文件中，见代码 5-13。

代码 5-13 runtime.h 文件中定义的 mp_arg_t 类型

```
typedef enum {
    MP_ARG_BOOL      = 0x001,
    MP_ARG_INT       = 0x002,
    MP_ARG_OBJ       = 0x003,
    MP_ARG_KIND_MASK = 0x0ff,
    MP_ARG_REQUIRED  = 0x100,
    MP_ARG_KW_ONLY   = 0x200,
} mp_arg_flag_t;

typedef union _mp_arg_val_t {
    bool u_bool;
    mp_int_t u_int;
    mp_obj_t u_obj;
    mp_rom_obj_t u_rom_obj;
} mp_arg_val_t;

typedef struct _mp_arg_t {
    uint16_t qst;
    uint16_t flags;
    mp_arg_val_t defval;
} mp_arg_t;
```

对于 mp_arg_t 结构体中的 flags 字段，可使用的类型定义在枚举类型 mp_arg_flag_t 中，可以使用 MP_ARG_BOOL、MP_ARG_INT 或 MP_ARG_OBJ 指定关键字参数的基本数据类型，同时还可以使用 MP_ARG_REQUIRED 或 MP_ARG_KW_ONLY 指定这个参数是否为必须提供或者是否仅作为关键字参数。在实际使用的时候，可以由多个 flags 选项相或，产生叠加作用。

mp_arg_t 结构体中的 defval 字段可用于指定关键字参数的默认值，其使用了 mp_arg_val_t 类型，用 union 定义，可以使用多种类型中的一种。

之后，通过 mp_arg_parse_all() 函数将传入参数数组中的关键字参数的值解析出来，见代码 5-14。

代码 5-14 调用 mp_arg_parse_all() 函数解析实例化参数

```
/* 解析参数 */
mp_arg_val_t args[MP_ARRAY_SIZE(allowed_args)];
mp_arg_parse_all(n_args, pos_args, kw_args, MP_ARRAY_SIZE(allowed_args), allowed_args, args);
```

解析出的值按照 allowed_args 参数列表中定义的顺序存放于 args 数组中。例如，若用户在实例化 Pin 类对象时传入了“af=3”作为参数列表的一部分，那么在 helper() 函数中，由 MP_QSTR_af 指定的参数位于 allowed_args 数组的第二个(从零开始数)位置，那么在保存解析出的参数的数组 args 中，args[2]的值将会是 2。如果未在参数列表中指定这个 af 的值，那么在后续的解析过程结束后引用的 args[2]的值将会是在定义 allowed_args 数组时指定的默认值 0。

再之后的程序，就是根据传入的参数，通过 SDK 的 API 配置硬件实现对应功能。

5.4 在构造函数中实现多种传参方式指定实例化对象

在 C 语言的程序中，要求传入函数的参数必须为某一个确定的类型，但在 MicroPython 中，允许使用多种不同的类型作为类实例化函数的参数，例如，可以通过引脚名、数字编号，甚至一个已有的实例化对象，都可以实例化一个新的 Pin 类实例。如下代码显示了不同的实例化 Pin 类对象的方法，见代码 5-15。

代码 5-15 实例化 Pin 类对象的多种方法

```
pin1 = Pin('PA1')
pin2 = Pin(7)
pin3 = Pin(pin1)
```

这个“多类型传参”的机制曾让作者百思不得其解，但在研读代码之后，便豁然开朗。实现这个机制的关键在于 pin_find() 函数，是对前文所述的 MicroPython 的类型匹配机制的一种具体应用，见代码 5-16。

代码 5-16 在 pin_find() 函数中匹配多种类型的输入参数

```
/* 格式化 pin 对象，传入参数无论是已经初始化好的 pin 对象，还是一个表示 pin 清单中的索引
编号，通过本函数都返回一个期望的 pin 对象 */
const machine_pin_obj_t * pin_find(mp_obj_t user_obj)
{
    /* 如果传入参数本身就是一个 Pin 的实例，则直接送出这个 pin */
    if ( mp_obj_is_type(user_obj, &machine_pin_type) )
    {
        return user_obj;
    }

    /* 如果传入参数是一个代表 Pin 清单的索引，则通过索引在 Pin 清单中找到并送出这个
pin */
    if ( mp_obj_is_small_int(user_obj) )
    {
        uint8_t pin_idx = MP_OBJ_SMALL_INT_VALUE(user_obj);
        if ( pin_idx < machine_pin_board_pins_num)
        {
            return machine_pin_board_pins[pin_idx];
        }
    }

    /* 如果传入参数是一个字符串，则通过这个字符串在 Pin 清单中匹配引脚名字，然后送出找
到的 pin */
    const machine_pin_obj_t * named_pin_obj = pin_find_by_name(&machine_pin_board_pins_
locals_dict, user_obj);
    if ( named_pin_obj )
    {
```

```
        return named_pin_obj;
    }

    mp_raise_ValueError(MP_ERROR_TEXT("Pin doesn't exist"));
}

/* 通过字符串在引脚清单中匹配引脚 */
const machine_pin_obj_t *pin_find_by_name(const mp_obj_dict_t *name_dict, mp_obj_t name)
{
    mp_map_t *name_map = mp_obj_dict_get_map((mp_obj_t)name_dict);
    mp_map_elem_t *name_elem = mp_map_lookup(name_map, name, MP_MAP_LOOKUP);

    if ( (name_elem != NULL) && (name_elem->value != NULL) )
    {
        return name_elem->value;
    }
    return NULL;
}
```

make_new()函数会传入用户在实例化类对象时指定的标识引脚的参数，其位于参数列表 args(包含固定位置参数和关键字参数的整个列表)中的第一个位置。这个 args[0]被传入 pin_find()函数后，返回一个与标识相关的引脚对象。在 pin_find()函数内部，首先把 args[0]作为一个 MicroPython 内部的对象实体，判定其对象类型。在 obj.h 文件中有关于如何判定这些类型的定义，见代码 5-17。

代码 5-17　在 obj.h 文件中定义判定整数类型的函数

```
#define mp_obj_is_type(o, t) (mp_obj_is_obj(o) && (((mp_obj_base_t *)MP_OBJ_TO_PTR(o))->
type == (t)))
...
static inline bool mp_obj_is_small_int(mp_const_obj_t o) {
    return (((mp_int_t)(o)) & 1) != 0;
}
#define MP_OBJ_SMALL_INT_VALUE(o) (((mp_int_t)(o)) >> 1)
#define MP_OBJ_NEW_SMALL_INT(small_int) ((mp_obj_t)((((mp_uint_t)(small_int)) << 1) | 1))
...
```

这里的 mp_obj_is_type()比较容易理解。前文曾提到过，Python 中一切皆对象，每个对象的 type 字段所引用的一个类型对象结构体可用于表示该对象的类型，比较这个 type 指针的值，就可以匹配该对象实例的类型。

small_int 类型的判定稍显复杂，但实际是为了让 MicroPython 以更简单的方式判定 small_int 类型。从代码中可以看出，MicroPython 中表示 small_int 类型的变量将变量值整体左移 1 位后，在末位填 1。这样，在判定 small_int 类型时，只要检查末位是否为 1 即可，但如果要提取其中的值，就需要使用宏函数 MP_OBJ_SMALL_INT_VALUE() 处理一下，实际上，就是把保存的内容再右移 1 位返回。

判定标识参数的类型之后，就分别对应处理了。但一个总体的原则是，处理的结果必须返回一个 machine_pin_obj_t 类型的对象实例。

- 如果判定当前传入的标识参数本身就是一个 Pin 类实例，则直接返回传入对象。
- 如果判定当前传入的标识参数是一个数字，就是用这个数字作为索引，在预先准备好的 machine_pin_obj_t 对象数组进行索引。这个对象数组中的顺序可由开发者自己定义，方便使用即可。在 Pin 类对象的预分配实例化数组里，是按照芯片封装上的引脚号排序的。也可以根据用户自己设计的电路板引出信号排序，或者按硬件电路的一些规律排序，实际上，在后续其他模块的设计中，就是按照电路板资源进行排序的。例如，在 machine_pin_board_pins.c 文件中定义的 machine_pin_board_pins[] 数组的内容，见代码 5-18。

代码 5-18　在 machine_pin_board_pins.c 文件中预定义 Pin 类实例化对象

```
...
const machine_pin_obj_t pin_PE2 = { .base = { &machine_pin_type }, .name = MP_QSTR_PE2,
.gpio_port = GPIOE, .gpio_pin = 2 };
const machine_pin_obj_t pin_PE3 = { .base = { &machine_pin_type }, .name = MP_QSTR_PE3,
.gpio_port = GPIOE, .gpio_pin = 3 };
const machine_pin_obj_t pin_PE4 = { .base = { &machine_pin_type }, .name = MP_QSTR_PE4,
.gpio_port = GPIOE, .gpio_pin = 4 };
const machine_pin_obj_t pin_PE5 = { .base = { &machine_pin_type }, .name = MP_QSTR_PE5,
.gpio_port = GPIOE, .gpio_pin = 5 };
const machine_pin_obj_t pin_PE6 = { .base = { &machine_pin_type }, .name = MP_QSTR_PE6,
.gpio_port = GPIOE, .gpio_pin = 6 };
const machine_pin_obj_t pin_PC13 = { .base = { &machine_pin_type }, .name = MP_QSTR_PC13,
.gpio_port = GPIOC, .gpio_pin = 13 };

...
/* pin id in the package. */
const machine_pin_obj_t * machine_pin_board_pins[] =
{
    &pin_PE2,
    &pin_PE3,
    &pin_PE4,
    &pin_PE5,
    &pin_PE6,
    NULL, /* VBAT */
    &pin_PC13,
    ...
};

STATIC const mp_rom_map_elem_t machine_pin_board_pins_locals_dict_table[] =
{
    { MP_ROM_QSTR(MP_QSTR_PE2), MP_ROM_PTR(&pin_PE2) },
    { MP_ROM_QSTR(MP_QSTR_PE3), MP_ROM_PTR(&pin_PE3) },
    { MP_ROM_QSTR(MP_QSTR_PE4), MP_ROM_PTR(&pin_PE4) },
    { MP_ROM_QSTR(MP_QSTR_PE5), MP_ROM_PTR(&pin_PE5) },
    { MP_ROM_QSTR(MP_QSTR_PE6), MP_ROM_PTR(&pin_PE6) },
    { MP_ROM_QSTR(MP_QSTR_PC13), MP_ROM_PTR(&pin_PC13) },
```

```
    ...
};

MP_DEFINE_CONST_DICT(machine_pin_board_pins_locals_dict, machine_pin_board_pins_locals_
dict_table);
```

- 如果不是已有的 Pin 类实例，也不是数字编号，那么就被当成字符串，送入 pin_find_by_name()函数，同 machine_pin_board_pins_locals_dict 中的 QSTR 进行匹配。在 pin_find_by_name()函数中，如果找到匹配 QSTR 的记录，那么同直接用编号在 machine_pin_board_pins[]执行索引一样，也能映射到一个预先定义好的 Pin 类对象实例，返回给 pin_find()，再向上返回到 make_new()。

5.5 print()和 call()

print()函数和 call()函数是 Python 的通用类属性函数，与操作底层硬件无关，也不影响开发者新创建的类属性方法。但是，考虑它们是 Python 语法现象的一部分，本例还是在 Pin 类的创建过程中实现了这两个方法。

5.5.1 print()方法

Python 类中一个特殊的实例方法，即__ repr __()。该方法用于显示类属性，当通过 print()函数打印一个类对象时，输出该类的属性信息。在 MicroPython 中，当使用 Pin 类时，可以通过 print()打印出一个具体的 Pin 类对象实例的属性信息，见代码 5-19。

代码 5-19　在 Python 中使用 print()方法(a)

```
from machine import Pin

pin1 = Pin('PA2', mode = OUT_PUSHPULL)
print(pin1)
```

此时，在 REPL 的终端中会输出引脚的信息，见代码 5-20。

代码 5-20　在 Python 中使用 print()方法(b)

```
Pin(PA2)
```

这个功能的实现，对应于向 machine_pin_type 中的 call 字段注册 machine_pin_obj_print 函数对象，而 machine_pin_obj_print 函数对象的实现也位于 machine_pin.c 中，见代码 5-21。

代码 5-21　Pin 类对象 print()方法的实现函数

```
/* print(pin). */
STATIC void machine_pin_obj_print(const mp_print_t *print, mp_obj_t o, mp_print_kind_t kind)
{
```

```
    /* o is the machine_pin_obj_t. */
    (void)kind;
    const machine_pin_obj_t * self = MP_OBJ_TO_PTR(o);
    mp_printf(print, "Pin(%s)", qstr_str(self->name));
}
```

当然,这里还可以由开发者自定义,输出显示更多的类属性信息。

5.5.2 call()方法

Python类中一个特殊的实例方法,即__call__()。该方法的功能类似于类中的重载运算符"()",使得可以像调用普通函数那样,以"<对象名>()"的形式使用类实例对象。在MicroPython中,当使用Pin类时,可以通过pin1()的方式操作引脚,见代码5-22。

代码5-22 使用Pin对象的call()方法

```
from machine import Pin

pin1 = Pin('PA2', mode=OUT_PUSHPULL)
pin1(0) # PA2 output low voltage level.
pin1(1) # PA2 output high voltage level.
pin1.value(0) # PA2 output low voltage level.
pin1.value(1) # PA2 output high voltage level.
```

这个功能的实现,对应于machine_pin_type中的call字段注册machine_pin_obj_call函数对象,而machine_pin_obj_call函数对象的实现也位于machine_pin.c文件中,见代码5-23。

代码5-23 Pin类对象call()方法的实现函数

```
/* pin.value(val). */
STATIC mp_obj_t machine_pin_value(size_t n_args, const mp_obj_t *args)
{
    /* args[0] is machine_pin_obj_t. */
    return machine_pin_obj_call(args[0], (n_args - 1), 0, args + 1);
}
STATIC MP_DEFINE_CONST_FUN_OBJ_VAR_BETWEEN(machine_pin_value_obj, 1, 2, machine_pin_value);

/* pin(val). */
STATIC mp_obj_t machine_pin_obj_call(mp_obj_t self_in, mp_uint_t n_args, mp_uint_t n_kw,
const mp_obj_t *args)
{
    /* self_in is machine_pin_obj_t. */
    mp_arg_check_num(n_args, n_kw, 0, 1, false);
    machine_pin_obj_t * self = self_in;

    if ( n_args == 0 )
    {
        //return MP_OBJ_NEW_SMALL_INT(mp_hal_pin_read(self));
```

```
            return MP_OBJ_NEW_SMALL_INT(GPIO_ReadInDataBit(self->gpio_port, 1u << self->
    gpio_pin) ? 1u: 0u);
        }
        else
        {
            //mp_hal_pin_write(self, mp_obj_is_true(args[0]));
            GPIO_WriteBit(self->gpio_port, 1u << self->gpio_pin, mp_obj_is_true(args[0]) ?
    1u : 0u);
            return mp_const_none;
        }
    }
```

这里考虑到 machine_pin_value()函数和 machine_pin_obj_call()都会操作引脚，为了确保对硬件操作的一致性，使用 machine_pin_obj_call()函数直接操作硬件，而 machine_pin_value()函数调用 machine_pin_obj_call()函数间接操作硬件。

5.5.3 其他基础类属性函数

既然能向 machine_pin_type 注册__repr__()和__call__()函数，可以想见，还有更多的基础类属性函数可以接受注册。在 obj.h 文件中找到_mp_obj_type_t 结构体的定义，果然，除了 make_new()、print()、call()，还有 getiter 对应__iter__()，iternext 对应__next__()等等，但大多嵌入式应用相关性不强，因此本例没有实现。关于_mp_obj_type_t 结构体类型的定义，位于 obj.h 文件中，见代码 5-24。

代码 5-24 obj.h 文件中定义的_mp_obj_type_t 结构体类型

```
struct _mp_obj_type_t {
    // A type is an object so must start with this entry, which points to mp_type_type.
    mp_obj_base_t base;

    // Flags associated with this type.
    uint16_t flags;

    // The name of this type, a qstr.
    uint16_t name;

    // Corresponds to __repr__ and __str__ special methods.
    mp_print_fun_t print;

    // Corresponds to __new__ and __init__ special methods, to make an instance of the type.
    mp_make_new_fun_t make_new;

    // Corresponds to __call__ special method, ie T(...).
    mp_call_fun_t call;

    // Implements unary and binary operations.
    // Can return MP_OBJ_NULL if the operation is not supported.
    mp_unary_op_fun_t unary_op;
```

```
    mp_binary_op_fun_t binary_op;

    // Implements load, store and delete attribute.
    //
    // dest[0] = MP_OBJ_NULL means load
    //  return: for fail, do nothing
    //          for attr, dest[0] = value
    //          for method, dest[0] = method, dest[1] = self
    //
    // dest[0,1] = {MP_OBJ_SENTINEL, MP_OBJ_NULL} means delete
    // dest[0,1] = {MP_OBJ_SENTINEL, object} means store
    //  return: for fail, do nothing
    //          for success set dest[0] = MP_OBJ_NULL
    mp_attr_fun_t attr;

    // Implements load, store and delete subscripting:
    //   - value = MP_OBJ_SENTINEL means load
    //   - value = MP_OBJ_NULL means delete
    //   - all other values mean store the value
    // Can return MP_OBJ_NULL if operation not supported.
    mp_subscr_fun_t subscr;

    // Corresponds to __iter__ special method.
    // Can use the given mp_obj_iter_buf_t to store iterator object,
    // otherwise can return a pointer to an object on the heap.
    mp_getiter_fun_t getiter;

    // Corresponds to __next__ special method.  May return MP_OBJ_STOP_ITERATION
    // as an optimisation instead of raising StopIteration() with no args.
    mp_fun_1_t iternext;

    // Implements the buffer protocol if supported by this type.
    mp_buffer_p_t buffer_p;

    // One of disjoint protocols (interfaces), like mp_stream_p_t, etc.
    const void * protocol;

    // A pointer to the parents of this type:
    //   - 0 parents: pointer is NULL (object is implicitly the single parent)
    //   - 1 parent: a pointer to the type of that parent
    //   - 2 or more parents: pointer to a tuple object containing the parent types
    const void * parent;

    // A dict mapping qstrs to objects local methods/constants/etc.
    struct _mp_obj_dict_t * locals_dict;
};
```

应特别注意，protocol字段是使用stream流传输模型专用的字段，当实现与UART或SPI类似的串行通信外设类时，会按照流模型的设计要求，简单实现发送单个数据单元的函数注册到流模型实例，然后再将流模型实例注册到对象类中，就可以使用 write()、read()等的标准读写操作访问硬件外设了。关于流模型的工作机制和设计方法，在后续章节中会详细讲解。

5.6 实验

重新编译 MicroPython 项目，创建 firmware. elf 文件，并下载到 PLUS-F3270 开发板。

在计算机上启用终端软件，配置成 UART 串口通信，使用 115 200bps 的波特率。复位开发板，在终端里与 MicroPython 的 REPL 通信，执行 Python 脚本。

5.6.1 向引脚输出电平控制小灯亮灭

本实验将验证 Pin 模块能够正常工作，通过输出电平控制开发板上小灯的亮灭。

PLUS-F3270 开发板上设计了 LED 小灯的电路，如图 5-1 所示。

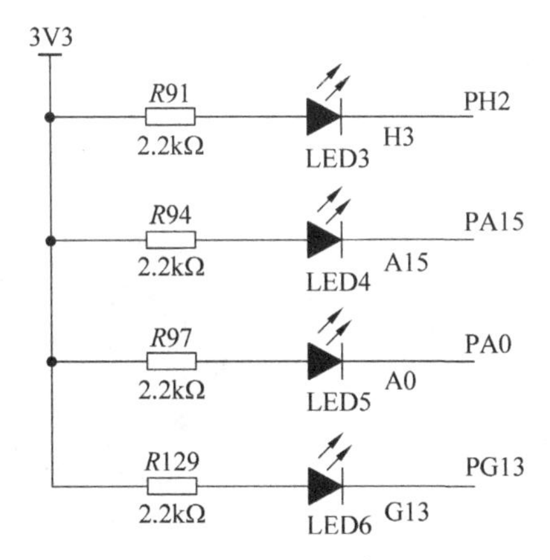

图 5-1　LED 小灯电路原理图

PH2、PA15、PA0、PG13 引脚控制 4 个 LED 小灯。在 REPL 中输入 Python 脚本，先试着点亮 PH2 引脚控制的 LED 小灯，见代码 5-25。

代码 5-25　编写 Python 脚本控制 LED 小灯亮灭

```
>>> from machine import Pin
>>> led0 = Pin('PH2', mode = Pin.OUT_PUSHPULL, value = 1)
>>> dir(led0)
['value', 'AF_OPENDRAIN', 'AF_PUSHPULL', 'IN_ANALOG', 'IN_FLOATING', 'IN_PULLDOWN', 'IN_PULLUP',
'OUT_OPENDRAIN', 'OUT_PUSHPULL', 'high', 'init', 'low']
>>> led0(0)
>>> led0(1)
>>> led0.low()
>>> led0.high()
>>>
```

其中，

- 首先导入 machine 类中的 Pin 子类。

- 之后创建了 Pin 类模块的实例化对象 led0,并绑定到 PH2 引脚上,配置其为推挽输出模式,指定初值为 1。
- 用 dir()命令查看对象 led0 的属性方法。此时可以看到 Pin 类的各种属性常量,例如 OUT_PUSHPULL,以及属性方法,例如 high 和 low。
- 通过对象名方法,先使用 led0(0)指定 led0 的输出为 0,可以观察到开发板上 LED3 小灯亮;再使用 led0(1)指定 led0 的输出为 1,可以观察到开发板上的 LED3 小灯灭。
- 通过 Pin 类模块的属性方法,先使用 led0.low()指定 led0 的输出为 0,可以观察到开发板上 LED3 小灯亮;再使用 led0.high()指定 led0 的输出为 1,可以观察到开发板上的 LED3 小灯灭。

5.6.2 读取引脚电平获取按键值

本实验进一步验证 Pin 模块能够正常工作,通过读取开发板上的按键输入电平信号,再控制输出电平控制开发板上小灯的亮灭。

PLUS-F3270 开发板上设计了独立按键的电路,如图 5-2 所示。

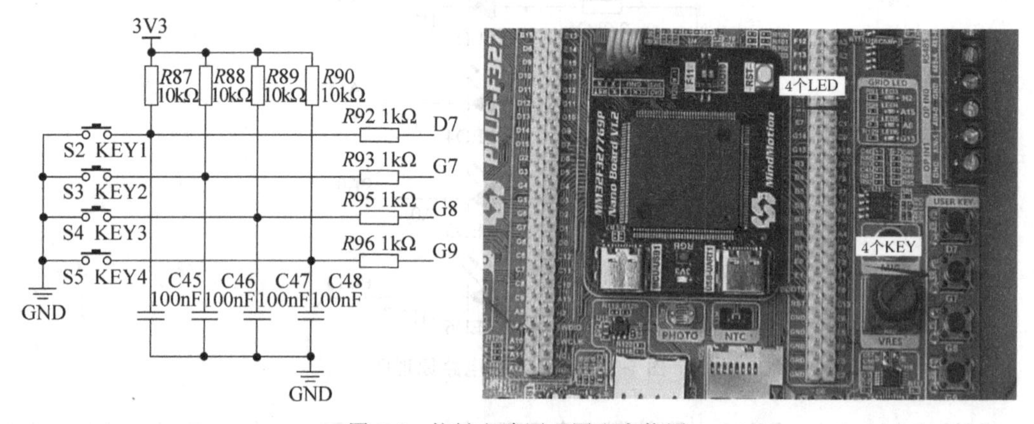

图 5-2　按键电路原理图和实物图

PD7、PG7、PG8、PG9 引脚连接 4 个按键。本实验将使用按键 PD7 控制上述实验中的 led0。在 REPL 中继续输入 Python 脚本,使用 key0 控制 led0,见代码 5-26。

代码 5-26　编写 Python 脚本使用按键控制 LED 小灯亮灭

```
>>> key0 = Pin('PD7', mode = Pin.IN_FLOATING)
>>> while True:
        led0(key0())
        ...
```

其中:

- 创建了一个 Pin 类对象 key0,并绑定到引脚 PD7 上,指定其工作模式为输入。
- 在一个无限循环中,不断轮询 key0()方法的值,作为控制前文例子中创建 led0 的输出值。

之后,随时按下连接 PD7 引脚的按键,LED3 小灯亮;松开按键,LED3 小灯灭。

注意，因为程序执行进入无限循环，已经不再返回 REPL，必须通过复位开发板，才能重启 REPL 接收新的命令。

5.7 本章小结

Pin 类是本书讲述移植 MicroPython 实现的第一个操作硬件外设的类(在移植 minimal 时向 REPL 适配 UART 的过程是通过函数映射实现的，不是通过定义类实现的)，通过 Pin 类，可以真正在 MicroPython 中对硬件进行编程，通过在 REPL 中输入 Python 脚本控制小灯亮灭以展示 Python 语言可以控制硬件电路的现象，这确实是开发 MicroPython 的一个里程碑式的成果。但同时，通过设计和实现第一个实现操作硬件外设的类，已经建立了在 MicroPython 中设计外设硬件相关类模块的框架，摸索出了一套标准开发流程。后续在设计更多硬件外设类模块时，大体都遵循 Pin 类的基本设计规范。

在本章中，通过阅读源代码，分析了一些关键技术点的实现原理：

- 定义 machine_pin_obj_t 结构体用于表示类对象，在其中定义的字段用于表示该对象实例的私有属性信息。如果需要在实例化(初始化)一个类对象的过程中向该对象写入一些属性或者创建状态信息，或者在自定义的类方法需要使用类实例内部的信息参与操作，则在 machine_pin_obj_t 结构体中为它定义一个字段。
- 在创建新对象时，使用静态存储取代动态内存分配，向 Python 用户隐藏了配置引脚的更多烦琐的技术细节，同时规避了动态内存分配可能在运行时产生的内存溢出的风险。在 Flash 中存放预先填好实例私有属性信息的对象，存放成对象数组，用查询过程代替动态分配过程，在程序执行效率上也有一定的提升。
- 实现了通过字符串(QSTR)、引脚编号以及已有的 Pin 对象等多种标识方式创建新的 Pin 对象实例。这里用到了“Python 中一切皆对象”的思想及其实现机制，通过匹配结构体中 type 字段值的方式，判定传入参数的对象类型，进而能够分别处理。通过这个设计向用户开放了非常灵活的调用接口，并且为后续设计使用对象作为函数传参的实现提供了范例。

虽然目前只有一个 Pin 类模块用来访问硬件外设，但已经可以开始在微控制器上实现很多有趣的设计了。

第 6 章

移植 utime 类模块

实现 Pin 模块之后，已经可以控制电路板上的小灯亮灭了。但到目前为止，控制小灯亮灭的操作，仍需要逐句向 REPL 中写命令才能完成。基于微控制器平台上的开发经验，通常会在一个循环执行的代码块中，在控制小灯亮灭的中间过程中插入延时函数，从而实现让小灯在人眼可以感知的范围内自动闪烁。为了解放双手，让 MicroPython 控制开发板上的小灯自动闪烁，作者在实现 Pin 模块之后，着手开始进一步向 MicroPython 的移植项目中添加能够基于硬件定时器实现延时的 utime 模块。在后续的 MicroPython 版本中，utime 模块被更名为 time，utime 模块中已实现的方法仍可继续使用。

6.1 utime 类模块简介

utime 是 MicroPython 内置的库模块（https://docs.micropython.org/en/v1.16/library/utime.html），它实现了 CPython 中 time 模块的一个子集，提供的功能包括：获取当前时间和日期、测量时间长度以及延时。

- 关于计时起点：在 UNIX 系统的移植实现中，使用 POSIX 系统标准计时模式，从 1970-01-01 00:00:00 UTC 开始作为计时的起点。但是，对于嵌入式平台的移植（包含微控制器），是从 2000-01-01 00:00:00 UTC 开始计时。
- 保存实际的日期/时间数据：通常情况下，会用一个硬件的 RTC 记录当前实际的日期/时间。对于在一些操作系统平台（包含嵌入式平台的 RTOS）运行的 MicroPython，可能不会直接使用 RTC 的硬件服务，而是调用 MicroPython 之外平台上的 API 管理日期/时间信息。对于运行于裸板上的 MicroPython，可以通过实现 machine.RTC()服务向应用层提供 RTC 服务。

硬件 RTC 的信息可能来自于：

- 通过备用电池持续供电的维持 RTC 信息的电路（可能是芯片内部集成的模块或是外部电路）。
- 通过网络对时协议，从对时服务器上获取 RTC 信息。
- 电路板在每次上电后，由人工设定一个可用的值作为初值，然后在微控制器运行过程中维护更新。更有一些自带 RTC 硬件外设模块的，在芯片复位后，仍能够从之前的状态继续更新 RTC 信息，仅在必要的时候重新设置值。

如果 MicroPython 及其运行的软硬件平台都不提供 RTC 的服务，在如下介绍的一些

API 中，若需要使用当前绝对时间的，则可能不会返回预期结果。

考虑到微控制器平台上，这里只需要实现延时功能，所以在当前的开发构成中，并不打算花费精力启用一个硬件 RTC，而是简单地用 Arm 内核中集成的通用滴答定时器 SysTick，配合周期中断，实现一个模拟实现硬件 RTC 的功能，从每次开发板上电开始作为计时的起点。

utime 类的常用方法的清单，如表 6-1 所示。

表 6-1 utime 类的常用方法的清单

方法名	功能描述
utime.gmtime([secs])、utime.localtime([secs])	将以秒为单位的计数值转换成 8 维元组(year，month，mday，hour，minute，second，weekday，yearday)返回，如果不指定传入参数，则可直接返回当前 RTC 计数值的转换结果。其中，gmtime()函数返回的 UTC 时间，localtime()函数返回本地时间
utime.mktime()	localtime()函数的逆函数，使用表示时间的 8 维元组作为输入参数，转换成从 2000-01-01 开始的秒计数并返回
utime.sleep(seconds)	延时，以秒为单位
utime.sleep_ms(ms)	延时，以毫秒为单位
utime.sleep_us(us)	延时，以微秒为单位
utime.ticks_ms()	查看当前时间，以毫秒为单位
utime.ticks_us()	查看当前时间，以微秒为单位
utime.ticks_cpu()	查看当前时间，直接返回计数器值
utime.ticks_add()	更新当前时间
utime.ticks_diff()	查看当前时间变化
utime.time()	返回一个从计数原点开始的计数值，以秒为单位
utime.time_ns()	返回一个从计数原点开始的计数值，以纳秒为单位

6.2 MicroPython 自带的 utime 类实现

不同于 Pin 类模块，utime 是 MicroPython 自带的标准扩展类，大部分的实现代码都已经存在于 extmod 目录下的 utimer_mphal.h/.c 文件中。阅读 utime 类模块的代码，可以看到，在 utime_mphal.h 文件中，定义了 utime 提供的所有 API 函数对应的函数对象，见代码 6-1。

代码 6-1　utime 类模块提供的 API 函数清单

```
#include "py/obj.h"

MP_DECLARE_CONST_FUN_OBJ_1(mp_utime_sleep_obj);
MP_DECLARE_CONST_FUN_OBJ_1(mp_utime_sleep_ms_obj);
MP_DECLARE_CONST_FUN_OBJ_1(mp_utime_sleep_us_obj);
MP_DECLARE_CONST_FUN_OBJ_0(mp_utime_ticks_ms_obj);
MP_DECLARE_CONST_FUN_OBJ_0(mp_utime_ticks_us_obj);
MP_DECLARE_CONST_FUN_OBJ_0(mp_utime_ticks_cpu_obj);
MP_DECLARE_CONST_FUN_OBJ_2(mp_utime_ticks_diff_obj);
MP_DECLARE_CONST_FUN_OBJ_2(mp_utime_ticks_add_obj);
MP_DECLARE_CONST_FUN_OBJ_0(mp_utime_time_ns_obj);
```

其中，MP_DECLARE_CONST_FUN_OBJ_x()的定义位于 py/obj.h 文件中，见代码 6-2。

代码 6-2　obj.h 文件中定义的 MP_DECLARE_CONST_FUN_OBJ_x()

```
#define MP_DECLARE_CONST_FUN_OBJ_0(obj_name) extern const mp_obj_fun_builtin_fixed_t obj_name
#define MP_DECLARE_CONST_FUN_OBJ_1(obj_name) extern const mp_obj_fun_builtin_fixed_t obj_name
#define MP_DECLARE_CONST_FUN_OBJ_2(obj_name) extern const mp_obj_fun_builtin_fixed_t obj_name
```

在实际执行过程中，MP_DECLARE_CONST_FUN_OBJ_x()就是声明了一系列参数数量固定的函数对象。

对应地，在 utime_mphal.c 文件中，实现了 utime 类模块中所有 API 对应的功能函数。下面以延时函数 time_sleep_xxx()为例介绍，见代码 6-3。

代码 6-3　utime_mphal.c 文件中的实现的 utime 模块函数

```
STATIC mp_obj_t time_sleep(mp_obj_t seconds_o) {
    #if MICROPY_PY_BUILTINS_FLOAT
    mp_hal_delay_ms((mp_uint_t)(1000 * mp_obj_get_float(seconds_o)));
    #else
    mp_hal_delay_ms(1000 * mp_obj_get_int(seconds_o));
    #endif
    return mp_const_none;
}
MP_DEFINE_CONST_FUN_OBJ_1(mp_utime_sleep_obj, time_sleep);

STATIC mp_obj_t time_sleep_ms(mp_obj_t arg) {
    mp_int_t ms = mp_obj_get_int(arg);
    if (ms > 0) {
        mp_hal_delay_ms(ms);
    }
    return mp_const_none;
}
MP_DEFINE_CONST_FUN_OBJ_1(mp_utime_sleep_ms_obj, time_sleep_ms);

STATIC mp_obj_t time_sleep_us(mp_obj_t arg) {
    mp_int_t us = mp_obj_get_int(arg);
    if (us > 0) {
        mp_hal_delay_us(us);
    }
    return mp_const_none;
}
MP_DEFINE_CONST_FUN_OBJ_1(mp_utime_sleep_us_obj, time_sleep_us);
```

6.3　对接硬件定时器相关的函数实现

通过阅读源代码可以发现，time_sleep()和 time_sleep_ms()函数的实现依赖于硬件相关的 mp_hal_delay_ms()函数，time_sleep_us()函数的实现依赖于硬件相关的 mp_hal_ delay_us()函数。另外，time_ticks_xxxx()函数的实现也依赖于硬件相关的 mp_hal_ticks_xx()函数的实现。那么，在具体的移植项目中，就需要基于具体的硬件平台，实现这些函数，见表 6-2。

表 6-2 移植 utime 类需要实现的函数

函 数	说 明
void mp_hal_delay_ms(mp_uint_t ms)	延时毫秒数
void mp_hal_delay_us(mp_uint_t us)	延时微秒数
mp_uint_t mp_hal_ticks_ms(void)	读取当前的毫秒数
mp_uint_t mp_hal_ticks_us(void)	读取当前的微秒数
mp_uint_t mp_hal_ticks_cpu(void)	直接读取当前计数值

实际上，在 ports/mm32 目录下的 mphalport. h/. c 文件中就实现了这些函数，见代码 6-4 和代码 6-5。

代码 6-4 在 mphalport. h 文件中实现的部分 utime 移植函数

```
extern volatile uint32_t systick_ms;

void mp_hal_set_interrupt_char(int c);

static inline mp_uint_t mp_hal_ticks_ms(void) {
    return systick_ms;
}
static inline mp_uint_t mp_hal_ticks_us(void) {
    return systick_ms * 1000;
}
static inline mp_uint_t mp_hal_ticks_cpu(void) {
    return 0;
}
```

代码 6-5 在 mphalport. c 文件中实现的部分 utime 移植函数

```
/* Systick 的中断服务程序。*/
void SysTick_Handler(void)
{
    systick_ms += 1;
}

void mp_hal_delay_ms(mp_uint_t ms)
{
    ms += 1;
    uint32_t t0 = systick_ms;
    while (systick_ms - t0 < ms)
    {
        MICROPY_EVENT_POLL_HOOK
    }
}
```

```
void mp_hal_delay_us(mp_uint_t us)
{
    uint32_t ms = us / 1000 + 1;
    uint32_t t0 = systick_ms;
    while (systick_ms - t0 < ms)
    {
        __WFI();
    }
}
```

注意，在 mphalport.h 文件中，也实现了 mp_hal_delay_us_fast()函数。mp_hal_delay_us_fast()函数不直接用于 utime 模块，它将在后续介绍的软件模拟通信引擎（SoftSPI、SoftI2C）中实现时序间隔，在其余的情况下，直接使用 mp_hal_delay_us()实现即可。但实际上，在本例中，使用 Systick 作为时基，SysTick 的中断频率不能太高（设定为 1kHz），对应的计时颗粒也比较粗，所以最后在 mp_hal_delay_us_fast()函数中，选择使用 CPU 软件延时的方式实现更小颗粒的计时，见代码 6-6。

代码 6-6　在 mphalport.h 文件中实现 mp_hal_delay_us_fast()函数

```
//#define mp_hal_delay_us_fast(us) mp_hal_delay_us(us)
static inline void mp_hal_delay_us_fast(mp_uint_t us)
{
    for (uint32_t i = 0u; i < us; i++)
    {
        ;
    }
}
```

最后，切记在 board_init.c 中执行对 SysTick 的初始化，见代码 6-7。

代码 6-7　在 board_init.c 中初始化 SysTick

```
volatile uint32_t systick_ms = 0u;
...
void BOARD_Init(void)
{
    BOARD_InitBootClocks();
    BOARD_InitPins();

    /* Enable Systick. */
    SysTick_Config(CLOCK_SYSTICK_FREQ / 100u); /* 1000. */
}
```

6.4　在 MicroPython 中添加 utime 类模块

首先，在 ports/mm32 目录下，新建 modutime.c 源文件（同 modmachine.c 同级），将 utime_mphal.h 中定义的函数对象以及对应的 QSTR 标识字符串打包做成字典后，注册到新建的 mp_module_utime 类模块中，见代码 6-8。

代码 6-8 向 utime 类模块注册属性方法

```
#include "extmod/utime_mphal.h"

STATIC const mp_rom_map_elem_t time_module_globals_table[] = {
    { MP_ROM_QSTR(MP_QSTR___name__), MP_ROM_QSTR(MP_QSTR_utime) },

    { MP_ROM_QSTR(MP_QSTR_sleep), MP_ROM_PTR(&mp_utime_sleep_obj) },
    { MP_ROM_QSTR(MP_QSTR_sleep_ms), MP_ROM_PTR(&mp_utime_sleep_ms_obj) },
    { MP_ROM_QSTR(MP_QSTR_sleep_us), MP_ROM_PTR(&mp_utime_sleep_us_obj) },
    { MP_ROM_QSTR(MP_QSTR_ticks_ms), MP_ROM_PTR(&mp_utime_ticks_ms_obj) },
    { MP_ROM_QSTR(MP_QSTR_ticks_us), MP_ROM_PTR(&mp_utime_ticks_us_obj) },
    { MP_ROM_QSTR(MP_QSTR_ticks_cpu), MP_ROM_PTR(&mp_utime_ticks_cpu_obj) },
    { MP_ROM_QSTR(MP_QSTR_ticks_add), MP_ROM_PTR(&mp_utime_ticks_add_obj) },
    { MP_ROM_QSTR(MP_QSTR_ticks_diff), MP_ROM_PTR(&mp_utime_ticks_diff_obj) },
};
STATIC MP_DEFINE_CONST_DICT(time_module_globals, time_module_globals_table);

const mp_obj_module_t mp_module_utime = {
    .base = { &mp_type_module },
    .globals = (mp_obj_dict_t *)&time_module_globals,
};
```

然后，将新建的 mp_module_utime 类模块注册到 mpconfigport.h 文件中定义的 MicroPython 内建类清单中，见代码 6-9。

代码 6-9 向 MicroPython 内建类中注册 utime 类模块

```
// Extended modules
#define MICROPY_PY_UTIME_MP_HAL             (1)
#define MICROPY_PY_MACHINE                  (1)
...

extern const struct _mp_obj_module_t mp_module_machine;
extern const struct _mp_obj_module_t mp_module_utime;

#define MICROPY_PORT_BUILTIN_MODULES \
    { MP_ROM_QSTR(MP_QSTR_machine), MP_ROM_PTR(&mp_module_machine) }, \
    { MP_ROM_QSTR(MP_QSTR_utime), MP_ROM_PTR(&mp_module_utime) }, \
```

最后，更新 Makefile，将新增的源文件添加到工程中，见代码 6-10。

代码 6-10 更新 Makefile 集成 utime 类模块

```
# flags.
CFLAGS = $(INC)
CFLAGS += -Wall -Werror
CFLAGS += -std=c99
```

```
CFLAGS += -nostdlib
CFLAGS += -mthumb
CFLAGS += $(CFLAGS_MCU_$(MCU_SERIES))
CFLAGS += -fsingle-precision-constant -Wdouble-promotion
CFLAGS += -D__STARTUP_CLEAR_BSS
CFLAGS += $(CFLAGS_MOD)
...

SRC_C += \
    main.c \
    modmachine.c \
    machine_pin.c \
    mphalport.c \
    modutime.c \
    ...

SRC_QSTR += modmachine.c \
            modutime.c \
            ...
```

其中,包含的操作有:

- 添加扩展模块的编译标志,更新 CFLAGS;
- 添加参与编译的源文件,更新 SRC_C;
- 添加 QSTR 的提取过程,更新 SRC_QSTR。

6.5 实验

重新编译 MicroPython 项目,创建 firmware.elf 文件,并将之下载到 PLUS-F3270 开发板。使用软件延时控制小灯闪烁。

在本例中,将验证 utime 模块可以正常工作。利用 utime 类模块的 sleep_ms()方法实现软件延时,控制 LED 小灯引脚的交替亮灭,实现闪烁的效果。

在 REPL 中输入 Python 脚本,见代码 6-11。

代码 6-11 用 Python 调用 utime 模块控制 LED 小灯闪烁

```
>>> from machine import Pin
>>> import utime
>>> led0 = Pin('PH2', mode = Pin.OUT_PUSHPULL)
>>> led1 = Pin('PG3', mode = Pin.OUT_PUSHPULL)
>>> while (True):
...   led0(1)
...   led1(0)
...   utime.sleep_ms(400)
...   led0(0)
...   led1(1)
...   utime.sleep_ms(400)
...
```

执行程序后，开发板上 PH2 和 PG3 连接的两个 LED 小灯将交替闪烁。

在执行 while 循环后，MicroPython 内核将不再接收来自 REPL 的任何输入。如果要重新进行实验，仅能通过硬件复位开发板，重启 REPL。

在使用本书配套资源的代码包中已经移植充分的固件做实验，应注意为了适配后面章节讲述的 Thonny 集成开发环境，已经将 utime 模块的名字改为 time，但内部的方法及实现内容都没有变化。同时，本书配套资源的代码包中提供了按照本书描述顺序从零开始开发的历史版本，若是循序渐进地阅读源码，在早期尚未适配 Thonny 集成开发环境的开发版本中，仍是使用 utime 这个模块名。

6.6 本章小结

实现 utime 模块的大部分代码都已经存在于 extmod 目录下的 utimer_mphal. h/. c 文件中，开发者在移植到具体硬件平台上时，仅需要在底层对接少量与硬件相关的实现函数即可。MicroPython 在 extmod 目录下还存放了很多类似的“标准”扩展模块，使用这些标准扩展模块有很多好处：对于用户来说，统一了应用接口和实现逻辑，上层的应用程序方便在不同平台之间复用；对于移植 MicroPython 的开发者来说，大部分业务逻辑都已经被写好了，仅需提供很少量的硬件相关的程序，并且这些硬件相关的程序也向上层提供统一的接口，相当于规范了开发流程。

第7章 移植SD卡类模块实现文件系统

能够从文件系统中直接执行Python脚本文件,是作者早期致力于研究MicroPython的主要的动力之一(作者学习MicroPython的三个原动力:可以在REPL中像shell一样即时执行Python脚本、可以脱离调试器直接通过文本文件直接执行MCU程序、将多样化的MCU硬件统一到一个软件平台上避免在底层驱动上重复耗费大量的精力)。在开发单片机应用时,总是离不开烦琐的软硬件环境:专门的编译器、集成开发环境、调试器硬件和软件,还有与具体主机开发系统绑定的驱动程序等等。如果想向年幼的孩子结合如何开发一个电子系统,或是在某一非电子专业领域的专家鼓吹电子开发的乐趣时,首先必须帮他们搭建这一系列复杂的开发环境。好吧,他们很有可能在搭建环境的过程中,就已经失去了耐心,或者被看似很高的技术门槛吓到以致望而却步。DAP-Link(CMSIS-DAP的延续项目)中的拖曳下载功能也是作者钟爱的另一个选择,它至少解决了下载固件需要专用软件的问题,并且保留了专业调试的功能,但仍需要编译器将C工程编译成二进制文件,不如直接编写Python脚本灵活。更重要的是,除去主芯片,实现DAP-Link的功能需要额外一片带USB功能的芯片,成本比较高。

简言之,MicroPython可以基于SD卡加载文件系统,直接运行其中的Python脚本文件,避免了烦琐的搭建开发环境的过程,从而快速启动应用开发。

期望最终实现的功能是:

- 使用SD卡作为文件系统,直接存放Python脚本文件。
- 在文件系统中,指定默认的启动脚本文件main.py,MicroPython启动后先执行main.py的脚本,再进入REPL。当然,也可以在main.py中无限循环,就像main.c中的主循环一样。
- main.py中可以import文件系统中的其他Python文件,作为模块。这就为在Python层面复用程序奠定了基础。
- 在REPL之后也可以import文件系统中的Python文件,作为模块,但在import的时候执行它们。

这些关于文件系统的功能,其实都是Python的常规应用模式。我在后来的学习中发现,其实只要将SD卡(或者片内Flash、片外Flash等存储介质)代入到MicroPython中已经定义好的文件系统模型,并加载到MicroPython中,MicroPython就会自动提供这些功能。

MicroPython通过VFS(Virtual File System,虚拟文件系统),可以管理多种不同的文件系统及其存储介质。本章将介绍最常用的一种组合,使用SD卡作为存储介质,搭配FAT

文件系统(在 MicroPython 中叫 oofatfs)的实现过程。

从实现内容上,大体可分为两个相对独立技术阶段:套接 VFS 文件系统和从文件系统中执行 Python 脚本文件。

7.1 VFS 文件系统调用关系解析

extmod 目录下存放了一系列使用 vfs_作为前缀的 C 源文件,这些是 MicroPython 中 VFS 机制的实现代码,最终通过 vfs.h 头文件统一对外提供 VFS 服务。本章从 vfs.h 文件入手,追溯并分析 VFS 实现的内容。

vfs.h 文件包含了 obj.h 和 lexer.h 两个头文件,实际是引用了 MicroPython 基础对象服务和解释器服务,见代码 7-1。

代码 7-1 vfs.h 文件中引用的解释器服务和基础对象服务

```
#include "py/lexer.h"             /* 引用解释器服务 */
#include "py/obj.h"               /* 引用基础对象服务 */
```

MicroPython 基础对象服务比较容易理解。在 Python 中一切皆对象,文件系统本身以及文件系统中的方法,也需要封装成对象才能存在于 MicroPython 中。但是,这里引用解释器服务是不是 VFS 与执行脚本文件有关?或者至少跟搜索脚本文件路径有关(实现 import 关键字)?这里先留一个疑问,在后续的分析中将呈现出结论。

vfs.h 文件中声明了关于虚拟文件系统 VFS 两部分 vfs_blockdev 和 vfs_mount 的功能,其中,vfs_blockdev 是 VFS 向下层对接硬件存储介质的操作函数,而 vfs_mount 是 VFS 向上层提供虚拟文件系统的 API。VFS 服务的相关代码量比较大,本书分别选取 vfs_blockdev_read()和 vfs_blockdev_write()作为 vfs_blockdev_xxx()系列函数的范例,选取 vfs_mount_mount()作为 vfs_mount_xxx()函数的范例,分别分析它们与外部功能组件的调用关系。

至于其他 VFS 服务的 API,使用了类似的层级架构,读者若对其中某些函数的实现或者调用流程感兴趣,或者因为具体调试时需要追溯其内部的实现细节,可以借鉴本节的分析方法,对具体问题进行具体的分析。

7.1.1 vfs_blockdev 系列函数

vfs.h 文件中定义了一系列 vfs_blockdev_xxx()函数,这些函数将在 MicroPython 在读写硬件存储介质的存储块时被调用。如果开发者关注在具体平台上移植 MicroPython 的文件系统,则可以顺着这条脉络向下分析。vfs.h 文件中定义了 mp_vfs_blockdev_t 类型以及声明了 vfs_blockdev_xxx()系列函数,见代码 7-2。

代码 7-2 vfs.h 文件中声明的 vfs_blockdev_xxx()系列函数

```
typedef struct _mp_vfs_blockdev_t {
    uint16_t flags;
    size_t block_size;
```

```
        mp_obj_t readblocks[5];          /* 注册读块设备的 API */
        mp_obj_t writeblocks[5];         /* 注册写块设备的 API */
        /* 新协议将仅使用 ioctl,而不再使用 sync 和 count */
        union {
            mp_obj_t ioctl[4];
            struct {
                mp_obj_t sync[2];
                mp_obj_t count[2];
            } old;
        } u;
    } mp_vfs_blockdev_t;

    void mp_vfs_blockdev_init(mp_vfs_blockdev_t * self, mp_obj_t bdev);
    int mp_vfs_blockdev_read(mp_vfs_blockdev_t * self, size_t block_num, size_t num_blocks,
    uint8_t * buf);
    int mp_vfs_blockdev_read_ext(mp_vfs_blockdev_t * self, size_t block_num, size_t block_off,
    size_t len, uint8_t * buf);
    int mp_vfs_blockdev_write(mp_vfs_blockdev_t * self, size_t block_num, size_t num_blocks,
    const uint8_t * buf);
    int mp_vfs_blockdev_write_ext(mp_vfs_blockdev_t * self, size_t block_num, size_t block_off,
    size_t len, const uint8_t * buf);
    mp_obj_t mp_vfs_blockdev_ioctl(mp_vfs_blockdev_t * self, uintptr_t cmd, uintptr_t arg);
```

顾名思义,VFS 面向底层硬件,以操作块设备(blockdev)作为存储方式。在 mm32f3 项目中启用文件系统时,可以看到,mp_vfs_blockdev_t 结构体类型中的 readblocks[]和 writeblocks[]中的各元素,均按照特定的顺序,映射到已经注册的操作存储块设备的具体函数。此处,在 VFS 的层面上,将会在 mp_vfs_blockdev_read()和 mp_vfs_blockdev_write()读写函数内部调用来自底层的读写函数,实现向真正的存储介质中读写数据。

关于 vfs_blockdev_xxx()系列函数的实现代码,位于 vfs_blockdev.c 文件中,以 mp_vfs_blockdev_read()函数为例,见代码 7-3。

代码 7-3 在 vfs_blockdev.c 文件中实现的 mp_vfs_blockdev_read()函数

```
int mp_vfs_blockdev_read(mp_vfs_blockdev_t * self, size_t block_num, size_t num_blocks,
uint8_t * buf) {
    if (self -> flags & MP_BLOCKDEV_FLAG_NATIVE) {
        mp_uint_t ( * f)(uint8_t * , uint32_t, uint32_t) = (void * )(uintptr_t)self ->
readblocks[2];
        return f(buf, block_num, num_blocks);
    } else {
        mp_obj_array_t ar = {{&mp_type_bytearray}, BYTEARRAY_TYPECODE, 0, num_blocks *
self -> block_size, buf};
        self -> readblocks[2] = MP_OBJ_NEW_SMALL_INT(block_num);
        self -> readblocks[3] = MP_OBJ_FROM_PTR(&ar);
        mp_call_method_n_kw(2, 0, self -> readblocks);
        // TODO handle error return
        return 0;
    }
}
```

在 mp_vfs_blockdev_read()函数中，若在定义 mp_vfs_blockdev_t 类型结构体时指定 flags 启用 MP_BLOCKDEV_FLAG_NATIVE 选项，则将调用 readblocks[2]存放的读函数，其中的参数列表是(buf, block_num, num_blocks)，对应将要存放读出数据的缓冲区、读出块起始块地址以及读出的块数量。下面将会看到，在将 SD 卡注册到 VFS 文件系统时，实际启用了 MP_BLOCKDEV_FLAG_NATIVE 选项，并有针对性地注册了包含 readblocks[2]在内的一系列基于 SD 卡的读函数。而在未启用 MP_BLOCKDEV_FLAG_NATIVE 选项情况下使用 readblocks[2]和 readblocks[3]的做法，对应于 MicroPython 早期版本的实现，在后续版本中不建议使用。

类似地，也有 mp_vfs_blockdev_write()函数的实现源码，见代码 7-4。

代码 7-4 在 vfs_blockdev.c 文件中实现的 mp_vfs_blockdev_write()函数

```
int mp_vfs_blockdev_write(mp_vfs_blockdev_t * self, size_t block_num, size_t num_blocks,
const uint8_t * buf) {
    if (self->writeblocks[0] == MP_OBJ_NULL) {
        // read-only block device
        return -MP_EROFS;
    }

    if (self->flags & MP_BLOCKDEV_FLAG_NATIVE) {
        mp_uint_t (* f)(const uint8_t *, uint32_t, uint32_t) = (void *)(uintptr_t)self->
writeblocks[2];
        return f(buf, block_num, num_blocks);
    } else {
        mp_obj_array_t ar = {{&mp_type_bytearray}, BYTEARRAY_TYPECODE, 0, num_blocks *
self->block_size, (void *)buf};
        self->writeblocks[2] = MP_OBJ_NEW_SMALL_INT(block_num);
        self->writeblocks[3] = MP_OBJ_FROM_PTR(&ar);
        mp_call_method_n_kw(2, 0, self->writeblocks);
        // TODO handle error return
        return 0;
    }
}
```

在 mp_vfs_blockdev_write()函数中，在确认启用 MP_BLOCKDEV_FLAG_NATIVE 选项后，调用了 writeblocks[2]中存放的读函数，其中的参数列表是(buf, block_num, num_blocks)，对应存放了将要写入数据的缓冲区、写入块的起始块编号以及将要写入的块数量。下面将会看到，在将 SD 卡注册到文件系统时，也有针对性地注册了包含 writeblocks[2]在内的一系列基于 SD 卡的写函数。

注意，在后续的代码中启用了 MP_BLOCKDEV_FLAG_HAVE_IOCTL 选项，对应于在 mp_vfs_blockdev_init()函数源码中的注释，意味着将要使用新的块管理协议(相对于 MicroPython 早期版本的实现)，但必须满足(self-> u.ioctl[0] ! = MP_OBJ_NULL)的条件，即必须实现 u.ioctl 函数，见代码 7-5。

代码 7-5　在 vfs_blockdev.c 文件中实现的 mp_vfs_blockdev_init()函数

```
void mp_vfs_blockdev_init(mp_vfs_blockdev_t * self, mp_obj_t bdev) {
    mp_load_method(bdev, MP_QSTR_readblocks, self->readblocks);
    mp_load_method_maybe(bdev, MP_QSTR_writeblocks, self->writeblocks);
    mp_load_method_maybe(bdev, MP_QSTR_ioctl, self->u.ioctl);
    if (self->u.ioctl[0] != MP_OBJ_NULL) {
        // 设备支持新的块管理协议,就指定它吧
        self->flags |= MP_BLOCKDEV_FLAG_HAVE_IOCTL;
    } else {
        // 不支持 ioctl 方法,意味着设备使用旧的块管理协议
        mp_load_method_maybe(bdev, MP_QSTR_sync, self->u.old.sync);
        mp_load_method(bdev, MP_QSTR_count, self->u.old.count);
    }
}
```

下面将会看到,这里的 u.ioctl 函数也是需要由底层 SD 卡读写函数向 VFS 注册的,注册后的 ioctl()函数将会被 VFS 在 mp_vfs_blockdev_ioctl()函数调用,见代码 7-6。

代码 7-6　在 vfs_blockdev.c 文件中实现的 mp_vfs_blockdev_ioctl()函数

```
mp_obj_t mp_vfs_blockdev_ioctl(mp_vfs_blockdev_t * self, uintptr_t cmd, uintptr_t arg) {
    if (self->flags & MP_BLOCKDEV_FLAG_HAVE_IOCTL) {
        // 新协议使用 ioctl
        self->u.ioctl[2] = MP_OBJ_NEW_SMALL_INT(cmd);
        self->u.ioctl[3] = MP_OBJ_NEW_SMALL_INT(arg);
        return mp_call_method_n_kw(2, 0, self->u.ioctl);
    } else {
        // 旧协议使用 sync 和 count
        switch (cmd) {
            case MP_BLOCKDEV_IOCTL_SYNC:
                if (self->u.old.sync[0] != MP_OBJ_NULL) {
                    mp_call_method_n_kw(0, 0, self->u.old.sync);
                }
                break;
            case MP_BLOCKDEV_IOCTL_BLOCK_COUNT:
                return mp_call_method_n_kw(0, 0, self->u.old.count);
            case MP_BLOCKDEV_IOCTL_BLOCK_SIZE:
                // Old protocol has fixed sector size of 512 bytes
                break;
            case MP_BLOCKDEV_IOCTL_INIT:
                // Old protocol doesn't have init
                break;
        }
        return mp_const_none;
    }
}
```

阅读源码可知,即便使用了新的块设备控制协议,仅需要提供 ioctl()函数,至少也需要在 ioctl()函数中实现同旧协议兼容的命令,包括:

- MP_BLOCKDEV_IOCTL_SYNC。
- MP_BLOCKDEV_IOCTL_BLOCK_COUNT。
- MP_BLOCKDEV_IOCTL_BLOCK_SIZE。
- MP_BLOCKDEV_IOCTL_INIT。

总结一下，通过本节分析 vfs_blockdev_xxx()系列函数对底层存储设备的访问，在具体平台上移植 MicroPython 的文件系统，至少需要注册可以操作存储设备的函数到 writeblocks[2]、readblocks[2]和 ioctl()函数到 VFS 中。

7.1.2　VFS 统一文件系统 API

vfs.h 中的 VFS 统一文件系统 API，可以适配不同的文件系统，向上抽象出统一的文件系统 API，MicroPython 内核将基于统一抽象后的 VFS 文件系统的 API，构建文件系统的相关应用，如此，MicroPython 内核可以不再依赖于某一个具体的文件系统，可以在不更改上层应用的情况下，根据具体的应用场景，更换合适的文件系统。

这里列出 vfs.h 文件中提供的 VFS 统一文件系统 API，见代码 7-7。

代码 7-7　在 vfs.h 文件中声明的 VFS 统一文件系统 API

```
typedef struct _mp_vfs_mount_t {
    const char * str; // mount point with leading /
    size_t len;
    mp_obj_t obj;
    struct _mp_vfs_mount_t * next;
} mp_vfs_mount_t;

mp_vfs_mount_t * mp_vfs_lookup_path(const char * path, const char * * path_out);
mp_import_stat_t mp_vfs_import_stat(const char * path);
mp_obj_t mp_vfs_mount(size_t n_args, const mp_obj_t * pos_args, mp_map_t * kw_args);
mp_obj_t mp_vfs_umount(mp_obj_t mnt_in);
mp_obj_t mp_vfs_open(size_t n_args, const mp_obj_t * pos_args, mp_map_t * kw_args);
mp_obj_t mp_vfs_chdir(mp_obj_t path_in);
mp_obj_t mp_vfs_getcwd(void);
mp_obj_t mp_vfs_ilistdir(size_t n_args, const mp_obj_t * args);
mp_obj_t mp_vfs_listdir(size_t n_args, const mp_obj_t * args);
mp_obj_t mp_vfs_mkdir(mp_obj_t path_in);
mp_obj_t mp_vfs_remove(mp_obj_t path_in);
mp_obj_t mp_vfs_rename(mp_obj_t old_path_in, mp_obj_t new_path_in);
mp_obj_t mp_vfs_rmdir(mp_obj_t path_in);
mp_obj_t mp_vfs_stat(mp_obj_t path_in);
mp_obj_t mp_vfs_statvfs(mp_obj_t path_in);

int mp_vfs_mount_and_chdir_protected(mp_obj_t bdev, mp_obj_t mount_point);
```

VFS 统一文件系统 API 的函数大部分是直接在 vfs.c 文件中实现的。以 mp_vfs_mount()为例，mp_vfs_mount()函数实现 MicroPython 类方法的常规操作是：首先，从参数列表 allowed_args 中解析参数，通过 mp_vfs_proxy_call()执行某个选定文件系统（可能是 FAT，也可能是 LFS）绑定到 QSTR 字符串 MP_QSTR_mount 上的挂载操作函数；在使用

FAT 文件系统的情况下，这个函数最终关联到 vfs_fat_mount()函数；然后，试图将当前文件系统的根目录注册到 MicroPython 的指定路径，并查看是否注册成功；最后，将当前挂载的文件系统添加到 MicroPython 的挂载链表中，见代码 7-8。

代码 7-8　在 vfs.c 文件中实现 mp_vfs_mount()函数

```
mp_obj_t mp_vfs_mount(size_t n_args, const mp_obj_t * pos_args, mp_map_t * kw_args) {
    enum { ARG_readonly, ARG_mkfs };
    static const mp_arg_t allowed_args[] = {
        { MP_QSTR_readonly, MP_ARG_KW_ONLY | MP_ARG_OBJ, {.u_rom_obj = MP_ROM_FALSE} },
        { MP_QSTR_mkfs, MP_ARG_KW_ONLY | MP_ARG_OBJ, {.u_rom_obj = MP_ROM_FALSE} },
    };

    // 解析参数
    mp_arg_val_t args[MP_ARRAY_SIZE(allowed_args)];
    mp_arg_parse_all(n_args - 2, pos_args + 2, kw_args, MP_ARRAY_SIZE(allowed_args),
allowed_args, args);
    ...

    // create new object
    mp_vfs_mount_t * vfs = m_new_obj(mp_vfs_mount_t);
    vfs->str = mnt_str;
    vfs->len = mnt_len;
    vfs->obj = vfs_obj;
    vfs->next = NULL;

    // 调用文件系统的挂载函数,挂载文件系统
    mp_vfs_proxy_call(vfs, MP_QSTR_mount, 2, (mp_obj_t * )&args);

    // 查找可用的挂载点
    const char * path_out;
    mp_vfs_mount_t * existing_mount = mp_vfs_lookup_path(mp_obj_str_get_str(pos_args[1]),
&path_out);
    if (existing_mount != MP_VFS_NONE && existing_mount != MP_VFS_ROOT) {
        if (vfs->len != 1 && existing_mount->len == 1) {
            // if root dir is mounted, still allow to mount something within a subdir of root
            // 如果根目录已经被挂载,仍旧允许作为根目录的子目录挂载
        } else {
            // 如果当前挂载点已经被占用
            mp_raise_OSError(MP_EPERM);
        }
    }

    // 将指定 vfs 插入文件挂载链表中
    mp_vfs_mount_t ** vfsp = &MP_STATE_VM(vfs_mount_table);
    while (* vfsp != NULL) {
        if (( * vfsp)->len == 1) {
```

```
            // make sure anything mounted at the root stays at the end of the list
            vfs->next = *vfsp;
            break;
        }
        vfsp = &(*vfsp)->next;
    }
    *vfsp = vfs;

    return mp_const_none;
}
MP_DEFINE_CONST_FUN_OBJ_KW(mp_vfs_mount_obj, 2, mp_vfs_mount);
```

这里涉及两个函数：mp_vfs_proxy_call()以及由 mp_vfs_proxy_call()调用的 vfs_fat_mount()。

其中，vfs.c 中很多函数的内部都会通过 mp_vfs_proxy_call(mp_vfs_mount_t *vfs, qstr meth_name, size_t n_args, const mp_obj_t *args)函数调用在某一 VFS 具体文件系统下与方法名 meth_name 绑定的对应函数对象。参数 vfs 可以用来指定多种文件系统中的一种，本例使用的就是 FAT 文件系统。这种做法类似于面向对象设计中的“多态”机制，对于同一基类的不同类(文件系统)的实现，用同一个方法名，调用各自类实现的不同方法。

这里看一下 mp_vfs_proxy_call()函数的实现过程，见代码 7-9。

代码 7-9　在 vfs.c 文件中实现的 mp_vfs_proxy_call()函数

```
STATIC mp_obj_t mp_vfs_proxy_call(mp_vfs_mount_t *vfs, qstr meth_name, size_t n_args,
const mp_obj_t *args) {
    assert(n_args <= PROXY_MAX_ARGS);
    if (vfs == MP_VFS_NONE) {
        // mount point not found
        mp_raise_OSError(MP_ENODEV);
    }
    if (vfs == MP_VFS_ROOT) {
        // can't do operation on root dir
        mp_raise_OSError(MP_EPERM);
    }
    mp_obj_t meth[2 + PROXY_MAX_ARGS];
    mp_load_method(vfs->obj, meth_name, meth);
    if (args != NULL) {
        memcpy(meth + 2, args, n_args * sizeof(*args));
    }
    return mp_call_method_n_kw(n_args, 0, meth);
}
```

FAT 文件系统作为 VFS 这个虚基类的一种实现，在 vfs_fat.c 文件中定义了 FAT 文件系统版本的 vfs_fat_mount_obj 函数，并建立起 vfs_fat_mount_obj 同 QSTR 字符串 MP_QSTR_mount 的绑定关系。vfs_fat_mount_obj 的实现同样位于 vfs_fat.c 文件中，见代码 7-10。

代码 7-10 在 vfs_fat.c 文件中的 vfs_fat_mount()函数

```
STATIC mp_obj_t vfs_fat_mount(mp_obj_t self_in, mp_obj_t readonly, mp_obj_t mkfs) {
    fs_user_mount_t * self = MP_OBJ_TO_PTR(self_in);

    // Read-only 若为只读设备,则可通过指定 writeblocks[0] == MP_OBJ_NULL 表示
    if (mp_obj_is_true(readonly)) {
        self->blockdev.writeblocks[0] = MP_OBJ_NULL;
    }

    // 确定是否需要在存储介质中新建一个文件系统
    FRESULT res = (self->blockdev.flags & MP_BLOCKDEV_FLAG_NO_FILESYSTEM) ? FR_NO_
FILESYSTEM : FR_OK;
    if (res == FR_NO_FILESYSTEM && mp_obj_is_true(mkfs)) {
        uint8_t working_buf[FF_MAX_SS];
        res = f_mkfs(&self->fatfs, FM_FAT | FM_SFD, 0, working_buf, sizeof(working_buf));
    }
    if (res != FR_OK) {
        mp_raise_OSError(fresult_to_errno_table[res]);
    }
    self->blockdev.flags &= ~MP_BLOCKDEV_FLAG_NO_FILESYSTEM;

    return mp_const_none;
}
STATIC MP_DEFINE_CONST_FUN_OBJ_3(vfs_fat_mount_obj, vfs_fat_mount);
...

STATIC const mp_rom_map_elem_t fat_vfs_locals_dict_table[] = {
   ...
    { MP_ROM_QSTR(MP_QSTR_mount), MP_ROM_PTR(&vfs_fat_mount_obj) },
    { MP_ROM_QSTR(MP_QSTR_umount), MP_ROM_PTR(&fat_vfs_umount_obj) },
};
...
```

vfs_fat.c 是与 VFS 对接的一种具体的 FAT 文件系统。实际上，在同级目录下，还有基于其他文件系统的实现，例如，LFS 和 POSIX。其中，LFS 对应 vfs_lfs.c 等相关文件，实现原理类似，这里就不再展开分析了。

最终，通过在编译整个 MicroPython 的过程中启用 MICROPY_VFS_FAT 和 MICROPY_VFS_LFS，来选择是否启用各自对应的文件系统。其中，FAT 多用于基于 SD 卡的文件系统，LFS 多用于 MCU 片内或者片外的 Flash 存储区，POSIX 文件系统更多的是实现与基于 Linux 等操作系统平台中已有文件系统的套接。

在 vfs.h 文件中，VFS 统一文件系统 API 的函数，大部分被封装成 MicroPython 中的对象，这些对象在后续可能都会被注册成某个模块(文件系统)的类方法，见代码 7-11。

代码 7-11 vfs.h 文件中的统一文件系统 API

```
MP_DECLARE_CONST_FUN_OBJ_KW(mp_vfs_mount_obj);
MP_DECLARE_CONST_FUN_OBJ_1(mp_vfs_umount_obj);
```

```
MP_DECLARE_CONST_FUN_OBJ_KW(mp_vfs_open_obj);
MP_DECLARE_CONST_FUN_OBJ_1(mp_vfs_chdir_obj);
MP_DECLARE_CONST_FUN_OBJ_0(mp_vfs_getcwd_obj);
MP_DECLARE_CONST_FUN_OBJ_VAR_BETWEEN(mp_vfs_ilistdir_obj);
MP_DECLARE_CONST_FUN_OBJ_VAR_BETWEEN(mp_vfs_listdir_obj);
MP_DECLARE_CONST_FUN_OBJ_1(mp_vfs_mkdir_obj);
MP_DECLARE_CONST_FUN_OBJ_1(mp_vfs_remove_obj);
MP_DECLARE_CONST_FUN_OBJ_2(mp_vfs_rename_obj);
MP_DECLARE_CONST_FUN_OBJ_1(mp_vfs_rmdir_obj);
MP_DECLARE_CONST_FUN_OBJ_1(mp_vfs_stat_obj);
MP_DECLARE_CONST_FUN_OBJ_1(mp_vfs_statvfs_obj);
```

7.2 从文件系统中执行 Python 脚本文件解析

关于 MicroPython 从文件系统中执行 Python 脚本文件的原理，作者一开始没有直接找到线索，但后来通过研读现有其他平台(ESP8266)的移植代码，发现了一些蛛丝马迹。之前不能从文件系统导入可执行脚本文件的 minimal 工程的 main.c 中的 3 个函数，在支持文件系统的工程中被移除了。故而可以猜想，既然在 minimal 工程中存在，说明它们是必须被实现的，哪怕是个空的实现，但它们在支持文件系统的工程中被移除，必然是用真正有意义的实现换掉了之前空的实现。这 3 个函数的名字似乎与 import 模块有着千丝万缕的联系。在 minimal 工程的 main.c 文件中，有 3 个空实现的函数，见代码 7-12。

代码 7-12　minimal 工程中的 3 个空实现函数

```
mp_lexer_t * mp_lexer_new_from_file(const char * filename) {
    mp_raise_OSError(MP_ENOENT);
}

mp_import_stat_t mp_import_stat(const char * path) {
    return MP_IMPORT_STAT_NO_EXIST;
}

mp_obj_t mp_builtin_open(size_t n_args, const mp_obj_t * args, mp_map_t * kwargs) {
    return mp_const_none;
}
MP_DEFINE_CONST_FUN_OBJ_KW(mp_builtin_open_obj, 1, mp_builtin_open);
```

猜测：

- mp_lexer_new_from_file()函数一定与从文件中解析脚本有关。
- mp_import_stat()函数对应 import 关键字的操作。
- mp_builtin_open()函数对应系统默认的打开文件操作，而这个打开文件的操作必然是前面两个函数读取文件的前提。

接下来，将从一个移植好的工程中探索这 3 个函数的实现内容，探索其实现机制。

7.2.1 mp_lexer_new_from_file()

实际上，mp_lexer_new_from_file()函数是 MicroPython 内核实现解析 Python 文件功能的入口函数。mp_lexer_new_from_file()函数的定义位于 py/lexer.c 文件中，需要启用 MICROPY_ENABLE_COMPILER 选项才能包含到工程中，这个选项在之前的 minimal 工程中是关闭的，因此需要额外人工指定启用，见代码 7-13。

代码 7-13 lexer.c 文件中的 mp_lexer_new_from_file()函数

```
#if MICROPY_ENABLE_COMPILER
...
#if MICROPY_READER_POSIX || MICROPY_READER_VFS
mp_lexer_t *mp_lexer_new_from_file(const char *filename) {
    mp_reader_t reader;
    mp_reader_new_file(&reader, filename);
    return mp_lexer_new(qstr_from_str(filename), reader);
}
...
```

mp_lexer_new_from_file()函数读一个包含路径信息的完整文件名，将这个文件送入 mp_reader_new_file()，提取出文件的内容，然后连同初步解析的结果送入一个新建的解析器，最终将转换成可执行的二进制序列(实际是调用 C 代码写的函数，可以认为二进制序列的上层为 C 函数，统一由 C 编译器完成 C 到二进制命令序列的转换，在 MicroPython 中从来不存在 Python 语句直接变成二进制命令序列)。

至于 mp_reader_new_file()函数的实现，根据是否启用 MICROPY_VFS_POSIX 选项，有两个版本：

- 未启用 MICROPY_VFS_POSIX 选项的 mp_reader_new_file()函数版本，在 extmod/vfs_reader.c 文件中。本例中，实际采用的也是这个版本(在 py/mpconfig.h 中指定 MICROPY_VFS_POSIX 值为 0)，见代码 7-14。

代码 7-14 mpconfig.h 文件中的 mp_reader_new_file()函数

```
void mp_reader_new_file(mp_reader_t *reader, const char *filename) {
    mp_reader_vfs_t *rf = m_new_obj(mp_reader_vfs_t);
    mp_obj_t args[2] = {
        mp_obj_new_str(filename, strlen(filename)),
        MP_OBJ_NEW_QSTR(MP_QSTR_rb),
    };
    rf->file = mp_vfs_open(MP_ARRAY_SIZE(args), &args[0], (mp_map_t *)&mp_const_empty_map);
    int errcode;
    rf->len = mp_stream_rw(rf->file, rf->buf, sizeof(rf->buf), &errcode, MP_STREAM_
RW_READ | MP_STREAM_RW_ONCE);
    if (errcode != 0) {
        mp_raise_OSError(errcode);
    }
    rf->pos = 0;
```

```
        reader -> data = rf;
        reader -> readbyte = mp_reader_vfs_readbyte;
        reader -> close = mp_reader_vfs_close;
    }
```

从代码 7-14 中可以看到，在 reader 的结构体中，data 字段指向的是一个通过注册到 VFS 文件系统的 open 函数打开的文件，readbyte 和 close 字段指向了之前注册到 VFS 文件系统的读函数和关闭函数，重新打包成一个操作句柄，或者称之为又一个注册过程。mp_reader_new_file()函数实际上是打开了一个包含 Python 脚本的文件，并打包了读写这个文件的函数，通过参数 reader 返回给调用者。后续调用者可以通过 reader 中的文件读写函数读写 reader 中已经打开的文件。

- 启用 MICROPY_VFS_POSIX 选项的 mp_reader_new_file()函数版本，也在 py/reader.c 文件中定义。由代码的注释可以看出，这个实现仅在使用基于 POSIX 的 VFS 文件系统时生效，见代码 7-15。

代码 7-15　POSIX 版本的 mp_reader_new_file()函数

```
#if !MICROPY_VFS_POSIX
void mp_reader_new_file(mp_reader_t * reader, const char * filename) {
    MP_THREAD_GIL_EXIT();
    int fd = open(filename, O_RDONLY, 0644);
    MP_THREAD_GIL_ENTER();
    if (fd < 0) {
        mp_raise_OSError(errno);
    }
    mp_reader_new_file_from_fd(reader, fd, true);
}
#endif
```

mp_lexer_new_from_file()函数在打包了一个 reader 之后，mp_lexer_new()会将包含 Python 脚本的 reader 送入 MicroPython 的 Python 语言解析器。Python 语言解析器 Lexer 的实现代码位于 py/lexer.c 文件中，相当于一个迷你的 Python 词法分析器，有兴趣的读者可以继续深究，此处不再赘述。

至此，已经可以知道 mp_lexer_new_from_file()是解析 Python 源文件的入口函数。这个函数在 py/buildinimport.c 文件中的 do_loader()函数中被调用，可用于实现按照字符串解析 Python 脚本，见代码 7-16。

代码 7-16　buildinimport.c 文件中的 do_loader()函数

```
STATIC void do_load(mp_obj_t module_obj, vstr_t * file)
{
    ...
    // If we can compile scripts then load the file and compile and execute it.
    #if MICROPY_ENABLE_COMPILER
    {
        mp_lexer_t * lex = mp_lexer_new_from_file(file_str);
```

```
            do_load_from_lexer(module_obj, lex);
            return;
        }
        #else
        // If we get here then the file was not frozen and we can't compile scripts.
        mp_raise_msg(&mp_type_ImportError, MP_ERROR_TEXT("script compilation not supported"));
        #endif
}
```

另外，py/buildinevex.c文件中的eval_exec_helper()函数也调用了mp_lexer_new_from_file()函数，eval_exec_helper()函数被mp_builtin_eval()、mp_builtin_exec()和mp_builtin_execfile()调用，这两个函数对应从字符串和从文件中解析Python脚本，见代码7-17。

代码7-17 buildinevex.c文件中的eval_exec_helper()函数

```
#if MICROPY_PY_BUILTINS_EVAL_EXEC

STATIC mp_obj_t eval_exec_helper(size_t n_args, const mp_obj_t *args, mp_parse_input_kind_t
parse_input_kind) {
    ...

    // 解析 Python 源代码
    mp_buffer_info_t bufinfo;
    mp_get_buffer_raise(args[0], &bufinfo, MP_BUFFER_READ);

    // 创建解析器
    // MP_PARSE_SINGLE_INPUT 用于指定输入的是一个源文件
    mp_lexer_t *lex;
    if (MICROPY_PY_BUILTINS_EXECFILE && parse_input_kind == MP_PARSE_SINGLE_INPUT) {
        lex = mp_lexer_new_from_file(bufinfo.buf);
        parse_input_kind = MP_PARSE_FILE_INPUT;
    } else {
        lex = mp_lexer_new_from_str_len(MP_QSTR__lt_string_gt_, bufinfo.buf, bufinfo.len, 0);
    }

    return mp_parse_compile_execute(lex, parse_input_kind, globals, locals);
}

STATIC mp_obj_t mp_builtin_eval(size_t n_args, const mp_obj_t *args) {
    return eval_exec_helper(n_args, args, MP_PARSE_EVAL_INPUT);
}
MP_DEFINE_CONST_FUN_OBJ_VAR_BETWEEN(mp_builtin_eval_obj, 1, 3, mp_builtin_eval);

STATIC mp_obj_t mp_builtin_exec(size_t n_args, const mp_obj_t *args) {
    return eval_exec_helper(n_args, args, MP_PARSE_FILE_INPUT);
}
MP_DEFINE_CONST_FUN_OBJ_VAR_BETWEEN(mp_builtin_exec_obj, 1, 3, mp_builtin_exec);

#endif // MICROPY_PY_BUILTINS_EVAL_EXEC
```

```
#if MICROPY_PY_BUILTINS_EXECFILE
STATIC mp_obj_t mp_builtin_execfile(size_t n_args, const mp_obj_t *args) {
    // MP_PARSE_SINGLE_INPUT is used to indicate a file input
    return eval_exec_helper(n_args, args, MP_PARSE_SINGLE_INPUT);
}
MP_DEFINE_CONST_FUN_OBJ_VAR_BETWEEN(mp_builtin_execfile_obj, 1, 3, mp_builtin_execfile);
#endif
```

从函数名及其所属的文件名可以看出，mp_lexer_new_from_file()函数将在 import 过程和执行脚本过程中被调用，用于处理文件，进行词法分析，但最终还是要通过 mp_parse_compile_execute()执行脚本。位于 runtime.c 文件中的 mp_parse_compile_execute()函数将会调用 MicroPython 的 NLR(Non Local Return)组件，并与 CPU 硬件交互，最终实现在 CPU 上执行 Python 脚本。

7.2.2 mp_import_stat()和 mp_builtin_open()

mp_import_stat()和 mp_builtin_open()两个函数是实现 MicroPython 导入 Python 文件并执行的关键函数，其中，mp_import_stat()函数用于查看将要导入的 Python 文件(模块)是否有效，mp_builtin_open()函数用于打开导入的文件，并引导进入后续的解析脚本的过程。

在 ports/mm32f3 目录下的 mpconfigport.h 文件中，将 mp_import_stat()映射到 mp_vfs_import_stat()，实际使用了 VFS 的 mp_vfs_import_stat()函数，见代码 7-18。

代码 7-18 mpconfigport.h 文件中映射 import 和 open 操作的函数

```
// use vfs's functions for import stat and builtin open
#define mp_import_stat              mp_vfs_import_stat
#define mp_builtin_open             mp_vfs_open
#define mp_builtin_open_obj         mp_vfs_open_obj
```

在 VFS 中，mp_vfs_import_stat()函数接收一个文件路径作为输入参数，在内部通过 mp_vfs_lookup_path()函数，检索输入路径是否在已知的文件系统中存在，然后执行文件系统的 stat()函数()(proto->import_stat()和 MP_QSTR_stat 都是 stat()函数)，查看传入路径的状态是否有效，见代码 7-19。

代码 7-19 vfs.c 文件中的 mp_vfs_import_stat()函数

```
mp_import_stat_t mp_vfs_import_stat(const char *path) {
    const char *path_out;
    mp_vfs_mount_t *vfs = mp_vfs_lookup_path(path, &path_out);
    if (vfs == MP_VFS_NONE || vfs == MP_VFS_ROOT) {
        return MP_IMPORT_STAT_NO_EXIST;
    }

    // If the mounted object has the VFS protocol, call its import_stat helper
    const mp_vfs_proto_t *proto = mp_obj_get_type(vfs->obj)->protocol;
```

```
        if (proto != NULL) {
            return proto->import_stat(MP_OBJ_TO_PTR(vfs->obj), path_out);
        }

        // delegate to vfs.stat() method
        mp_obj_t path_o = mp_obj_new_str(path_out, strlen(path_out));
        mp_obj_t stat;
        nlr_buf_t nlr;
        if (nlr_push(&nlr) == 0) {
            stat = mp_vfs_proxy_call(vfs, MP_QSTR_stat, 1, &path_o);
            nlr_pop();
        } else {
            // assume an exception means that the path is not found
            return MP_IMPORT_STAT_NO_EXIST;
        }
        mp_obj_t *items;
        mp_obj_get_array_fixed_n(stat, 10, &items);
        mp_int_t st_mode = mp_obj_get_int(items[0]);
        if (st_mode & MP_S_IFDIR) {
            return MP_IMPORT_STAT_DIR;
        } else{
            return MP_IMPORT_STAT_FILE;
        }
    }
```

但是，在何处会调用 mp_import_stat()函数用以导入模块呢？为此，可追溯代码至 lib/utils/pyexec.c 中，有 pyexec_file_if_exists()函数，见代码 7-20。

代码 7-20　pyexec.c 文件中的 pyexec_file_if_exists()函数

```
int pyexec_file(const char *filename) {
    return parse_compile_execute(filename, MP_PARSE_FILE_INPUT, EXEC_FLAG_SOURCE_IS_FILENAME);
}

int pyexec_file_if_exists(const char *filename) {
    ...
    if (mp_import_stat(filename) != MP_IMPORT_STAT_FILE) {
        return 1; // success (no file is the same as an empty file executing without fail)
    }
    return pyexec_file(filename);
}
```

pyexec_file_if_exists()函数先判定传入的是一个有效的文件，然后将该文件送入 pyexec_file()函数，而 pyexec_file()函数内部又调用了神奇的 parse_compile_execute()函数(类似于之前看到的位于 runtime.c 文件中的 mp_parse_compile_execute()函数)，可以解析、编译和执行 Python 脚本。

总之，mp_import_stat()函数是在 import 操作之前，查看状态文件状态的函数，因为涉及具体的文件系统，所以需要在 main.c 或者 mpconfigport.h 文件中由开发者指定。在实际应用中，它被映射到 VFS 的 stat()函数上。

mp_builtin_open()函数同时被封装成 mp_builtin_open_obj，绑定到 builtin 类模块的 QSTR 字符串"open"上，通过 MICROPY_PORT_BUILTINS，在 py/modbuiltins.c 文件中，被包含在 mp_module_builtins_globals_table 中，挂在 mp_module_builtins 系统内建模块中，见代码 7-21。

代码 7-21　绑定系统内建方法 open()

```
// Hooks to add builtins
#define MICROPY_PORT_BUILTINS \
    { MP_ROM_QSTR(MP_QSTR_open), MP_ROM_PTR(&mp_builtin_open_obj) },
```

但实际上，mp_builtin_open_obj 会在 py/modio.c 文件中被引用，代码 7-22 中的注释已经明确指出，需要由移植工程指定一个 mp_builtin_open_obj，用于构建 MicroPython 内建的 io 模块，见代码 7-22。

代码 7-22　声明由移植项目实现 open()方法

```
STATIC const mp_rom_map_elem_t mp_module_io_globals_table[] = {
    { MP_ROM_QSTR(MP_QSTR___name__), MP_ROM_QSTR(MP_QSTR_uio) },
    // Note: mp_builtin_open_obj should be defined by port, it's not part of the core.
    { MP_ROM_QSTR(MP_QSTR_open), MP_ROM_PTR(&mp_builtin_open_obj) },
    ...
    };
STATIC MP_DEFINE_CONST_DICT(mp_module_io_globals, mp_module_io_globals_table);

const mp_obj_module_t mp_module_io = {
    .base = { &mp_type_module },
    .globals = (mp_obj_dict_t *)&mp_module_io_globals,
};
```

正如代码 7-22 注释中所解释的，在下面介绍 mm32f3 项目中启用文件系统支持的过程中，将会具体实现 mp_builtin_open_obj 函数对象的内容。

7.3　对接硬件 SD 卡驱动程序

为了在 MicroPython 中启用文件系统的支持，至少需要将构建文件系统存储介质的组件加入 MicroPython 中。以 mm32f3 项目为例，使用 SD 卡作为文件系统的物理载体，需要向 mm32f3 项目中添加访问 SD 卡的硬件外设驱动，以及周边电路的配置工作，例如，初始化相关的时钟、引脚等。这部分的设计与实现，遵循前面介绍的设计惯例即可，在 lib\mm32mcu\mm32f3270\drivers 目录下添加 SDIO 外设的驱动程序供适配文件系统的函数调用，在 ports\mm32f3\boards\plus-f3270 目录下添加电路板相关的配置，在启用 MicroPython 内核之前激活访问 SD 卡的功能。在 boards 目录下添加硬件初始化代码。

在 ports\mm32f3\boards\plus-f3270 目录下 pin_init.c 文件中的 BOARD_InitPins()函数中添加配置 SDIO 引脚复用功能的源码，见代码 7-23。

代码 7-23　在 pin_init. c 文件中实现初始化 SDIO 相关引脚的代码

```
void BOARD_InitPins(void)
{
    ...
    /* for SDIO. */
    /* PC12 - SDIO_CLK. */
    gpio_init.Pins  = GPIO_PIN_12;
    gpio_init.PinMode  = GPIO_PinMode_AF_PushPull;
    gpio_init.Speed = GPIO_Speed_50MHz;
    GPIO_Init(GPIOC, &gpio_init);
    GPIO_PinAFConf(GPIOC, GPIO_PIN_12, GPIO_AF_12);

    /* PD2  - SDIO_CMD. */
    gpio_init.Pins  = GPIO_PIN_2;
    gpio_init.PinMode  = GPIO_PinMode_AF_PushPull;
    gpio_init.Speed = GPIO_Speed_50MHz;
    GPIO_Init(GPIOD, &gpio_init);
    GPIO_PinAFConf(GPIOD, GPIO_PIN_2, GPIO_AF_12);

    /* PC8  - SDIO_DAT0. */
    gpio_init.Pins  = GPIO_PIN_8;
    gpio_init.PinMode  = GPIO_PinMode_AF_PushPull;
    gpio_init.Speed = GPIO_Speed_50MHz;
    GPIO_Init(GPIOC, &gpio_init);
    GPIO_PinAFConf(GPIOC, GPIO_PIN_8, GPIO_AF_12);

    /* PC9  - SDIO_DAT1. */
    gpio_init.Pins  = GPIO_PIN_9;
    gpio_init.PinMode  = GPIO_PinMode_AF_PushPull;
    gpio_init.Speed = GPIO_Speed_50MHz;
    GPIO_Init(GPIOC, &gpio_init);
    GPIO_PinAFConf(GPIOC, GPIO_PIN_9, GPIO_AF_12);

    /* PC10 - SDIO_DAT2. */
    gpio_init.Pins  = GPIO_PIN_10;
    gpio_init.PinMode  = GPIO_PinMode_AF_PushPull;
    gpio_init.Speed = GPIO_Speed_50MHz;
    GPIO_Init(GPIOC, &gpio_init);
    GPIO_PinAFConf(GPIOC, GPIO_PIN_10, GPIO_AF_12);

    /* PC11 - SDIO_DAT3. */
    gpio_init.Pins  = GPIO_PIN_11;
    gpio_init.PinMode  = GPIO_PinMode_AF_PushPull;
    gpio_init.Speed = GPIO_Speed_50MHz;
    GPIO_Init(GPIOC, &gpio_init);
    GPIO_PinAFConf(GPIOC, GPIO_PIN_11, GPIO_AF_12);
}
```

在 clock_init. c 文件中的 BOARD_InitClocks()中添加启用 SDIO 外设模块时钟的代码，见代码 7-24。

代码 7-24　在 clock_init.c 文件中添加启用 SDIO 时钟的代码

```
void BOARD_InitBootClocks(void)
{
    CLOCK_ResetToDefault();
    CLOCK_BootToHSE96MHz();
    ...
    /* SDIO. */
    RCC_EnableAHB1Periphs(RCC_AHB1_PERIPH_SDIO, true);
    RCC_ResetAHB1Periphs(RCC_AHB1_PERIPH_SDIO);
    ...
}
```

在 board_init.h 文件中添加对板载 SDIO 接口的适配映射，见代码 7-25。

代码 7-25　在 board_init.h 文件中添加应用 SDIO 映射

```
#define BOARD_SDCARD_SDIO_PORT          SDIO
```

从 MindSDK 的 SDIO 样例工程中，复制 sdcard_sdio.h/.c 文件和 hal_sdio.h/c 文件，基于 MindSDK 的 SDIO 驱动实现 SD 卡读写访问功能。其中，sdcard_sdio.h 文件中包含了关于操作 SD 卡的 API，见代码 7-26。

代码 7-26　sdcard_sdio.h 文件中的操作 SD 卡的 API

```
/* sdcard_sdio.h */
#ifndef __SDCARD_SDIO_H__
#define __SDCARD_SDIO_H__

#include "hal_common.h"

#define SDCARD_BLOCK_SIZE 512u

typedef enum
{
    sdcard_cardtype_sdsc,
    sdcard_cardtype_sdhc,
    sdcard_cardtype_sdxc,
} sdcard_cardtype_t;

typedef struct
{
    void * iodev;
    sdcard_cardtype_t cardtype;
    uint32_t block_cnt;
    uint32_t block_len;
    uint32_t rca; /* relative card address. */

} sdcard_t;
```

```
uint32_t sdcard_init(sdcard_t * card, void * iodev);
bool sdcard_write_single_block(sdcard_t * card, uint32_t blk_idx, uint8_t * out_buf);
bool sdcard_write_multi_blocks(sdcard_t * card, uint32_t blk_idx, uint32_t blk_cnt,
uint8_t * out_buf);
bool sdcard_read_single_block(sdcard_t * card, uint32_t blk_idx, uint8_t * in_buf);
bool sdcard_read_multi_blocks(sdcard_t * card, uint32_t blk_idx, uint32_t blk_cnt,
uint8_t * in_buf);

#endif /* __SDCARD_SDIO_H__ */
```

sdcard_sdio.h 声明的 sdcard_init()函数用于初始化 SD 卡的访问过程，将在 main()函数中启动 MicroPython 内核之前被调用。

在 ports\mm32f3 目录下复制来自于 ports\nrf 目录下的 fatfs_port.c 文件，fatfs_port.c 文件补完了移植 fatfs 的最小实现，提供了 get_fattime()函数的实现，见代码 7-27。

代码 7-27　在 fatfs_port.c 文件中实现 get_fattime()函数

```
#include "py/runtime.h"
#include "lib/oofatfs/ff.h"

DWORD get_fattime(void) {
    // TODO: Implement this function. For now, fake it.
    return ((2016 - 1980) << 25) | ((12) << 21) | ((4) << 16) | ((00) << 11) | ((18) << 5) |
(23 / 2);
}
```

正如代码 7-27 中注释所解释的，如果已经向系统中集成了 RTC 等计时模块，则可以向文件系统提供一个真实的时间戳信息，或者，考虑到这个时间戳的信息并不影响使用文件系统的主要功能，可以简单地返回一个假的时间戳，确保有一个 get_fattime()函数的实现即可。

更多 FAT 文件系统对接硬件 SD 卡操作的封装，存放于 ports\mm32f3\boards\plus-f3270 目录下新创建的 machine_sdcard.h/.c 文件中。

7.4　新建 SDCard 类模块

虽然 MicroPython 的 FAT 文件系统不依赖于 SDCard 类模块，但是 FAT 文件系统和 SDCard 类的底层都依赖于硬件驱动源码 sdcard_sdio.c 中实现的访问 SDIO 的 API，因此这些经过封装的 API 放在 machine_sdcard.h/.c 文件中，"顺便"创建了一个 SDCard 类模块，后续还可以在 Python 脚本中引用 SDCard 类以访问 SD 卡。至于 MicroPython 基于 SD 卡的文件系统的适配过程，则是在 machine_sdcard_init_vfs()函数中封装，最后在 main()中调用实现。

在本书配套资源的源码包中，读者可以阅读完整的 machine_sdcard.c 文件。本节遵循本书中描述的在 MicroPython 中新建类模块的框架结构，梳理其中的实现要点。

7.4.1　make_new()

machine_sdcard_obj_make_new()函数将在用户实例化 SDCard 对象时被调用到。在它的参数列表中，第一个参数原本需要指定新建 SDCard 对象的标识，但实际没起作用，整个 SDCard 类模块仅绑定一个 SD 卡硬件。正如源码中注释所解释的，machine_sdcard_obj_make_new()函数内部直接把唯一一个预先实例化好的 machine_sdcard_obj 返回给调用者。甚至这个 machine_sdcard_obj 的实例在后续其他方法的实现中也没有起到实质上的作用，也就是无区分任何新类实例地访问同一个 SD 卡硬件，见代码 7-28。

代码 7-28　machine_sdcard.c 文件中的 machine_sdcard_make_new()函数

```
const mp_obj_base_t machine_sdcard_obj = { &machine_sdcard_type };

STATIC mp_obj_t machine_sdcard_make_new(const mp_obj_type_t * type, size_t n_args, size_t
n_kw, const mp_obj_t * args)
{
    // check arguments
    mp_arg_check_num(n_args, n_kw, 0, 0, false);

    // return singleton object
    return MP_OBJ_FROM_PTR(&machine_sdcard_obj);
}
```

machine_sdcard_obj_make_new()函数对参数列表的检查过程，要求其中的参数数量为 0，其中关键字参数数量为 0，并且不允许使用关键字参数，哪怕是占位的参数，也不允许有任何值传入。

这样的定义，对应在 Python 脚本中实例化 SDCard 类模块的对象时，只能使用无传参的方式，见代码 7-29。

代码 7-29　实例化 SDCard 类对象的调用方式

```
from machine import SDCard

sdcard = SDCard()
```

7.4.2　read_blocks() & write_blocks()

machine_sdcard_readblocks()函数将在用户使用 SDCard 类的 read()方法时被调用到。它在内部解析 buf 结构体变量中传入的将要存放读取数据的空缓冲区，调用 machine_sdcard_read_blocks()函数访问 SD 卡硬件，读到足够数量的数据后将之填入缓冲区，送回给调用者。

machine_sdcard_writeblocks()函数将在用户使用 SDCard 类的 write()方法时被调用。它在内部解析 buf 结构体变量中传入的已经填满将要写入数据的缓冲区，调用 machine_sdcard_write_blocks()函数访问 SD 卡硬件，将足够数量的数据写入 SD 卡，见代码 7-30。

代码 7-30　machine_sdcard.c 文件中的 machine_sdcard_writeblocks()函数

```
STATIC mp_obj_t machine_sdcard_readblocks(mp_obj_t self, mp_obj_t block_num, mp_obj_t buf)
{
    mp_buffer_info_t bufinfo;
    mp_get_buffer_raise(buf, &bufinfo, MP_BUFFER_WRITE);
    mp_uint_t ret = machine_sdcard_read_blocks(bufinfo.buf, mp_obj_get_int(block_num),
bufinfo.len / SDCARD_BLOCK_SIZE);
    return MP_OBJ_NEW_SMALL_INT(ret);
}
STATIC MP_DEFINE_CONST_FUN_OBJ_3(machine_sdcard_readblocks_obj, machine_sdcard_readblocks);

STATIC mp_obj_t machine_sdcard_writeblocks(mp_obj_t self, mp_obj_t block_num, mp_obj_t buf) {
    mp_buffer_info_t bufinfo;
    mp_get_buffer_raise(buf, &bufinfo, MP_BUFFER_READ);
    mp_uint_t ret = machine_sdcard_write_blocks(bufinfo.buf, mp_obj_get_int(block_num),
bufinfo.len / SDCARD_BLOCK_SIZE);
    return MP_OBJ_NEW_SMALL_INT(ret);
}
STATIC MP_DEFINE_CONST_FUN_OBJ_3(machine_sdcard_writeblocks_obj, machine_sdcard_writeblocks);
```

machine_sdcard_readblocks()和 machine_sdcard_writeblocks()支持多块读写，也可以通过传入合适的参数完成单块读写。至于传参格式，则是后面将要介绍的向 VFS 文件系统注册(readblocks[2]和 writeblocks[2])时必须满足的预设条件，这两个函数也将被注册到 VFS，支撑 MicroPython 上层文件系统读写介质的功能。

machine_sdcard_read_blocks()函数和 machine_sdcard_write_blocks()函数中都用到了 mp_get_buffer_raise()函数，用于处理数据缓冲区。以 machine_sdcard_read_blocks()函数中的应用场景为例，首先在函数内部创建一个 mp_buffer_info_t 类型的结构体变量 bufinfo。mp_buffer_info_t 结构体类型的定义位于 py/obj.h 文件中，见代码 7-31。

代码 7-31　obj.h 文件中定义的 mp_buffer_info_t 结构体类型

```
// Buffer protocol
typedef struct _mp_buffer_info_t {
    void *buf;                  // can be NULL if len == 0
    size_t len;                 // in bytes
    int typecode;               // as per binary.h
} mp_buffer_info_t;
#define MP_BUFFER_READ  (1)
#define MP_BUFFER_WRITE (2)
#define MP_BUFFER_RW (MP_BUFFER_READ | MP_BUFFER_WRITE)
typedef struct _mp_buffer_p_t {
    mp_int_t (*get_buffer)(mp_obj_t obj, mp_buffer_info_t *bufinfo, mp_uint_t flags);
} mp_buffer_p_t;
bool mp_get_buffer(mp_obj_t obj, mp_buffer_info_t *bufinfo, mp_uint_t flags);
void mp_get_buffer_raise(mp_obj_t obj, mp_buffer_info_t *bufinfo, mp_uint_t flags);
```

mp_buffer_info_t 结构体类型实际表示了一个定长的缓冲区，并指定其操作属性为读(MP_BUFFER_READ)或者写(MP_BUFFER_WRITE)，甚至是可读可写(MP_BUFFER_RW)。同时，在这里也可看到 mp_get_buffer_raise()函数的声明，其实现位于 py/obj.c 文件中，见代码 7-32。

代码 7-32 obj.c 文件中定义的 mp_get_buffer_raise()函数

```
bool mp_get_buffer(mp_obj_t obj, mp_buffer_info_t *bufinfo, mp_uint_t flags) {
    const mp_obj_type_t *type = mp_obj_get_type(obj);
    if (type->buffer_p.get_buffer == NULL) {
        return false;
    }
    int ret = type->buffer_p.get_buffer(obj, bufinfo, flags);
    if (ret != 0) {
        return false;
    }
    return true;
}

void mp_get_buffer_raise(mp_obj_t obj, mp_buffer_info_t *bufinfo, mp_uint_t flags) {
    if (!mp_get_buffer(obj, bufinfo, flags)) {
        mp_raise_TypeError(MP_ERROR_TEXT("object with buffer protocol required"));
    }
}
```

mp_get_buffer_raise()函数内部调用了 mp_get_buffer()函数，从传入的 buf 对象中，把缓冲区的指针、长度以及读写属性复制到 bufinfo 中，便于上层直接使用缓冲区中的数据。但 mp_get_buffer()函数内部，实际是通过 type-> buffer_p.get_buffer()这个回调函数实现将缓冲区信息复制到 bufinfo 中。

get_buffer()回调函数的实现可以借鉴 extmod/objarray.c 文件中的 array_get_buffer()函数的实现(在 mpconfigport.h 文件中定义 MICROPY_PY_BUILTINS_MEMORYVIEW 有效)，面向 array 数据类型(Python 脚本传入 array 对象)实现对数据重新打包，转换成 bufinfo 结构，适配后续函数对缓冲区格式的需求(使用 C 语言的基本数组)。使用 bufinfo 的另一个好处在于，缓冲区数据和缓冲区长度都被封到一个 bufinfo 结构体中，传参数量少，可以简化函数接口，见代码 7-33。

代码 7-33 objarray.c 文件中的 array_get_buffer()函数

```
STATIC mp_int_t array_get_buffer(mp_obj_t o_in, mp_buffer_info_t *bufinfo, mp_uint_t flags) {
    mp_obj_array_t *o = MP_OBJ_TO_PTR(o_in);
    size_t sz = mp_binary_get_size('@', o->typecode & TYPECODE_MASK, NULL);
    bufinfo->buf = o->items;
    bufinfo->len = o->len * sz;
    bufinfo->typecode = o->typecode & TYPECODE_MASK;
    #if MICROPY_PY_BUILTINS_MEMORYVIEW
    if (o->base.type == &mp_type_memoryview) {
```

```
        if (!(o->typecode & MP_OBJ_ARRAY_TYPECODE_FLAG_RW) && (flags & MP_BUFFER_WRITE)) {
            // read-only memoryview
            return 1;
        }
        bufinfo->buf = (uint8_t *)bufinfo->buf + (size_t)o->memview_offset * sz;
    }
    #else
    (void)flags;
    #endif
    return 0;
}
```

7.4.3 ioctl()

machine_sdcard_ioctl()函数将在用户使用 SDCard 类的 ioctl()方法时被调用到。这个函数也将被注册到 VFS 中,作为一个必要的函数,向 MicroPython 文件系统提供读写介质的功能。ioctl()函数中必须要支持的命令,除了 MP_BLOCKDEV_IOCTL_INIT 和 MP_BLOCKDEV_IOCTL_DEINIT 之外,还需要支持 MP_BLOCKDEV_IOCTL_SYNC、MP_BLOCKDEV_IOCTL_BLOCK_COUNT、MP_BLOCKDEV_IOCTL_BLOCK_SIZE 和 MP_BLOCKDEV_IOCTL_INIT,见代码 7-34。

代码 7-34 machine_sdcard.c 文件中实现的 machine_sdcard_ioctl()函数

```
STATIC mp_obj_t machine_sdcard_ioctl(mp_obj_t self, mp_obj_t cmd_in, mp_obj_t arg_in) {
    mp_int_t cmd = mp_obj_get_int(cmd_in);
    switch (cmd) {
        case MP_BLOCKDEV_IOCTL_INIT:
            machine_sdcard_init();          /* 初始化 SD 卡访问控制 */
            if(b_machine_sdcard_is_initialised)
            {
                return MP_OBJ_NEW_SMALL_INT(0);
            }
            return MP_OBJ_NEW_SMALL_INT(1);

        case MP_BLOCKDEV_IOCTL_DEINIT:
            machine_sdcard_flush();
            return MP_OBJ_NEW_SMALL_INT(0); // TODO properly

        case MP_BLOCKDEV_IOCTL_SYNC:
            machine_sdcard_flush();
            return MP_OBJ_NEW_SMALL_INT(0);

        case MP_BLOCKDEV_IOCTL_BLOCK_COUNT:
            return MP_OBJ_NEW_SMALL_INT(machine_sdcard_get_block_count());

        case MP_BLOCKDEV_IOCTL_BLOCK_SIZE:
            return MP_OBJ_NEW_SMALL_INT(machine_sdcard_get_block_size());
```

```
        default:
            return mp_const_none;
    }
}
STATIC MP_DEFINE_CONST_FUN_OBJ_3(machine_sdcard_ioctl_obj, machine_sdcard_ioctl);
```

7.4.4 创建 SDCard 类模块的类型对象

SDCard 类模块的定义主要是配合支持 VFS，几乎不会被单独作为一个类模块使用，因此在类模块本身的实现上比较简单，提供的 API 相对较少(例如，硬件和协议更简单的通信类外设 UART，就有一长串属性方法)，但也足够使用。除了本身的类实例化方法 make_new()之外，仅支持 readblocks()、writeblocks()和 ioctl()，实际上，更多的功能已经被统一收纳到 ioctl()函数支持的命令清单中。

这里列写定义 SDCard 类模块的类型对象 machine_sdcard_type，以及类属性方法清单 machine_sdcard_locals_dict_table[]的源码，见代码 7-35。

代码 7-35 实现 machine_sdcard_locals_dict_table[]类属性方法映射表

```
STATIC const mp_rom_map_elem_t machine_sdcard_locals_dict_table[] = {
    { MP_ROM_QSTR(MP_QSTR_readblocks),  MP_ROM_PTR(&machine_sdcard_readblocks_obj) },
    { MP_ROM_QSTR(MP_QSTR_writeblocks), MP_ROM_PTR(&machine_sdcard_writeblocks_obj) },
    { MP_ROM_QSTR(MP_QSTR_ioctl),       MP_ROM_PTR(&machine_sdcard_ioctl_obj) },
};

STATIC MP_DEFINE_CONST_DICT(machine_sdcard_locals_dict, machine_sdcard_locals_dict_table);

const mp_obj_type_t machine_sdcard_type = {
    { &mp_type_type },
    .name           = MP_QSTR_SDCard,
    .make_new       = machine_sdcard_make_new,
    .locals_dict    = (mp_obj_dict_t *)&machine_sdcard_locals_dict,
};
```

7.4.5 添加 SDCard 类

在 modmachine.c 文件中添加在 machine 类中包含 SDCard 类，见代码 7-36。

代码 7-36 在 machine 类中包含 SDCard 类

```
extern const mp_obj_type_t machine_pin_type;
extern const mp_obj_type_t machine_sdcard_type;
...
STATIC const mp_rom_map_elem_t machine_module_globals_table[] = {
    { MP_ROM_QSTR(MP_QSTR_name __),      MP_ROM_QSTR(MP_QSTR_umachine) },
    ...
    { MP_ROM_QSTR(MP_QSTR_Pin),          MP_ROM_PTR(&machine_pin_type) },
    { MP_ROM_QSTR(MP_QSTR_SDCard),       MP_ROM_PTR(&machine_sdcard_type) },
```

```
};
STATIC MP_DEFINE_CONST_DICT(machine_module_globals, machine_module_globals_table);

const mp_obj_module_t mp_module_machine = {
    .base = { &mp_type_module },
    .globals = (mp_obj_dict_t *)&machine_module_globals,
};
```

7.4.6 更新 Makefile

在 Makefile 中添加此处新增的 sdcard_sdio.c 和 machine_sdcard.c 文件，并且确保访问 SD 卡的 SDIO 外设模块驱动源程序 hal_sdio.c 文件已经被包含在 Makefile 文件中，见代码 7-37。

代码 7-37 更新 Makefile 集成 SDCard 类模块

```
...
# source files.
SRC_HAL_MM32_C += \
    $(MCU_DIR)/devices/$(CMSIS_MCU)/system_$(CMSIS_MCU).c \
    $(MCU_DIR)/drivers/hal_rcc.c \
    $(MCU_DIR)/drivers/hal_gpio.c \
    $(MCU_DIR)/drivers/hal_uart.c \
    $(MCU_DIR)/drivers/hal_sdio.c \

...

SRC_BRD_MM32_C += \
    $(BOARD_DIR)/clock_init.c \
    $(BOARD_DIR)/pin_init.c \
    $(BOARD_DIR)/board_init.c \
    $(BOARD_DIR)/machine_pin_board_pins.c \
    $(BOARD_DIR)/sdcard_sdio.c \

...
SRC_C += \
    main.c \
    modmachine.c \
    machine_pin.c \
    machine_sdcard.c \
    ...
    lib/timeutils/timeutils.c \
    fatfs_port.c \
    $(SRC_HAL_MM32_C) \
    $(SRC_BRD_MM32_C) \
    $(SRC_MOD) \

...
```

注意，这里必须要引用 lib/timeutils/timeutils.c，是因为 extmod/vfs_sta.c 文件中的 fat_vfs_stat() 调用了 timeutils_seconds_since_2000()函数，否则在编译时会出现报错信息，见代码 7-38。

代码 7-38　未引用 timeutils.c 进行编译产生的报错信息

```
C:\msys64\usr\gcc-arm-none-eabi-10-2020-q4-major\bin\arm-none-eabi-ld.exe:
build-plus-f3270/extmod/vfs_fat.o: in function fat_vfs_stat':
vfs_fat.c:(.text.fat_vfs_stat+0x70): undefined reference to timeutils_seconds_since_2000'
make: *** [Makefile:131:build-plus-f3270/firmware.elf] 错误 1
```

特别在 ports/mm32f3/boards/plus-f3270 目录下的 mpconfigboard.mk 文件中添加启用 FAT 的编译配置，确保 Makefile 将会包含 lib/oofatfs 目录下的 FAT 文件系统的相关源文件，见代码 7-39。

代码 7-39　在 mpconfigboard.mk 文件启用 FAT 的编译配置

```
MICROPY_VFS_FAT ?= 1
```

需要特别注意的是，mk 文件中定义的 MICROPY_VFS_FAT，是在 Makefile 系统中起作用，mpconfigport.h 文件中宏 MICROPY_VFS_FAT，是在 C 代码中起作用。此处应确保 lib/oofatfs 目录下的 ff.c 和 ffunicode.c 文件被编译。extmod/extmod.mk 文件中将使用 MICROPY_VFS_FAT 确定是否包含 FAT 文件系统的相关源文件，见代码 7-40。

代码 7-40　extmod.mk 文件中使用 MICROPY_VFS_FAT

```
################################################################################
#
# VFS FAT FS

OOFATFS_DIR = lib/oofatfs

# this sets the config file for FatFs
CFLAGS_MOD += -DFFCONF_H=\"$(OOFATFS_DIR)/ffconf.h\"

ifeq ($(MICROPY_VFS_FAT),1)
CFLAGS_MOD += -DMICROPY_VFS_FAT=1
SRC_MOD += $(addprefix $(OOFATFS_DIR)/,\
    ff.c \
    ffunicode.c \
    )
endif
```

7.5　调整 MicroPython 内核支持文件系统

7.5.1　改写 main()函数支持文件系统

在启用文件系统之前，项目的 main()函数仅启用 REPL，让用户在终端界面中输入

Python 脚本并运行。启动文件系统后，希望 MicroPython 先识别 SD 文件系统中的 main.py 文件，如果找到 main.py 文件，则用之前提到的 pyexec_file_if_exists()函数执行其中的脚本。执行完毕，再执行 REPL 等待用户的输入。参考已有的移植项目(stm32)，可对 main()函数进行改写，见代码 7-41。

代码 7-41 改写 main()以支持从 SD 卡中的文件系统执行 Python 脚本

```
...
#include "machine_sdcard.h"
...

bool mp_sdcard_is_ready = false;

int main(void)
{
    BOARD_Init();

    /* 初始化 SD 卡硬件设备. */
    mp_sdcard_is_ready = machine_sdcard_init();
    ...
    for (;;)
    {
        ...
        if (mp_sdcard_is_ready)
        {
            printf("\r\n[Y] sdcard ready.\r\n");

            // 创建 VFS 实例
            fs_user_mount_t *vfs_fat = m_new_obj_maybe(fs_user_mount_t);
            mp_vfs_mount_t  *vfs     = m_new_obj_maybe(mp_vfs_mount_t);
            if ( (vfs == NULL) || (vfs_fat == NULL) )
            {
                printf("create vfs_fat & vfs failed.\r\n");
                break;
            }
            vfs_fat->blockdev.flags = MP_BLOCKDEV_FLAG_FREE_OBJ;
            machine_sdcard_init_vfs(vfs_fat);

            // 尝试挂载文件系统，并执行文件系统中的 main.py 脚本文件
            FRESULT res = f_mount(&vfs_fat->fatfs);
            if (res != FR_OK)
            {
                printf("f_mount(&vfs_fat->fatfs) failed.\r\n");
                // couldn't mount
                m_del_obj(fs_user_mount_t, vfs_fat);
                m_del_obj(mp_vfs_mount_t, vfs);
            }
            else
            {
                vfs->str = "/sd";
```

```
                vfs->len = 3;
                vfs->obj = MP_OBJ_FROM_PTR(vfs_fat);
                vfs->next = NULL;
                for (mp_vfs_mount_t **m = &MP_STATE_VM(vfs_mount_table);; m = &(*m)->
next) {
                    if (*m == NULL) {
                        *m = vfs;
                        break;
                    }
                }
                MP_STATE_PORT(vfs_cur) = vfs;
                printf("[Y] file system on sdcard ready.\r\n");

                /* 执行文件系统中的main.py脚本文件. */
                const char * main_py = "main.py";
                printf("[Y] run the %s on disk ...\r\n", main_py);
                int ret = pyexec_file_if_exists(main_py);
                printf("[Y] done. %d\r\n", ret);
            }
        }

        /* 执行 REPL. */
        for (;;)
        {
            if (pyexec_mode_kind == PYEXEC_MODE_RAW_REPL) {
                if (pyexec_raw_repl() != 0) {
                    break;
                }
            } else {
                if (pyexec_friendly_repl() != 0) {
                    break;
                }
            }
        }
    }
}
```

初始化VFS文件系统函数machine_sdcard_init_vfs()实际上是要放在main()中调用的，只因其中需要直接引用SDCard类模块的大量属性方法，因此放在machine_sdcard.c文件中定义，以尽量精简不必要的引用文件关系。在machine_sdcard_init_vfs()函数中，人工向VFS实例的结构体变量填充machine_sdcard类模块中定义的函数对象，这里面就包含前面提到多次的readblocks[2]和writeblocks[2]。machine_sdcard_init_vfs()函数的实现位于machine_sdcard.c文件中，见代码7-42。

代码7-42　在machine_sdcard.c中定义的machine_sdcard_init_vfs()函数

```
//vfs init func
void machine_sdcard_init_vfs(fs_user_mount_t * vfs)
```

```
{
    vfs->base.type = &mp_fat_vfs_type;
    vfs->blockdev.flags |= MP_BLOCKDEV_FLAG_NATIVE | MP_BLOCKDEV_FLAG_HAVE_IOCTL;
    vfs->fatfs.drv = vfs;
    vfs->blockdev.readblocks[0]  = MP_OBJ_FROM_PTR(&machine_sdcard_readblocks_obj);
    vfs->blockdev.readblocks[1]  = MP_OBJ_FROM_PTR(&machine_sdcard_obj);
    vfs->blockdev.readblocks[2]  = MP_OBJ_FROM_PTR(machine_sdcard_read_blocks);
                                                            // native version
    vfs->blockdev.writeblocks[0] = MP_OBJ_FROM_PTR(&machine_sdcard_writeblocks_obj);
    vfs->blockdev.writeblocks[1] = MP_OBJ_FROM_PTR(&machine_sdcard_obj);
    vfs->blockdev.writeblocks[2] = MP_OBJ_FROM_PTR(machine_sdcard_write_blocks);
                                                            // native version
    vfs->blockdev.u.ioctl[0]     = MP_OBJ_FROM_PTR(&machine_sdcard_ioctl_obj);
    vfs->blockdev.u.ioctl[1]     = MP_OBJ_FROM_PTR(&machine_sdcard_obj);
}
```

同时，需要把之前创建的仅用于占位的 mp_lexer_new_from_file()、mp_import_stat() 和 mp_builtin_open()函数关掉，因为接下来要用真正的执行脚本文件的函数取代它们，见代码 7-43。

代码 7-43　在 main.c 文件中停用无效的空函数

```
#if 0
mp_lexer_t * mp_lexer_new_from_file(const char * filename) {
    mp_raise_OSError(MP_ENOENT);
}

mp_import_stat_t mp_import_stat(const char * path) {
    return MP_IMPORT_STAT_NO_EXIST;
}

mp_obj_t mp_builtin_open(size_t n_args, const mp_obj_t * args, mp_map_t * kwargs) {
    return mp_const_none;
}
MP_DEFINE_CONST_FUN_OBJ_KW(mp_builtin_open_obj, 1, mp_builtin_open);
#endif
```

真正的解析器的相关函数位于 lexer.c 文件中，不需要开发者额外再创建一份，但需要启用宏选项 MICROPY_ENABLE_COMPILER 才能生效，为此，还需要在 mpconfigport.h 文件中进一步完成配置。

7.5.2 配置 mpconfigport.h 文件

在 mpconfigport.h 文件中新增关于启用文件系统的配置，以支持 VFS 和 FAT 文件系统，见代码 7-44。VFS 是 MicroPython 对文件系统进行的一层统一抽象，FAT 文件系统是可以对接 VFS 的一种文件系统。

代码 7-44　在 mpconfigport. h 文件中新增关于启用文件系统的配置

```
// fatfs configuration used in ffconf.h
#define MICROPY_VFS                     (1)
//#define MICROPY_VFS_FAT               (1)
#define MICROPY_FATFS                   (1)
#define MICROPY_FATFS_ENABLE_LFN        (1)
#define MICROPY_FATFS_LFN_CODE_PAGE     437 /* 1 = SFN/ANSI 437 = LFN/U.S.(OEM) */
#define MICROPY_FATFS_USE_LABEL         (1)
#define MICROPY_FATFS_RPATH             (2)
#define MICROPY_FATFS_MULTI_PARTITION   (1)

#define MICROPY_READER_VFS              (1) /* enable mp_lexer_new_from_file() in lexer.c */
#define MICROPY_ENABLE_COMPILER         (1) /* enable lexer.c */

...

// use vfs's functions for import stat and builtin open
#define mp_import_stat                mp_vfs_import_stat
#define mp_builtin_open               mp_vfs_open
#define mp_builtin_open_obj           mp_vfs_open_obj
...
```

7.6 启用 uos 类模块

本节是作者在完成全书的主要开发工作之后的一段时间里，突发奇想，想在 REPL 中实现查看 SD 卡文件的功能。偶然发现 MicroPython 有 uos 类模块可以提供类似的功能，可以在当前的移植工程中启用。MicroPython 的很多已有移植项目中都有 moduos. c 文件，本例以 mimxrt 项目作为参考，根据具体的需求进行调整，见代码 7-45。

代码 7-45　添加 moduos. c 源文件

```
#include <stdint.h>
#include <string.h>

#include "py/runtime.h"
#include "py/objtuple.h"
#include "py/objstr.h"
#include "lib/timeutils/timeutils.h"
#include "lib/oofatfs/ff.h"
#include "lib/oofatfs/diskio.h"
#include "extmod/misc.h"
#include "extmod/vfs.h"
#include "extmod/vfs_fat.h"

/// \module os - basic "operating system" services
///
/// The os module contains functions for filesystem access and urandom.
```

```
///
/// The filesystem has / as the root directory, and the available physical
/// drives are accessible from here.  They are currently:
///
///     /flash        -- the internal flash filesystem
///     /sd           -- the SD card (if it exists)
///
/// On boot up, the current directory is /flash if no SD card is inserted,
/// otherwise it is /sd.


/// \function sync()
/// Sync all filesystems.
STATIC mp_obj_t os_sync(void) {
    #if MICROPY_VFS_FAT
    for (mp_vfs_mount_t *vfs = MP_STATE_VM(vfs_mount_table); vfs != NULL; vfs = vfs->next) {
        // this assumes that vfs->obj is fs_user_mount_t with block device functions
        disk_ioctl(MP_OBJ_TO_PTR(vfs->obj), CTRL_SYNC, NULL);
    }
    #endif
    return mp_const_none;
}
MP_DEFINE_CONST_FUN_OBJ_0(mod_os_sync_obj, os_sync);

STATIC const mp_rom_map_elem_t os_module_globals_table[] = {
    { MP_ROM_QSTR(MP_QSTR___name__), MP_ROM_QSTR(MP_QSTR_uos) },

    //{ MP_ROM_QSTR(MP_QSTR_uname), MP_ROM_PTR(&os_uname_obj) },

    { MP_ROM_QSTR(MP_QSTR_chdir), MP_ROM_PTR(&mp_vfs_chdir_obj) },
    { MP_ROM_QSTR(MP_QSTR_getcwd), MP_ROM_PTR(&mp_vfs_getcwd_obj) },
    { MP_ROM_QSTR(MP_QSTR_ilistdir), MP_ROM_PTR(&mp_vfs_ilistdir_obj) },
    { MP_ROM_QSTR(MP_QSTR_listdir), MP_ROM_PTR(&mp_vfs_listdir_obj) },
    { MP_ROM_QSTR(MP_QSTR_mkdir), MP_ROM_PTR(&mp_vfs_mkdir_obj) },
    { MP_ROM_QSTR(MP_QSTR_remove), MP_ROM_PTR(&mp_vfs_remove_obj) },
    { MP_ROM_QSTR(MP_QSTR_rename),MP_ROM_PTR(&mp_vfs_rename_obj)},
    { MP_ROM_QSTR(MP_QSTR_rmdir), MP_ROM_PTR(&mp_vfs_rmdir_obj) },
    { MP_ROM_QSTR(MP_QSTR_stat), MP_ROM_PTR(&mp_vfs_stat_obj) },
    { MP_ROM_QSTR(MP_QSTR_statvfs), MP_ROM_PTR(&mp_vfs_statvfs_obj) },
    { MP_ROM_QSTR(MP_QSTR_unlink), MP_ROM_PTR(&mp_vfs_remove_obj) },
                                                          // unlink aliases to remove

    { MP_ROM_QSTR(MP_QSTR_sync), MP_ROM_PTR(&mod_os_sync_obj) },
};

STATIC MP_DEFINE_CONST_DICT(os_module_globals, os_module_globals_table);

const mp_obj_module_t mp_module_uos = {
    .base = { &mp_type_module },
    .globals = (mp_obj_dict_t *)&os_module_globals,
};
```

实际上，这里并没有多创建更多的函数，只是将已有的 VFS 文件系统中的 API 封装到 uos 类模块，允许 REPL 或者 Python 脚本文件调用。

然后，按照流程，在 mpconfigport.h 文件中添加 uos 类模块，见代码 7-46。

代码 7-46　在 mpconfigport.h 文件中添加 uos 类模块

```
extern const struct _mp_obj_module_t mp_module_machine;
extern const struct _mp_obj_module_t mp_module_utime;
extern const struct _mp_obj_module_t mp_module_uos;

#define MICROPY_PORT_BUILTIN_MODULES \
    { MP_ROM_QSTR(MP_QSTR_machine), MP_ROM_PTR(&mp_module_machine) }, \
    { MP_ROM_QSTR(MP_QSTR_utime), MP_ROM_PTR(&mp_module_utime) }, \
    { MP_ROM_QSTR(MP_QSTR_uos), MP_ROM_PTR(&mp_module_uos) }, \
```

在 Makefile 文件中添加 moduos.c 文件，见代码 7-47。

代码 7-47　更新 Makefile 集成 uos 类模块

```
SRC_C += \
    main.c \
    modmachine.c \
    modutime.c \
    moduos.c \
    machine_pin.c \
    ...

# list of sources for qstr extraction
SRC_QSTR += modmachine.c \
            modutime.c \
            moduos.c \
            machine_pin.c \
            machine_sdcard.c \
            $(BOARD_DIR)/machine_pin_board_pins.c \
```

这里无心插柳实现了通过 uos 类模块访问文件系统，进而为通过 REPL 在 MicroPython 内置文件系统创建文件提供了可能，为后续支持 Thonny IDE 奠定了基础。

7.7　实验

重新编译 MicroPython 项目，创建 firmware.elf 文件，并将之下载到 PLUS-F3270 开发板。

7.7.1　运行来自 SD 卡的 main.py

在 PC 上创建 main.py 文件，编写 Python 脚本，见代码 7-48。

代码 7-48　创建 main.py 文件

```
for i in range(10):
    print('hello ' + str(i))
```

先通过 SD 卡读卡器，将 main. py 文件拖放到 TF 卡中，然后将 TF 卡插入到 PLUS-F3270 开发板上。复位运行，可在终端中看到 main. py 中的脚本已经被执行，见代码 7-49。

代码 7-49　REPL 显示执行文件系统中的 main. py 文件

```
MicroPython v1.16 on 2022 - 01 - 23; PLUS - F3270 with MM32F3273G9P
>>>
[Y] sdcard ready.
[Y] file system on sdcard ready.
[Y] run the main.py on disk ...
hello 0
hello 1
hello 2
hello 3
hello 4
hello 5
hello 6
hello 7
hello 8
hello 9
[Y] done. 1
```

7.7.2　在 REPL 中读取 main. py 文件的内容

在本例中，将利用 open()函数读取 SD 卡中文件的内容。

在 REPL 中输入 Python 脚本语句，打开 main. py 文件并显示其中的内容，见代码 7-50。

代码 7-50　打开 main. py 文件并显示其中的内容

```
>>> with open('main.py','r') as f:
...         print(f.read())
...
for i in range(10):
        print('hello ' + str(i))
>>>
```

可以看到，在 REPL 中已经打印出之前在 main. py 文件中编写的源码。

7.7.3　在文件系统中创建并写入文件

本例创建文件 text. txt，并向其中写入由星号“*”构成的三角形文件，见代码 7-51。

代码 7-51　通过 REPL 创建 text. txt 文件

```
>>> fname = 'text.txt'
>>> with open(fname, 'w') as f:
...   for i in range(10):
...     f.write('*' * (i + 1) + '\n')
```

```
...
2
3
4
5
6
7
8
9
10
11
>>>
```

然后，再执行前面介绍过的读取文件内容的操作，可以读取到 text. txt 文件中由星号组成的三角形，见代码 7-52。

代码 7-52 通过 REPL 读取 text. txt 文件

```
>>> with open(fname, 'r') as f:
...     print(f.read())
...
 *
 **
 ***
 ****
 *****
 ******
 *******
 ********
 *********
 **********

>>>
```

7.7.4 使用 uos 类模块查看和删除文件系统中的文件

首先，可以通过 dir()方法查看 uos 类模块支持的属性方法，见代码 7-53。

代码 7-53 使用 dir()方法查看 uos 类模块支持的属性方法

```
>> import uos
>>> dir(uos)
['__name__', 'remove', 'chdir', 'getcwd', 'ilistdir', 'listdir', 'mkdir', 'rename', 'rmdir',
'stat', 'statvfs', 'sync', 'unlink']
>>>
```

可以看到，其中已经支持了 listdir()、remove()等方法，可以查看和删除当前文件系统中的文件。先执行 listdir()方法，查看当前文件系统中的文件，见代码 7-54。

代码 7-54　使用 listdir()方法查看当前文件系统中的文件

```
>>> uos.listdir()
['System Volume Information', 'main.py', 'text.txt']
>>>
```

从脚本的执行情况看，在基于 SD 卡的文件系统中，已经包含在前面例子中创建的 main.py 和 text.txt 文件。接下来使用 remove()方法删除本例创建的 text.txt 文件，见代码 7-55。

代码 7-55　使用 remove()方法删除 text.txt 文件

```
>>> uos.remove('text.txt')
>>> uos.listdir()
['System Volume Information', 'main.py']
>>>
```

使用 remove()方法删除文件后，再使用 listdir()方法查看文件清单，可见 text.txt 文件已经被删除了。

注意，在后续章节为了适配 Thonny 集成开发环境，已经将 uos 类模块的名字改为 os，但其中的属性方法及实现内容均未发生变化。若使用完整移植的固件做本章中的实验，则需将 uos 换成 os，但如果按照章节和开发顺序，使用循序渐进过程中的固件，则仍需使用 uos 这个类模块的名字。

7.8　本章小结

VFS 是 MicroPython 抽象出的一套虚拟文件系统的 API，用于对接具体的文件系统的实现。在现有的 MicroPython 中，可以向 VFS 适配 FAT 文件系统，也可适配 LFS 或者 POSIX 文件系统。本章从 vfs.h 文件入手，以 FAT 文件系统为例，分析了 VFS 中各函数的调用关系：通过 vfs_blockdev_xxx()系列函数向下对接访问硬件存储设备的函数，通过 vfs_mount_xxx()系列函数向上抽象出统一的文件系统操作 API。MicroPython 内核将会在 VFS 向上抽象出的统一文件系统 API 的基础上，构建 MicroPython 内核中的文件系统应用。vfs_blockdev_xxx()面向存储设备，是在具体平台上移植和适配 MicroPython 文件系统的主要关注对象。

本章在 mm32f3 项目中，基于 SD 卡存储设备，向 vfs_blockdev_xxx()注册了读写 SD 卡的 API，最终实现在 mm32f3 项目中启用文件系统，并可执行存放于 SD 卡文件系统中的 Python 脚本文件。

另外，本章还讲述了启用 uos 类模块的操作过程，可以通过 uos 类模块的属性方法对 SD 卡的文件系统进行一些基本的操作，例如，查看目录结构，甚至是创建新文件等，这为后续支持 Thonny IDE 奠定了基础。

注：在 MicroPython 的后续版本中，uos 类模块改名为 os，但目前已实现的属性方法在 os 类模块中仍可沿用。

第 8 章 启用浮点和数学计算模块

作者在基于 MM32F3 微控制器开发 MicroPython 的过程中，卓晴老师正在带学生进行一个基于 MicroPython 的信号发生器的设计，需要使用浮点数和三角函数计算一些波形。MicroPython 支持浮点数和三角函数的功能，在现有的一些微控制器平台上的移植项目中已经有支持，但当时的 MM32F3 微控制器的移植项目尚未支持。当我了解到这样的需求时，考虑到这个功能同硬件无关，并且现有的移植中也能支持，所以难度不大，就接下了这个任务。当然，当时作为刚接触 MicroPython 的开发者，我也是从阅读源码开始到实现移植。

8.1 一些尝试

首先，先试着在当前 MM32F3 微控制器上的 MicroPython 中定义一个包含浮点数值的变量，发现在默认情况下确实不能使用浮点数，还是需要一些额外的操作才能激活对浮点数的支持，见代码 8-1。

代码 8-1 未启用浮点数支持时使用浮点数会报错

```
MicroPython v1.16 on 2022-01-24; PLUS-F3270 with MM32F3273G9P
>>> a = 1.1
Traceback (most recent call last):
  File "<stdin>", line 1
SyntaxError: decimal numbers not supported
```

MicroPython 对浮点数的支持，与主控芯片上是否有 FPU 关系不大，基本是以纯软件方式实现浮点数计算。虽然 MM32F3 微控制器使用的是没有硬件浮点计算单元 FPU 的 ARM Cortex-M3 内核，但仍可以使用软件浮点运算库，配合编译器对浮点数进行计算。在 MicroPython 中提供的浮点运算的函数中，对一些依赖于 FPU 的专用指令进行了优化。当使用软件浮点算法库时，也需要选择使用对应的无 FPU 版本的实现。

本章描述的对象是 MicroPython 中已存在的功能，但需要配合用户在配置文件中启用相关的选项才能实现对应的功能。本章将详细介绍在浮点数和数学计算模块的不同搭配组合下的应用场景、对应的配置操作以及量化评估。

浮点数和 math 数学计算模块是两个相对独立的功能，但数学计算库依赖于对浮点数的支持。通过阅读已经支持浮点数和 math 数学计算模块的移植项目(stm32)源码，发现这两个功能是同时启用的，分别通过在 py/mpconfig. h 文件中定义、在 ports/stm32/

mpconfigport.h文件中配置的MICROPY_FLOAT_IMPL/MICROPY_PY_BUILTINS_FLOAT和MICROPY_PY_MATH这两个功能选项控制。但在实际调试过程中发现，同时启用它们后，代码空间增大比较多，读者可以在下面看到具体的编译结果。因此，作者又多花了一些工夫，试图对这两个功能做一些裁剪，例如，对于一些应用场景，有可能单独使用浮点数的基本运算，但不需要更多的数学函数支持时，可以仅启用浮点数。

最终通过一些尝试，又发现浮点数支持中的复数支持部分也可以拆分出来，通过MICROPY_PY_BUILTINS_COMPLEX功能选项设定。MICROPY_PY_BUILTINS_COMPLEX在默认配置下，与MICROPY_PY_BUILTINS_FLOAT同开同关，但为了单独查看不支持复数情况下，启用浮点数和math计算模块的情况，我尝试在配置文件mpconfigport.h中显式地关掉它。

现在，大体可以将对浮点数与math数学计算模块的支持分为3个等级。

- LEVEL-2：支持浮点数和math数学计算模块。
- LEVEL-1：支持浮点数，不支持math数学计算模块。
- LEVEL-0：不支持浮点数及math数学计算模块。

本章将对每种情况的应用场景进行分析，并通过实际编译运行，量化评估代码量和对应的功能。

8.2 启用浮点数和math数学计算模块

在本例中，实现对浮点数和math数学计算模块最全的功能(不包含复数)，即LEVEL-2支持。如果芯片的存储空间(主要是片内Flash)足够多，那么建议用户开启所有功能，这样做的好处是，方便支持更多的软件包。本例描述的配置MicroPython的过程也是其他支持等级功能的范本。

8.2.1 在mpconfigport.h文件中添加配置宏

在ports/mm32f3目录下的mpconfigport.h文件中添加所有关于支持浮点数和math模块的配置宏，见代码8-2。

代码8-2 在mpconfigport.h文件中添加宏选项支持浮点数和math模块

```
/* 启用浮点数和数学运算库模块 */
#define MICROPY_PY_BUILTINS_FLOAT        (1) /* 启用浮点数 */
#define MICROPY_PY_BUILTINS_COMPLEX      (0) /* 启用复数 */
#define MICROPY_FLOAT_IMPL         (MICROPY_FLOAT_IMPL_FLOAT) /* 浮点数单精度或双精度 */
#define MICROPY_PY_MATH                  (1) /* 启用 mach 数学运算库 */
#define MICROPY_PY_CMATH                 (0) /* 启用支持复数的 cmath 数学运算库 */
```

实际上，在py目录下的mpconfig.h文件中，已经指定了这些宏开关的默认值，见代码8-3。

代码8-3 mpconfig.h文件中定义的关于浮点数的宏选项

```
...
// 浮点数的支持选项
```

```
#define MICROPY_FLOAT_IMPL_NONE (0)
#define MICROPY_FLOAT_IMPL_FLOAT (1)
#define MICROPY_FLOAT_IMPL_DOUBLE (2)

#ifndef MICROPY_FLOAT_IMPL
#define MICROPY_FLOAT_IMPL (MICROPY_FLOAT_IMPL_NONE)
#endif

#if MICROPY_FLOAT_IMPL == MICROPY_FLOAT_IMPL_FLOAT
#define MICROPY_PY_BUILTINS_FLOAT (1)
#define MICROPY_FLOAT_CONST(x) x##F
#define MICROPY_FLOAT_C_FUN(fun) fun##f
typedef float mp_float_t;
#elif MICROPY_FLOAT_IMPL == MICROPY_FLOAT_IMPL_DOUBLE
#define MICROPY_PY_BUILTINS_FLOAT (1)
#define MICROPY_FLOAT_CONST(x) x
#define MICROPY_FLOAT_C_FUN(fun) fun
typedef double mp_float_t;
#else
#define MICROPY_PY_BUILTINS_FLOAT (0)
#endif

// 复数的支持选项
#ifndef MICROPY_PY_BUILTINS_COMPLEX
#define MICROPY_PY_BUILTINS_COMPLEX (MICROPY_PY_BUILTINS_FLOAT)
#endif
...

// 是否启用 math 模块
#ifndef MICROPY_PY_MATH
#define MICROPY_PY_MATH (1)
#endif
...
// 是否启用 cmath 模块
#ifndef MICROPY_PY_CMATH
#define MICROPY_PY_CMATH (0)
#endif
```

在默认配置下，MICROPY_FLOAT_IMPL 的值为 MICROPY_FLOAT_IMPL_NONE，同时决定了 MICROPY_PY_BUILTINS_FLOAT 的值为 0，即不开启浮点数支持。MICROPY_PY_BUILTINS_COMPLEX 的默认值依赖于 MICROPY_PY_BUILTINS_FLOAT，也不启用。但是 math 默认是开启的，支持针对复数的 cmath 模块没有与 math 同时开启。这说明，浮点数和复数可以不是同开同关。

这里还能看到，MICROPY_FLOAT_IMPL 的值不仅可以指定为 MICROPY_FLOAT_IMPL_FLOAT，还可以指定为 MICROPY_FLOAT_IMPL_DOUBLE，以支持高精度浮点数。

8.2.2 在 Makefile 中补充 math 函数的实现代码

对于没有硬件 FPU 的 CPU(例如,ARM Cortex-M0/M0+/M3),MicroPython 代码包中提供了一系列专为 ARM Cortex-M 内核优化过的软件,用来实现 math.h 中的函数。

以 lib/libm 目录下的 ef_sqrt.c 文件为例,其中就包含浮点数版本的 sqrtf()函数的实现源码。从代码的注释说明来看,MicroPython 的 ef_sqrt.c 文件来自 https://github.com/32bitmicro/newlib-nano-2 项目,这原本也是为适配于 ARM Cortex-M 内核的 CPU 的 gcc-arm-none-eabi 编译器开发的开源 C 库 libc 的一部分,见代码 8-4。

代码 8-4 ef_sqrt.c 文件

```
/*
 * This file is part of the MicroPython project, http://micropython.org/
 *
 * These math functions are taken from newlib-nano-2, the newlib/libm/math
 * directory, available from https://github.com/32bitmicro/newlib-nano-2.
 *
 * Appropriate copyright headers are reproduced below.
 */

/* ef_sqrtf.c -- float version of e_sqrt.c.
 * Conversion to float by Ian Lance Taylor, Cygnus Support, ian@cygnus.com.
 */

/*
 * ====================================================
 * Copyright (C) 1993 by Sun Microsystems, Inc. All rights reserved.
 *
 * Developed at SunPro, a Sun Microsystems, Inc. business.
 * Permission to use, copy, modify, and distribute this
 * software is freely granted, provided that this notice
 * is preserved.
 * ====================================================
 */

#include "fdlibm.h"

#ifdef __STDC__
static  const float  one = 1.0f, tiny=1.0e-30f;
#else
static  float  one = 1.0f, tiny=1.0e-30f;
#endif

// sqrtf is exactly __ieee754_sqrtf when _IEEE_LIBM defined
float sqrtf(float x)
/*
#ifdef __STDC__
    float __ieee754_sqrtf(float x)
```

```
#else
    float __ieee754_sqrtf(x)
    float x;
#endif
*/
{
    float z;
    __uint32_t r,hx;
    __int32_t ix,s,q,m,t,i;

    GET_FLOAT_WORD(ix,x);
    hx = ix&0x7fffffff;
...
}
```

这些专为 ARM Cortex-M 内核实现的数学函数的源码文件都位于 lib/libm 目录下，当启用 math 模块时，需要将它们都添加到 Makefile 中参与编译，见代码 8-5。

代码 8-5　更新 Makefile 集成 math 模块

```
# to enable floating point number and math, with no double FPU, only for single point FPU.
SRC_LIBM_C += $(addprefix lib/libm/,\
    math.c \
    acoshf.c \
    asinfacosf.c \
    asinhf.c \
    atan2f.c \
    atanf.c \
    atanhf.c \
    ef_rem_pio2.c \
    erf_lgamma.c \
    fmodf.c \
    kf_cos.c \
    kf_rem_pio2.c \
    kf_sin.c \
    kf_tan.c \
    log1pf.c \
    nearbyintf.c \
    roundf.c \
    sf_cos.c \
    sf_erf.c \
    sf_frexp.c \
    sf_ldexp.c \
    sf_modf.c \
    sf_sin.c \
    sf_tan.c \
    wf_lgamma.c \
    wf_tgamma.c \
    ef_sqrt.c \
```

```
    )
# SRC_LIBM_C += lib/libm/ef_sqrt.c # for single ponit with no hardware fpu.
...
SRC_C += \
    main.c \
    modmachine.c \
    ...
    $(SRC_LIBM_C) \
```

重新编译工程并将更新后的 MicroPython 固件下载到开发板上，再次试用浮点数和 math 模块，就可以正常使用了，见代码 8-6。

代码 8-6　试用浮点数和 math 模块

```
MicroPython v1.16 on 2022-01-25; PLUS-F3270 with MM32F3273G9P
>>> a=1.1
>>> a
1.1
>>> import math
>>> dir(math)
['__name__', 'pow', 'acos', 'asin', 'atan', 'atan2', 'ceil', 'copysign', 'cos', 'degrees', 'e',
'exp', 'fabs', 'floor', 'fmod', 'frexp', 'isfinite', 'isinf', 'isnan', 'ldexp', 'log', 'modf',
'pi', 'radians', 'sin', 'sqrt', 'tan', 'trunc']
>>> a=1.1
>>> math.sin(a)
0.8912073
>>>
```

8.3 仅启用浮点数但不启用 math 数学计算模块

在早期调试浮点数的功能时，我曾经在未加入这些数学函数源码的情况下，仅启用浮点数的功能选项，编译工程，但会报错，编译器提示缺少 powf()、fmodf()、floorf()、nearbyintf()等函数的定义，这些函数的定义分别位于 lib/libm 目录下的 math.c、fmodf.c、nearbyintf.c 文件中，math.c 中的 powf()函数引用了 sqrtf()函数位于 ef_sqrt.c 文件中。所以至少要把这 4 个文件加到 Makefile 中才能保证编译通过，见代码 8-7。

代码 8-7　更新 Makefile 支持部分 math 功能

```
SRC_LIBM_C += $(addprefix lib/libm/,\
    math.c \
    fmodf.c \
    nearbyintf.c \
    ef_sqrt.c \
    )
```

但实际上，无论是否启用 math，仍然建议把所有 math 相关文件都加到 Makefile 中，即使部分源码在一些组合选项下不会被实际用到，也仅仅多花了一点编译的时间，不会影响最终固件文件的大小。这样，当需要启动或者关闭 math 功能的时候，只要在 mpconfigport.h 文件中切换功能开关即可，就不用再专门修改 Makefile 了。少一步操作，就少一点出错的风险。

为了观察仅启用浮点数但不启用 math 数学计算模块的情况，在 mpconfigport.h 文件中调整了配置，见代码 8-8。

代码 8-8　在 mpconfigport.h 文件中调整宏开关仅启用浮点数

```
/* enable (floating point numbe & math) || (complex number && cmath). */
#define MICROPY_PY_BUILTINS_FLOAT          (1) /* 启用浮点数 */
#define MICROPY_PY_BUILTINS_COMPLEX        (0) /* 停用复数 */
#define MICROPY_FLOAT_IMPL          (MICROPY_FLOAT_IMPL_FLOAT) /* 使用单精度浮点数 */
#define MICROPY_PY_MATH                    (0) /* 停用 math */
#define MICROPY_PY_CMATH                   (0) /* 停用 cmath */
```

编译工程，将之下载到开发板上运行，见代码 8-9。

代码 8-9　在 REPL 中试用浮点数和 math 模块

```
MicroPython v1.16 on 2022-01-25; PLUS-F3270 with MM32F3273G9P
>>> a = 1.1
>>> a
1.1
>>> import math
Traceback (most recent call last):
  File "<stdin>", line 1, in <module>
ImportError: module not found
>>>
```

从代码 8-9 执行命令的情况中可以看出，此时可以 MicroPython 可以支持单精度浮点数，但已经不再支持 math 数学计算库了。

虽然裁剪掉 math 模块可以节约大约 8KB 的存储空间，但并不建议这么做。使用浮点数的意义就在于能够参与更高精度的计算，能够用非线性函数表现更细腻的映射关系。在实际应用中，可以不用浮点数，在微控制器平台上仅使用整数也可以满足绝大多数的应用需求；如果要用浮点数，就带着 math 模块一起，充分利用浮点数的优势，也别再顾忌这多出来的 8KB 存储空间。

8.4　启用复数及 cmath 复数计算模块

复数的数学计算模块 cmath 的模块的定义位于 py/modcmath.c 文件中，在文件一开始的位置就约束了启用 cmath 模块的条件，MICROPY_PY_BUILTINS_FLOAT、MICROPY_PY_BUILTINS_COMPLEX 和 MICROPY_PY_CMATH 同时启用。mp_module_cmath_globals_table[]中定义了 cmath 能够支持的所有复数数学计算函数，见代码 8-10。

代码 8-10　modcmath.c 文件中定义的 mp_module_cmath_globals_table[]

```
#if MICROPY_PY_BUILTINS_FLOAT && MICROPY_PY_BUILTINS_COMPLEX && MICROPY_PY_CMATH
...
STATIC const mp_rom_map_elem_t mp_module_cmath_globals_table[] = {
    { MP_ROM_QSTR(MP_QSTR___name__), MP_ROM_QSTR(MP_QSTR_cmath) },
    { MP_ROM_QSTR(MP_QSTR_e), mp_const_float_e },
    { MP_ROM_QSTR(MP_QSTR_pi), mp_const_float_pi },
    { MP_ROM_QSTR(MP_QSTR_phase), MP_ROM_PTR(&mp_cmath_phase_obj) },
    { MP_ROM_QSTR(MP_QSTR_polar), MP_ROM_PTR(&mp_cmath_polar_obj) },
    { MP_ROM_QSTR(MP_QSTR_rect), MP_ROM_PTR(&mp_cmath_rect_obj) },
    { MP_ROM_QSTR(MP_QSTR_exp), MP_ROM_PTR(&mp_cmath_exp_obj) },
    { MP_ROM_QSTR(MP_QSTR_log), MP_ROM_PTR(&mp_cmath_log_obj) },
    ...
};
```

在 py/objmodule.c 文件中，指定将 cmath 模块包含在 MicroPython 的内建模块清单中，见代码 8-11。

代码 8-11　objmodule.c 文件中指定 cmath 为内建模块

```
// Global module table and related functions

STATIC const mp_rom_map_elem_t mp_builtin_module_table[] = {
    { MP_ROM_QSTR(MP_QSTR___main__), MP_ROM_PTR(&mp_module___main__) },
    { MP_ROM_QSTR(MP_QSTR_builtins), MP_ROM_PTR(&mp_module_builtins) },
    { MP_ROM_QSTR(MP_QSTR_micropython), MP_ROM_PTR(&mp_module_micropython) },
    #if MICROPY_PY_BUILTINS_FLOAT
    #if MICROPY_PY_MATH
    { MP_ROM_QSTR(MP_QSTR_math), MP_ROM_PTR(&mp_module_math) },
    #endif
    #if MICROPY_PY_BUILTINS_COMPLEX && MICROPY_PY_CMATH
    { MP_ROM_QSTR(MP_QSTR_cmath), MP_ROM_PTR(&mp_module_cmath) },
    #endif
    #endif
```

为了在 MicroPython 中启用 cmath 功能，在 ports/mm32f3 目录下，配置 mpconfigport.h 文件中的功能开关启用浮点数和 math，以及复数和 cmath，见代码 8-12。

代码 8-12　在 mpconfigport.h 文件中启用复数和 cmath 模块

```
#define MICROPY_PY_BUILTINS_FLOAT           (1) /* 启用浮点数 */
#define MICROPY_PY_BUILTINS_COMPLEX         (1) /* 启用复数 */
#define MICROPY_FLOAT_IMPL          (MICROPY_FLOAT_IMPL_FLOAT) /* 使用单精度浮点数 */
#define MICROPY_PY_MATH                     (1) /* 启用 math */
#define MICROPY_PY_CMATH                    (1) /* 启用 cmath */
```

编译工程，下载到开发板上运行，见代码 8-13。

代码 8-13 在 REPL 中试用复数和 cmath 模块

```
MicroPython v1.16 on 2022-01-25; PLUS-F3270 with MM32F3273G9P
>>> import cmath
>>> dir(cmath)
['__name__', 'cos', 'e', 'exp', 'log', 'phase', 'pi', 'polar', 'rect', 'sin', 'sqrt']
>>> a = 1 + 2j
>>> a
(1 + 2j)
>>> cmath.phase(a)
1.107149
>>>
```

从代码 8-13 执行命令的情况中可以看出，此时可以 MicroPython 可以支持复数，并且支持复数的数学与计算库 cmath。

8.5 实验

8.5.1 支持新功能产生代码量变化的统计

通过 armgcc 的 arm-none-eabi-size 命令，可以查看在不同配置下 MicroPython 固件对存储空间占用情况，见表 8-1。

表 8-1 浮点数与数学计算模块的存储开销

	float	math	complex	cmath	text	data	bss	Flash 容量	RAM 容量	二进制增量
LEVEL-2	yes	yes	yes	yes	132 456	576	2984	133 032	3560	3260
LEVEL-2	yes	yes	no	no	129 196	576	2984	129 772	3560	7944
LEVEL-1	yes	no	no	no	121 252	576	2984	121 828	3560	9736
LEVEL-0	no	no	no	no	111 516	576	2984	112 092	3560	—

从表 8-1 中可以看出，在对浮点数的支持从无到有的阶段，固件文件存储开销的增量是最大的，超过了 9KB，随着逐渐增加功能，添加 math 模块到支持复数的表示及计算，增量越来越小。所以，从“性价比”的角度上看，要么不用浮点数，要么就用全。在实测用例中，最全功能相对于最少功能的固件文件，总共增量在 20KB 左右，增幅 18.68%。

8.5.2 使用 math 模块进行计算

可以在 MicroPython 中进行浮点数的运算。本例给出了浮点数基本运算的用例，在 REPL 中输入如下算式，可立即得到计算结果，见代码 8-14。

代码 8-14 实验使用 math 模块

```
>>> from math import *
>>> a = 1.7
>>> b = 3.4
```

```
>>> a + b
5.1
>>> a * b
5.78
>>> a ** b
6.074722
>>> exp(a)
5.473948
>>> sin(b)
-0.2555412
>>>
```

可以通过 dir()函数,查看 math 模块支持的所有属性方法,见代码 8-15。

代码 8-15　通过 dir()函数查看 math 模块的属性方法

```
>>> import math
>>> dir(math)
['__name__', 'pow', 'acos', 'asin', 'atan', 'atan2', 'ceil', 'copysign', 'cos', 'degrees', 'e',
'exp', 'fabs', 'floor', 'fmod', 'frexp', 'isfinite', 'isinf', 'isnan', 'ldexp', 'log', 'modf', 'pi',
'radians', 'sin', 'sqrt', 'tan', 'trunc']
>>>
```

8.5.3 使用 cmath 模块进行计算

可以在 MicroPython 中进行浮点数的运算。本例给出了复数基本运算的用例,在 REPL 中输入算式,可立即得到计算结果,见代码 8-16。

代码 8-16　实验试用 cmath 模块

```
>>> from cmath import *
>>> a = 1 + 1j
>>> b = 0.5 - 1j
>>> a + b
(1.5 + 0j)
>>> a * b
(1.5 - 0.5j)
>>> a ** b
(2.60549 + 0.1202649j)
>>> abs(a)
1.414214
>>> phase(a)
0.7853982
>>> exp(a)
(1.468694 + 2.287355j)
>>> log(b)
(0.1115718 - 1.107149j)
>>>
```

可以通过 dir()函数,查看 cmath 模块支持的所有属性方法,见代码 8-17。

代码 8-17 通过 dir()函数查看 cmath 模块的属性方法

```
>>> import cmath
>>> dir(cmath)
['__name__', 'cos', 'e', 'exp', 'log', 'phase', 'pi', 'polar', 'rect', 'sin', 'sqrt']
>>>
```

8.5.4 实现 FFT 计算过程

FFT 运算是信号频谱分析最常用到的算法，针对 MicroPython 所支持的浮点数、复数运算，下面给出了 DIF(时域抽取快速傅里叶变换)递归算法，并且测试了长度为 256 的矩形信号的傅里叶变换。

创建脚本文件 fft_calc.py，编写其中源码，见代码 8-18。

代码 8-18 创建 fft_calc.py 源文件

```
from math import *
from cmath import *

def FFT(P):
    n = len(P)
    if n == 1: return P

    ye = FFT(P[0::2])
    yo = FFT(P[1::2])

    y = [0]*n
    w = exp(-1j*2*pi/n)
    n2 = n//2
    for j in range(n//2):
        wj = w ** j
        yow = [a*wj for a in yo]

        y[j] = ye[j] + yow[j]
        y[j+n2] = ye[j] - yow[j]

    return y

LEN = 256
oneLEN = 10
p1 = [1] * oneLEN + [0] * (LEN - oneLEN)
y = FFT(p1)
yabs = [abs(yy) for yy in y]
print(yabs)
```

将 fft_calc.py 文件存入 SD 卡的文件系统中，然后调用 import 命令执行这个脚本文件，见代码 8-19。

代码 8-19 执行 fft_calc.py 计算 FFT

```
>>> uos.listdir()
['System Volume Information', 'main.py', 'fft_calc.py']
```

```
>>> import fft_calc.py
[10.0, 9.97517, 9.900895, 9.777838, 9.607072, 9.390103, 9.128836, 8.825552, 8.482898,
8.103848, 7.691679, 7.249937, 6.782396, 6.293025, 5.785944, 5.265385, 4.735648, 4.201056,
3.665917, 3.134478, 2.610882, 2.099133, 1.603052, 1.126244, 0.672064, 0.2435851, 0.1564261,
0.5255356, 0.8616611, 1.163087, 1.428479, 1.656888, 1.847759, 2.000919, 2.116586, 2.195351,
2.238167, 2.246329, 2.221461, 2.165483, 2.08059, 1.96922, 1.834023, 1.677828, 1.503605,
1.314431, 1.113455, 0.9038545, 0.6888052, 0.4714402, 0.2548177, 0.04188573, 0.1645496,
0.3618536, 0.5475908, 0.7195493, 0.8757596, 1.014518, 1.134397, 1.234257, 1.313254,
1.370846, 1.406789, 1.421134, 1.414214, 1.386666, 1.339365, 1.273443, 1.190256, 1.09137,
0.9785301, 0.8536346, 0.7187103, 0.5758811, 0.4273379, 0.2753101, 0.1220333, 0.03027992,
0.1794671, 0.3234483, 0.460248, 0.5880249, 0.7050903, 0.8099316, 0.9012283, 0.9778691,
1.038963, 1.083848, 1.1121, 1.12353, 1.11819, 1.096367, 1.058574, 1.005545, 0.9382177,
0.8577236, 0.7653668, 0.6626039, 0.5510257, 0.432332, 0.3083075, 0.1807963, 0.05167642,
0.07716717, 0.2038682, 0.3266045, 0.4436239, 0.5532675, 0.6539917, 0.7443892, 0.8232089,
0.8893699, 0.9419779, 0.9803374, 1.003956, 1.012556, 1.006073, 0.9846593, 0.9486776,
0.898699, 0.8354924, 0.760011, 0.6733827, 0.576894, 0.4719654, 0.3601391, 0.2430533,
0.1224208, 0.0, 0.1224198, 0.2430533, 0.3601391, 0.4719653, 0.5768936, 0.6733835,
0.7600111, 0.8354924, 0.8986997, 0.9486781, 0.9846594, 1.006073, 1.012556, 1.003957,
0.9803378, 0.9419788, 0.8893703, 0.823209, 0.7443897, 0.653992, 0.5532677, 0.4436243,
0.3266048, 0.2038684, 0.07716741, 0.05167619, 0.1807961, 0.3083073, 0.4323315, 0.551025,
0.6626033, 0.7653668, 0.8577241, 0.9382182, 1.005545, 1.058574, 1.096366, 1.118189,
1.123529, 1.112099, 1.083847, 1.038961, 0.9778674, 0.9012262, 0.8099288, 0.7050877,
0.5880218, 0.4602449, 0.3234443, 0.1794629, 0.03027497, 0.1220383, 0.2753156, 0.4273441,
0.5758879, 0.7187173, 0.8536419, 0.9785377, 1.091378, 1.190264, 1.273451, 1.339374,
1.386675, 1.414214, 1.421124, 1.406779, 1.370837, 1.313245, 1.234248, 1.134388, 1.014509,
0.8757509, 0.7195406, 0.5475829, 0.3618463, 0.1645427, 0.04189257, 0.2548237, 0.4714459,
0.6888097, 0.9038591, 1.113459, 1.314435, 1.503608, 1.677831, 1.834026, 1.969222,
2.080592, 2.165484, 2.221462, 2.24633, 2.238166, 2.19535, 2.116585, 2.000918, 1.847759,
1.65689, 1.42848, 1.163088, 0.8616615, 0.5255361, 0.1564267, 0.2435843, 0.6720631,
1.126243, 1.603051, 2.099132, 2.610881, 3.134475, 3.665913, 4.201052, 4.735641, 5.265379,
5.785938, 6.293019, 6.78239, 7.24993, 7.691671, 8.103838, 8.482887, 8.825541, 9.128823,
9.390092, 9.607058, 9.777821, 9.900881, 9.975152]
>>>
```

图 8-1 是将幅度谱绘制出来的频谱波形，可用于验证计算数据的正确性。通过测试可知，在当前 MM32F3270 中的 MicroPython 最多支持长度为 256 的 FFT。长度超过了 256，所以单片机的内存不够了。

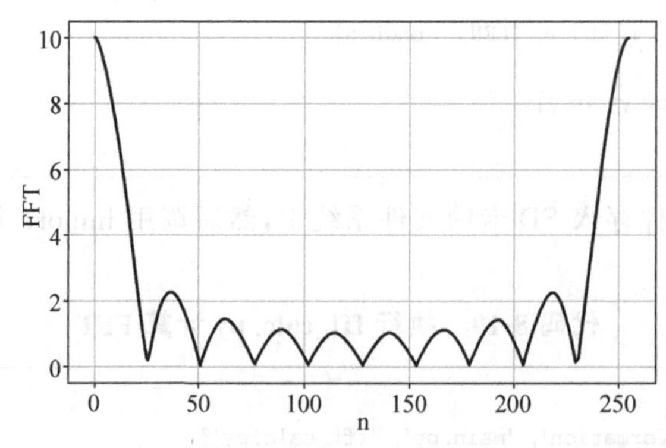

图 8-1 256 长度的矩形信号对应的 FFT 结果的幅度谱

8.6 本章小结

本章描述了向 MicroPython 中增加浮点数和数学计算模块的过程。MicroPython 中本身可以支持浮点数以及数学计算模块 math，甚至可以支持复数和复数的数学计算模块 cmath。MicroPython 代码仓库中自带所有必要的源文件，不需要开发者额外编写代码，但需要人工将它们添加到移植工程中的 Makefile 中。同时，还需要在移植项目中的 mpconfigport.h 文件中配置 5 个宏选项的组合才能启用，包括 MICROPY_PY_BUILTINS_FLOAT、MICROPY_PY_BUILTINS_COMPLEX、MICROPY_FLOAT_IMPL、MICROPY_PY_MATH、MICROPY_PY_CMATH。不同功能的组合对应的存储开销比差别较大，不支持与全支持相差约 20KB。虽然可以挑选其中的部分功能以节约存储开销，但建议的做法是：要么不用，要么全用。

另外，在支持浮点数和 math 模块的过程中，也可以了解到，MicroPython 中已经提供了很多功能模块的软件包，存放于 lib 和 extmod 目录下，可供开发者很方便地添加到自己的移植项目中，这也算是 MicroPython 为开发者放出的“彩蛋”吧。

第 9 章

新建 DAC 类模块

在微控制器的众多硬件外设模块中，DAC 是仅次于 GPIO 的最简单的外设。当需要配置引脚复用功能、启用时钟和进行一些简单的初始化工作时，就可以通过向 DAC 的数据寄存器写数，让 DAC 引脚输出模拟电压信号。因此，在初探 MicroPython 开发的阶段，我也选择使用 DAC 模块作为继 Pin 模块之后最先向 MicroPython 添加的与硬件外设相关的模块。之前，在设计 Pin 模块的探索过程中，已经建立起向 MicroPython 中添加外设类的流程，其中绝大部分分析和开发方法也适用于 DAC 类模块的设计。相对于 Pin 模块，在 DAC 类模块的实例化过程中，除了实现通过引脚名给 DAC 类模块的实例化函数传参，DAC 类模块操作 DAC 的引脚还需要更多的配置信息，建立引脚与 DAC 硬件外设输出信号之间的关联。在设计新建 DAC 类模块的过程中，还需要考虑使用静态预分配存储定义类实例化对象的技术路线下，在可变内存中保存部分动态属性。这些都是设计过程中需要解决的问题。

9.1 分析已有移植项目的范例实现

在 MicroPython 的开发手册关于 machine 类的介绍中（https://docs.micropython.org/en/v1.16/library/machine.html），没有包含关于 DAC 模块的说明，这说明 DAC 模块暂时还没有作为标准模块被官方收录。但是，在 MicroPython 的源码目录中试着搜索 machine_dac.c 文件，可以在 esp32 的移植项目中找到一个 DAC 类模块的实现，在 mm32f3 移植项目中创建 DAC 类模块，就借鉴了其中的设计思路。

在 ports\esp32\machine_dac.c 文件中，定义了一个 DAC 类模块的类型对象 machine_dac_type，其中的 DAC 类模块，除了 make_new()和 print()两个通用的类方法，仅实现了一个 write()的类属性方法，见代码 9-1。

代码 9-1　esp32 项目中实现的 DAC 类模块

```
STATIC const mp_rom_map_elem_t mdac_locals_dict_table[] = {
    { MP_ROM_QSTR(MP_QSTR_write), MP_ROM_PTR(&mdac_write_obj) },
};

STATIC MP_DEFINE_CONST_DICT(mdac_locals_dict, mdac_locals_dict_table);

const mp_obj_type_t machine_dac_type = {
    { &mp_type_type },
```

```
    .name = MP_QSTR_DAC,
    .print = mdac_print,
    .make_new = mdac_make_new,
    .locals_dict = (mp_obj_t)&mdac_locals_dict,
};
```

接下来逐一分析这 3 个方法,并分析它们的实现思路,为后续自行新建 DAC 类模块提供参考。在分析顺序上,此处使用了自底向上的思路,先看功能性的方法的实现,逐渐积累对 DAC 类模块对象的设计需求,最后将所有功能性的需求抽象出来,综合设计模块对象结构体(需要包含哪些字段)和 make_new()函数。从另一个角度考虑,先看简单的具体的用法,再看复杂的抽象的准备工作,逐步适应理解难度,也是一种分析复杂设计的常规思路。

9.1.1 print()方法

当用户在 Python 脚本中直接打印一个 DAC 模块的对象实例时,mdac_print()将被调用输出"DAC(Pin(2))"这样的字符串,其中包含了引脚编号,见代码 9-2。

代码 9-2 esp32 项目中的 mdac_print()函数

```
STATIC void mdac_print(const mp_print_t * print, mp_obj_t self_in, mp_print_kind_t kind) {
    mdac_obj_t * self = self_in;
    mp_printf(print, "DAC(Pin(%u))", self->gpio_id);
}
```

这个引脚的编号定义在 mdac_obj_t 结构体内部,由 mdac_make_new()函数在构造 DAC 类对象时,通过执行 machine_pin_get_id()函数传入。machine_pin_get_id()函数的实现位于 esp32 移植项目中的 machine_pin.c 文件,见代码 9-3。

代码 9-3 esp32 项目中的 machine_pin_get_id()函数

```
typedef struct _machine_pin_obj_t {
    mp_obj_base_t base;
    gpio_num_t id;
} machine_pin_obj_t;

STATIC const machine_pin_obj_t machine_pin_obj[] = {
    {{&machine_pin_type}, GPIO_NUM_0},
    {{&machine_pin_type}, GPIO_NUM_1},
    {{&machine_pin_type}, GPIO_NUM_2},
    {{&machine_pin_type}, GPIO_NUM_3},
    ...
    {{&machine_pin_type}, GPIO_NUM_38},
    {{&machine_pin_type}, GPIO_NUM_39},
    ...
}
...
gpio_num_t machine_pin_get_id(mp_obj_t pin_in) {
    if (mp_obj_get_type(pin_in) != &machine_pin_type) {
```

```
        mp_raise_ValueError(MP_ERROR_TEXT("expecting a pin"));
    }
    machine_pin_obj_t * self = pin_in;
    return self -> id;
}
...
```

从 machine_pin_get_id()函数的实现内容上看,有两个知识点:

- machine_pin_get_id()函数要求传入的参数是一个 Pin 对象,这个参数对应 mdac_make_new() 传入的实例化参数列表中的第一个元素。也就意味着,在使用 esp32 的 DAC 类模块时,必须先实例化一个 Pin 对象,然后把这个 Pin 对象传入 DAC 模块的实例化方法,才能创建一个 DAC 模块的实例对象。
- machine_pin_get_id()函数返回的是 machine_pin_obj_t 结构体中 id 字段的值,这个值是在定义 machine_pin_obj[]数组的时候预先指定的,表示芯片(或板子)上的引脚,以数字命名,而不是另一种字母+数字(例如,PTC12)的组合。

9.1.2 write()方法

mdac_write()函数将在用户使用 esp32 的 DAC 类对象的 write()方法时被调用到,用于向 DAC 模块写数,在对应引脚输出模拟信号,见代码 9-4。

代码 9-4 esp32 项目中 DAC 类模块的 mdac_write()函数

```
STATIC mp_obj_t mdac_write(mp_obj_t self_in, mp_obj_t value_in) {
    mdac_obj_t * self = self_in;
    int value = mp_obj_get_int(value_in);
    if (value < 0 || value > 255) {
        mp_raise_ValueError(MP_ERROR_TEXT("value out of range"));
    }
    esp_err_t err = dac_output_voltage(self -> dac_id, value);
    if (err == ESP_OK) {
        return mp_const_none;
    }
    mp_raise_ValueError(MP_ERROR_TEXT("parameter error"));
}
MP_DEFINE_CONST_FUN_OBJ_2(mdac_write_obj, mdac_write);
```

mdac_write()函数有两个传入参数:第一个是当前调用 write()方法的本对象实例 self_in,第二个是即将要通过 DAC 硬件输出电压的量化值 value_in。mdac_write()函数内部限定 value_in 的有效数值范围为[0, 255],然后用 self-> dac_id 传给 HAL 层驱动函数 dac_output_voltage()实现对底层硬件的控制。

这里总结两个知识点:

- 此处 DAC 模块的输出值是 8 位,也就是 DAC. write()函数只能接收 8 位数作为输入参数。
- self/self_in 是 mdac_obj_t 类型的结构体,mdac_obj_t 中需要一个 dac_id 字段,表示

DAC通道，这个参数是对应于HAL层驱动函数访问底层硬件使用的。接下来可以看到，这个dac_id实际上也是预先指定的，实现预分配mdac_obj_t对象实例同具体硬件的绑定。

9.1.3　make_new()方法与mdac_obj_t结构体

分析类模块属性方法的实现，可以积累对类对象结构体的设计需求，例如，需要mdac_obj_t结构体类型中包含哪些需要的字段，并如何填充它们等。这些需求都需要在定义mdac_obj_t结构体类型mdac_obj_t和构造方法make_new()中实现，见代码9-5。

代码9-5　esp32项目中DAC类模块的make_new()方法

```
typedef struct _mdac_obj_t {
    mp_obj_base_t base;
    gpio_num_t gpio_id;
    dac_channel_t dac_id;
} mdac_obj_t;

STATIC const mdac_obj_t mdac_obj[] = {
    #if CONFIG_IDF_TARGET_ESP32
    {{&machine_dac_type}, GPIO_NUM_25, DAC_CHANNEL_1},
    {{&machine_dac_type}, GPIO_NUM_26, DAC_CHANNEL_2},
    #else
    {{&machine_dac_type}, GPIO_NUM_17, DAC_CHANNEL_1},
    {{&machine_dac_type}, GPIO_NUM_18, DAC_CHANNEL_2},
    #endif
};

STATIC mp_obj_t mdac_make_new(const mp_obj_type_t *type, size_t n_args, size_t n_kw,
    const mp_obj_t *args) {

    mp_arg_check_num(n_args, n_kw, 1, 1, true);
    gpio_num_t pin_id = machine_pin_get_id(args[0]);
    /* 从预定义的DAC对象实例数组中匹配到一个合适的实例提取出来 */
    const mdac_obj_t *self = NULL;
    for (int i = 0; i < MP_ARRAY_SIZE(mdac_obj); i++) {
        if (pin_id == mdac_obj[i].gpio_id) {
            self = &mdac_obj[i];
            break;
        }
    }
    if (!self) {
        mp_raise_ValueError(MP_ERROR_TEXT("invalid Pin for DAC"));
    }
    // 配置DAC硬件输出模拟信号
    esp_err_t err = dac_output_enable(self->dac_id);
    if (err == ESP_OK) {
        err = dac_output_voltage(self->dac_id, 0);
    }
```

```
        if (err == ESP_OK) {
            return MP_OBJ_FROM_PTR(self);
        }
        mp_raise_ValueError(MP_ERROR_TEXT("parameter error"));
    }
```

这里展现了 mdac_obj_t 结构体类型的全貌。其中，表示基本对象类型的 base 是按照 MicroPython 模块类的设计规范定义的，gpio_id 体现了对引脚和 Pin 对象实例进行绑定的需求，dac_id 体现对 DAC 硬件和 HAL 层驱动进行关联的需求。

此处 DAC 类模块的实例化过程中，也采用了以静态预分配存储空间取代动态分配内存的方式，根据具体硬件(芯片或板子)绑定了 DAC 类对象实例。

在 make_new()函数内部：

- 首先检查传入参数列表，限定只有一个参数(标识引脚，必须为 Pin 类对象实例)，没有关键字参数。
- 从传入 Pin 对象实例中提取引脚编号，匹配 DAC 类对象实例列表 mdac_obj[]中的实例，同其中 DAC 类实例绑定的引脚编号进行比较。当找到匹配的 DAC 类实例后，将这个 DAC 类对象实例(mdac_obj_t 结构体类型的常量)返回给用户。
- 进一步通过匹配到的 DAC 类对象实例中的字段操作硬件外设。

图 9-1 展现了 DAC 模块实例化对象时，从查找 DAC 类对象实例到调用 HAL 层驱动函数完成对硬件进行初始化的过程。

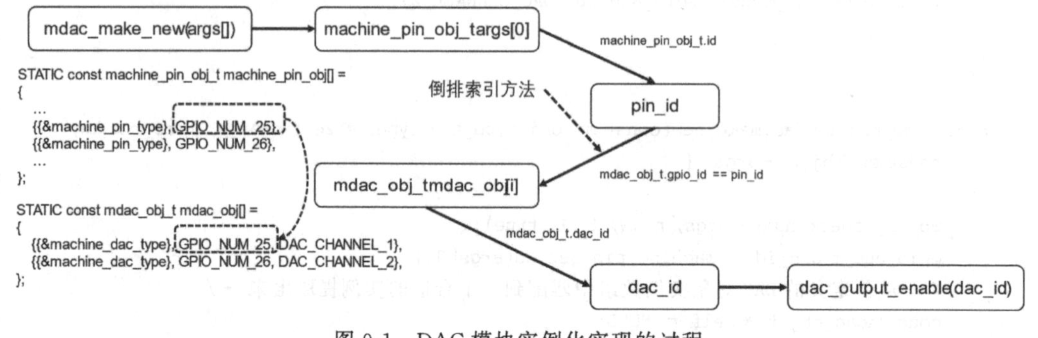

图 9-1 DAC 模块实例化实现的过程

9.2 设计新建 DAC 类模块

9.2.1 一些新需求

通过对 esp32 的 DAC 类模块的分析，可以了解 MicroPython 中 DAC 模块的基本设计思路。相对于 esp32 移植项目中的实现，在新建的 DAC 模块中，有几点改进：

- 实例化 DAC 模块的对象时，不仅可以兼容现有的用 Pin 类实例对象作为传参，也允许直接使用数字编号(DAC 通道编号而非引脚编号)、引脚名字符串等更方便直接的方式标识引脚。

- 在 print() 函数中，打印更多的关于 DAC 类对象的信息，例如，当前 DAC 对象的通道编号、绑定的引脚信息，甚至当前的输出值等。
- 包括 MM32F3 微控制器的大多数 DAC 硬件模块支持更高分辨率的 DAC 输出，至少要扩展到 16 位数。如果实际的硬件不能直接支持 16 位 DAC 输出，应提供可选的初始化参数指定高位对齐或者低位对齐，默认情况下使用高位对齐。
- 希望在初始化 DAC 输出的同时指定初值。

同时，可以看到 esp32 移植项目中 DAC 模块的实现框架同 MicroPython 开发文档中描述的 Pin 模块有一些不同，从而导致了一些功能缺失：

- 未实现 call()方法，通过对象名执行写数的操作。
- 未提供额外的 init() 方法，实例化之后不能重新初始化。在不需要配置额外初始化参数的情况下，确实也没有在实例化对象后重新初始化的必要。

因此，在设计新建的 DAC 类模块时，基于 Pin 类模块的设计框架，借鉴现有 DAC 模块中已经实现的属性方法，适配 MM32F3 微控制器硬件 DAC 模块的 HAL 层驱动程序。在 mm32f3 项目中新建 DAC 类模块的主要实现源代码将位于 ports/mm32f3 目录下的文件 machine_dac. c 和 machine. h 中。

9.2.2 machine_dac_obj_t

首先定义 machine_dac_obj_t 结构体。这个结构体将存放 DAC 模块的所有配置信息：硬件相关的(用于访问 HAL 层驱动程序)、绑定物理引脚、配置(包括初始化配置和运行时配置)等。

但这里遇到了几个问题：

- 目前使用静态分配存储的方式，将预先分配好的类对象实例存放在 Flash 中，此时的类对象实例对应的存储空间是只读不能写的，它们不能用于存放运行时会变化的内容，例如，新增需求中希望在 print()函数中打印的当前输出值，以及可动态调整数据输出对齐方式的配置等。这里的解决方法是，在 machine_dac_obj_t 结构体中定义一个指向 SRAM 区域的指针，将少量需要动态变化的属性存入 SRAM 中。此时，指针的值同 machine_dac_obj_t 结构体对象一同放入 Flash 中，不可改变，但通过这个固定的指针可以找到可读可写的 SRAM，在 SRAM 中的内容动态改变。
- 若希望通过多种方式标识 DAC 实例，比如像 Pin 一样，可以字符串索引找到引脚。并且，在 print()函数中也需要打印引脚名字符串。这需要对 QSTR 进行匹配，到目前为止，还没有找到直接匹配 QSTR 字符串的函数。实际上，在后续开发众多模块的时候，也没有用到这样的函数。这里的解决方法是，借用 Pin 类的 pin_find()函数中使用过的 pin_find_by_name()函数，找到对应的 Pin 对象实例。

综合这些考虑之后，在文件 machine_dac. h 中，最终定义了 machine_dac_obj_t，见代码 9-6。

代码 9-6　machine_dac. h 中定义的 machine_dac_obj_t

```
typedef enum
{
    DAC_ALIGN_LEFT   = 0,            /* 填充较低位 */
```

```
    DAC_ALIGN_RIGHT = 1,            /* 填充较高位 */
} machine_dac_align_t;

/* 存放于可变内存的 DAC 对象配置结构体类型 */
typedef struct
{
    machine_dac_align_t align;
    uint16_t value;                 /* 当前输出值 */
} machine_dac_conf_t;

/* DAC 对象结构体类型 */
typedef struct
{
    mp_obj_base_t base;             /* object base class. */

    /* 绑定的引脚 */
    const machine_pin_obj_t * pin_obj;

    /* 关联的硬件 DAC 转换器 */
    DAC_Type     * dac_port;
    uint32_t     dac_channel;

    /* 存放运行时配置信息 */
    machine_dac_conf_t * conf;
} machine_dac_obj_t;

extern const uint32_t machine_dac_num; /* 在 machine_pin_board_pins.c 文件中指定 */
extern const machine_dac_obj_t * machine_dac_objs[];
extern const mp_obj_type_t machine_dac_type;
```

其中,machine_dac_objs[]数组的定义位于 machine_pin_board_pins.c 文件中,定义了预分配可存放于 Flash 中的 DAC 类对象实例数组,见代码 9-7。

代码 9-7 machine_pin_board_pins.c 文件中定义的 machine_dac_objs[]

```
...
#include "machine_dac.h"
...

/* for DAC pin. */
const uint32_t machine_dac_num = 2u;
machine_dac_conf_t machine_dac_conf[2]; /* 预分配内存 */

const machine_dac_obj_t dac_CH0  = { .base = { &machine_dac_type }, .pin_obj = &pin_PA4,
                                   .dac_port = DAC, .dac_channel = 0u, .conf =
&machine_dac_conf[0] };
const machine_dac_obj_t dac_CH1  = { .base = { &machine_dac_type }, .pin_obj = &pin_PA5,
                                   .dac_port = DAC, .dac_channel = 1u, .conf =
&machine_dac_conf[1] };
```

```
const machine_dac_obj_t * machine_dac_objs[] =
{
    &dac_CH0 ,
    &dac_CH1 ,
};
```

9.2.3　make_new()和 init()

machine_dac_obj_make_new()函数将在用户实例化 DAC 对象时被调用到，它要求在用户传入的参数列表中，除第一个参数作为 DAC 实例标识参数外，其余的参数均为关键字参数，并返回一个 DAC 对象实例返回给调用者，最终返回给用户，见代码 9-8。

代码 9-8　machine_dac.c 文件中的 machine_dac_obj_make_new()函数

```
/* 返回一个 machine_dac_obj_t 类型的 DAC 类对象实例 */
mp_obj_t machine_dac_obj_make_new(const mp_obj_type_t *type, size_t n_args, size_t n_kw,
const mp_obj_t *args)
{
    mp_arg_check_num(n_args, n_kw, 1, MP_OBJ_FUN_ARGS_MAX, true);

    const machine_dac_obj_t *dac = dac_find(args[0]);

    if ( (n_args >= 1) || (n_kw >= 0) )
    {
        mp_map_t kw_args;
        mp_map_init_fixed_table(&kw_args, n_kw, args + n_args);
        machine_dac_obj_init_helper(dac, n_args - 1, args + 1, &kw_args);
    }

    return (mp_obj_t)dac;
}
```

make_new()方法用于创建一个 machine_dac_obj_t 对象，这里实际上从预定义的对象数组中找了一个出来返回给调用者。

在 make_new()方法内部，先对参数列表进行验证。新建 DAC 模块支持多个可选的关键字参数，但至少要保证第一个固定参数为 DAC 对象的标识，可以是一个代表 DAC 输出通道的数字编号，可以是引脚名字符串，可以是一个 Pin 类的对象实例，甚至可以是一个已有的 DAC 类的对象实例。这个多样化类型的参数 args[0] 被传入 dac_find()中，用于在预分配的列表中找出与之匹配的 DAC 对象实例，见代码 9-9。

代码 9-9　machine_dac.c 文件中的 dac_find()函数

```
/* 通过本函数都返回一个期望的 DAC 对象实例 */
const machine_dac_obj_t * dac_find(mp_obj_t user_obj)
{
    /* 如果传入参数本身就是一个 DAC 的实例，则直接送出这个 DAC */
    if ( mp_obj_is_type(user_obj, &machine_dac_type) )
```

```
    {
        return user_obj;
    }

    /* 如果传入参数是一个 DAC 通道号,则通过索引在 DAC 清单中找到这个通道,然后送出这个
通道 */
    if ( mp_obj_is_small_int(user_obj) )
    {
        uint8_t dac_idx = MP_OBJ_SMALL_INT_VALUE(user_obj);
        if ( dac_idx < machine_dac_num )
        {
            return machine_dac_objs[dac_idx];
        }
    }

    /* 如果传入参数本身就是一个 Pin 的实例,则通过倒排查询找到包含这个 Pin 类对象的 DAC
通道 */
    if ( mp_obj_is_type(user_obj, &machine_pin_type) )
    {
        machine_pin_obj_t * pin_obj = (machine_pin_obj_t *)(user_obj);
        for (uint32_t i = 0u; i < machine_dac_num; i++)
        {
            if (   (pin_obj->gpio_port == machine_dac_objs[i]->pin_obj->gpio_port)
                && (pin_obj->gpio_pin  == machine_dac_objs[i]->pin_obj->gpio_pin)  )
            {
                return machine_dac_objs[i];
            }
        }
    }

    /* 如果传入参数是一个字符串,则通过这个字符串在 Pin 清单中匹配引脚名字,用找到的 pin
去匹配预定义 DAC 对象实例绑定的引脚 */
    const machine_pin_obj_t *pin_obj = pin_find_by_name(&machine_pin_board_pins_locals_
dict, user_obj);
    if ( pin_obj )
    {
        for (uint32_t i = 0u; i < machine_dac_num; i++)
        {
            if (   (pin_obj->gpio_port == machine_dac_objs[i]->pin_obj->gpio_port)
                && (pin_obj->gpio_pin  == machine_dac_objs[i]->pin_obj->gpio_pin)  )
            {
                return machine_dac_objs[i];
            }
        }
    }

    mp_raise_ValueError(MP_ERROR_TEXT("DAC doesn't exist"));
}
```

接下来初始化 DAC 硬件外设的工作则交给了 machine_dac_obj_init_helper()函数，见代码 9-10。

代码 9-10 machine_dac.c 文件中的 machine_dac_obj_init_helper()函数

```
/* 参数清单 */
typedef enum
{
    DAC_INIT_ARG_ALIGN = 0,
    DAC_INIT_ARG_VALUE,
} machine_dac_init_arg_t;

STATIC mp_obj_t machine_dac_obj_init_helper (
    const machine_dac_obj_t * self,    /* machine_dac_obj_t 类型的变量,包含硬件信息 */
    size_t n_args,                     /* 位置参数数量 */
    const mp_obj_t * pos_args,         /* 位置参数清单 */
    mp_map_t * kw_args )               /* 关键字参数清单结构体 */
{
    /* 解析参数 */
    static const mp_arg_t allowed_args[] =
    {
        [DAC_INIT_ARG_ALIGN] { MP_QSTR_align , MP_ARG_KW_ONLY | MP_ARG_INT, {.u_int = 0} },
        [DAC_INIT_ARG_VALUE] { MP_QSTR_value , MP_ARG_KW_ONLY | MP_ARG_INT, {.u_int = 0} },
    };
    mp_arg_val_t args[MP_ARRAY_SIZE(allowed_args)];
    mp_arg_parse_all(n_args, pos_args, kw_args, MP_ARRAY_SIZE(allowed_args), allowed_args,
args);

    /* 配置引脚 */
    GPIO_Init_Type gpio_init;
    gpio_init.Speed = GPIO_Speed_50MHz;
    gpio_init.Pins = ( 1u << (self->pin_obj->gpio_pin) );
    gpio_init.PinMode = GPIO_PinMode_In_Analog;
    GPIO_Init(self->pin_obj->gpio_port, &gpio_init);

    /* 配置 DAC 转换器 */
    DAC_Init_Type dac_init;
    dac_init.EnableOutBuf = false;
    dac_init.TrgSource = DAC_TrgSource_None;
    DAC_Init(self->dac_port, self->dac_channel, &dac_init);
    DAC_Enable(self->dac_port, self->dac_channel, true);

    /* 记录 DAC 转换器当前的工作模式 */
    self->conf->align = args[DAC_INIT_ARG_ALIGN].u_int;
    self->conf->value = args[DAC_INIT_ARG_VALUE].u_int;
    DAC_PutData(self->dac_port, self->dac_channel, self->conf->value,
                (self->conf->align == DAC_ALIGN_LEFT) ? DAC_Align_12b_Right :
DAC_Align_12b_Left);

    return mp_const_none;
}
```

这个 machine_dac_obj_init_helper() 函数将在 machine_dac_init()函数中被再次调用。

machine_dac_init()函数内部调用 machine_dac_obj_init_helper()函数，可以在实例化DAC 类对象后，重新对 DAC 硬件外设进行初始化、变更配置等。machine_dac_init()函数将绑定到 DAC 模块的 init() 方法，接收参数列表同实例化方法相似，但不包含第一个标识实例的参数，见代码 9-11。

代码 9-11 machine_dac.c 文件中的 machine_dac_init()函数

```
/* dac.init(). */
STATIC mp_obj_t machine_dac_init(size_t n_args, const mp_obj_t *args, mp_map_t *kw_args)
{
    /* args[0] is machine_dac_obj_t. */
    return machine_dac_obj_init_helper(args[0], n_args - 1, args + 1, kw_args);
}
MP_DEFINE_CONST_FUN_OBJ_KW(machine_dac_init_obj, 1, machine_dac_init);
```

9.2.4 write_u16()

machine_dac_write_u16()函数将在用户使用 write_u16()方法时被调用，用于向 DAC 写入输出模拟电压的值，见代码 9-12。

代码 9-12 machine_dac.c 文件中的 machine_dac_write_u16()函数

```
/* dac.write_u16(). */
STATIC mp_obj_t machine_dac_write_u16(mp_obj_t self_in, mp_obj_t value_in)
{
    /* self_in is machine_pin_obj_t. */
    machine_dac_obj_t * self = (machine_dac_obj_t *)self_in;

    self->conf->value = mp_obj_get_int(value_in);
    DAC_PutData(self->dac_port, self->dac_channel, self->conf->value,
                (self->conf->align == DAC_ALIGN_LEFT) ? DAC_Align_12b_Right :
DAC_Align_12b_Left);

    return mp_const_none;
}
STATIC MP_DEFINE_CONST_FUN_OBJ_2(machine_dac_write_u16_obj, machine_dac_write_u16);
```

machine_dac_write_u16()函数内部调用 DAC 硬件外设模块的驱动函数，向硬件写入DAC 输出电压值。用户传入的值限定为一个 16 位的无符号整型数，但实际 DAC 硬件外设输出的值，还依赖于之前在实例化或者初始化函数中指定的是高位对齐还是低位对齐。

9.2.5 call()

machine_dac_obj_call()函数将在用户使用类对象名方法时被调用，可用于向 DAC 写入输出模拟电压的值，也可以读回当前正在输出的值，见代码 9-13。

代码 9-13 machine_dac.c 文件中的 machine_dac_obj_call()函数

```
/* dac0(output_val) */
STATIC mp_obj_t machine_dac_obj_call(mp_obj_t self_in, mp_uint_t n_args, mp_uint_t n_kw,
const mp_obj_t *args)
{
    /* self_in is machine_dac_obj_t. */
    mp_arg_check_num(n_args, n_kw, 0, 1, false);
    machine_pin_obj_t *self = self_in;

    if ( n_args == 0 )          /* 读数 */
    {
        return MP_OBJ_NEW_SMALL_INT(self->conf->value);
    }
    else                        /* 写数 */
    {
        return machine_dac_write_u16(self_in, args[0]);
    }
}
```

machine_dac_obj_call()函数将被注册为 DAC 模块的__call()函数。

9.2.6 print()

machine_dac_obj_print()函数将在用户使用 print()方法时被调用，可用于打印当前 DAC 实例的信息，包括 DAC 通道号、引脚号以及当前的输出值，见代码 9-14。

代码 9-14 machine_dac.c 文件中的 machine_dac_obj_print()函数

```
STATIC void machine_dac_obj_print(const mp_print_t *print, mp_obj_t o, mp_print_kind_t kind)
{
    /* o is the machine_pin_obj_t. */
    (void)kind;
    const machine_dac_obj_t *self = MP_OBJ_TO_PTR(o);
    mp_printf(print, "DAC(%d):%d, on Pin(%s)", self->dac_channel, self->conf->value,
qstr_str(self->pin_obj->name));
}
```

machine_dac_obj_print()函数将被注册为 DAC 模块的__print() 函数。

9.2.7 machine_dac_type

最终，将之前设计实现的 DAC 类模块的方法封装在一起，创建 DAC 类模块类型 machine_dac_type，见代码 9-15。

代码 9-15 machine_dac.c 文件中定义的 machine_dac_type 类型实例

```
/* class locals_dict_table. */
STATIC const mp_rom_map_elem_t machine_dac_locals_dict_table[] =
{
```

```
    /* 类属性方法 */
    { MP_ROM_QSTR(MP_QSTR_write_u16  ),  MP_ROM_PTR(&machine_dac_write_u16_obj) },
    { MP_ROM_QSTR(MP_QSTR_init       ),  MP_ROM_PTR(&machine_dac_init_obj      ) },

    /* 类属性常量 */
    { MP_ROM_QSTR(MP_QSTR_ALIGN_LEFT ),  MP_ROM_INT(DAC_ALIGN_LEFT                ) },
    { MP_ROM_QSTR(MP_QSTR_ALIGN_RIGHT),  MP_ROM_INT(DAC_ALIGN_RIGHT               ) },
};
STATIC MP_DEFINE_CONST_DICT(machine_dac_locals_dict, machine_dac_locals_dict_table);

const mp_obj_type_t machine_dac_type =
{
    { &mp_type_type },
    .name        = MP_QSTR_DAC,
    .print       = machine_dac_obj_print,  /* __repr__(), 执行 print(<ClassName>)时调用 */
    .call        = machine_dac_obj_call, /* __call__(), 执行<ClassName>()时调用 */
    .make_new    = machine_dac_obj_make_new, /* 创建实例方法 */
    .locals_dict = (mp_obj_dict_t *)&machine_dac_locals_dict,
};
```

按照惯例，machine_dac_type 将作为 DAC 类模块的类型对象注册到 machine 模块中。

9.2.8 向 MicroPython 中添加新建 DAC 类模块

新建 DAC 类模块的主要代码主要位于文件 machine_dac.c 和 machine_dac.h 中。machine_dac_objs[]数组中的元素同具体的板子相关，它引用了板子上的引脚，存放于 ports/mm32f3/boards/plus-f3270 目录下的 machine_pin_board_pins.c 文件中。

另外，需要在 modmachine.c 文件中将 DAC 类模块注册到 machine 模块内部，见代码 9-16。

代码 9-16 向 machine 类注册 DAC 子类

```
extern const mp_obj_type_t machine_pin_type;
extern const mp_obj_type_t machine_sdcard_type;
extern const mp_obj_type_t machine_dac_type;
...
STATIC const mp_rom_map_elem_t machine_module_globals_table[] = {
    { MP_ROM_QSTR(MP_QSTR___name__),         MP_ROM_QSTR(MP_QSTR_umachine) },
    { MP_ROM_QSTR(MP_QSTR_reset),            MP_ROM_PTR(&machine_reset_obj) },
    { MP_ROM_QSTR(MP_QSTR_freq),             MP_ROM_PTR(&machine_freq_obj) },
    { MP_ROM_QSTR(MP_QSTR_mem8),             MP_ROM_PTR(&machine_mem8_obj) },
    { MP_ROM_QSTR(MP_QSTR_mem16),            MP_ROM_PTR(&machine_mem16_obj) },
    { MP_ROM_QSTR(MP_QSTR_mem32),            MP_ROM_PTR(&machine_mem32_obj) },
    { MP_ROM_QSTR(MP_QSTR_Pin),              MP_ROM_PTR(&machine_pin_type) },
    { MP_ROM_QSTR(MP_QSTR_SDCard),           MP_ROM_PTR(&machine_sdcard_type) },
    { MP_ROM_QSTR(MP_QSTR_DAC),              MP_ROM_PTR(&machine_dac_type) },
};
...
```

更新 Makefile，添加文件 machine_dac.c 和 machine_dac.h，以及确保 DAC 外设模块的驱动程序被包含在项目中，见代码 9-17。

代码 9-17 更新 Makefile 集成 DAC 类模块

```
...
# source files.
SRC_HAL_MM32_C += \
    $(MCU_DIR)/devices/$(CMSIS_MCU)/system_$(CMSIS_MCU).c \
    $(MCU_DIR)/drivers/hal_rcc.c \
    $(MCU_DIR)/drivers/hal_gpio.c \
    $(MCU_DIR)/drivers/hal_uart.c \
    $(MCU_DIR)/drivers/hal_sdio.c \
    $(MCU_DIR)/drivers/hal_dac.c \
...
SRC_C += \
    main.c \
    modmachine.c \
    machine_pin.c \
    machine_sdcard.c \
    machine_dac.c \
    mphalport.c \
    ...
    $(SRC_HAL_MM32_C) \
...
# list of sources for qstr extraction
SRC_QSTR += modmachine.c \
            modutime.c \
            moduos.c \
            machine_pin.c \
            machine_sdcard.c \
            machine_dac.c \
            $(BOARD_DIR)/machine_pin_board_pins.c \
...
```

需要特别注意的是，要在 board_init.c 中启用 DAC 硬件外设的时钟，确保 HAL 层的驱动能够访问到 DAC 外设，见代码 9-18。

代码 9-18 在 board_init.c 中启用 DAC 硬件外设的时钟

```
void BOARD_InitBootClocks(void)
{
    ...
    /* DAC. */
    RCC_EnableAPB1Periphs(RCC_APB1_PERIPH_DAC, true);
    RCC_ResetAPB1Periphs(RCC_APB1_PERIPH_DAC);
}
```

9.3 实验

9.3.1 使用 DAC 类模块在引脚上输出模拟电压

在 MM32F3270 单片机中，DAC 通道有两路输出，对应的端口分别为 DAC0（PA4）和 DAC1（PA5）。

在 REPL 输入如下命令，可以查看到 DAC0 对应的资源和 DAC 类模块支持的属性方法，见代码 9-19。

代码 9-19　在 REPL 中使用 DAC 类模块

```
>>> from machine import DAC
>>> dir(DAC)
['ALIGN_LEFT', 'ALIGN_RIGHT', 'init', 'write_u16']
>>> dac0 = DAC(0, align = DAC.ALIGN_LEFT, value = 100)
>>> print(dac0)
DAC(0):100, on Pin(PA4)
>>> dac0.write_u16(200)
>>> print(dac0)
DAC(0):200, on Pin(PA4)
>>> dac0(300)
>>> print(dac0)
DAC(0):300, on Pin(PA4)
>>>
```

在执行脚本的同时，使用万用表测量开发板上的 PA4 引脚，也可以测量到相应的电压输出值。

9.3.2 使用 DAC 输出正弦波形

编写可在两个 DAC 通道产生相位相反的正弦波的代码，见代码 9-20。

代码 9-20　创建 dac_wave.py 文件

```
from machine import DAC
from math import *

dac0 = DAC(0)
dac1 = DAC(1)
print('Test DAC ...')

angle = [int((sin(i * pi * 2 / 100) + 1.0)/2 * 0x6000 + 0x2000) for i in range(100)]

while True:
    for a in angle:
        dac0.write_u16(a)
        dac1.write_u16(0xa000 - a)
```

将代码保存至 dac_wave.py 文件，再将 dac_wave.py 文件转存至 SD 卡文件系统中，用 import 的方法执行这个脚本文件，见代码 9-21。

代码 9-21　在 REPL 中执行 dac_wave.py

```
>>> uos.listdir()
['System Volume Information', 'main.py', 'dac_wave.py']
>>> import dac_wave.py
```

通过示波器接入开发板的 PA4 和 PA5 引脚，可以观察到 MicroPython 输出的正弦波形，如图 9-2 所示。

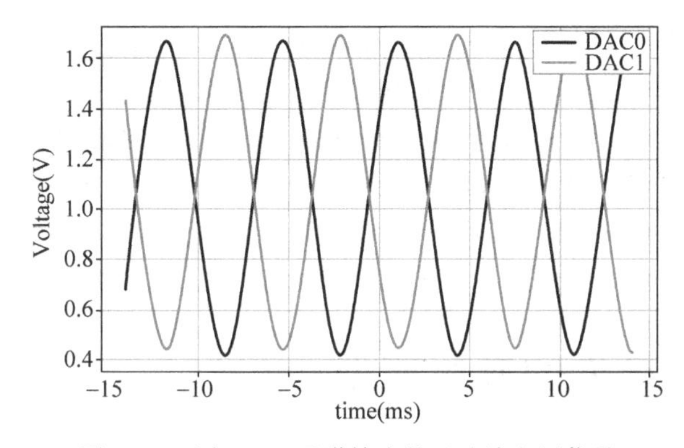

图 9-2　两个 DAC 通道输出的正弦波电压信号

9.4　本章小结

本章以 MicroPython 已有项目 esp32 的 DAC 类模块的实现作为范例，分析了 DAC 类模块的属性方法的接口，并借鉴了它们的实现过程。之后，详细描述了基于 MM32F3 微控制器在 MicroPython 上新建 DAC 类模块的完成过程。特别实现多种传参的实例化方式，通过 DAC 通道号或者具有 DAC 复用功能引脚名等方式，都可以找到 DAC 引脚。作为范例，这种做法在设计实现后续的硬件外设相关的模块的过程中将被经常用到。

第 10 章

新建 ADC 类模块

ADC 是一种多通道复用同一转换器的硬件外设模块。对应在 MicroPython 上，将各转换通道作为一个独立的实例对象，需要考虑设计一种机制，让共用同一个转换器的多个转换通道实例共享配置。同时，从 ADC 转换器看，ADC 为各转换通道的服务过程也不是并行执行，需要按序逐个转换才能分别得到各自通道的转换结果。在 MicroPython 中设计 ADC 类模块，需要尽量消除共享 ADC 转换器产生的耦合性，让 ADC 通道可以作为独立实例呈现给用户，这将会成为在 MicroPython 中实际设计和实现 ADC 类模块的主要任务。

10.1 ADC 类模块的应用模型

MicroPython 的开发文档中描述了 machine 模块下 ADC 类模块的应用模型，执行单端采样(相对于差分采样模式)，将采样电压值转换成 16 位无符号数返回给用户，见代码 10-1。

代码 10-1 在 MicroPython 中使用 ADC 类模块

```
from machine import ADC

adc = ADC(pin)          # 创建一个 ADC 类对象并绑定到给定的引脚上
val = adc.read_u16()    # 通过 ADC 类对象实例读取 ADC 转换值，有效值区间为[0,65535]
```

ADC 类模块的实例化方法 ADC()可以接收 1 个通道号、引脚对象或者其他数字值作为索引 ADC 通道的参数。ADC 类模块的属性方法 read_u16()返回 1 个 16 位无符号数以表示 ADC 转换结果，最小值是 0，最大值是 65 535。

10.2 ADC 硬件外设模块

为了实现 MicroPython 开发手册中约定的用户应用接口，此处先结合 ADC 硬件的工作机制，分析新建 ADC 类模块内部的工作过程。

ADC 硬件外设模块需要通过有效的触发才能启动转换，但 ADC 类模块的用户应用接口中并没有给出设定触发信号的机制。ADC 类模块要求每次调用 read_u16()方法时，必须能返回有效的结果。初看起来，此处像是要实现无触发转换，但实际上，是要使用一些“隐藏”的触发机制。为了让软件结构简单清晰，作者没有使用外部硬件资源，例如，定时器，而是在 ADC 硬件外设模块内部寻找可用的触发方法。

10.2.1 关于 ADC 硬件转换器的触发机制

在 ADC 硬件外设模块内部可能存在 3 种触发机制：

(1) 软件控制的位触发。在 ADC 模块内部，可能会设计 1 个只写的寄存器位，向这个命令寄存器位中进行写 1 的操作，以触发一次指定通道的 ADC 转换。在这种情况下，还需要设计专门的寄存器字段来保存将要转换的通道号。作者还用过一种 ADC 的设计方法，即在未启用外部硬件触发（默认使用软件触发）的工作模式中，直接用写转换通道号的操作触发 ADC 转换，这样的用法更简单。无论是通过写命令寄存器位，还是写转换通道寄存器字段，每次执行新的转换之后，都会更新转换结果寄存器中的值，若整个 ADC 模块仅为这个转换器设计唯一的转换结果寄存器，那么这个转换结果寄存器就会被最近一次转换结果的值覆盖。

(2) 连续转换中的读操作触发。在实际应用中，ADC 在某个通道的转换通常是连续执行的，即会在某个通道上持续采样形成数据流。在连续转换的情况下，如果不想每次都重复执行触发操作，就可以启用"连续转换"模式，在有些 ADC 的手册中称之为 Continuous，或者 Burst，意为不间断地转换。在连续转换工作模式下，可以将读本次转换结果的操作绑定到执行下一次转换的触发条件，无缝衔接。在这种工作模式下，除了需要首次触发以获得第一个有效转换值，或者直接读转换结果寄存器丢掉第一次无效的转换值，软件就可以免去人为操作进行触发的动作，在读最近一次转换结果的时候，就自动启动下一次转换。这种应用模式适用于 MicroPython 中 ADC 类模块的实现。但是，每次转换都是在上次读结果寄存器的操作之后启动的，在短时间内 ADC 转换完成，转换结果寄存器中保存当时的转换结果，在软件读走结果之前，ADC 不再进行转换。经过很长一段时间之后，再读转换结果寄存器，也只能得到当时的结果，但这个数据已经严重失效了。

(3) 连续转换中的覆盖式触发。在读操作触发连续转换结果的场景中，实效性的损失主要是由 ADC 转换器停止工作导致的。如果允许一定的数据冗余，比如无论上次转换的结果是否被读走，ADC 转换器都连续工作，那么新的转换结果会直接更新到转换寄存器中。如此，用户将总是可以从 ADC 转换结果寄存器读到最近时间的转换结果。但这样做会让 ADC 转换器时刻都在工作，而 ADC 转换器工作的功耗是比较大的，这就意味着整个系统的待机功耗会高出很多，额外的待机功耗要为无效的 ADC 转换买单。MM32F3 微控制器的 ADC 外设支持这种工作方式，在 MM32F3 微控制器平台的 MicroPython 中，作者实际使用这种方案实现了 ADC 类模块。考虑到 MicroPython 应用对低功耗的要求并不是很显著，因此尽量为用户的应用提供方便。实际上，如果不限定在 MicroPython 内核的软件框架中，可以借助外部定时器，定期触发 ADC 进行连续转换，由硬件定时器确保连续转换的两次转换结果的时间间隔不会超出有效区间。相当于是放缓了连续转换的节奏，牺牲部分时效性以换取耗电量的降低。

后两种工作方式都需要 ADC 硬件外设模块中支持对应功能，有些 ADC 外设硬件可能不会支持，需要根据具体情况使用。软件控制位触发的方式最容易实现，也可以在每次执行 read_u16()方法的时候，先在内部执行一次人为的软件触发，进行 ADC 转换，待得到转换结果之后，再返回给调用者。但作者没有使用这种方式，是因为考虑到这种做法会浪费 CPU 算力，而用户对算力的损耗体会是最直接的。ADC 相对于 CPU，其转换过程比较缓慢，哪怕是高速的 ADC 转换器，通常在 1MSps 左右。微控制器内核执行代码的工作频率通常在 100MHz 以上。如果 CPU 每次读取 ADC 转换值都需要等 100 个周期之后才能进行后续操作，就相当于 CPU 的执行过程慢了 100 倍。ADC 转换器和微控制器内核的工作节奏相互独立，在 ADC 转换器的工作频率不变的情况下，微控制器内核工作的频率越快，浪费的算力就越多。

10.2.2 考虑转换队列的情况

当多个采样通道被同时启用时，每个采样通道的转换结果应该与通道号一一对应，当软件需要读取某个通道的采样结果时，需要拿到该通道的最后一次采样的转换结果。如果多个转换通道共用同一个转换器，那么转换器可能只会向固定的一个转换结果寄存器中写数。此时，可以通过软件分发或者硬件分发的方式，将共用转换器的转换结果分散到与通道对应的存储单元中，以方便用户读取各自通道的转换结果。

- 软件分发。在一些 ADC 硬件外设模块中，ADC 转换器仅输出到一个固定的转换结果寄存器，此时，可由软件专门开辟一个存放转换结果的数组，数组的长度同描述转换通道的转换任务队列长度一致。在 ADC 转换完成中断服务程序中，最近一次的转换结果被从转换结果寄存器中搬运到数组的对应位置，然后从转换任务队列中取出下一个将要转换的通道号，配置到 ADC 转换器中并启动转换，如此周而复始，由软件实现将多个转换通道连接在一起形成转换任务队列，并由软件将转换结果分发到各自对应的转换结果变量中。这个过程主要是将包含转换通道号的命令搬运到触发相关的寄存器，和将转换结果寄存器的值搬运到内存中的数组里，有的 DMA 硬件外设可以帮忙实现，以减轻软件的负载。
- 硬件分发。有一些 ADC 硬件外设模块中，在有限的情况下，实现了软件分发的功能。例如，在 MM32F3 微控制器的 ADC 硬件外设中，就为转换队列专门设计了一组寄存器，包含了若干个可以包含转换通道的转换任务，同时为各任务的转换结果也专门设计了一组寄存器，并且当启用 Burst 模式后，可以自动周而复始地连续执行队列中的转换任务，并自动覆盖各自的转换结果寄存器，而不用等待之前的转换结果被软件读走。

MM32F3 微控制的 ADC 硬件外设模块支持硬件分发，这为软件实现多通道采样缩减了不少代码量。为了充分地利用时效性，作者在基于 MM32F3 微控制器实现 ADC 类模块的时候，也是按需启用软件队列的采样通道，而不是一开始就启用全部的转换通道。当然，如果对时效性没有强制要求，那么直接启用转换队列中可用的全部转换通道也是一种可行的做法。一旦启用转换任务队列中的全部任务，那么在初始化某个单独采样通道的方法中，只要设置该通道绑定的引脚复用功能为 ADC 即可，不用再维护当前哪些通道打开哪些关闭的状态。无论是启用部分通道的转换队列，还是全部转换任务，因为 ADC 转换器始终保持工作状态，所以在耗电情况上没有区别。

10.3 新建 ADC 类模块

10.3.1 machine_adc_obj_t

考虑到每个 ADC 转换器将被多个 ADC 转换通道对象实例复用，需要专门为 ADC 转换器定义结构体 machine_adc_conf_t,用以描述 ADC 转换器的配置属性。machien_adc_conf_t 将在描述 ADC 通道转换对象的结构体 machine_adc_obj_t 中被引用。这样,与 ADC 转换通道绑定的配置信息将存放在 machine_adc_obj_t 结构体变量中,多个 machine_adc_obj_t 结构体变量可以引用同一个 machine_adc_conf_t 类型结构体变量,用以访问所属 ADC 转换器配置属性,见代码 10-2。

代码 10-2 在 machine_adc.h 文件中定义 machine_adc_conf_t 和 machine_adc_obj_j 结构体

```
/* ADC class instance configuration structure. */
typedef struct
{
    uint32_t active_channels;
} machine_adc_conf_t;

typedef struct
{
    mp_obj_base_t base;        // object base class.
    const machine_pin_obj_t * pin_obj;

    ADC_Type     * adc_port;
    uint32_t     adc_channel;
    machine_adc_conf_t * conf;
} machine_adc_obj_t;

extern const machine_adc_obj_t * machine_adc_objs[];
extern const uint32_t            machine_adc_num;
```

在 ports/mm32f3/boards/plus-f3270 目录下的 machine_pin_board_pins.c 文件中预分配了 ADC 转换通道对象、ADC 转换器配置属性的内存,并定义了 ADC 转换通道同 ADC 转换器、ADC 转换通道和引脚的绑定关系。其中,machine_adc_objs[]数组中各通道的索引编号对应于 ADC 对象实例化传参的数值,见代码 10-3。需要特别注意的是,ADC 的通道 14 和通道 15 被连到芯片内部的电压传感器和温度传感器,没有绑定引脚,在此处的设计中,不允许使用引脚作为这两个通道 ADC 类对象的实例标识,仅能使用索引编号实例化这两个对象。

代码 10-3 machine_pin_board_pins.c 文件中预分配 ADC 转换通道对象实例

```
/* for ADC. */
const machine_pin_obj_t pin_NUL = { .base = { &machine_pin_type } };
const uint32_t machine_adc_port_num = 3u;
const uint32_t machine_adc_channel_num_per_port = 16u;
const uint32_t machine_adc_channel_num = machine_adc_port_num * machine_adc_channel_num_
per_port;

machine_adc_conf_t machine_adc_conf[3];
ADC_Type * const machine_adc_port[3] = {ADC1, ADC2, ADC3};
```

```
const machine_adc_obj_t adc_CH0  = { .base = { &machine_adc_type }, .pin_obj = &pin_PA0,
.adc_port = machine_adc_port[0], .adc_channel = 0 , .conf = &machine_adc_conf[0] };
const machine_adc_obj_t adc_CH1  = { .base = { &machine_adc_type }, .pin_obj = &pin_PA1,
.adc_port = machine_adc_port[0], .adc_channel = 1 , .conf = &machine_adc_conf[0] };
...
const machine_adc_obj_t adc_CH13 = { .base = { &machine_adc_type }, .pin_obj = &pin_PC3,
.adc_port = machine_adc_port[0], .adc_channel = 13, .conf = &machine_adc_conf[0] };
const machine_adc_obj_t adc_CH14 = { .base = { &machine_adc_type }, .pin_obj = &pin_NUL,
.adc_port = machine_adc_port[0], .adc_channel = 14, .conf = &machine_adc_conf[0] };
const machine_adc_obj_t adc_CH15 = { .base = { &machine_adc_type }, .pin_obj = &pin_NUL,
.adc_port = machine_adc_port[0], .adc_channel = 15, .conf = &machine_adc_conf[0] };
const machine_adc_obj_t adc_CH16 = { .base = { &machine_adc_type }, .pin_obj = &pin_PA0,
.adc_port = machine_adc_port[1], .adc_channel = 0 , .conf = &machine_adc_conf[1] };
const machine_adc_obj_t adc_CH17 = { .base = { &machine_adc_type }, .pin_obj = &pin_PA1,
.adc_port = machine_adc_port[1], .adc_channel = 1 , .conf = &machine_adc_conf[1] };
...

const machine_adc_obj_t * machine_adc_objs[] =
{
    &adc_CH0 ,
    &adc_CH1 ,
    &adc_CH2 ,
    ...
};
```

从源码中可以看出，这里的多个使用ADC1转换器的ADC通道实例中，使用了同一个machine_adc_conf[0]作为conf字段的内容，表示了这些转换通道同转换器的绑定关系。

10.3.2 make_new()

machine_adc_obj_make_new()函数将在用户实例化ADC对象时被调用，它要求在用户传入的参数列表中，除第一个参数作为ADC实例标识参数外，其余的参数均为关键字参数。该函数内部通过adc_find()函数从预先定义的ADC对象清单中找到一个能够匹配实例标识符的ADC对象实例，然后通过machine_adc_obj_init_helper()函数解析关键字参数清单并完成对ADC硬件外设的初始化，最后将匹配到的ADC对象实例返回给调用者，见代码10-4。

代码10-4 machine_adc.c文件中的machine_adc_obj_make_new()函数

```
/* return an instance of machine_adc_obj_t. */
mp_obj_t machine_adc_obj_make_new(const mp_obj_type_t *type, size_t n_args, size_t n_kw,
const mp_obj_t *args)
{
    mp_arg_check_num(n_args, n_kw, 1, MP_OBJ_FUN_ARGS_MAX, true);

    const machine_adc_obj_t *adc = adc_find(args[0]);

    if ( (n_args >= 1) || (n_kw >= 0) )
```

```
    {
        mp_map_t kw_args;
        mp_map_init_fixed_table(&kw_args, n_kw, args + n_args); /* 将关键字参数从总的参
数列表中提取出来,单独封装成 kw_args */
        machine_adc_obj_init_helper(adc, n_args - 1, args + 1, &kw_args);
    }

    return (mp_obj_t)adc;
}
```

adc_find()函数接收多种实例标识方式的信息,包括 ADC 通道号、端口引脚名、预先实例化的 ADC 对象,甚至是一个预先实例化的可绑定 ADC 通道的 Pin 对象,见代码 10-5。

代码 10-5　machine_adc.c 文件中的 adc_find()函数

```
/* 通过本函数都返回一个期望的 ADC 对象
 * 传入参数可以是:
 * - 一个已经实例化的 ADC 对象
 * - 一个 ADC 清单中的索引编号
 * - 一个可能绑定 ADC 通道的 Pin 对象
 * - 一个可能绑定 ADC 通道的 Pin 字符串
 */
const machine_adc_obj_t * adc_find(mp_obj_t user_obj)
{
    /* 如果传入参数本身就是一个 ADC 的实例,则直接送出这个 ADC */
    if ( mp_obj_is_type(user_obj, &machine_adc_type) )
    {
        return user_obj;
    }

    /* 如果传入参数是一个 ADC 通道号,则通过索引在 ADC 清单中找到这个通道,然后送出这个
通道 */
    if ( mp_obj_is_small_int(user_obj) )
    {
        uint8_t adc_idx = MP_OBJ_SMALL_INT_VALUE(user_obj);
        if ( adc_idx < machine_adc_channel_num )
        {
            return machine_adc_objs[adc_idx];
        }
    }

    /* 如果传入参数本身就是一个 Pin 的实例,则通过倒排查询找到包含这个 Pin 对象的 ADC 通
道 */
    if ( mp_obj_is_type(user_obj, &machine_pin_type) )
    {
        machine_pin_obj_t * pin_obj = (machine_pin_obj_t *)(user_obj);
        for (uint32_t i = 0u; i < machine_adc_channel_num; i++)
        {
            if (   (pin_obj->gpio_port == machine_adc_objs[i]->pin_obj->gpio_port)
```

```
                && (pin_obj -> gpio_pin    == machine_adc_objs[i] -> pin_obj -> gpio_pin)  )
            {
                return machine_adc_objs[i];
            }
        }
    }

    /* 如果传入参数是一个表示引脚名的字符串,则通过这个字符串在 Pin 清单中匹配引脚名
字,用找到的 pin 去匹配预定义 DAC 对象实例绑定的引脚 */
    const machine_pin_obj_t * pin_obj = pin_find_by_name(&machine_pin_board_pins_locals_
dict, user_obj);
    if ( pin_obj )
    {
        for (uint32_t i = 0u; i < machine_adc_channel_num; i++)
        {
            if (   (pin_obj -> gpio_port == machine_adc_objs[i] -> pin_obj -> gpio_port)
                && (pin_obj -> gpio_pin    == machine_adc_objs[i] -> pin_obj -> gpio_pin)
  )
            {
                return machine_adc_objs[i];
            }
        }
    }

    mp_raise_ValueError(MP_ERROR_TEXT("ADC doesn't exist"));
}
```

machine_adc_obj_init_helper()函数将实际解析关键字参数清单,并完成对 ADC 硬件外设的初始化,见代码 10-6。

代码 10-6 machine_adc.c 文件中的 machine_adc_obj_init_helper()函数

```
STATIC mp_obj_t machine_adc_obj_init_helper (
    const machine_adc_obj_t * self, /* machine_adc_obj_t 类型的变量,包含硬件信息 */
    size_t n_args,                  /* 位置参数数量 */
    const mp_obj_t * pos_args,      /* 位置参数清单 */
    mp_map_t * kw_args )            /* 关键字参数清单结构体 */
{
    /* 解析参数 */
    static const mp_arg_t allowed_args[] =
    {
        [ADC_INIT_ARG_MODE] { MP_QSTR_init , MP_ARG_KW_ONLY | MP_ARG_BOOL, {.u_bool = false} },
    };
    mp_arg_val_t args[MP_ARRAY_SIZE(allowed_args)];
    mp_arg_parse_all(n_args, pos_args, kw_args, MP_ARRAY_SIZE(allowed_args), allowed_args,
args);

    /* 配置引脚复用功能为 ADC 输入 */
    GPIO_Init_Type gpio_init;
```

```
        gpio_init.Speed = GPIO_Speed_50MHz;
        gpio_init.Pins = ( 1u << (self->pin_obj->gpio_pin) );
        gpio_init.PinMode = GPIO_PinMode_In_Analog;
        GPIO_Init(self->pin_obj->gpio_port, &gpio_init);

        /* 当 init = 0 时,重新初始化转换器,并清空转换队列 */
        if (args[ADC_INIT_ARG_MODE].u_bool)
        {
            /* stop previous conversion. */
            ADC_DoSoftTrigger(self->adc_port, false);
            ADC_Enable(self->adc_port, false);

            /* re-init the converter. */
            self->conf->active_channels = 0u; /* 清空转换队列 */

            ADC_Init_Type adc_init;
            adc_init.Resolution = ADC_Resolution_12b;
            adc_init.Prescaler  = ADC_Prescaler_8;
            adc_init.Align      = ADC_Align_Left;
            adc_init.ConvMode   = ADC_ConvMode_SequenceContinues;
            ADC_Init(self->adc_port, &adc_init);
            ADC_Enable(self->adc_port, true);
        }

        /* 在 ADC 转换器的配置结构体中,登记与之绑定的通道已经被激活 */
        self->conf->active_channels |= (1u << self->adc_channel);

        /* 将新增转换任务添加到转换队列中 */
        ADC_RegularSeq_Init_Type adc_regseq_init;
        adc_regseq_init.SeqSlots = self->conf->active_channels; //adc_working_conv_seq;
        adc_regseq_init.SeqDir = ADC_RegularSeqDir_LowFirst;
        ADC_EnableRegularSeq(self->adc_port, &adc_regseq_init);
        ADC_SetChannelSampleTime(self->adc_port, self->adc_channel, ADC_SampleTime_8);

        ADC_DoSoftTrigger(self->adc_port, true);

        return mp_const_none;
    }
```

实现 machine_adc_obj_init_helper()函数初始化一个新的 ADC 转换通道的过程,实际上是创建了一个新的转换任务,并将之添加到正在周而复始循环执行的 ADC 转换任务队列中。在添加新转换任务之前,为了尽快让新增转换任务生效,可先暂停当前 ADC 转换任务队列,将本次新增任务添加到已经激活的转换任务队列中,再重启转换任务队列。否则,当前的配置需要在执行当前一轮转换队列的后续任务之后,在下一轮的转换队列中才能生效。

需要特别注意的是,ADC 类模块的属性方法清单中并没有 deinit()方法,在当前的设计中,make_new()和 init()方法仅能向转换任务队列中新增转换通道,不能减少已经不再使用的转换通道。为此，作者为 make_new()和 init()方法的参数清单中，新增了一个 init 参数，用于指定是否需要复位整个转换队列，当调用 make_new()和 init()方法时，若在参数列表中指定 "init = true"，则清空本 ADC 转换器绑定的 ADC 转换任务队列，如此用户可重新向 ADC 转换任务队列中重新添加转换任务，从而间接实现了关闭部分转换通道的功能。

10.3.3 init()

根据 MicroPython 开发文档中的约定，ADC 类模块的属性方法包含 init()方法。

init()方法的实现函数 machine_adc_init()在内部可以直接引用 machine_adc_obj_init_helper() 函数的实现，init()方法实现的功能同 make_new()方法相似，除了不创建新的 ADC 类实例对象(init()方法本身就是由已创建的 ADC 类实例对象调用的)之外，解析参数列表和执行 ADC 通道的初始化配置等行为均保持一致，见代码 10-7。

代码 10-7 machine_adc.c 文件中的 machine_adc_init()函数

```
STATIC mp_obj_t machine_adc_init(size_t n_args, const mp_obj_t * args, mp_map_t * kw_args)
{
    /* args[0] is machine_pin_obj_t. */
    return machine_adc_obj_init_helper(args[0], n_args - 1, args + 1, kw_args);
}
MP_DEFINE_CONST_FUN_OBJ_KW(machine_adc_init_obj, 1, machine_adc_init);
```

在创建新类模块的实现源码中，使用 init_helper()函数，就是为了通过将解析参数列表和初始化硬件资源的操作封装起来，实现 make_new()和 init()方法可以复用同一份源码。

10.3.4 read_u16()

根据 MicroPython 开发文档中的约定，ADC 类模块的属性方法包含 read_u16()方法。

read_u16()方法将用于返回本 ADC 转换通道实例最近的采样转换值，见代码 10-8。

代码 10-8 machine_adc.c 文件中的 machine_adc_read_u16()函数

```
/* adc.read_u16() */
STATIC mp_obj_t machine_adc_read_u16(mp_obj_t self_in)
{
    /* self_in is machine_pin_obj_t. */
    machine_adc_obj_t * self = (machine_adc_obj_t *)self_in;

    return MP_OBJ_NEW_SMALL_INT(ADC_GetChnConvResult(self->adc_port, self->adc_channel,
NULL));
}
STATIC MP_DEFINE_CONST_FUN_OBJ_1(machine_adc_read_u16_obj, machine_adc_read_u16);
```

正如在前面对 ADC 硬件外设功能的描述，MM32F3 微控制器的 ADC 模块本身集成了转换任务队列的功能，并在 ADC 外设的寄存器层面上为不同的转换任务对应设计了保存转换结果的寄存器，此处在源码中通过调用 SDK 中 ADC 驱动函数 ADC_GetChnConvResult()，即可从硬件外设中获取对应通道的转换结果值，进而返回给 MicroPython 的用户。

10.3.5　系统方法 call()和 print()

在作者的设计中,ADC 类模块的 call() 和 print() 方法都需要读取当前 ADC 实例的转换结果值,两个系统属性方法的实现函数都将使用 machine_adc_read_u16()函数获取 ADC 转换结果值,而 machine_adc_read_u16()函数同时也是 read_u16()类属性方法的实现函数。此处也体现了 ADC 类模块充分复用同一功能实现源码的设计。

ADC 类模块的 machine_adc_obj_print()函数将在 MicroPython 用户打印 ADC 类实例时被调用。在作者的实现中,将打印本 ADC 转换通道的通道号、引脚名字以及当前 ADC 通道的转换结果,见代码 10-9。

代码 10-9　machine_adc.c 文件中的 machine_adc_obj_print()函数

```
STATIC void machine_adc_obj_print(const mp_print_t * print, mp_obj_t o, mp_print_kind_t kind)
{
    /* o is the machine_pin_obj_t. */
    (void)kind;
    const machine_adc_obj_t * self = MP_OBJ_TO_PTR(o);

    uint32_t port_idx = 0u;
    for (port_idx = 0u; port_idx < machine_adc_port_num; port_idx++)
    {
        if (self->adc_port == machine_adc_port[port_idx])
        {
            break;
        }
    }

    mp_printf(print, "ADC(%d): %d, on Pin(%s)",
        port_idx * machine_adc_channel_num_per_port + self->adc_channel,
        machine_adc_read_u16(o), qstr_str(self->pin_obj->name));
}
```

ADC 类模块的 machine_adc_obj_call()函数将在 MicroPython 用户使用 ADC 类的"名字方法"时被调用。由于 ADC 对象在功能上只有读属性,不具备写属性,因此,在此处源码中仅实现了无传参的读方法,未添加写方法的操作,见代码 10-10。

代码 10-10　machine_adc.c 文件中的 machine_adc_obj_call()函数

```
STATIC mp_obj_t machine_adc_obj_call(mp_obj_t self_in, mp_uint_t n_args, mp_uint_t n_kw,
const mp_obj_t * args)
{
    /* self_in is machine_pin_obj_t. */
    mp_arg_check_num(n_args, n_kw, 0, 1, false);

    if ( n_args == 0 )              /* read value. */
    {
        return machine_adc_read_u16(self_in);
```

```
    }
    else /* write value. */
    {
        return mp_const_none;
    }
}
```

10.3.6 创建 machine_adc_type

结合 MicroPython 开发手册的约定，创建 machine_adc_type 类对象类型，该类型包含常规的 print、call、make_new 系统属性方法以及 init、read_u16 类属性方法，见代码 10-11。

代码 10-11 machine_adc.c 中定义 ADC 类对象类型 machine_adc_type

```
/* class locals_dict_table. */
STATIC const mp_rom_map_elem_t machine_adc_locals_dict_table[] =
{
    /* Class instance methods. */
    { MP_ROM_QSTR(MP_QSTR_read_u16), MP_ROM_PTR(&machine_adc_read_u16_obj) },
    { MP_ROM_QSTR(MP_QSTR_init),     MP_ROM_PTR(&machine_adc_init_obj) },
};
STATIC MP_DEFINE_CONST_DICT(machine_adc_locals_dict, machine_adc_locals_dict_table);

const mp_obj_type_t machine_adc_type =
{
    { &mp_type_type },
    .name      = MP_QSTR_ADC,
    .print     = machine_adc_obj_print,    /* __repr__(), which would be called by print
                                              (<ClassName>). */
    .call      = machine_adc_obj_call,     /* __call__(), which can be called as
                                              <ClassName>(). */
    .make_new = machine_adc_obj_make_new, /* create new class instance. */
    .locals_dict = (mp_obj_dict_t *)&machine_adc_locals_dict,
};
```

10.3.7 向 MicroPython 中集成 ADC 类模块

为了让 MicroPython 内核识别到新建 ADC 类模块，需要将新增 ADC 类模块的定义添加到 machine 类模块之下，并在 makefile 中添加新建 ADC 类模块的相关源文件，包括 ADC 硬件驱动程序和新建的 machine_adc.c 文件。

在 modmachine.c 文件中，添加 machine_adc_type 类型对象，并将之添加到 machine 类模块下面，见代码 10-12。

代码 10-12 向 machine 类模块中集成 ADC 子类

```
extern const mp_obj_type_t machine_pin_type;
extern const mp_obj_type_t machine_sdcard_type;
```

```
extern const mp_obj_type_t machine_dac_type;
extern const mp_obj_type_t machine_adc_type;
...
STATIC const mp_rom_map_elem_t machine_module_globals_table[] = {
    { MP_ROM_QSTR(MP_QSTR___name__),      MP_ROM_QSTR(MP_QSTR_umachine) },
    { MP_ROM_QSTR(MP_QSTR_reset),         MP_ROM_PTR(&machine_reset_obj) },
    { MP_ROM_QSTR(MP_QSTR_freq),          MP_ROM_PTR(&machine_freq_obj) },
    { MP_ROM_QSTR(MP_QSTR_mem8),          MP_ROM_PTR(&machine_mem8_obj) },
    { MP_ROM_QSTR(MP_QSTR_mem16),         MP_ROM_PTR(&machine_mem16_obj) },
    { MP_ROM_QSTR(MP_QSTR_mem32),         MP_ROM_PTR(&machine_mem32_obj) },
    { MP_ROM_QSTR(MP_QSTR_Pin),           MP_ROM_PTR(&machine_pin_type) },
    { MP_ROM_QSTR(MP_QSTR_SDCard),        MP_ROM_PTR(&machine_sdcard_type) },
    { MP_ROM_QSTR(MP_QSTR_DAC),           MP_ROM_PTR(&machine_dac_type) },
    { MP_ROM_QSTR(MP_QSTR_ADC),           MP_ROM_PTR(&machine_adc_type) },
};
...
```

更新 Makefile 文件，添加新建的 machine_adc.h 和 machine_adc.c 文件，见代码 10-13。

代码 10-13　向 Makefile 中集成 ADC 类模块

```
...
# source files.
SRC_HAL_MM32_C += \
    $(MCU_DIR)/devices/$(CMSIS_MCU)/system_$(CMSIS_MCU).c \
    $(MCU_DIR)/drivers/hal_rcc.c \
    $(MCU_DIR)/drivers/hal_gpio.c \
    $(MCU_DIR)/drivers/hal_uart.c \
    $(MCU_DIR)/drivers/hal_sdio.c \
    $(MCU_DIR)/drivers/hal_dac.c \
    $(MCU_DIR)/drivers/hal_adc.c \
...
SRC_C += \
    main.c \
    modmachine.c \
    machine_pin.c \
    machine_sdcard.c \
    machine_dac.c \
    machine_adc.c \
    mphalport.c \
    ...
    $(SRC_HAL_MM32_C) \
...
# list of sources for qstr extraction
SRC_QSTR += modmachine.c \
            modutime.c \
            moduos.c \
            machine_pin.c \
            machine_sdcard.c \
```

```
            machine_dac.c \
            machine_adc.c \
            $(BOARD_DIR)/machine_pin_board_pins.c \
...
```

需要特别注意的是，要在 board_init.c 文件中启用 ADC 硬件外设的时钟，确保 HAL 层的驱动能够访问到 ADC 外设，见代码 10-14。

代码 10-14　在 board_init.c 文件中启用 ADC 硬件外设的时钟

```
void BOARD_InitBootClocks(void)
{
    ...
    /* ADC1. */
    RCC_EnableAPB2Periphs(RCC_APB2_PERIPH_ADC1, true);
    RCC_ResetAPB2Periphs(RCC_APB2_PERIPH_ADC1);
    /* ADC2. */
    RCC_EnableAPB2Periphs(RCC_APB2_PERIPH_ADC2, true);
    RCC_ResetAPB2Periphs(RCC_APB2_PERIPH_ADC2);
    /* ADC3. */
    RCC_EnableAPB2Periphs(RCC_APB2_PERIPH_ADC3, true);
    RCC_ResetAPB2Periphs(RCC_APB2_PERIPH_ADC3);
}
```

在本例中，在启用 MicroPython 之前初始化整个板子时就启动了全部可能会用到的 ADC 硬件外设模块。考虑到仅启动 ADC 外设模块就可能产生不小的耗电，实际的内核开发者可以在 machine_adc.c 文件中添加了单独开关 ADC 外设访问时钟的函数，仅在必要的时候启用对应 ADC 外设模块的时钟，以尽量降低耗电。

10.4　实验

重新编译 MicroPython 项目，创建 firmware.elf 文件，并下载到 PLUS-F3270 开发板。

10.4.1　使用 ADC 类模块测量引脚电压

MM32F3270 微控制器的每个 ADC 外设支持 16 个通道，其中一个 ADC 的 14 个通道引到外部引脚上，2 个通道在芯片内部连接到参考电压和温度传感器上。MicroPython 中对这些 ADC 的转换通道以及绑定的引脚进行映射，位于\ports\mm32f3\boards\plus-f3270 目录下的 machine_pin_board_pins.c 文件中，见代码 10-15。

代码 10-15　在 machine_pin_board_pins.c 文件中预分配的 ADC 类对象实例

```
/* for ADC pins. */
const machine_pin_obj_t pin_NUL = { .base = { &machine_pin_type } };
const uint32_t machine_adc_port_num = 3u;
const uint32_t machine_adc_channel_num_per_port = 16u;
```

```
const uint32_t machine_adc_channel_num = machine_adc_port_num * machine_adc_channel_num_
per_port;

machine_adc_conf_t machine_adc_conf[3];
ADC_Type * const machine_adc_port[3] = {ADC1, ADC2, ADC3};

const machine_adc_obj_t adc_CH0  = { .base = { &machine_adc_type }, .pin_obj = &pin_PA0,
.adc_port = machine_adc_port[0], .adc_channel = 0 , .conf = &machine_adc_conf[0] };
const machine_adc_obj_t adc_CH1  = { .base = { &machine_adc_type }, .pin_obj = &pin_PA1,
.adc_port = machine_adc_port[0], .adc_channel = 1 , .conf = &machine_adc_conf[0] };
const machine_adc_obj_t adc_CH2  = { .base = { &machine_adc_type }, .pin_obj = &pin_PA2,
.adc_port = machine_adc_port[0], .adc_channel = 2 , .conf = &machine_adc_conf[0] };
...

const machine_adc_obj_t adc_CH37 = { .base = { &machine_adc_type }, .pin_obj = &pin_PF7,
.adc_port = machine_adc_port[2], .adc_channel = 5 , .conf = &machine_adc_conf[2] };
...
```

由于存在某个 ADC 的转换通道在多个引脚上可用，或者某个引脚可以使用多个 ADC 转换通道的一种，所以，用户可根据需求，考虑实际在 Python 脚本中将要使用哪些 ADC 的资源，从而对应在此处源码中进行调整，重新编译工程即可使用。

在本例的实验中，将读取 PLUS-F3270 开发板上的光照传感器的 ADC 采样值。在 PLUS-F3270 开发板上，有光照传感器电路的原理图，如图 10-1 所示。可以看到，对接光照传感器的是 PF7 引脚，在 machine_pin_board_pins.c 文件中定义 CH37，也就是 ADC2 的第 5 个采样通道。

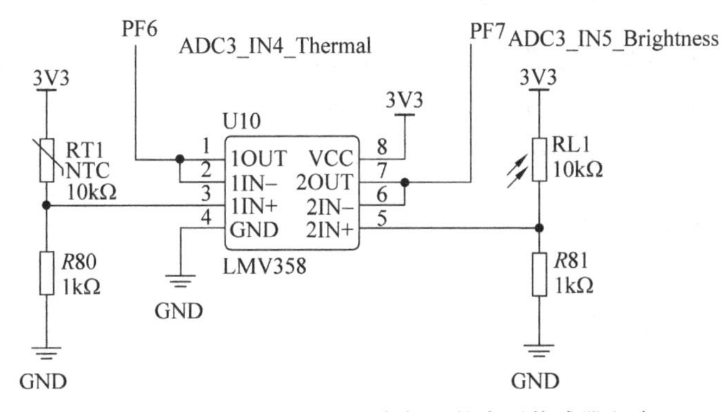

图 10-1　PLUS-F3270 开发板上的光照传感器电路

如此，在 REPL 中编写 Python 脚本，可以读取光照传感器的采样值，见代码 10-16。

代码 10-16　在 REPL 中使用 ADC 类模块读取传感器的采样值

```
>>> from machine import ADC
>>> sensor = ADC('PF7', init = True)
>>> dir(sensor)
['init', 'read_u16']
```

```
>>> sensor.read_u16()
18368
>>> sensor
ADC(37):36353, on Pin(PF7)
>>>
>>> print(sensor)
ADC(37):29377, on Pin(PF7)
```

在这段脚本中，

- 首先通过 import 语句导入 ADC 类模块。必须在导入 ADC 类模块之后，才能通过 PF7 引脚名称，实例化一个 ADC 类模块的对象 sensor。实际上，此时 PF7 这个引脚上绑定的 ADC 转换通道已经开始执行转换任务了。这里还有一个要点，即在首次启动一个转换器（每 16 通道对应一个转换器）时，需要指定关键字参数“init = True”，在内核中对应为这个 ADC 转换器创建转换任务队列，并启动转换任务。在该已经执行转换的任务队列中再加入新的转换任务，就不需要再指定这个初始化参数了。
- 通过 dir()方法查看 sensor 对象可用的方法，可以看到 init 和 read_u16。
- 调用 sensor 的 read_u16()方法，可以读到当前 sensor 转换的结果。
- 可以直接查看 sensor 对象的属性信息，也可以读到当前 sensor 转换的结果，还能看到更多的信息，例如，sensor 在 MicroPython 的 ADC 类对象的编号 37，以及自己之前绑定的引脚名称。
- 通过 printf()方法打印 sensor 对象的属性，也能看到 sensor 对象的属性信息。

10.4.2 ADC 与 DAC 的联合实验

下面演示 ADC 读取数据外部信号后，再通过 DAC 再生输出信号的功能。

创建 adc_dac.py 脚本文件，编写源码，之后通过 import 方式执行，见代码 10-17。

代码 10-17 创建 adc_dac.py 脚本文件

```
from machine import DAC, ADC
import time

adc = ADC(0, init = True)
dac = DAC(0)

print("ADC to DAC .")

nowtime = time.ticks_ms()
while True:
    dac.write_u16(adc.read_u16())

    while True:
        if time.ticks_ms() != nowtime:
            nowtime = time.ticks_ms()
            break
```

代码中应用了 time 模块读取系统时间，控制采样频率为 1kHz。使用信号源，在 PA0 引脚输入频率为 100Hz，峰峰值为 1V，均值为 1.5V 的正弦波信号。图 10-2 显示了输入 ADC 信号与输出 DAC 信号。

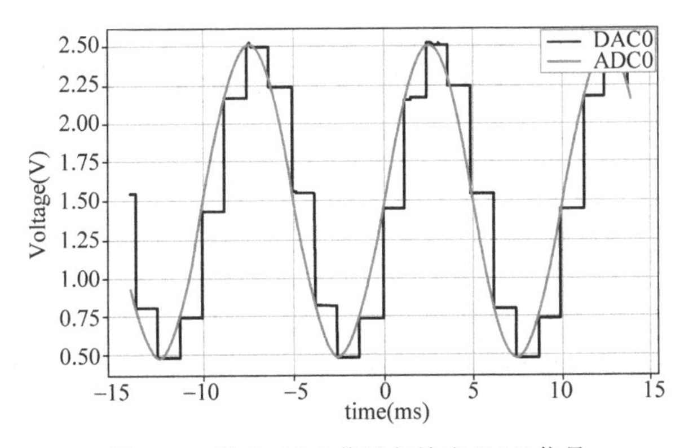

图 10-2 输入 ADC 信号与输出 DAC 信号

10.5 本章小结

本章以 MM32F3270 微控制器的 ADC 硬件外设为基础，创建了 MicroPython 的 ADC 模块。

ADC 模块为用户提供的 API 中，以 ADC 单个转换通道作为基本操作单元，但在设计具体的硬件平台时，需要考虑多个 ADC 转换通道共用同一个 ADC 转换器的工作机制。MM32F3 微控制器的 ADC 硬件外设在实际工作时，在硬件层面上实现了转换任务队列的功能。因此，作者在 MM32F3 平台上设计 MicroPython 时，为每个实际的 ADC 转换器设计了各自周期运转的转换任务队列，当用户在 MicroPython 层面上新建一个 ADC 类实例时，对应在周期执行的转换任务队列中添加一个新建 ADC 类实例对应的转换任务(其中包含了转换通道)。

由于 ADC 类模块的属性方法清单中并没有 deinit()方法，在当前的设计中，make_new()和 init()方法仅能向转换任务队列中新增转换通道，不能减少已经不再使用的转换通道。为此，作者为 make_new()和 init()方法的参数清单中，新增了一个 init 参数，用以指定是否需要复位整个转换队列，当调用 make_new()和 init()方法时，若向在参数列表中指定"init=True"，则清空本 ADC 转换器绑定的 ADC 转换任务队列，如此用户可重新向 ADC 转换任务队列中重新添加转换任务，从而间接实现了关闭部分转换通道的功能。

第 11 章

新建 UART 类模块

MicroPython 为通信类模块设计了 stream 框架，实现了统一的串行通信总线驱动框架，开发者只要编写少量同具体硬件相关的代码，适配好 stream 框架，即可向应用层提供统一的串行通信类 API。

UART 是嵌入式开发过程中最典型的通信类模块。本章将以 UART 为例，讲述适配 MicroPython 中的 stream 框架，并在与之适配的过程中，分析 stream 框架的工作机制。当然，对于 MicroPython 的用户来说，阅读完本章之后，也可在自己的 MicroPython 中增加一个新的 UART 类模块。

11.1 分析 stream 框架

顾名思义，stream 框架抽象了一个数据流通信模型，但从直观上看，stream 框架的实现代码位于 py 目录下的 stream.h 和 stream.c 两个文件中。其中，stream.h 文件中暴露出 stream 框架对外提供的函数接口。

11.1.1 mp_stream_p_t 结构体类型

stream.h 中定义了 mp_stream_p_t 结构体类型，用于抽象 stream 对外部（底层硬件）流式通信过程的功能需求，见代码 11-1。

代码 11-1 stream.h 文件中定义的 mp_stream_p_t 结构体类型

```
/* Stream 协议结构体 */
typedef struct _mp_stream_p_t {
    /* 当如下函数执行出错时，返回 MP_STREAM_ERROR，并在 errcode 中填充错误码 */
    mp_uint_t (*read)(mp_obj_t obj, void *buf, mp_uint_t size, int *errcode);
    mp_uint_t (*write)(mp_obj_t obj, const void *buf, mp_uint_t size, int *errcode);
    mp_uint_t (*ioctl)(mp_obj_t obj, mp_uint_t request, uintptr_t arg, int *errcode);
    mp_uint_t is_text : 1; // default is bytes, set this for text stream
} mp_stream_p_t;
```

在源文件中可以看到，stream 框架对外部的接口有 3 个：读（read）、写（write）和控制（ioctl）。至于 is_text 字段，仅用于标记本 stream 实例是以字节流或者是字符串方式表示的。实际上，开发者如果要用 stream 框架提供的函数，仅需要向 stream 框架中注册封装了根据特定平台上适配具体 write()、read()、ioctl()函数的 mp_stream_p_t 实例。

至于这 3 个函数的具体写法，从传参的命名中可窥知一二：

- obj 对应 self 指针，buf 和 size 用于表示一个缓冲区，errcode 用于返回函数执行的错误码。
- read()和 write()函数返回值，根据惯例，在已经有 errcode 表示错误码的情况下，将会表示正常读出或者发送成功的数量。
- ioctl()函数的 request 和 arg，表示一个命令及其参数。

下面以 MM32F3 微控制器平台上的 machine_uart 类模块的实现为例，基于 MM32F3 微控制器，调用硬件驱动程序，实现了 machine_uart_read()、machine_uart_write()和 machine_uart_ioctl()函数，封装到 mp_stream_p_t 结构体实例常量 uart_stream_p 中，见代码 11-2。

代码 11-2 mm32f3 项目中填充的 mp_stream_p_t 实例

```
STATIC const mp_stream_p_t uart_stream_p =
{
    .read    = machine_uart_read,
    .write = machine_uart_write,
    .ioctl = machine_uart_ioctl,
    .is_text = false,
};
```

11.1.2 stream 对外提供的属性方法

stream 框架在内部实现了一些通用的基于数据流的操作逻辑。当在具体平台上通过注册 mp_stream_p_t 结构体实例，适配了 stream 框架后，stream 就可以向 MicroPython 内核或者类模块提供一系列统一方法的实现。此时，stream 提供的这些方法，可以被直接添加到新建类模块的属性字典中，作为新建类模块的属性方法，从而提供统一的 stream 流数据通信服务，见代码 11-3。

代码 11-3 stream.h 中定义的统一流数据通信服务方法

```
MP_DECLARE_CONST_FUN_OBJ_VAR_BETWEEN(mp_stream_read_obj);
MP_DECLARE_CONST_FUN_OBJ_VAR_BETWEEN(mp_stream_read1_obj);
MP_DECLARE_CONST_FUN_OBJ_VAR_BETWEEN(mp_stream_readinto_obj);
MP_DECLARE_CONST_FUN_OBJ_VAR_BETWEEN(mp_stream_unbuffered_readline_obj);
MP_DECLARE_CONST_FUN_OBJ_1(mp_stream_unbuffered_readlines_obj);
MP_DECLARE_CONST_FUN_OBJ_VAR_BETWEEN(mp_stream_write_obj);
MP_DECLARE_CONST_FUN_OBJ_2(mp_stream_write1_obj);
MP_DECLARE_CONST_FUN_OBJ_1(mp_stream_close_obj);
MP_DECLARE_CONST_FUN_OBJ_VAR_BETWEEN(mp_stream_seek_obj);
MP_DECLARE_CONST_FUN_OBJ_1(mp_stream_tell_obj);
MP_DECLARE_CONST_FUN_OBJ_1(mp_stream_flush_obj);
MP_DECLARE_CONST_FUN_OBJ_VAR_BETWEEN(mp_stream_ioctl_obj);
```

在新建模块中可以使用这个清单中的全部或者部分函数。例如，在 MM32F3 微控制器平台上实现的 UART 类模块的属性方法清单中，就仅使用了其中的 mp_stream_read_obj、 mp_stream_unbuffered_readline_obj、mp_stream_readinto_obj、mp_stream_write_obj，见代码 11-4。

代码 11-4　mm32f3 项目的 UART 类继承了 stream 的统一服务

```
/* class locals_dict_table. */
STATIC const mp_rom_map_elem_t machine_uart_locals_dict_table[] =
{
    /* Class instance methods. */
    { MP_ROM_QSTR(MP_QSTR_init), MP_ROM_PTR(&machine_uart_init_obj) },
    { MP_ROM_QSTR(MP_QSTR_any), MP_ROM_PTR(&machine_uart_any_obj) },
    { MP_ROM_QSTR(MP_QSTR_read), MP_ROM_PTR(&mp_stream_read_obj) },
    { MP_ROM_QSTR(MP_QSTR_readline), MP_ROM_PTR(&mp_stream_unbuffered_readline_obj) },
    { MP_ROM_QSTR(MP_QSTR_readinto), MP_ROM_PTR(&mp_stream_readinto_obj) },
    { MP_ROM_QSTR(MP_QSTR_write), MP_ROM_PTR(&mp_stream_write_obj) },

    /* class constants. */
    { MP_ROM_QSTR(MP_QSTR_PARITY_NONE), MP_ROM_INT(UART_PARITY_NONE ) },
    { MP_ROM_QSTR(MP_QSTR_PARITY_EVEN), MP_ROM_INT(UART_PARITY_EVEN ) },
    { MP_ROM_QSTR(MP_QSTR_PARITY_ODD ), MP_ROM_INT(UART_PARITY_ODD  ) },
};
STATIC MP_DEFINE_CONST_DICT(machine_uart_locals_dict, machine_uart_locals_dict_table);
```

stream 实现的这些函数绝大多数使用同平台无关的代码完成执行逻辑，而与具体平台相关的功能，则通过调用注册在 mp_stream_p_t 结构体类型中的函数完成。下面以 mp_stream_unbuffered_readline_obj 相关的函数为例说明，见代码 11-5。

代码 11-5　stream.c 文件中的 stream_unbuffered_readline()函数

```
// Unbuffered, inefficient implementation of readline() for raw I/O files.
STATIC mp_obj_t stream_unbuffered_readline(size_t n_args, const mp_obj_t *args) {
    const mp_stream_p_t *stream_p = mp_get_stream(args[0]);

    mp_int_t max_size = -1;
    if (n_args > 1) {
        max_size = MP_OBJ_SMALL_INT_VALUE(args[1]);
    }

    vstr_t vstr;
    if (max_size != -1) {
        vstr_init(&vstr, max_size);
    } else {
        vstr_init(&vstr, 16);
    }

    while (max_size == -1 || max_size-- != 0) {
        char *p = vstr_add_len(&vstr, 1);
        int error;
        mp_uint_t out_sz = stream_p->read(args[0], p, 1, &error);
```

```
        if (out_sz == MP_STREAM_ERROR) {
            if (mp_is_nonblocking_error(error)) {
                if (vstr.len == 1) {
                    // We just incremented it, but otherwise we read nothing
                    // and immediately got EAGAIN. This case is not well
                    // specified in
                    // https://docs.python.org/3/library/io.html#io.IOBase.readline
                    // unlike similar case for read(). But we follow the latter's
                    // behavior - return None.
                    vstr_clear(&vstr);
                    return mp_const_none;
                } else {
                    goto done;
                }
            }
            mp_raise_OSError(error);
        }
        if (out_sz == 0) {
        done:
            // Back out previously added byte
            // Consider, what's better - read a char and get OutOfMemory (so read
            // char is lost), or allocate first as we do.
            vstr_cut_tail_bytes(&vstr, 1);
            break;
        }
        if (*p == '\n') {
            break;
        }
    }

    return mp_obj_new_str_from_vstr(STREAM_CONTENT_TYPE(stream_p), &vstr);
}
MP_DEFINE_CONST_FUN_OBJ_VAR_BETWEEN(mp_stream_unbuffered_readline_obj, 1, 2, stream_
unbuffered_readline);
```

stream_unbuffered_readline()函数内部使用一系列 vstr 的函数处理字符串格式(如创建 vstr 字符串、向 vstr 字符串中添加新字符、在 vstr 字符串中删除字符等),但从物理设备上读字符串数据的时候,仍需调用 stream_p->read()函数。

stream 框架中实现的 mp_stream_unbuffered_iter()函数,虽未被当成类模块的属性函数,而是直接开放给开发者,但在开发者创建具体类模块时,仍然可被用于注册到 mp_obj_type_t 对象的 iternext 字段中。mp_stream_unbuffered_iter()函数内部调用 stream_unbuffered_readline(),实际是为适配 iternext 字段而实现的一个"马甲"函数,见代码 11-6。

代码 11-6 stream.c 文件中的 mp_stream_unbuffered_iter()函数

```
mp_obj_t mp_stream_unbuffered_iter(mp_obj_t self) {
    mp_obj_t l_in = stream_unbuffered_readline(1, &self);
    if (mp_obj_is_true(l_in)) {
```

```
        return l_in;
    }
    return MP_OBJ_STOP_ITERATION;
}
```

stream_p-> ioctl()函数也被一些属性方法的实现过程调用：

- mp_stream_close()。
- stream_seek()。
- stream_tell()。
- stream_flush()。
- stream_ioctl()。

细心的读者看到这里可能会觉得有一点“别扭”，为什么 stream 内部提供的函数，有的是以 mp_stream_作为前缀，而有的是以 stream_作为前缀？作者在阅读 MicroPython 代码之后得到一个经验，mp_前缀通常用于标记内核向外部提供的服务。猜测原本 MicroPython 内核的设计者在设计这些函数时没打算让这些函数直接对外提供服务，但仍对它们进行了封装，将封装之后的属性方法对外提供服务。因此，就有了将 stream_tell 封装成 mp_stream_tell_obj，最终增加了 mp_前缀的操作，见代码 11-7。

代码 11-7 stream.h 文件中的 mp_stream_tell_obj

```
MP_DEFINE_CONST_FUN_OBJ_1(mp_stream_tell_obj, stream_tell);
```

11.1.3 stream 内部的适配函数

stream 在实现对外提供的属性方法时，有时会调用一些将基本 mp_stream_p_t 函数包装起来的函数，而不是直接调用基本读写函数，这在基本读写函数与对外属性方法之间建立了一个抽象层，从而便于梳理两个层级函数间的关联关系。

架起两个层级函数间桥梁的主要是两个函数：mp_get_stream()和 mp_stream_rw()，见代码 11-8。

代码 11-8 stream.h 文件中的 mp_get_stream()和 mp_stream_rw()函数

```
// 这里对 self 不做有效性判定,期望它是一个非空并且包含读写函数的实例
static inline const mp_stream_p_t * mp_get_stream(mp_const_obj_t self) {
    return (const mp_stream_p_t * )((const mp_obj_base_t * )MP_OBJ_TO_PTR(self)) -> type ->
protocol;
}
mp_uint_t mp_stream_rw(mp_obj_t stream, void * buf, mp_uint_t size, int * errcode, byte flags);
```

其中，

- mp_get_stream()描述了从外部的基于 stream 框架创建类模块对象(self)向内获取 mp_stream_p_t 实例的层级关系。在创建具体类模块时，mp_stream_p_t 实例挂在 mp_obj_obj_t 的 protocol 字段下。例如，在具体实现 UART 类模块的 machine_uart_type 中，就有这样的用法，见代码 11-9。

代码 11-9　UART 类模块中使用的 protocol 字段

```
const mp_obj_type_t machine_uart_type =
{
    { &mp_type_type },
    .name       = MP_QSTR_UART,
    .print      = machine_uart_obj_print, /* __repr__(), which would be called by print
(<ClassName>). */
    .make_new   = machine_uart_obj_make_new, /* create new class instance. */
    .getiter    = mp_identity_getiter,
    .iternext   = mp_stream_unbuffered_iter,
    .protocol   = &uart_stream_p,
    .locals_dict = (mp_obj_dict_t *)&machine_uart_locals_dict,
};
```

- mp_stream_rw()及其衍生函数 mp_stream_write_exactly()、mp_stream_read_exactly()、stream_read_generic()、mp_stream_write()则完成实际的对数据流的读写过程。

mp_stream_rw()函数在 stream.h 文件中衍生出 mp_stream_write_exactly()、mp_stream_read_exactly()，见代码 11-10。

代码 11-10　stream.h 文件中的 mp_stream_rw()衍生函数

```
// C-level helper functions
#define MP_STREAM_RW_READ  0
#define MP_STREAM_RW_WRITE 2
#define MP_STREAM_RW_ONCE  1
mp_uint_t mp_stream_rw(mp_obj_t stream, void *buf, mp_uint_t size, int *errcode, byte flags);
#define mp_stream_write_exactly(stream, buf, size, err) mp_stream_rw(stream, (byte *)buf,
size, err, MP_STREAM_RW_WRITE)
#define mp_stream_read_exactly(stream, buf, size, err) mp_stream_rw(stream, buf, size, err,
MP_STREAM_RW_READ)
```

mp_stream_rw()函数在 stream.c 文件中衍生出 stream_read_generic()、mp_stream_write()，见代码 11-11。

代码 11-11　stream.c 文件中的 mp_stream_rw()衍生函数

```
mp_obj_t mp_stream_write(mp_obj_t self_in, const void *buf, size_t len, byte flags) {
    int error;
    mp_uint_t out_sz = mp_stream_rw(self_in, (void *)buf, len, &error, flags);
    if (error != 0) {
        if (mp_is_nonblocking_error(error)) {
            return mp_const_none;
        }
        mp_raise_OSError(error);
    } else {
        return MP_OBJ_NEW_SMALL_INT(out_sz);
    }
```

```
}
...
STATIC mp_obj_t stream_read_generic(size_t n_args, const mp_obj_t * args, byte flags) {
    mp_int_t sz;
    if (n_args == 1 || ((sz = mp_obj_get_int(args[1])) == -1)) {
        return stream_readall(args[0]);
    }

    const mp_stream_p_t * stream_p = mp_get_stream(args[0]);
    ...
    vstr_t vstr;
    vstr_init_len(&vstr, sz);
    int error;
    mp_uint_t out_sz = mp_stream_rw(args[0], vstr.buf, sz, &error, flags);
    if (error != 0) {
        vstr_clear(&vstr);
        if (mp_is_nonblocking_error(error)) {
            return mp_const_none;
        }
        mp_raise_OSError(error);
    } else {
        vstr.len = out_sz;
        return mp_obj_new_str_from_vstr(STREAM_CONTENT_TYPE(stream_p), &vstr);
    }
}
```

stream 对外提供的所有属性方法，除了直接调用 mp_stream_p_t 实例中注册方法实现的部分函数，其余都是为了适配不同的调用接口，给 mp_stream_rw()及其衍生函数穿上对应的“马甲”实现的，见代码 11-12。

代码 11-12　stream.c 文件中的 mp_stream_rw()衍生函数

```
STATIC mp_obj_t stream_read(size_t n_args, const mp_obj_t * args) {
    return stream_read_generic(n_args, args, MP_STREAM_RW_READ);
}
MP_DEFINE_CONST_FUN_OBJ_VAR_BETWEEN(mp_stream_read_obj, 1, 2, stream_read);

STATIC mp_obj_t stream_read1(size_t n_args, const mp_obj_t * args) {
    return stream_read_generic(n_args, args, MP_STREAM_RW_READ | MP_STREAM_RW_ONCE);
}
MP_DEFINE_CONST_FUN_OBJ_VAR_BETWEEN(mp_stream_read1_obj, 1, 2, stream_read1);
...
STATIC mp_obj_t stream_write_method(size_t n_args, const mp_obj_t * args) {
    mp_buffer_info_t bufinfo;
    mp_get_buffer_raise(args[1], &bufinfo, MP_BUFFER_READ);
    size_t max_len = (size_t) - 1;
    size_t off = 0;
    if (n_args == 3) {
        max_len = mp_obj_get_int_truncated(args[2]);
    } else if (n_args == 4) {
```

```
        off = mp_obj_get_int_truncated(args[2]);
        max_len = mp_obj_get_int_truncated(args[3]);
        if (off > bufinfo.len) {
            off = bufinfo.len;
        }
    }
    bufinfo.len -= off;
    return mp_stream_write(args[0], (byte *)bufinfo.buf + off, MIN(bufinfo.len, max_len),
MP_STREAM_RW_WRITE);
}
MP_DEFINE_CONST_FUN_OBJ_VAR_BETWEEN(mp_stream_write_obj, 2, 4, stream_write_method);

STATIC mp_obj_t stream_write1_method(mp_obj_t self_in, mp_obj_t arg) {
    mp_buffer_info_t bufinfo;
    mp_get_buffer_raise(arg, &bufinfo, MP_BUFFER_READ);
    return mp_stream_write(self_in, bufinfo.buf, bufinfo.len, MP_STREAM_RW_WRITE | MP_STREAM_
RW_ONCE);
}
MP_DEFINE_CONST_FUN_OBJ_2(mp_stream_write1_obj, stream_write1_method);
```

如果启用了 MICROPY_STREAMS_POSIX_API 配置开关，那么 stream 框架还可以支持 POSIX 规范的接口。实际上，stream 对接 POSIX 接口的实现代码更加整齐，但本书主要描述在常规微控制器平台上的设计与开发，未使用启用支持 POSIX 的平台（如 Linux），故在此不做展开分析。如果读者将来在支持 POSIX 接口的平台上开发 MicroPython 内核，也可借鉴本章中的分析方法，具体分析对应的源代码。

11.2 提取移植接口并实现移植

通过前面对 stream 框架中实现函数间调用关系的分析，结合现有平台的移植情况来看，基于 stream 框架实现 UART 类模块可以使用 stream 框架中已有的大部分函数：

- 需要开发者基于具体的平台，实现 mp_stream_p_t 结构体类型中的 3 个函数 write()、read()、ioctl()。
- 将封装了 3 个函数的 mp_stream_p_t 实例和 stream 框架中的 mp_stream_unbuffered_iter() 函数分别注册到 machine_uart_type 的 protocol 字段和 iternext 字段中。
- 将 stream 框架提供的属性方法实现加入到 UART 类模块的属性方法清单 machine_uart_locals_dict_table[] 中。

考虑呈现设计的完整性，本节不仅描述设计要点的实现，而且将展现实现 UART 模块的完整代码结构。

11.2.1 适配硬件相关的函数

本节以 MM32F3 微控制器平台为例，展示 3 个函数 write()、read()、ioctl() 具体的实现过程。

11.2.1.1 read()

machine_uart_read()函数是 mp_stream_p_t 结构体类型将要封装的 3 个函数之一，对应于 read()函数字段，主要用于处理读数过程，见代码 11-13。

代码 11-13 移植项目 machine_uart.c 文件中的 machine_uart_read()函数

```
STATIC mp_uint_t machine_uart_read(mp_obj_t self_in, void * buf_in, mp_uint_t size, int * errcode)
{
    const machine_uart_obj_t * self = MP_OBJ_TO_PTR(self_in);

    if (size == 0)
    {
        return 0;
    }

    /* 开始读数 */
    uint8_t * buf = buf_in;
    for (;;)
    {
        if (machine_uart_rx_any(self->uart_id) == 0)
        {
            return buf - (uint8_t *)buf_in;
        }
        *buf++ = machine_uart_rx_data(self->uart_id);
        if ( --size == 0 /* || !uart_rx_wait(self->timeout_char * 1000) */ )
        {
            return buf - (uint8_t *)buf_in;             /* 返回已读数据的数量 */
        }
    }
}
```

read()方法对应实现的函数接口：

- self 为类模块实例化对象的指针。
- size 传入希望收到的数据数量。
- buf_in 提供存放收到数据的缓冲区。
- error 为返回的错误码。
- 返回值为实际收到数据的数量，可以是 0，表示没有收到数据；最大是传入参数 size 的值。

此处的样例代码实现了一个非阻塞式的读数过程，无论接收缓冲区中是否有数，都会立即返回：

- 如果没有数，则直接返回 0；
- 如果有数，则把缓冲区中的数读出来。

① 如果从缓冲区中读到的数量不足 size，则将缓冲区读空后返回实际读到的数量；
② 如果从缓冲区中读到的数量大于或等于 size，则仅在读到足够的数量之后返回。

11.2.1.2　write()

machine_uart_write()函数是 mp_stream_p_t 结构体类型将要封装的 3 个函数之一，对应于 write()函数字段，主要用于处理写数过程，见代码 11-14。

代码 11-14　移植项目 machine_uart.c 文件中的 machine_uart_write()函数

```
STATIC mp_uint_t machine_uart_write(mp_obj_t self_in, const void * buf_in, mp_uint_t size,
int * errcode)
{
    machine_uart_obj_t * self = MP_OBJ_TO_PTR(self_in);
    const byte * buf = buf_in;

    /* 写数据 */
    for (size_t i = 0; i < size; ++i)
    {
        machine_uart_tx_data(self->uart_id, * buf++);
    }
    return size;                   /* 返回已经写入数据的数量 */
}
```

write()方法对应实现的函数接口：

- self 为类模块实例化对象的指针。
- size 传入将要发送的数据数量。
- buf_in 传入将要发送数据的缓冲区。
- error 为返回的错误码。
- 返回值为实际发送数据的数量，可以是 0，表示没有发送数据；最大是传入参数 size 的值。

此处样例代码实现的是一个阻塞式的发数过程，必须发送由传入参数 size 指定数量的数据之后才会返回。有一种使用发送缓冲区实现的发送过程，执行 write()发送一组数，实际直接将待发送数据写到发送缓冲区即返回，但如果当前发送缓冲区中没有足够的空间存放待发送数据，则返回值可能不为 size 值，而是实际已经装入发送缓冲区的数据数量。进一步地，当发送缓冲区满时，此函数是直接返回到调用者并返回小于 size 的值，或是等到发送缓冲区腾出足够的空间再装入本次要发送的全部数据，对应的就是非阻塞式和阻塞式的实现策略了。

11.2.1.3　ioctl()

machine_uart_ioctl()函数是 mp_stream_p_t 结构体类型将要封装的 3 个函数之一，对应于 ioctl()函数字段，主要用于参看当前缓冲区还剩多少字节待处理，见代码 11-15。

代码 11-15　移植项目 machine_uart.c 文件中的 machine_uart_ioctl()函数

```
STATIC mp_uint_t machine_uart_ioctl(mp_obj_t self_in, mp_uint_t request, mp_uint_t arg,
int * errcode)
{
    machine_uart_obj_t * self = (machine_uart_obj_t * )self_in;
```

```
    mp_uint_t ret;

    if (request == MP_STREAM_POLL)
    {
        mp_uint_t flags = arg;
        ret = 0;
        if ( (flags & MP_STREAM_POLL_RD) && machine_uart_rx_any(self->uart_id) )
        {
            ret |= MP_STREAM_POLL_RD;
        }
        //if ((flags & MP_STREAM_POLL_WR) && uart_tx_any_room(self->uart_id))
        if (flags & MP_STREAM_POLL_WR)
        {
            ret |= MP_STREAM_POLL_WR;
        }
    }
    else
    {
        *errcode = MP_EINVAL;
        ret = MP_STREAM_ERROR;
    }
    return ret;
}
```

ioctl()方法对应实现的函数接口：

- self 为类模块实例化对象的指针。
- request 传入命令码。
- arg 传入对应于命令码的参数值。
- error 为返回的错误码。
- 返回值可对应于不同命令的实现。

实际上，ioctl()方法在 stream 模型里几乎没起作用。在最小实现中，仅仅提供查询发送和接收过程是否完成的功能。

在 stream.h 中列写了 ioctl()可能使用的所有命令，这里也列出来供读者参考，见代码 11-16。

代码 11-16　stream.h 文件中定义的 IOCTL 命令

```
// Stream ioctl request codes
#define MP_STREAM_FLUSH            (1)
#define MP_STREAM_SEEK             (2)
#define MP_STREAM_POLL             (3)
#define MP_STREAM_CLOSE            (4)
#define MP_STREAM_TIMEOUT          (5)  // Get/set timeout (single op)
#define MP_STREAM_GET_OPTS         (6)  // Get stream options
#define MP_STREAM_SET_OPTS         (7)  // Set stream options
#define MP_STREAM_GET_DATA_OPTS    (8)  // Get data/message options
#define MP_STREAM_SET_DATA_OPTS    (9)  // Set data/message options
```

```
#define MP_STREAM_GET_FILENO     (10) // Get fileno of underlying file

// These poll ioctl values are compatible with Linux
#define MP_STREAM_POLL_RD        (0x0001)
#define MP_STREAM_POLL_WR        (0x0004)
#define MP_STREAM_POLL_ERR       (0x0008)
#define MP_STREAM_POLL_HUP       (0x0010)
#define MP_STREAM_POLL_NVAL      (0x0020)
```

11.2.2　基于中断机制的收发过程

通过阅读代码可知，依托于 MM32F3 微控制器平台，作者选择了最简单但必要的方式适配新建的 UART 类模块，即使用轮询方式发送数据流，使用中断方式接收数据。

- 对于发送过程，由于发送数据的时机和数据量都是微控制器自身可控的，因此使用轮询机制实现是可行的。但在轮询发送过程中，等待硬件通信引擎执行发送过程时，CPU 只能轮询通信引擎的发送标志位，不能执行其他计算任务，这确实会浪费时间。更进一步，若对整个 MicroPython 系统执行效率有更高要求，开发者可换用中断或者 DMA 的方式，将一整串数交给硬件外设之后，立刻返回到 MicroPython 内核执行其他计算任务，交由硬件相关的机制自动完成发送数据的全过程。此时，在应用中，同时需要用户在合适的时机使用 flush()等函数，处理好硬件同应用程序与数据发送通道的同步过程。例如，之前的数据还没有发完，发送通道被占用，此时需要等整个发送过程结束后才能启动当前发送过程，或者进一步对发送通道进行缓冲。随着需求的增多，缓冲机制也会更复杂，开发者可以根据应用需求设计对应的实现方式。
- 对于接收过程，由于无法预判实际通信数据的时机和数量，因此必须使用中断方式。作者曾做过使用轮询方式实现 UART 类模块接收过程的实验，当使用轮询方式实现时，无法支持上层应用中的超时等待功能。同时，若 UART 的通信过程中存在连续负载较大的时刻，且 MicroPython 的应用程序处理数据流之前的一个数据时产生滞留，那么在滞留期间对方 UART 发送至本机的数据将全部丢失。使用 DMA 方式的实现也存在一定的风险，因为接收数量不可预知，所以需要一些函数及时人工关停和重启 DMA 等待触发的过程。

在实现了 machine_uart_write()、machine_uart_read()、machine_uart_ioctl()函数的同时，作者借鉴了 MicroPython 支持的其他微控制器平台的 UART 类模块实现实例，实现并开发了 init()和 any()方法。其中，init()方法可以用来对已经在实例化过程初始化过的 UART 实例重新初始化，最常用的应用场景是重新设置 UART 的通信波特率。any()方法可查看当前接收数据缓冲区中已经存了多少数据，这个功能可用于实现更灵活的数据接收功能，例如，应用程序从 UART 实例读数之前，先通过 any()方法查看当前缓冲区是否有数据和有多少数据，然后适时调用 read()方法从接收缓冲区中读取数据。有些应用程序需要实现超时通信机制，也可以利用 any()方法，配合应用程序中的定时器模块共同完成：当需要读数时，若通过 any()方法查看当前缓冲区中收到数据的数量，如果没有数据就等一等再看；若等到若干次之后还是没有数据，则直接跳出判断循环，宣告读取超时；若中间通过any()方法查看可以获取一部分数据，则对应使用read()方法取出这部分已经收到的数据，如果在最终超时期限之前还没有得到足够多的数据，也可以在跳出判断循环后对应返回已经收到数据的数量及内容。

为了支持硬件中断的工作，需要在UART类模块的整个实现框架上考虑支持硬件所需要的配置信息和处理过程。

在ports/mm32f3/machine_uart.h文件定义的machine_uart_obj_t中，就包含了中断向量号的信息，同时预留了接收缓冲区的配置字段，并指定UART的接收缓冲区长度为MACHINE_UART_XFER_BUFF_LEN的值，见代码11-17。

代码11-17 machine_uart.h中定义machine_uart_obj_t

```
#define MACHINE_UART_XFER_BUFF_LEN  64u
#define MACHINE_UART_NUM            8u /* machine_uart_num. */

/* UART class instance configuration structure. */
typedef struct
{
    uint32_t baudrate;
    rbuf_t * rx_rbuf;
} machine_uart_conf_t;

typedef struct
{
    mp_obj_base_t base;         // object base class.

    const machine_pin_obj_t * rx_pin_obj;
    uint32_t rx_pin_af;

    const machine_pin_obj_t * tx_pin_obj;
    uint32_t tx_pin_af;

    UART_Type * uart_port;
    IRQn_Type   uart_irqn; /* for rx interrupt vector. */
    uint32_t    uart_id;

    machine_uart_conf_t * conf;
} machine_uart_obj_t;
```

在ports/mm32f3/boards/plus-f3270/machine_pin_board_pins.c文件中预先创建了UART类模块的实例对象，见代码11-18。

代码11-18 在machine_pin_board_pins.c文件中预定义UART类模块

```
/* for UART. */
const uint32_t machine_uart_num = 8u;
machine_uart_conf_t machine_uart_conf[8]; /* static mamory instead of malloc(). */
```

```
UART_Type * const machine_uart_port[8] = {UART1, UART2, UART3, UART4, UART5, UART6, UART7, UART8};

const machine_uart_obj_t uart_0 = { .base = { &machine_uart_type },
                                   .rx_pin_obj = &pin_PA10, .rx_pin_af = GPIO_AF_7,
                                   .tx_pin_obj = &pin_PA9 , .tx_pin_af = GPIO_AF_7,
                                   .uart_port = machine_uart_port[0],
                                   .uart_irqn = UART1_IRQn,
.                                   uart_id = 0u, .conf = &machine_uart_conf[0]};
const machine_uart_obj_t uart_1 = { .base = { &machine_uart_type },
                                   .rx_pin_obj = &pin_PA3 , .rx_pin_af = GPIO_AF_7,
                                   .tx_pin_obj = &pin_PA2 , .tx_pin_af = GPIO_AF_7,
                                   .uart_port = machine_uart_port[1],
                                   .uart_irqn = UART2_IRQn,
                                   .uart_id = 1u, .conf = &machine_uart_conf[1]};
...

const machine_uart_obj_t * machine_uart_objs[] =
{
    &uart_0,
    &uart_1,
    &uart_2,
    &uart_3,
    &uart_4,
    &uart_5,
    &uart_6,
    &uart_7,
};
```

最后，配合 uart_find()函数提供索引 UART 实例的功能，见代码 11-19。

代码 11-19　machine_uart.c 中的 uart_find()函数

```
/* 格式化 UART 对象,传入参数无论是已经初始化好的 UART 对象,还是一个表示 UART 清单中的索
引编号,通过本函数都返回一个期望的 UART 对象 */
const machine_uart_obj_t * uart_find(mp_obj_t user_obj)
{
    /* 如果传入参数本身就是一个 UART 的实例,则直接送出这个 UART */
    if ( mp_obj_is_type(user_obj, &machine_uart_type) )
    {
        return user_obj;
    }

    /* 如果传入参数是一个 UART 通道号,则通过索引在 UART 清单中找到这个通道,然后送出这
个通道 */
    if ( mp_obj_is_small_int(user_obj) )
    {
        uint8_t uart_idx = MP_OBJ_SMALL_INT_VALUE(user_obj);
        if ( uart_idx < machine_uart_num )
        {
```

```
            return machine_uart_objs[uart_idx];
        }
    }

    mp_raise_ValueError(MP_ERROR_TEXT("UART doesn't exist"));
}
```

11.2.3 轮询发送和中断接收机制的接口函数

若想配置微控制器硬件实现轮询发送和中断接收可以在后台自行工作，则只要开放给软件必要的初始化、发数和收数的函数接口即可（通常情况下，这部分内容属于BSP的范畴），如这样做便于同框架性的软件接口进行适配，而不需要向软件框架呈现具体的、硬件相关的特性。

11.2.3.1 machine_uart_hw_init()

machine_uart_hw_init()用于初始化具体平台上UART通信引擎相关的外设模块。需要特别注意的是，在样例代码中，准备好了接收缓冲区，配置并启用了UART接收中断。而接收缓冲区的空间也是在machine_uart.c文件中使用静态内存预分配的，见代码11-20。

代码11-20 初始化UART硬件为中断机制并预分配接收缓冲区

```
uint8_t machine_uart_rx_buff[MACHINE_UART_NUM][MACHINE_UART_XFER_BUFF_LEN];
rbuf_t machine_uart_rx_rbuf[MACHINE_UART_NUM];

void machine_uart_hw_init(const machine_uart_obj_t * self, UART_Init_Type * init)
{
    /* 配置引脚复用功能 */
    GPIO_Init_Type gpio_init;
    gpio_init.Speed = GPIO_Speed_50MHz;
    /* 接收引脚 */
    gpio_init.Pins = ( 1u << (self->rx_pin_obj->gpio_pin) );
    gpio_init.PinMode = GPIO_PinMode_In_Floating;
    GPIO_Init(self->rx_pin_obj->gpio_port, &gpio_init);
    GPIO_PinAFConf(self->rx_pin_obj->gpio_port, gpio_init.Pins, self->rx_pin_af);
    /* 发送引脚 */
    gpio_init.Pins = ( 1u << (self->tx_pin_obj->gpio_pin) );
    gpio_init.PinMode = GPIO_PinMode_AF_PushPull;
    GPIO_Init(self->tx_pin_obj->gpio_port, &gpio_init);
    GPIO_PinAFConf(self->tx_pin_obj->gpio_port, gpio_init.Pins, self->tx_pin_af);
    /* 配置UART通信引擎 */
    rbuf_init(&machine_uart_rx_rbuf[self->uart_id], machine_uart_rx_buff[self->uart_id],
MACHINE_UART_XFER_BUFF_LEN);
    self->conf->rx_rbuf = &machine_uart_rx_rbuf[self->uart_id];
    machine_uart_enable_clock(self->uart_id, true);
    UART_Init(self->uart_port, init);
    /* 仅对接收过程启动中断，发送过程仍使用轮询方式 */
```

```
        UART_EnableInterrupts(self->uart_port, UART_INT_RX_DONE, true);
        NVIC_EnableIRQ(self->uart_irqn);
        /* 启动 UART 通信引擎 */
        UART_Enable(self->uart_port, true);
    }
```

11.2.3.2　machine_uart_tx_data()

由于使用了轮询方式实现发送过程，所以此处通过 machine_uart_tx_data()函数发送单个字节的数据，见代码 11-21。

代码 11-21　machine_uart.c 中的 machine_uart_tx_data()函数

```
bool machine_uart_tx_data(uint32_t uart_id, uint8_t tx_data)
{
    const machine_uart_obj_t * uart_obj = machine_uart_objs[uart_id];
    UART_Type * uartx = uart_obj->uart_port;
    while ( 0u == (UART_STATUS_TX_EMPTY & UART_GetStatus(uartx)) )
    {}
    UART_PutData(uartx, tx_data);

    return true;
}
```

11.2.3.3　machine_uart_rx_data() & machine_uart_rx_any()

这里使用接收缓冲区配合硬件的中断机制，实现了接收队列。启用硬件中断后，在对应 UART 通道的中断服务程序中，将每次触发中断的接收数据转存到软件实现的接收缓冲区中，开发者后续仅能通过接收缓冲区获取 UART 通道之前接收到的数据。缓冲区组件 rbuf 不仅能提供加数和减数的功能，还可以通过 rbuf_count() 函数返回当前缓冲区中已经保存数据的数量，可以直接对接 any()方法的实现，见代码 11-22。

代码 11-22　UART 接收数据的两个函数及相关中断服务入口

```
/* 从软件的接收缓冲区中读取已经收到的数据 */
uint8_t machine_uart_rx_data(uint32_t uart_id)
{
    const machine_uart_obj_t * uart_obj = machine_uart_objs[uart_id];
    rbuf_t * rx_rbuf = uart_obj->conf->rx_rbuf;

    while ( rbuf_is_empty(rx_rbuf) )
    {
    }
    return rbuf_output(rx_rbuf);
}

/* 查看当前接收缓冲区中可以读出的数据量 */
uint32_t machine_uart_rx_any(uint32_t uart_id)
{
```

```
    const machine_uart_obj_t * uart_obj = machine_uart_objs[uart_id];
    rbuf_t * rx_rbuf = uart_obj->conf->rx_rbuf;
    return rbuf_count(rx_rbuf);
}

/* 定义统一的中断处理流程 */
void machine_uart_irq_handler(uint32_t uart_id)
{
    const machine_uart_obj_t * uart_obj = machine_uart_objs[uart_id];
    UART_Type * uartx = uart_obj->uart_port;
    rbuf_t * rx_rbuf = uart_obj->conf->rx_rbuf;

    /* 处理接收过程 */
    if (   (0u != (UART_INT_RX_DONE & UART_GetEnabledInterrupts(uartx)))
        && (0u != (UART_INT_RX_DONE & UART_GetInterruptStatus(uartx))) )
    {
        if ( !rbuf_is_full(rx_rbuf) )
        {
            /* 从接收寄存器中读数并清接收中断标志 */
            rbuf_input(rx_rbuf, UART_GetData(uartx));
        }
    }
}

/* 从硬件中断服务程序中调用统一的处理流程 */
void UART1_IRQHandler(void) { machine_uart_irq_handler(0u); }
void UART2_IRQHandler(void) { machine_uart_irq_handler(1u); }
void UART3_IRQHandler(void) { machine_uart_irq_handler(2u); }
void UART4_IRQHandler(void) { machine_uart_irq_handler(3u); }
void UART5_IRQHandler(void) { machine_uart_irq_handler(4u); }
void UART6_IRQHandler(void) { machine_uart_irq_handler(5u); }
void UART7_IRQHandler(void) { machine_uart_irq_handler(6u); }
void UART8_IRQHandler(void) { machine_uart_irq_handler(7u); }
```

11.2.4 其他必要的方法

除了 stream 框架需要实现的主要函数，本节继续介绍 UART 作为一个类模块，需要实现的常规类方法。

11.2.4.1 make_new()

machine_uart_obj_make_new()函数对应 UART 类模块的 make_new()实例化方法，用于创建新的 machine_uart_obj_t 实例化对象，并解析实例化参数，完成对关联 UART 通道硬件的初始化配置。

在 machine_uart_obj_make_new()函数中，使用了从预分配实例化对象清单中索引对象的方式创建 machine_uart_obj_t 实例化对象，解析参数的部分，则交给 machine_uart_obj_init_helper()完成，而 machine_uart_obj_init_helper()函数内部调用 machine_uart_hw_init()函数最终完成初始化配置 UART 硬件的操作，见代码 11-23。

创建 machine_uart_obj_init_helper()函数的意义在于，它不仅可以支持 machine_uart_obj_make_new()函数，还可以通过包装一个“马甲”，作为 init()方法直接被用户使用。

在范例实现的源码代码中，支持实例化函数的参数列表可以包含的配置项包括：

- baudrate，通信波特率，默认为 9600。可由用户自定义，如 115 200。
- bits，通信单元数据的位长，默认为 8 位，即 1 个字节。可选择为 8 或者 9。
- parity，校验位选项，默认为无校验。可选择无校验、奇校验或偶校验。
- stop，停止位选项，默认为 1 位停止位。可选择 1 位、2 位停止位。

代码 11-23　实现 UART 类模块的 init_helper()和 make_new()函数

```
STATIC mp_obj_t machine_uart_obj_init_helper (
    const machine_uart_obj_t * self, /* machine_uart_obj_t 类型的变量,包含硬件信息 */
    size_t n_args,                   /* 位置参数数量 */
    const mp_obj_t * pos_args,       /* 位置参数清单 */
    mp_map_t * kw_args )             /* 关键字参数清单结构体 */
{
    static const mp_arg_t allowed_args[] =
    {
        [UART_INIT_ARG_BAUDRATE ] { MP_QSTR_baudrate , MP_ARG_INT, {.u_int = 9600} },
        [UART_INIT_ARG_BITS     ] { MP_QSTR_bits     , MP_ARG_INT, {.u_int = 8}    },
        [UART_INIT_ARG_PARITY   ] { MP_QSTR_parity   , MP_ARG_INT, {.u_int = 0} },
        [UART_INIT_ARG_STOP     ] { MP_QSTR_stop     , MP_ARG_INT, {.u_int = 1}    },
    };

    /* 解析参数 */
    mp_arg_val_t args[MP_ARRAY_SIZE(allowed_args)];
    mp_arg_parse_all(n_args, pos_args, kw_args, MP_ARRAY_SIZE(allowed_args), allowed_args,
args);

    /* 配置 UART 通信引擎. */
    UART_Init_Type uart_init;
    uart_init.ClockFreqHz    = BOARD_DEBUG_UART_FREQ;

    if (args[UART_INIT_ARG_BAUDRATE].u_int > 0)            /* 波特率 */
    {
        uart_init.BaudRate       = args[UART_INIT_ARG_BAUDRATE].u_int;
    }
    else
    {
        mp_raise_ValueError(MP_ERROR_TEXT("unavailable param: baudrate."));
    }

    if (args[UART_INIT_ARG_BITS].u_int == 8)               /* 单个数据的位数 */
    {
        uart_init.WordLength     = UART_WordLength_8b;     /* 当前仅支持 8 位数 */
    }
    else
    {
        mp_raise_ValueError(MP_ERROR_TEXT("unavailable param: bits."));
```

```
    }

    if (args[UART_INIT_ARG_PARITY].u_int <= 2)          /* 无校验,或者奇偶校验 */
    {
        uart_init.Parity          = args[UART_INIT_ARG_PARITY].u_int;
    }
    else
    {
        mp_raise_ValueError(MP_ERROR_TEXT("unavailable param: parity."));
    }

    if (args[UART_INIT_ARG_STOP].u_int == 1)           /* 停止位长度 */
    {
        uart_init.StopBits       = UART_StopBits_1;
    }
    else if (args[UART_INIT_ARG_STOP].u_int == 2)
    {
        uart_init.StopBits       = UART_StopBits_2;
    }
    else
    {
        mp_raise_ValueError(MP_ERROR_TEXT("unavailable param: stop."));
    }
    uart_init.XferMode           = UART_XferMode_RxTx;
    uart_init.HwFlowControl = UART_HwFlowControl_None;
    machine_uart_hw_init(self, &uart_init);

    /* 在 UART 类对象内部保存必要的配置状态,在运行时会动态调整和调用 */
    self->conf->baudrate = args[UART_INIT_ARG_BAUDRATE].u_int;

    return mp_const_none;
}

/* 返回一个 machine_uart_obj_t 类型的 UART 类对象实例 */
mp_obj_t machine_uart_obj_make_new(const mp_obj_type_t *type, size_t n_args, size_t n_kw,
const mp_obj_t *args)
{
    mp_arg_check_num(n_args, n_kw, 1, MP_OBJ_FUN_ARGS_MAX, true);

    const machine_uart_obj_t *uart_obj = uart_find(args[0]);

    if ( (n_args >= 1) || (n_kw >= 0) )
    {
        mp_map_t kw_args;
        mp_map_init_fixed_table(&kw_args, n_kw, args + n_args);
                        /* 将关键字参数从总的参数列表中提取出来,单独封装成 kw_args */
        machine_uart_obj_init_helper(uart_obj, n_args - 1, args + 1, &kw_args);
    }

    return (mp_obj_t)uart_obj;
}
```

11.2.4.2　print()

machine_uart_obj_print()函数对应 UART 类模块的 print()方法，可用于向 REPL 打印 UART 类实例对象的属性信息。在实现范例中，能够实现打印当前 UART 的 ID 编号、通信波特率，以及接收和发送引脚的引脚名，见代码 11-24。

代码 11-24　machine_uart.c 文件中的 machine_uart_obj_print()函数

```
STATIC void machine_uart_obj_print(const mp_print_t *print, mp_obj_t o, mp_print_kind_t kind)
{
    /* o is the machine_pin_obj_t. */
    (void)kind;
    const machine_uart_obj_t *self = MP_OBJ_TO_PTR(o);
    mp_printf(print, "UART(%d): baudrate=%d on RX(%s), TX(%s)",
        self->uart_id, self->conf->baudrate,
        qstr_str(self->rx_pin_obj->name),
        qstr_str(self->tx_pin_obj->name)
        );
}
```

11.2.5　向 MicroPython 中集成 UART 类模块

在准备好所有的源码之后，将新创建的 machine_uart.c 源文件添加到移植项目的 Makefile 文件中，并确保 rbuf 组件和 machine_uart.c 中使用的相关外设驱动的源码也包含在 Makefile 文件中，见代码 11-25。

代码 11-25　更新 Makefile 集成 UART 类模块

```
...
INC += -I$(TOP)/lib/rbuf
...
# source files.
SRC_HAL_C += \
    $(MCU_DIR)/devices/$(CMSIS_MCU)/system_$(CMSIS_MCU).c \
    $(MCU_DIR)/drivers/hal_rcc.c \
    $(MCU_DIR)/drivers/hal_gpio.c \
    $(MCU_DIR)/drivers/hal_uart.c \
    ...

SRC_C += \
    main.c \
    modmachine.c \
    ...
    machine_uart.c \
    ...

# list of sources for qstr extraction
SRC_QSTR += modmachine.c \
        ...
```

```
            machine_uart.c \
            ...
            lib/rbuf/rbuf.c \
            ...
```

重新编译项目，确保编译过程无误，即可生成新的可执行文件。

11.3 实验

重新编译 MicroPython 项目，创建 firmware.elf 文件，并下载到 PLUS-F3270 开发板。

使用 UART 类模块收发数据

在本例中，需要建立测试用例，验证新建 UART 类模块能够按照预期工作。

具体地，可以在 PLUS-F3270 开发板上，用杜邦线短接 B0 和 B1 引脚，这两个引脚对应 MM32F3270 微控制器的 UART6-TX 和 UART6-RX 信号。短接这两个引脚之后，使 UART6 外设模块形成了回环。UART 的发送数据流和接收数据流是分别管理的，所以使用同一个 UART 外设模块验证收发功能是可行的。

导入 machine 类模块，可以看到 machine 类模块中已经包含了 UART 类模块，见代码 11-26。

代码 11-26　使用 dir()查看 machine 类模块已经包含了 UART 类模块

```
>>> import machine
>>> dir(machine)
['__name__', 'ADC', 'DAC', 'I2C', 'PWM', 'Pin', 'SDCard', 'SPI', 'SoftI2C', 'SoftSPI', 'Timer',
'UART', 'freq', 'mem16', 'mem32', 'mem8', 'reset']
>>>
```

导入 UART 模块，创建绑定到 UART6 外设模块的 UART 类实例，并查看新创建实例对象的属性信息，见代码 11-27。

代码 11-27　在 REPL 中导入 UART 类并查看属性方法

```
>>> from machine import UART
>>> uart = UART(5, baudrate=115200)
>>> print(uart)
UART(5): baudrate=115200 on RX(PB1), TX(PB0)
>>> dir(uart)
['__next__', 'any', 'read', 'readinto', 'readline', 'write', 'PARITY_EVEN', 'PARITY_NONE',
'PARITY_ODD', 'init']
>>>
```

注意，MM32F3270 微控制器的 UART 编号是从 1 开始的，但在程序中的 UART 数组是从 0 开始编号的，因此，软件中的 UART(5)对应硬件 UART6。

通过 stream 框架的读写函数执行基于 UART 模块的通信过程，见代码 11-28。

代码 11-28　在 REPL 中使用 UART 类模块读写字符串

```
>>> uart.write('hello')
5
>>> uart.any()
5
>>> uart.read(2)
b'he'
>>> uart.any()
3
>>> uart.read(3)
b'llo'
>>>
```

首先，UART 实例使用 write()方法，写了一个字符串'hello'，总共 5 个字节。由于 UART6 的 TX 和 RX 引脚被连在一起，这 5 个字节将被 UART 的接收过程捕获，并存放在接收缓冲区中。此时，通过 any()方法可以查看当前接收缓冲区中的数量为 5，发送数量匹配。之后，使用 read()方法，从接收缓冲区中读出两个字节，实际读出了最先进入缓冲区的两个字节'he'。此时再通过 any()方法查看当前接收缓冲区的数量，变成 3，与实际情况匹配。最后，再使用 read() ，把剩下的 3 个字节读出来，显示为'llo'，与期望输出匹配。验证成功。

11.4　本章小结

为在 MicroPython 中新建 UART 类模块，本章分析了 MicroPython 内核提供的数据流模型 stream 框架。通过探究 stream 框架内部的函数调用关系可知，stream 框架需要开发者面向具体平台实现 write()、read()和 ioctl()函数即可进行适配。完成适配后，stream 框架直接提供规范的、可绑定属性方法的函数，可用于创建使用流通信机制的衍生类模块，例如 UART。

本章基于 MM32F3270 微控制器，具体创建了 UART 类模块。其中，对于发送过程使用轮询方法实现，对于接收过程使用中断与软件缓冲区配合实现。经验证，新建 UART 模块可以正常工作。

第12章

新建 SPI 类模块

同 machine_uart 类似，MicroPython 的 extmod 目录下也预存了 machine_spi 的实现框架，使用了类似于 machine_uart 中用到的 stream 流模型。machine_spi 不仅提供了基于硬件 SPI 模块的接口，还提供了一套使用 GPIO 配合软件操作模拟 SPI 通信过程的实现，即 SoftSPI。SoftSPI 是基于 machine_spi 框架实现的一个 SPI 类模块的范例。同时，使用 SoftSPI 的意义在于，可以不受硬件 SPI 数量和引脚的限制，可以任意指定引脚，这对于上层应用软件的使用是非常方便的。

12.1 启用 machine_spi 框架

MicroPython 在 extmod 中提供了 machine_spi.h 和 machine_spi.c 源文件，其中包含了一个与 stream 类似的框架，对应在 UART 类模块中使用的 mp_stream_p_t 类型，在 SPI 类模块中定义了 mp_machine_spi_p_t 类型。同时，machine_spi 中包含完整的 SoftSPI 模块的实现，可作为 machine_spi 框架衍生类模块的实现范例。作者在实现硬件 SPI 类模块时，将会在 ports/mm32f3 目录下再创建 machine_spi.h 和 machine_spi.c，专门用于放置硬件 SPI 类模块相关的实现函数和对接 machine_spi 框架的操作，同 extmod 目录下的 machine_spi.h 和 machine_spi.c 共存。

启用 extmod/machine_spi.c 中的代码，首先，需要在移植项目目录下的 mpconfigport.h 文件中配置宏开关 MICROPY_PY_MACHINE_SPI。在后续实现 machine_spi 衍生类模块，无论是软件的 SoftSPI 还是硬件 SPI，都将使用 extmod/machine_spi.c 中定义的 machine_spi 框架，见代码 12-1。

代码 12-1 配置 mpconfigport.h 启用 machine_spi 框架相关宏开关

```
/* 扩展功能模块 */
#define MICROPY_PY_UTIME_MP_HAL          (1)
#define MICROPY_PY_MACHINE               (1)
#define MICROPY_PY_MACHINE_SPI           (1) /* 启用 extmod/machine_spi.c */
```

由 extmod/machine_spi.c 中的源码可见，所有与 machine_spi 框架相关的源码，均包含在 MICROPY_PY_MACHINE_SPI 的宏定义中，见代码 12-2。

代码 12-2 machine_spi.c 文件中使用 MICROPY_PY_MACHINE_SPI 宏开关

```
#include <stdio.h>
#include <string.h>

#include "py/runtime.h"
#include "extmod/machine_spi.h"

#if MICROPY_PY_MACHINE_SPI

#ifndef MICROPY_PY_MACHINE_SPI_MSB
#define MICROPY_PY_MACHINE_SPI_MSB (0)
#define MICROPY_PY_MACHINE_SPI_LSB (1)
#endif
...
```

这里,以 SoftSPI 类模块的实现为例,深入探究 machine_spi 框架的设计思路,以了解创建 machine_spi 衍生类模块的操作方法。

SoftSPI 类模块的 mp_machine_soft_spi_type 类型对象实例结构体中包含的 locals_dict 字段,对接了 mp_machine_spi_locals_dict,其中封装了该类模块的所有属性方法,而这些属性方法通常是开发者移植一个类模块需要实现的主要内容。mp_machine_spi_locals_dict 是 machine_spi 框架预先写好的类属性方法清单的标准实现。也就是说,以后使用 machine_spi 框架创建的衍生类模块,都必须提供 mp_machine_spi_locals_dict 中包含的这些方法的具体实现,见代码 12-3。

代码 12-3 machine_spi 框架定义的类属性清单

```
STATIC const mp_rom_map_elem_t machine_spi_locals_dict_table[] = {
    { MP_ROM_QSTR(MP_QSTR_init), MP_ROM_PTR(&machine_spi_init_obj) },
    { MP_ROM_QSTR(MP_QSTR_deinit), MP_ROM_PTR(&machine_spi_deinit_obj) },
    { MP_ROM_QSTR(MP_QSTR_read), MP_ROM_PTR(&mp_machine_spi_read_obj) },
    { MP_ROM_QSTR(MP_QSTR_readinto), MP_ROM_PTR(&mp_machine_spi_readinto_obj) },
    { MP_ROM_QSTR(MP_QSTR_write), MP_ROM_PTR(&mp_machine_spi_write_obj) },
    { MP_ROM_QSTR(MP_QSTR_write_readinto), MP_ROM_PTR(&mp_machine_spi_write_readinto_obj) },

    { MP_ROM_QSTR(MP_QSTR_MSB), MP_ROM_INT(MICROPY_PY_MACHINE_SPI_MSB) },
    { MP_ROM_QSTR(MP_QSTR_LSB), MP_ROM_INT(MICROPY_PY_MACHINE_SPI_LSB) },
};

MP_DEFINE_CONST_DICT(mp_machine_spi_locals_dict, machine_spi_locals_dict_table);
```

由 mp_machine_spi_locals_dict 的源码可知,machine_spi 框架提供给用户并要求开发者实现的属性方法如下:

- init() & MSB / LSB。
- deinit()。
- read() & readinto()。
- write() & write_readinto()。

其中,对应这些属性方法实现的带有“mp_”前缀的函数,都是 machine_spi 框架中预先写好的函数,不需要开发者另行创建。因此,在这个层面上,需要开发者自行实现属性方法对应的函数,就只有 init()和 deinit()了(但实际上,machine_spi 框架也提供了 machine_spi_init_obj 和 machien_spi_deinit_obj 的实现范例,也不需要开发者自行实现)。

再来看 machine_spi 框架中,预先写好的对应属性方法的函数是如何与具体硬件相关的操作适配的呢?下面以 mp_machine_spi_read_obj 为例说明,见代码 12-4。

代码 12-4 machine_spi 框架下的 mp_machine_spi_read()函数

```
STATIC mp_obj_t mp_machine_spi_read(size_t n_args, const mp_obj_t * args) {
    vstr_t vstr;
    vstr_init_len(&vstr, mp_obj_get_int(args[1]));
    memset(vstr.buf, n_args == 3 ? mp_obj_get_int(args[2]) : 0, vstr.len);
    mp_machine_spi_transfer(args[0], vstr.len, vstr.buf, vstr.buf);
    return mp_obj_new_str_from_vstr(&mp_type_bytes, &vstr);
}
MP_DEFINE_CONST_FUN_OBJ_VAR_BETWEEN(mp_machine_spi_read_obj, 2, 3, mp_machine_spi_read);
```

在 mp_machine_spi_read()函数中,调用了 mp_machine_spi_transfer()函数,这又是一个带有“mp_”前缀的函数,在 machine_spi 框架中提供了标准实现,见代码 12-5。

代码 12-5 machine_spi 框架下的 mp_machine_spi_transfer()函数

```
STATIC void mp_machine_spi_transfer(mp_obj_t self, size_t len, const void * src, void * dest) {
    mp_obj_base_t * s = (mp_obj_base_t * )MP_OBJ_TO_PTR(self);
    mp_machine_spi_p_t * spi_p = (mp_machine_spi_p_t * )s->type->protocol;
    spi_p->transfer(s, len, src, dest);
}
```

从 mp_machine_spi_transfer()函数的实现代码可以看到,其内部调用了类型对象中 protocol 字段中的 transfer()函数。

类似地,mp_machine_spi_readinto_obj、mp_machine_spi_write_obj 和 mp_machine_spi_write_readinto_obj 实现的属性方法,内部也是通过调用 mp_machine_spi_transfer()函数,通过 protocol 结构体的 transfer()函数操纵底层硬件,最终通过 SPI 总线完成数据的收发工作。那么,再看一下源码中对 protocol 字段的内容及其定义。在 extmod/machine_spi.c 文件中,提供了一个 SoftSPI 的 protocol 实现,见代码 12-6。

代码 12-6 machine_spi 框架下的 SoftSPI 协议实现

```
const mp_machine_spi_p_t mp_machine_soft_spi_p = {
    .init = mp_machine_soft_spi_init,
    .deinit = NULL,
    .transfer = mp_machine_soft_spi_transfer,
};
const mp_obj_type_t mp_machine_soft_spi_type = {
    { &mp_type_type },
```

```
    .name = MP_QSTR_SoftSPI,
    .print = mp_machine_soft_spi_print,
    .make_new = mp_machine_soft_spi_make_new,
    .protocol = &mp_machine_soft_spi_p, /* SoftSPI 通信相关的回调函数 */
    .locals_dict = (mp_obj_dict_t *)&mp_machine_spi_locals_dict,
                                    /* machine_spi 框架提供的本地属性方法清单 */
};
```

同时，在 extmod/machine_spi.h 文件中，给出了 mp_machine_spi_p_t 结构体的定义，见代码 12-7。

代码 12-7　machine_spi.h 文件中定义的 mp_machine_spi_p_t 结构体

```
* SPI 类模块中填充 protocol 字段 */
typedef struct _mp_machine_spi_p_t {
    void (*init)(mp_obj_base_t *obj, size_t n_args, const mp_obj_t *pos_args, mp_map_t
*kw_args);
    void (*deinit)(mp_obj_base_t *obj);          // 可以为 NULL,表示不提供此项服务
    void (*transfer)(mp_obj_base_t *obj, size_t len, const uint8_t *src, uint8_t *dest);
} mp_machine_spi_p_t;
```

由此可知，开发者移植或者创建 machine_spi 衍生类模块，最需要实现的就是 mp_machine_spi_p_t 结构体中的 transfer()函数，这个函数与具体平台上的硬件工作机制相关。

实际上，查看 machine_spi 框架中 mp_machine_spi_locals_dict 包含的 machine_spi_init_obj 和 machine_spi_deinit_obj 的实现内容，就会发现，它们最终也是通过调用 mp_machine_spi_p_t 结构体中的 init()和 deinit()函数操纵底层硬件相关的函数完成工作。而 machine_spi_init_obj 和 machine_spi_deinit_obj 的实现代码已经存在于 machine_spi 框架的源代码中，等同于带"mp_"前缀的"系统级"函数。

如此，作者在这里特别分析 mp_machine_spi_p_t 结构体中的 3 个函数的实现接口，以便为后续创建硬件 SPI 类模块提供设计依据。在 SoftSPI 类模块提供的范例实现代码中，有定义 mp_machine_spi_p_t 内容，见代码 12-8。

代码 12-8　SoftSPI 类模块填充的 mp_machine_spi_p_t

```
const mp_machine_spi_p_t mp_machine_soft_spi_p = {
    .init = mp_machine_soft_spi_init,
    .deinit = NULL,
    .transfer = mp_machine_soft_spi_transfer,
};
```

1. init()

在 SoftSPI 类模块的实现范例中，mp_machine_soft_spi_p 结构体的 init 字段具体适配了 mp_machine_soft_spi_init()函数，将在 machine_spi_init()函数中被调用，而 machine_spi_init()函数对应 SoftSPI 类模块属性方法 init()的实现，见代码 12-9。

代码 12-9　SoftSPI 类模块的 machine_spi_init()函数

```
STATIC mp_obj_t machine_spi_init(size_t n_args, const mp_obj_t * args, mp_map_t * kw_args) {
    mp_obj_base_t * s = (mp_obj_base_t *)MP_OBJ_TO_PTR(args[0]);
    mp_machine_spi_p_t * spi_p = (mp_machine_spi_p_t *)s->type->protocol;
    spi_p->init(s, n_args - 1, args + 1, kw_args);
    return mp_const_none;
}
STATIC MP_DEFINE_CONST_FUN_OBJ_KW(machine_spi_init_obj, 1, machine_spi_init);
```

开发者若要创建新的 SPI 类模块，则需要实现类似的 init()方法。作为实现范例，下面给出 mp_machine_soft_spi_init()函数的实现，见代码 12-10。

代码 12-10　SoftSPI 类模块的 mp_machine_soft_spi_init()函数

```
STATIC void mp_machine_soft_spi_init(mp_obj_base_t * self_in, size_t n_args, const mp_obj_t
 * pos_args, mp_map_t * kw_args)
{
    /* 获取 self 指针 */
    mp_machine_soft_spi_obj_t * self = (mp_machine_soft_spi_obj_t *)self_in;

    /* 解析参数 */
    enum { ARG_baudrate, ARG_polarity, ARG_phase, ARG_sck, ARG_mosi, ARG_miso };
    static const mp_arg_t allowed_args[] = {
        { MP_QSTR_baudrate, MP_ARG_INT, {.u_int = -1} },
        { MP_QSTR_polarity, MP_ARG_INT, {.u_int = -1} },
        { MP_QSTR_phase, MP_ARG_INT, {.u_int = -1} },
        { MP_QSTR_sck, MP_ARG_KW_ONLY | MP_ARG_OBJ, {.u_obj = MP_OBJ_NULL} },
        { MP_QSTR_mosi, MP_ARG_KW_ONLY | MP_ARG_OBJ, {.u_obj = MP_OBJ_NULL} },
        { MP_QSTR_miso, MP_ARG_KW_ONLY | MP_ARG_OBJ, {.u_obj = MP_OBJ_NULL} },
    };
    mp_arg_val_t args[MP_ARRAY_SIZE(allowed_args)];
    mp_arg_parse_all(n_args, pos_args, kw_args, MP_ARRAY_SIZE(allowed_args), allowed_args,
args);

    /* 保存初始化配置参数 */
    if (args[ARG_baudrate].u_int != -1) {
        self->spi.delay_half = baudrate_to_delay_half(args[ARG_baudrate].u_int);
    }
    if (args[ARG_polarity].u_int != -1) {
        self->spi.polarity = args[ARG_polarity].u_int;
    }
    if (args[ARG_phase].u_int != -1) {
        self->spi.phase = args[ARG_phase].u_int;
    }
    if (args[ARG_sck].u_obj != MP_OBJ_NULL) {
        self->spi.sck = mp_hal_get_pin_obj(args[ARG_sck].u_obj);
    }
    if (args[ARG_mosi].u_obj != MP_OBJ_NULL) {
```

```
        self->spi.mosi = mp_hal_get_pin_obj(args[ARG_mosi].u_obj);
    }
    if (args[ARG_miso].u_obj != MP_OBJ_NULL) {
        self->spi.miso = mp_hal_get_pin_obj(args[ARG_miso].u_obj);
    }

    /* 初始化配置引脚 */
    mp_soft_spi_ioctl(&self->spi, MP_SPI_IOCTL_INIT);
}
```

由源码可知，init()方法传入了一个包含关键字参数的可变参数清单，类似于 make_new()函数所使用的传入参数清单，将它们的传入值解析出来后保存至 SoftSPI 类模块的实例对象中。之后就执行对相关引脚的初始化配置，例如，配置 SPI 接口的 MOSI、CLK 引脚为输出方向，配置 MISO 引脚为输入方向等，这已经是同具体硬件相关的操作了。mp_soft_spi_ioctl()函数的具体实现位于 drivers\bus\softspi.c 文件中，这是专为使用 GPIO 模拟 SPI 实现的一组 API。比较有趣的是，这本不是一个同 MicroPython 内核紧密相关的功能，但也使用了 mp_前缀，与在 machine_spi 框架内部定义但未使用 mp_前缀的 machine_spi_init()函数刚好相反。

2. deinit()

mp_machine_soft_spi_p 结构体中的 deinit 字段被填充为 NULL，意味着这不是一个必要实现的接口。这里定义的接口，将在 machine_spi_deinit()函数中被调用，而 machine_spi_deinit()函数对应 SoftSPI 类模块属性方法 deinit()的实现，见代码 12-11。

代码 12-11　SoftSPI 类模块的 machine_spi_deinit()函数

```
STATIC mp_obj_t machine_spi_deinit(mp_obj_t self) {
    mp_obj_base_t *s = (mp_obj_base_t *)MP_OBJ_TO_PTR(self);
    mp_machine_spi_p_t *spi_p = (mp_machine_spi_p_t *)s->type->protocol;
    if (spi_p->deinit != NULL) {
        spi_p->deinit(s);
    }
    return mp_const_none;
}
STATIC MP_DEFINE_CONST_FUN_OBJ_1(machine_spi_deinit_obj, machine_spi_deinit);
```

开发者若要创建新的 SPI 类模块，也可以实现 deinit()方法。虽然在 SoftSPI 中未直接提供实现范例，但从 mp_machine_spi_p_t 类型的定义中可以看出，deinit()方法接口中唯一的传入参数 self 与 init()中的 self 类似，是指向本实例对象的指针。在 deinit()方法内部，可以通过 self 指针检索到本实例对象绑定的所有硬件资源，然后对这些硬件资源进行复位，释放硬件资源，作为 init()中初始化操作的逆过程。例如，在实现硬件 SPI 类模块的 deinit()方法时，可以关闭绑定 SPI 通信引擎的工作时钟，以节约电能。

3. transfer()

transfer()是移植和创建 machine_spi 衍生类模块中最重要的具体硬件相关的方法，在

SPI 类模块的读写通信过程中均被调用到。作为实现范例，下面给出 mp_machine_soft_spi_transfer()函数的实现，见代码 12-12。

代码 12-12 SoftSPI 类模块的 mp_machine_soft_spi_transfer()函数

```
STATIC void mp_machine_soft_spi_transfer(mp_obj_base_t * self_in, size_t len, const uint8_t
 * src, uint8_t * dest) {
    mp_machine_soft_spi_obj_t * self = (mp_machine_soft_spi_obj_t * )self_in;
    mp_soft_spi_transfer(&self -> spi, len, src, dest);
}
```

mp_machine_soft_spi_transfer()函数通过 mp_soft_spi_transfer()函数实现了 SPI 传输的操作，而 mp_soft_spi_transfer()函数的实现位于 drivers/bus/softspi. c 文件中，这虽然引用了 machine_spi 框架之外的源码，但仍是 MicroPython 提供的标准实现，见代码 12-13。

代码 12-13 SoftSPI 类模块的 mp_soft_spi_transfer()函数

```
void mp_soft_spi_transfer(void * self_in, size_t len, const uint8_t * src, uint8_t * dest) {
    mp_soft_spi_obj_t * self = (mp_soft_spi_obj_t * )self_in;
    uint32_t delay_half = self -> delay_half;

    /* 仅实现 MSB(高位先传)传输模式 */
    for (size_t i = 0; i < len; ++i) {
        uint8_t data_out = src[i];
        uint8_t data_in = 0;
        for (int j = 0; j < 8; ++j, data_out <<= 1) {
            mp_hal_pin_write(self -> mosi, (data_out >> 7) & 1);
            if (self -> phase == 0) {
                mp_hal_delay_us_fast(delay_half);
                mp_hal_pin_write(self -> sck, 1 - self -> polarity);
            } else {
                mp_hal_pin_write(self -> sck, 1 - self -> polarity);
                mp_hal_delay_us_fast(delay_half);
            }
            data_in = (data_in << 1) | mp_hal_pin_read(self -> miso);
            if (self -> phase == 0) {
                mp_hal_delay_us_fast(delay_half);
                mp_hal_pin_write(self -> sck, self -> polarity);
            } else {
                mp_hal_pin_write(self -> sck, self -> polarity);
                mp_hal_delay_us_fast(delay_half);
            }
        }
        if (dest != NULL) {
            dest[i] = data_in;
        }
    }
}
```

这里描述了通过GPIO模拟SPI通信的过程。通过阅读源码，可提取出transfer()方法的接口，即传入参数列表及返回值。

- self_in：machine_spi衍生类模块的实例化对象。
- len：一次SPI通信过程的长度，以字节为单位。
- src：发送数组字节队列。无论是仅发送、仅接收、同时发送接收，都必须要提供发送字节序列。在一些SPI的驱动程序中，若为仅接收的传输过程，则可以指定发送队列参数为空指针，从而可以在SPI硬件发送过程中向发送缓冲区中填充预定义的dummy字节。但这里没有使用这样的设计，必须由其调用者指定有效的发送数组字节队列，哪怕由调用者自行想发送数组字节队列中填充dummy字节。
- dest：接收数字字节队列。此处倒是可以指定当为仅发送过程时，传入空指针NULL，表示不读数。
- 无返回值。作者曾经考虑过transferf()方法会不会返回已经成功传输字节的数量，或者考虑传输超时退出的情况，但实际上可以使用最简单的方式实现。细细想来，SPI的发送过程和接收过程都是由发送过程驱动的，通信节奏完全受控于主机，因此不存在因为等待对方应答而产生通信超时的情况。

若开发者需要创建硬件SPI类模块或者其他machine_spi衍生模块的transfer()方法，则可以参照mp_machine_soft_spi_transfer()函数和mp_soft_spi_transferf()函数的写法，根据参数传入信息，结合具体硬件通信的引擎驱动程序完成通信功能。

4. mp_machine_soft_spi_type

除了类属性方法清单mp_machine_spi_locals_dict[]，machine_spi框架中还预先提供了make_new()和print()方法的标准实现，可直接用于创建mp_machine_soft_spi_type类对象，见代码12-14。

代码12-14 SoftSPI类模块的mp_machine_soft_spi_type

```
const mp_obj_type_t mp_machine_soft_spi_type = {
    { &mp_type_type },
    .name = MP_QSTR_SoftSPI,
    .print = mp_machine_soft_spi_print,
    .make_new = mp_machine_soft_spi_make_new,
    .protocol = &mp_machine_soft_spi_p,
    .locals_dict = (mp_obj_dict_t *)&mp_machine_spi_locals_dict,
};
```

SoftSPI类模块的make_new()和print()方法的传参列表和行为模式也可以作为machine_spi衍生类模块对应函数的实现范例。

5. make_new()

mp_machine_soft_spi_make_new()函数将在创建SoftSPI类的实例化对象时被调用，解析实例化参数，执行类实例对象的初始化操作，最终返回一个SoftSPI类实例对象，见代码12-15。

代码 12-15　SoftSPI 类模块的 mp_machine_soft_spi_make_new()函数

```
STATIC mp_obj_t mp_machine_soft_spi_make_new(const mp_obj_type_t *type, size_t n_args,
size_t n_kw, const mp_obj_t *all_args) {
    enum { ARG_baudrate, ARG_polarity, ARG_phase, ARG_bits, ARG_firstbit, ARG_sck, ARG_mosi,
ARG_miso };
    static const mp_arg_t allowed_args[] = {
        { MP_QSTR_baudrate, MP_ARG_INT, {.u_int = 500000} },
        { MP_QSTR_polarity, MP_ARG_KW_ONLY | MP_ARG_INT, {.u_int = 0} },
        { MP_QSTR_phase,    MP_ARG_KW_ONLY | MP_ARG_INT, {.u_int = 0} },
        { MP_QSTR_bits,     MP_ARG_KW_ONLY | MP_ARG_INT, {.u_int = 8} },
        { MP_QSTR_firstbit, MP_ARG_KW_ONLY | MP_ARG_INT, {.u_int = MICROPY_PY_MACHINE_
SPI_MSB} },
        { MP_QSTR_sck,      MP_ARG_KW_ONLY | MP_ARG_OBJ, {.u_obj = MP_OBJ_NULL} },
        { MP_QSTR_mosi,     MP_ARG_KW_ONLY | MP_ARG_OBJ, {.u_obj = MP_OBJ_NULL} },
        { MP_QSTR_miso,     MP_ARG_KW_ONLY | MP_ARG_OBJ, {.u_obj = MP_OBJ_NULL} },
    };
    mp_arg_val_t args[MP_ARRAY_SIZE(allowed_args)];
    mp_arg_parse_all_kw_array(n_args, n_kw, all_args, MP_ARRAY_SIZE(allowed_args), allowed_
args, args);

    /* 创建新对象实例 */
    mp_machine_soft_spi_obj_t *self = m_new_obj(mp_machine_soft_spi_obj_t);
    self->base.type = &mp_machine_soft_spi_type;

    /* 填充参数 */
    self->spi.delay_half = baudrate_to_delay_half(args[ARG_baudrate].u_int);
    self->spi.polarity = args[ARG_polarity].u_int;
    self->spi.phase = args[ARG_phase].u_int;
    if (args[ARG_bits].u_int != 8) {
        mp_raise_ValueError(MP_ERROR_TEXT("bits must be 8"));
    }
    if (args[ARG_firstbit].u_int != MICROPY_PY_MACHINE_SPI_MSB) {
        mp_raise_ValueError(MP_ERROR_TEXT("firstbit must be MSB"));
    }
    if (args[ARG_sck].u_obj == MP_OBJ_NULL
        || args[ARG_mosi].u_obj == MP_OBJ_NULL
        || args[ARG_miso].u_obj == MP_OBJ_NULL) {
        mp_raise_ValueError(MP_ERROR_TEXT("must specify all of sck/mosi/miso"));
    }

    /* 绑定引脚 */
    self->spi.sck = mp_hal_get_pin_obj(args[ARG_sck].u_obj);
    self->spi.mosi = mp_hal_get_pin_obj(args[ARG_mosi].u_obj);
    self->spi.miso = mp_hal_get_pin_obj(args[ARG_miso].u_obj);

    /* 初始化 SPI 总线 */
    mp_soft_spi_ioctl(&self->spi, MP_SPI_IOCTL_INIT);

    return MP_OBJ_FROM_PTR(self);          /* 返回新创建的类实例对象 */
}
```

阅读源码可知，实例化方法可以接收的关键字参数清单如 mp_machine_soft_spi_make_new()函数中 allowed_args[]清单的定义。

- baudrate：指定 SPI 通信波特率，传入一个整数值，默认值为 500000。
- polarity 和 phase：SPI 通信信号的极性和相位，传入值为 0 或 1，默认值均为 0。
- bits：SPI 一个传输单元的位数，传入一个整数值，默认值为 8。在 SoftSPI 中仅支持 8 位数。
- firstbit：SPI 传输单元的数据格式，是 MSB 或是 LSB（在 machine_spi_locals_dict_table 属性方法清单中定义可用常量），默认值为 MSB。在 SoftSPI 中仅支持 MSB。
- sck、mosi、miso：指定 SPI 通信使用的引脚，均为 Pin 类的实例对象，默认值为 NULL，但必须指定有效的引脚。

6. print()

mp_machine_soft_spi_print()函数将在使用 print()方法打印 SoftSPI 类的实例化对象时被调用，向 REPL 输出本实例对象的属性信息，包括波特率值、极性和相位配置值、绑定引脚名等，见代码 12-16。

代码 12-16　SoftSPI 类模块的 mp_machine_soft_spi_print()函数

```
STATIC void mp_machine_soft_spi_print(const mp_print_t * print, mp_obj_t self_in, mp_print_
kind_t kind) {
    mp_machine_soft_spi_obj_t * self = MP_OBJ_TO_PTR(self_in);
    mp_printf(print, "SoftSPI(baudrate = %u, polarity = %u, phase = %u,"
        " sck = " MP_HAL_PIN_FMT ", mosi = " MP_HAL_PIN_FMT ", miso = " MP_HAL_PIN_FMT ")",
        baudrate_from_delay_half(self -> spi.delay_half), self -> spi.polarity, self ->
spi.phase,
        mp_hal_pin_name(self -> spi.sck), mp_hal_pin_name(self -> spi.mosi), mp_hal_pin_
name(self -> spi.miso));
}
```

12.2 在移植项目中启用 SoftSPI 类模块

12.1 节在分析 machine_spi 框架的过程中，使用 machine_spi 框架自带的 SoftSPI 作为实现范例，实际上，SoftSPI 本身也是一个很实用的类模块。

- SoftSPI 对硬件的依赖最小，仅用 GPIO 对接即可完成移植。
- SoftSPI 对软件的依赖也最小，绝大多数操作逻辑都已经由 extmod/machine_spi.c 和 driver/bus/softspi.c 中的源码实现，开发者仅需要编写少量与 GPIO 相关的函数即可完成适配。
- SoftSPI 对用户也最友好，提供 SPI 通信协议的灵活配合，不受限于具体硬件平台的特殊设计。
- SoftSPI 基于软件控制硬件的逻辑，在不同硬件平台上的接口和行为是完全一致的，基于 SoftSPI 的应用程序可方便地在不同的硬件平台上复用。

本节探究 SoftSPI 的实现内容，并补充介绍在具体平台上启用 SoftSPI 所需的必要操作，例如，关联具体平台上的 GPIO 驱动等。

12.2.1 softspi.c 中的 SPI 总线驱动

drivers/bus 目录下的 spi.h 和 softspi.c 文件中定义了 SoftSPI 的总线级驱动，其中定义了由 mp_hal_pin_xxx() 函数操作硬件而实现的两个 SPI 驱动函数：mp_soft_spi_ioctl() 和 mp_soft_spi_transfer()。在之前分析 machine_spi 框架时，已经讨论过对这个两个函数的调用方法：

- mp_soft_spi_ioctl()在××××函数中被调用，用于执行初始化操作。
- mp_soft_spi_ioctl()在 mp_machine_soft_spi_make_new()和 mp_machine_soft_spi_init()函数中被调用，用于执行对 SoftSPI 引脚的初始化配置。mp_machine_soft_spi_init() 函数被注册到 mp_machine_soft_spi_p 结构体中的 transfer 字段，而 mp_machine_soft_spi_p 结构体同 mp_machine_soft_spi_make_new() 函数一并注册到 mp_machine_soft_spi_type，用于构成 SoftSPI 类模块对象。
- mp_soft_spi_transfer()在 mp_machine_soft_spi_transfer()函数中被调用，mp_machine_soft_spi_transfer()函数将被注册到 mp_machine_soft_spi_p 结构体的 transfer 字段，进而被 mp_machine_spi_transfer()函数通过回调的方式调用，mp_machine_spi_transfer 最终被 mp_machine_spi_read()、mp_machine_spi_readinto()、mp_machine_spi_write()、mp_machine_spi_write_readinto()函数调用，对接 machine_spi 衍生类模块属性方法的实现。

12.2.2 用于产生波特率的软件延时函数

softspi.c 文件中的 mp_soft_spi_transfer()函数在翻转引脚执行 SPI 总线的过程中，通过调用 mp_hal_delay_us_fast()函数实现软件的位延时，见代码 12-17。

代码 12-17 softspi.c 文件中的 mp_soft_spi_transfer()函数

```
void mp_soft_spi_transfer(void *self_in, size_t len, const uint8_t *src, uint8_t *dest) {
    mp_soft_spi_obj_t *self = (mp_soft_spi_obj_t *)self_in;
    uint32_t delay_half = self->delay_half;
    ...
        for (int j = 0; j < 8; ++j, data_out <<= 1) {
            mp_hal_pin_write(self->mosi, (data_out >> 7) & 1);
            if (self->phase == 0) {
                mp_hal_delay_us_fast(delay_half);
                mp_hal_pin_write(self->sck, 1 - self->polarity);
            } else {
                mp_hal_pin_write(self->sck, 1 - self->polarity);
                mp_hal_delay_us_fast(delay_half);
            }
            data_in = (data_in << 1) | mp_hal_pin_read(self->miso);
            if (self->phase == 0) {
                mp_hal_delay_us_fast(delay_half);
                mp_hal_pin_write(self->sck, self->polarity);
            } else {
```

```
                mp_hal_pin_write(self->sck, self->polarity);
                mp_hal_delay_us_fast(delay_half);
            }
        }
    ...
}
```

mp_hal_delay_us_fast()函数的定义位于 ports/mm32f3/mphalport.h 文件中，这是开发者在具体平台上移植时，需要自行实现的延时函数。

指定延时长度的配置值 delay_half 来自本实例对象结构体内部的 delay_half 字段，而这个字段的值是在实例化 SoftSPI 对象或者调用该对象的 init 属性方法时传入 baudrate 关键字参数后计算得到的。下面以 SoftSPI 类模块实例化方法调用的函数 mp_machine_soft_spi_make_new()为例说明，见代码 12-18。

代码 12-18 SoftSPI 类模块的 mp_machine_soft_spi_make_new()函数

```
STATIC mp_obj_t mp_machine_soft_spi_make_new(const mp_obj_type_t *type, size_t n_args,
size_t n_kw, const mp_obj_t *all_args) {
    enum { ARG_baudrate, ARG_polarity, ARG_phase, ARG_bits, ARG_firstbit, ARG_sck, ARG_mosi,
ARG_miso };
    static const mp_arg_t allowed_args[] = {
        { MP_QSTR_baudrate, MP_ARG_INT, {.u_int = 500000} },
        ...
    };
    ...

    /* 配置参数 */
    self->spi.delay_half = baudrate_to_delay_half(args[ARG_baudrate].u_int);
    ...

    return MP_OBJ_FROM_PTR(self);
}
```

其中，将解析出来的波特率频率值传入 baudrate_to_delay_half() 函数，得到“半位延时”delay_half 的值。波特率是 1 位数据传输时间对应的频率，在 SoftSPI 使用软件延时时，首先要将频率值转化成周期值才能对应延时过程，然后再减半，表示每个比特位对应的时钟信号，高低电平的时间各占一半，这就是“半位延时”的由来。具体的计算过程体现在 extmod/machine_spi.c 文件中的 baudrate_to_delay_half()函数实现源码中，见代码 12-19。

代码 12-19 machine_spi.c 文件中的 baudrate_to_delay_half()函数

```
STATIC uint32_t baudrate_to_delay_half(uint32_t baudrate) {
    #ifdef MICROPY_HW_SOFTSPI_MIN_DELAY
    if (baudrate >= MICROPY_HW_SOFTSPI_MAX_BAUDRATE) {
        return MICROPY_HW_SOFTSPI_MIN_DELAY;
    } else
```

```
    #endif
    {
        uint32_t delay_half = 500000 / baudrate;
        /* delay_half 的值向上取整,实际上算得的波特率总是小于等于需求的波特率 */
        if (500000 % baudrate != 0) {
            delay_half += 1;
        }
        return delay_half;
    }
}
```

上述代码中的500000是表示CPU工作主频的一个常量,如果CPU主频高,也可适当调高这个常量值。如果按照严格的编码规范,这个立即数可以被定义成一个宏常量,由machine_spi框架提供一个默认值,但仍允许在具体的移植平台由开发者在各自的mphalport.h文件中重定义,见代码12-20。

代码12-20　mphalport.h文件中定义SoftSPI通信频率

```
#ifndef MP_MACHINE_SOFTSPI_CPU_FREQ
#define MP_MACHINE_SOFTSPI_CPU_FREQ 500000
#endif MP_MACHINE_SOFTSPI_CPU_FREQ
```

在SoftSPI类模块print()方法的回调函数mp_machine_soft_spi_print()中,需要打印直接可读的波特率信息,但实例化对象中存放的是直接算好的delay_half值,对应地,也有baudrate_from_delay_half()函数将"半位延时"值换算成波特率值,见代码12-21。

代码12-21　baudrate_from_delay_half()函数换算波特率

```
STATIC uint32_t baudrate_from_delay_half(uint32_t delay_half) {
    #ifdef MICROPY_HW_SOFTSPI_MIN_DELAY
    if (delay_half == MICROPY_HW_SOFTSPI_MIN_DELAY) {
        return MICROPY_HW_SOFTSPI_MAX_BAUDRATE;
    } else
    #endif
    {
        return 500000 / delay_half;
    }
}
```

12.2.3　完成移植需要具体平台实现的函数

softspi.c文件依赖几个关于Pin的函数,以及一个软件延时函数:

- mp_hal_pin_output()。
- mp_hal_pin_input()。
- mp_hal_pin_write()。
- mp_hal_pin_read()。

• mp_hal_delay_us_fast()。

extmod/machine_spi.c 文件依赖与硬件平台相关的函数，包括与 Pin 相关的 mp_hal_get_pin_obj()函数。

借鉴 MicroPython 中已有移植项目的做法，将这些函数的实现放置于 ports/mm32f3/mphalport.h 文件中，见代码 12-22。

代码 12-22 mphalport.h 文件中绑定操作 Pin 的函数

```
#define MP_HAL_PIN_FMT              "%q"
#define mp_hal_pin_obj_t            const machine_pin_obj_t *
#define mp_hal_get_pin_obj(o)       pin_find(o)
#define mp_hal_pin_name(p)          ((p)->name)

/* for virtual pin: SoftSPI . */
#define mp_hal_pin_write(p, value) (GPIO_WriteBit(p->gpio_port, (1u << p->gpio_pin), value))
#define mp_hal_pin_read(p)   (GPIO_ReadInDataBit(p->gpio_port, (1u << p->gpio_pin)))
#define mp_hal_pin_output(p) machine_pin_set_mode(p, PIN_MODE_OUT_PUSHPULL)
#define mp_hal_pin_input(p)  machine_pin_set_mode(p, PIN_MODE_IN_PULLUP)


...
static inline void mp_hal_delay_us_fast(mp_uint_t us)
{
    for (uint32_t i = 0u; i < us; i++)
    {
        ;
    }
}
```

实际上，这些关于 Pin 的函数，不仅需要支持 SoftSPI，还会支持其他类模块，例如，SoftI2C、Single 等。此处仅列出支持 SoftSPI 的相关函数，在 13.2 节将会看到更多 mp_hal_pin_xxx 的函数。

12.2.4 向 machine 类中添加 SoftSPI 类模块

12.2.4.1 启用 MICROPY_PY_MACHINE_SPI 宏选项

在 mpconfigport.h 文件中，应确保已启用 MICROPY_PY_MACHINE_SPI 宏选项，定义其值为 1，见代码 12-23。

代码 12-23 在 mpconfigport.h 文件中启用 MICROPY_PY_MACHINE_SPI 宏选项

```
#define MICROPY_PY_MACHINE_SPI          (1) /* enable extmod/machine_spi.c */
```

12.2.4.2 添加到 machine 类属性清单

在 modmachine.c 文件中，引用 mp_machine_soft_spi_type 类型对象，并添加到 machine 类的属性清单中，见代码 12-24。

代码 12-24 向 machine 类集成 SoftSPI 类模块

```
#include "extmod/machine_spi.h"
...
extern const mp_obj_type_t mp_machine_soft_spi_type;
...
STATIC const mp_rom_map_elem_t machine_module_globals_table[] = {
    ...
    { MP_ROM_QSTR(MP_QSTR_SoftSPI),  MP_ROM_PTR(&mp_machine_soft_spi_type) },
    ...
};
STATIC MP_DEFINE_CONST_DICT(machine_module_globals, machine_module_globals_table);
```

12.2.4.3 更新 Makefile

在 Makefile 文件中，将 softspi.c 文件添加到编译过程中，见代码 12-25。

代码 12-25 更新 Makefile 集成 SoftSPI 类模块

```
SRC_DRIVERS_C += $(addprefix drivers/,\
    bus/softspi.c \
    )

SRC_C += \
    ...
    $(SRC_DRIVERS_C) \
```

注意，这里不用再添加 extmod/machine_spi.c 文件，因为 MicroPython 已经将 extmod 目录下的所有源码文件都包含在编译过程中了，实际是通过 MICROPY_PY_MACHINE_SPI 宏选项控制是否编译 machine_spi 相关的源码，而不是源文件。

12.3 创建硬件 SPI 类模块

在第 11 章中，已经介绍了创建硬件 UART 类模块的方法，创建硬件通信类外设模块均使用类似的方法和代码结构。本章前面以 SoftSPI 为例，分析了基于 machine_spi 框架创建 SPI 类模块的具体方法。在此基础上，本节将创建一个使用硬件 SPI 通信引擎实现的 SPI 类模块，同 UART 类模块和 SoftSPI 类模块共存于 machine 类之下。

如前所述，基于 machine_spi 框架创建 SPI 类模块，主要工作是实现 mp_machine_spi_p_t 结构体中的 3 个函数 init()、deinit()和 transfers()。其中，deinit()函数不是必须实现的，可以使用 NULL 填充。之后，还需补充创建类型对象的 make_new()和 print()等通用对象属性方法的回调函数。

新建硬件 SPI 类模块的源码将被放置于 ports/mm32f3 目录下的 machine_spi.h 和 machine_spi.c 文件中。为了与 machine_spi 框架中的 SoftSPI 区分开，在内部源码中，使用 hw_spi 作为与 soft_spi 对应的名称。

12.3.1　machine_hw_spi_obj_t

在 machine_spi.h 文件中，定义了硬件 SPI 类模块的结构体类型 machine_hw_spi_obj_t，用于封装硬件 SPI 类模块的绑定资源，见代码 12-26。

代码 12-26　硬件 SPI 类模块的 machine_hw_spi_obj_t

```
#include "machine_pin.h"
#include "machine_spi.h"
#include "hal_spi.h"

#define MACHINE_HW_SPI_NUM            3u /* machine_uart_num. */

/* SPI 类模块的配置结构体 */
typedef struct
{
    uint32_t baudrate;
    uint32_t polarity;
    uint32_t phase;
} machine_hw_spi_conf_t;

typedef struct
{
    mp_obj_base_t base;              /* 对象基类 */

    const machine_pin_obj_t * sck_pin_obj;
    uint32_t sck_pin_af;

    const machine_pin_obj_t * mosi_pin_obj;
    uint32_t mosi_pin_af;

    const machine_pin_obj_t * miso_pin_obj;
    uint32_t miso_pin_af;

    SPI_Type * spi_port;
    IRQn_Type  spi_irqn;
    uint32_t   spi_id;

    machine_hw_spi_conf_t * conf;    /* 指向配置结构体 */
} machine_hw_spi_obj_t;

extern const mp_obj_type_t          machine_hw_spi_type;
extern const machine_hw_spi_obj_t * machine_hw_spi_objs[];

const machine_hw_spi_obj_t          * hw_spi_find(mp_obj_t user_obj);
```

同时，在 machine_pin_board_pins.c 文件中定义了预分配硬件 SPI 的对象列表及其绑定引脚的配置信息，见代码 12-27。

代码 12-27 在 machine_pin_board_pins.c 文件中定义预分配硬件 SPI 的对象

```
/* for SPI. */
STATIC machine_hw_spi_conf_t machine_hw_spi_conf[MACHINE_HW_SPI_NUM];
                                                /* 使用静态存储取代 malloc(). */
const machine_hw_spi_obj_t hw_spi_0 = {.base = { &machine_hw_spi_type },
      .sck_pin_obj = &pin_PA5, .sck_pin_af = GPIO_AF_5,
      .mosi_pin_obj = &pin_PA7, .mosi_pin_af = GPIO_AF_5,
      .miso_pin_obj = &pin_PA6, .miso_pin_af = GPIO_AF_5,
      .spi_port = SPI1, .spi_irqn = SPI1_IRQn, .spi_id = 0u, .conf = &machine_hw_spi_conf[0]};
const machine_hw_spi_obj_t hw_spi_1 = {.base = { &machine_hw_spi_type },
      .sck_pin_obj = &pin_PA3, .sck_pin_af = GPIO_AF_5,
      .mosi_pin_obj = &pin_PB4, .mosi_pin_af = GPIO_AF_5,
      .miso_pin_obj = &pin_PB3, .miso_pin_af = GPIO_AF_5,
        .spi_port = SPI2, .spi_irqn = SPI2_IRQn, .spi_id = 1u, .conf = &machine_hw_spi_conf[1]};
const machine_hw_spi_obj_t hw_spi_2 = {.base = { &machine_hw_spi_type },
        .sck_pin_obj = &pin_PC9, .sck_pin_af = GPIO_AF_5,
        .mosi_pin_obj = &pin_PA8, .mosi_pin_af = GPIO_AF_5,
        .miso_pin_obj = &pin_PB9, .miso_pin_af = GPIO_AF_5,
        .spi_port = SPI3, .spi_irqn = SPI3_IRQn, .spi_id = 2u, .conf = &machine_hw_spi_conf[2]};

const machine_hw_spi_obj_t * machine_hw_spi_objs[] =
{
    &hw_spi_0,
    &hw_spi_1,
    &hw_spi_2,
};
```

硬件 SPI 类对象清单 machine_hw_spi_objs[]的创建过程与 UART 类模块的实现过程类似，都使用静态存储代替动态创建类对象实例的设计方法，配合 machine_spi.c 文件中的 find_hw_spi()函数使用，见代码 12-28。

代码 12-28 machine_spi.c 文件中的 find_hw_spi()函数

```
/* 格式化 hw_spi 对象，传入参数无论是已经初始化好的 hw_spi 对象，还是一个表示 hw_spi 清单
中的索引编号，通过本函数都返回一个期望的 hw_spi 对象 */
const machine_hw_spi_obj_t *hw_spi_find(mp_obj_t user_obj)
{
    /* 如果传入参数本身就是一个 hw_spi 的实例，则直接送出这个 UART */
    if ( mp_obj_is_type(user_obj, &machine_hw_spi_type) )
    {
        return user_obj;
    }

    /* 如果传入参数是一个 hw_spi 通道号，则通过索引在 hw_spi 清单中找到这个通道，然后送
出这个通道 */
    if ( mp_obj_is_small_int(user_obj) )
    {
        uint8_t idx = MP_OBJ_SMALL_INT_VALUE(user_obj);
```

```
        if ( idx < MACHINE_HW_SPI_NUM )
        {
            return machine_hw_spi_objs[idx];
        }
    }

    mp_raise_ValueError(MP_ERROR_TEXT("HW SPI doesn't exist"));
}
```

创建 hw_sp_find()函数是为了在 make_new()函数中，通过传入参数绑定相关硬件 SPI 对象做准备。在硬件 SPI 类模块的实例化方法中，可接受硬件 SPI 类对象实例本身，也可通过编号，来绑定包含对应硬件 SPI 外设的硬件 SPI 对象实例。当然，为了便于描述完整的设计框架，本书使用简化的方式实现硬件 SPI 类模块的必要内容，读者如果想尝试丰富一些绑定方法，还可以在本例基础之上，试着通过匹配引脚，或者类似 SPI1 这样的字符串去检索对应的硬件 SPI 类对象实例。

12.3.2 make_new()

machine_spi 框架没有对 make_new()函数的行为做专门的约束。硬件 SPI 类模块的 make_new()函数同其他的类模块中的 make_new()功能相似，从一个可变的传入参数清单中获取必要的初始化配置信息，创建新的类对象实例，并对其进行初始化操作，最后返回一个已经准备好的类对象实例。

在硬件 SPI 类模块的 make_new()函数对应的 machine_hw_spi_make_new()函数中，首先通过 MP_MACHINE_SPI_CHECK_FOR_LEGACY_SOFTSPI_CONSTRUCTION()宏函数对传入参数进行检查，这个检查的操作也是为了确保传入参数能够兼容 machine_spi 框架对 machine_spi 衍生类对象的实例化方法和初始化方法的调用参数清单。之后，通过 hw_spi_find()函数得到一个预分配的类对象实例，并最终将其返回。其中，对 SPI 硬件外设的配置工作则交给了 machine_hw_spi_init()函数，见代码 12-29。

代码 12-29　硬件 SPI 类模块的 machine_hw_spi_make_new()函数

```
mp_obj_t machine_hw_spi_make_new(const mp_obj_type_t *type, size_t n_args, size_t n_kw,
const mp_obj_t *args)
{
    MP_MACHINE_SPI_CHECK_FOR_LEGACY_SOFTSPI_CONSTRUCTION(n_args, n_kw, args);

    const machine_hw_spi_obj_t *spi_obj = hw_spi_find(args[0]);

    /* 设置配置属性的默认值 */
    spi_obj->conf->baudrate = 80000000L; /* 8Mhz. */
    spi_obj->conf->polarity = 0;
    spi_obj->conf->phase = 0;
    mp_map_t kw_args;
    mp_map_init_fixed_table(&kw_args, n_kw, args + n_args);
    machine_hw_spi_init((mp_obj_base_t *)spi_obj, n_args - 1, args + 1, &kw_args);
```

```
    return MP_OBJ_FROM_PTR(spi_obj);
}
```

这里使用 machine_hw_spi_make_new()函数调用 machine_hw_spi_init()函数的设计同 SoftSPI 范例的实现有些许不同。在 SoftSPI 中，make_new()函数和 init()函数都执行了对可变参数清单的解析，两次解析过程所使用的关键字参数清单也有些许不同，这就导致最终实例化方法和 init()方法传入的参数清单不一致，并且执行两次参数解析过程需要更多的代码，很容易让人产生误解。此处作者做了一点优化，确保了实例化方法和 init()方法的参数清单以及配置硬件 SPI 外设的一致性。

实例化方法和 init()方法最终均通过 machine_hw_spi_init()函数完成对传入关键字参数清单的解析，以及对硬件 SPI 外设的配置。machine_hw_spi_init 函数不仅被作为 init()方法的回调函数，同时会被注册到 machine_hw_spi_p 结构体的 init 字段中，见代码 12-30。

代码 12-30 硬件 SPI 模块的 machine_hw_spi_init()函数

```
STATIC void machine_hw_spi_init(mp_obj_base_t * self_in, size_t n_args, const mp_obj_t
 * pos_args, mp_map_t * kw_args) {
    machine_hw_spi_obj_t * self = (machine_hw_spi_obj_t * )self_in;
    /* 解析参数 */
    enum { ARG_baudrate, ARG_polarity, ARG_phase, ARG_firstbit };
    static const mp_arg_t allowed_args[] = {
        { MP_QSTR_baudrate, MP_ARG_INT, {.u_int = -1} },
        { MP_QSTR_polarity, MP_ARG_INT, {.u_int = -1} },
        { MP_QSTR_phase,    MP_ARG_INT, {.u_int = -1} },
        { MP_QSTR_firstbit, MP_ARG_INT, {.u_int = 0 } },
    };
    mp_arg_val_t args[MP_ARRAY_SIZE(allowed_args)];
    mp_arg_parse_all(n_args, pos_args, kw_args, MP_ARRAY_SIZE(allowed_args), allowed_args,
args);

    /* 保存参数 */
    if (args[ARG_baudrate].u_int != -1) {
        self->conf->baudrate = args[ARG_baudrate].u_int;
    }
    if (args[ARG_polarity].u_int != -1) {
        self->conf->polarity = args[ARG_polarity].u_int;
    }
    if (args[ARG_phase].u_int != -1) {
        self->conf->phase = args[ARG_phase].u_int;
    }

    /* 启用时钟 */
    machine_hw_spi_enable_clock(self->spi_id, true);
    /* 配置引脚 */
    GPIO_Init_Type gpio_init;
    gpio_init.Speed = GPIO_Speed_50MHz;
    /* sck pin. */
```

```
    gpio_init.Pins = ( 1u << (self->sck_pin_obj->gpio_pin) );
    gpio_init.PinMode = GPIO_PinMode_AF_PushPull;
    GPIO_Init(self->sck_pin_obj->gpio_port, &gpio_init);
    GPIO_PinAFConf(self->sck_pin_obj->gpio_port, gpio_init.Pins, self->sck_pin_af);
    /* mosi pin. */
    gpio_init.Pins = ( 1u << (self->mosi_pin_obj->gpio_pin) );
    gpio_init.PinMode = GPIO_PinMode_AF_PushPull;
    GPIO_Init(self->mosi_pin_obj->gpio_port, &gpio_init);
    GPIO_PinAFConf(self->mosi_pin_obj->gpio_port, gpio_init.Pins, self->mosi_pin_af);
    /* miso pin. */
    gpio_init.Pins = ( 1u << (self->miso_pin_obj->gpio_pin) );
    gpio_init.PinMode = GPIO_PinMode_In_PullUp;
    GPIO_Init(self->miso_pin_obj->gpio_port, &gpio_init);
    GPIO_PinAFConf(self->miso_pin_obj->gpio_port, gpio_init.Pins, self->miso_pin_af);
    /* 配置 SPI 通信引擎 */
    SPI_Master_Init_Type spi_init;
    spi_init.ClockFreqHz = CLOCK_APB2_FREQ;
    spi_init.BaudRate = self->conf->baudrate;
    spi_init.PolPha = (self->conf->polarity << 1) | self->conf->phase;
    spi_init.DataWidth = 8u;
    spi_init.XferMode = SPI_XferMode_TxRx;
    spi_init.AutoCS = false;
    spi_init.LSB = (args[ARG_baudrate].u_int == 1u); /* MICROPY_PY_MACHINE_SPI_LSB */
    SPI_InitMaster(self->spi_port, &spi_init);
    SPI_Enable(self->spi_port, true);
}
```

12.3.3 transfer()

接下来是最重要的 transfer()方法，这里使用轮询方式使用 MM32F3 微控制器的 SPI 驱动程序，首先创建 SPI 同时收发单个字节数据的函数 hw_spi_xfer()，然后在 machine_hw_spi_transfer()函数中，参照 SoftSPI 中 mp_soft_spi_transfer()的写法，实现使用硬件 SPI 从总线上读写数据的过程。machine_hw_spi_transfer()函数将被注册到 machine_hw_spi_p 结构体的 transfer 字段中，见代码 12-31。

代码 12-31　硬件 SPI 模块的 machine_hw_spi_transfer()函数

```
uint8_t hw_spi_xfer(machine_hw_spi_obj_t * self, uint8_t tx)
{
    while ( SPI_STATUS_TX_FULL & SPI_GetStatus(self->spi_port) )
    {}
    SPI_PutData(self->spi_port, tx);

    while (0u == (SPI_STATUS_RX_DONE & SPI_GetStatus(self->spi_port)) )
    {}
    return SPI_GetData(self->spi_port);
}
```

```
STATIC void machine_hw_spi_transfer(mp_obj_base_t * self_in, size_t len, const uint8_t
* src, uint8_t * dest)
{
    machine_hw_spi_obj_t * self = (machine_hw_spi_obj_t *)self_in;

    if (dest == NULL)                /* 仅写数 */
    {
        for (size_t i = 0; i < len; i++)
        {
            hw_spi_xfer(self, src[i]);
        }
    }
    else if (src == NULL)            /* 仅读数 */
    {
        for (size_t i = 0; i < len; i++)
        {
            dest[i] = hw_spi_xfer(self, 0xff);
        }
    }
    else                             /* 同时读写 */
    {
        for (size_t i = 0; i < len; i++)
        {
            dest[i] = hw_spi_xfer(self, src[i]);
        }
    }
}
```

12.3.4 print()

machine_hw_spi_print()函数将在用户调用 print()方法打印硬件 SPI 类对象时被调用，此处参考 mp_machine_soft_spi_print()函数的写法，实现 machine_hw_spi_print()函数，见代码 12-32。

代码 12-32 硬件 SPI 模块的 machine_hw_spi_print()函数

```
STATIC void machine_hw_spi_print(const mp_print_t * print, mp_obj_t self_in, mp_print_kind_t kind)
{
    machine_hw_spi_obj_t * self = MP_OBJ_TO_PTR(self_in);
    mp_printf(print, "SPI(id = %u, baudrate = %u, polarity = %u, phase = %u)",
              self -> spi_id,
              self -> conf -> baudrate,
              self -> conf -> polarity,
              self -> conf -> phase   );
}
```

12.3.5　machine_hw_spi_type

最后，将这些函数组装成硬件 SPI 类模块 machine_hw_spi_type，machine_hw_spi_type 包含了真正控制 SPI 总线引脚函数的 machine_hw_spi_p 结构体，见代码 12-33。

代码 12-33　硬件 SPI 类模块 machine_hw_spi_type

```
STATIC const mp_machine_spi_p_t machine_hw_spi_p =
{
    .init = machine_hw_spi_init,
    .transfer = machine_hw_spi_transfer,
};

const mp_obj_type_t machine_hw_spi_type =
{
    { &mp_type_type },
    .name = MP_QSTR_HW_SPI,
    .print = machine_hw_spi_print,
    .make_new = machine_hw_spi_make_new,
    .protocol = &machine_hw_spi_p,
    .locals_dict = (mp_obj_dict_t *)&mp_machine_spi_locals_dict,
};
```

12.3.6　向 machine 类中添加硬件 SPI 类模块

在已经启用 SoftSPI 类模块的基础之上，继续添加硬件 SPI 类模块。

1. 更新 modamchine.c

添加 SPI 模块到 modmachine.c 文件中，见代码 12-34。

代码 12-34　更新 machine 类中的 SPI 类模块

```
...
#include "extmod/machine_spi.h"

extern const mp_obj_type_t machine_hw_spi_type;
extern const mp_obj_type_t mp_machine_soft_spi_type;

STATIC const mp_rom_map_elem_t machine_module_globals_table[] = {
    ...
    { MP_ROM_QSTR(MP_QSTR_SoftSPI),  MP_ROM_PTR(&mp_machine_soft_spi_type) },
    { MP_ROM_QSTR(MP_QSTR_SPI),      MP_ROM_PTR(&machine_hw_spi_type) },
};
...
```

2. 更新 Makefile

在 Makefile 文件中添加新建的 machine_spi.c 文件，见代码 12-35。

代码 12-35 更新 Makefile 文件中的 SPI 类模块

```
# source files.
SRC_HAL_MM32_C += \
    ...
    $ (MCU_DIR)/drivers/hal_spi.c \

...

SRC_C += \
    ...
    machine_spi.c \
    ...

...
# list of sources for qstr extraction
SRC_QSTR += modmachine.c \
            ...
            machine_spi.c \
            ...
...
```

12.4 实验

重新编译 MicroPython 项目，创建 firmware. elf 文件，并将之下载到 PLUS-F3270 开发板。

12.4.1 显示 SPI 信息

在 REPL 中输入脚本，显示 SPI 类及类对象的信息，见代码 12-36。

代码 12-36 在 REPL 中查看 SPI 类对象信息

```
>>> from machine import SPI
>>> print(SPI(0))
SPI(id = 0, baudrate = 1000000, polarity = 0, phase = 0), on MOSI(PA7), MISO(PA6), SCK(PA5)
>>> print(SPI(1))
SPI(id = 1, baudrate = 1000000, polarity = 0, phase = 0), on MOSI(PB15), MISO(PB14), SCK(PB10)
>>> print(SPI(2))
SPI(id = 2, baudrate = 1000000, polarity = 0, phase = 0), on MOSI(PA8), MISO(PB9), SCK(PC9)
>>> dir(SPI)
['read', 'readinto', 'write', 'LSB', 'MSB', 'deinit', 'init', 'write_readinto']
>>>
```

由执行情况可以看到当前 MicroPython 中集成的 3 个 SPI 通道所绑定的硬件资源。通过 dir()方法，可以看到 SPI 支持的属性方法。

- init：初始化 SPI 总线。
- deinit：停用 SPI 总线。

- read,readinto：从 SPI 读入若干字节,同时写出固定字节。
- write,write_readinto：从 SPI 输出若干字节,同时将读入数据存入内部缓存。
- LSB,MSB：分别设置字节的低位先发送和高位先发送；默认情况下,是字节高位先发送。

在默认情况下,SPI 的通信波特率为 1Mbps,极性和相位模式为 00。在实际使用中,可用的 4 种不同的时钟相位模式对应的 SPI 信号如图 12-1 所示。

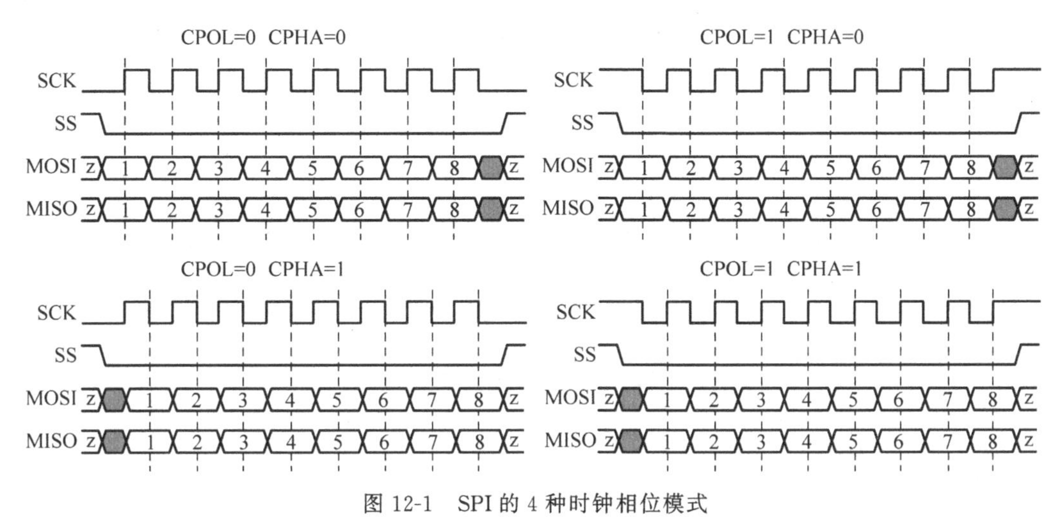

图 12-1　SPI 的 4 种时钟相位模式

12.4.2　使用 SPI 发送过程输出波形

本例将 SPI0 设置成波特率 100bps,时钟的 polarity＝1,phase＝0。每隔 10ms 发送字节 0x55 和 0xaa。SPI 通过函数 write()方法输出数据。在 REPL 中逐行输入或者用 import 文件的方式均可,见代码 12-37。

代码 12-37　使用 SPI 发送连续数据

```
from machine  import Pin,SPI
import time

spi = SPI(0, baudrate = 100000, polarity = 1, phase = 0)

buf = bytes((0x55,0xaa))
while True:
    spi.write(buf)
    time.sleep_ms(10)
```

在 PA5(SCK)、PA7(MOSI)测量 SPI0 输出信号,如图 12-2 所示。

12.4.3　使用 SPI 读入数据

由于 SPI 总线是全双工总线,也就是发送与接收可以同时进行。下面代码从 SPI 总线读入两字节,在读入字节的同时,输出 0x55,见代码 12-38。

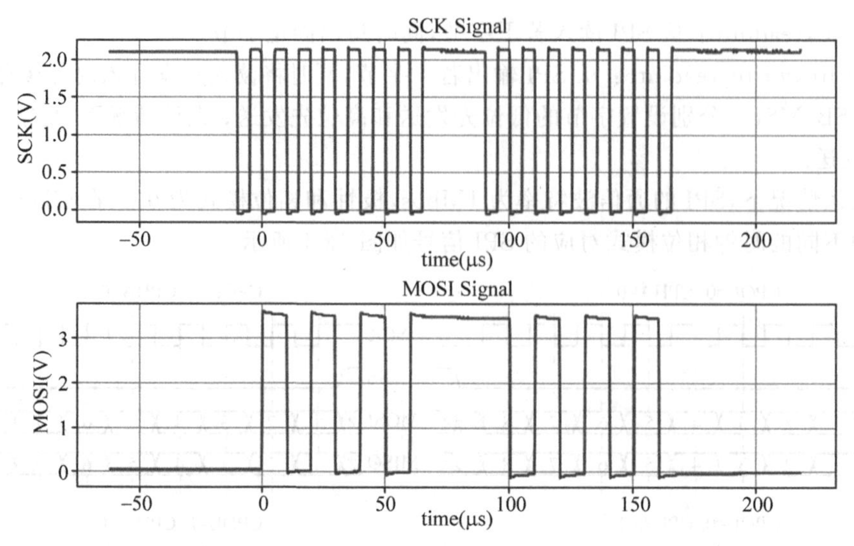

图 12-2　示波器测量 SPI 发送过程中的 MOSI 和 SCK 信号波形

代码 12-38　使用 SPI 发送读数

```
from machine import Pin,SPI
import time

spi = SPI(0, baudrate = 100000, polarity = 1, phase = 0)

buf = bytes((0x55,0xaa))
while True:
    data = spi.read(2, 0x55)
    time.sleep_ms(10)
```

测量 PA5(SCK)、PA7(MOSI)两个引脚的信号。从信号波形上可以看到,SPI 读入函数 read()在执行时,读入两字节的同时发送了两字节的 0x55,如图 12-3 所示。

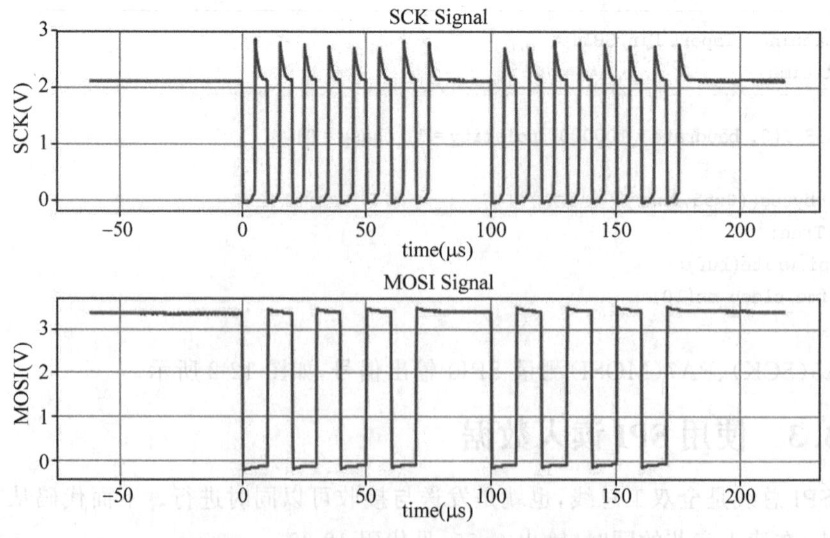

图 12-3　SPI 读过程的 MOSI 和 SCK 信号波形

12.4.4 使用 SPI 类访问 W25Q64

在 PLUS-F3270 开发板上配置有 Flash 芯片 W25Q64，MCU 与 Flash 芯片通过 SPI 总线对接，MCU 有 SPI 接口，Flash 芯片也有 SPI 接口。使用 PE3 作为芯片的片选信号。这部分电路原理图如图 12-4 所示。

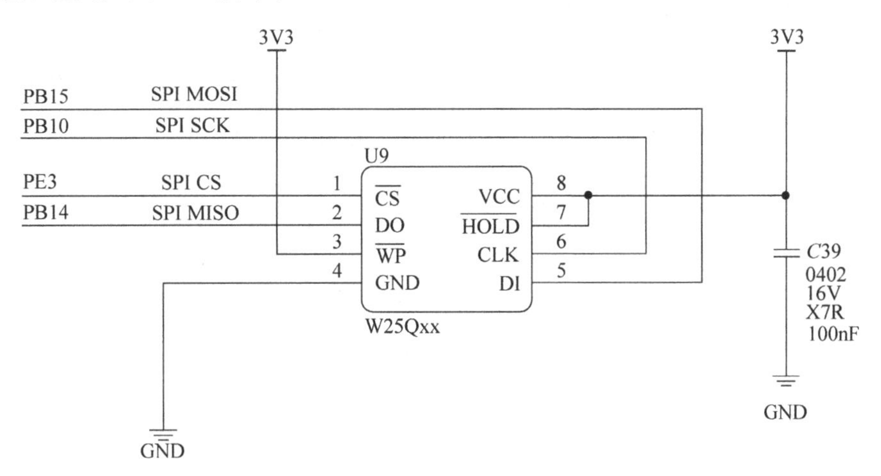

图 12-4 PLUS-F3270 开发板上的 W25Qxx 原理图

根据 W25Q64 数据手册，通过指令 0x90、0xab、0x4b 可以分别读出厂商 ID、器件 ID、64 位唯一序列号。代码 12-39 演示了读取这些 ID 数据的方法以及使用 SPI 的 write_readinto() 方法执行命令的发送与数据的接收过程。

代码 12-39 使用 SPI 类读 W25Q64

```
from machine                import Pin, SPI
import time

W25Q_CE = Pin("PE3", Pin.OUT_PUSHPULL, value = 1)
W25Q_SPI = SPI(1, baudrate = 8000000, polarity = 0, phase = 1)

def w25qIO6Bytes(outb, inbs):
    outbuf = bytes([outb] + [0] * (inbs - 1))
    inbuf = bytearray(inbs)

    W25Q_CE(0)
    W25Q_SPI.write_readinto(outbuf, inbuf)
    W25Q_CE(1)

    return inbuf

inb = w25qIO6Bytes(0x90, 6)
print(list(inb))
inb = w25qIO6Bytes(0xab, 5)
print(list(inb))
inb = w25qIO6Bytes(0x4b, 13)
print(list(inb))
```

运行脚本代码的结果见代码 12-40。对比 W25Q64 的手册，可知读出的数据是正确的。

代码 12-40 使用 SPI 类读 W25Q64 的输出结果

```
[255, 255, 255, 255, 239, 23]
[255, 255, 255, 255, 23]
[255, 255, 255, 255, 255, 210, 100, 108, 51, 91, 20, 19, 45]
```

继续使用 SPI 类模块对 W25Q64 的数据存储区进行读、写、擦除等操作，见代码 12-41。

代码 12-41 使用 SPI 访问 W25Q64 的数据存储区

```
def w25qReadData(address, readlen):
    inbuf = bytearray(readlen)

    W25Q_CE(0)
    W25Q_SPI.write(b'\x03' + address.to_bytes(3, 1))
    W25Q_SPI.readinto(inbuf, 0x0)
    W25Q_CE(1)

    return inbuf

def w25qWritePage(address, data):
    W25Q_CE(0)
    W25Q_SPI.write(b'\x02' + address.to_bytes(3, 1) + data)
    W25Q_CE(1)

def w25qWriteEnable():
    W25Q_CE(0)
    W25Q_SPI.write(b'\x06')
    W25Q_CE(1)

def w25qSectorErase(address):
    W25Q_CE(0)
    W25Q_SPI.write(b'\x20' + address.to_bytes(3, 1))
    W25Q_CE(1)V
```

利用上述函数可以完成对 W25Q64 的编程。

接下来，对 W25Q64 编程之前读取 W25Q64 的前 16 字节数据，都是 0xff，说明这些地址允许后期写入新的数据，见代码 12-42。

代码 12-42 读取 W25Q64 的存储区

```
>>> inb = w25qReadData(0, 0x10)
>>> print(inb)
bytearray(b'\xff\xff\xff\xff\xff\xff\xff\xff\xff\xff\xff\xff\xff\xff\xff\xff')
```

然后将 0x0～0xf 写入 W25Q64，再读取前 0x10 个数据，见代码 12-43。

代码 12-43　写入数据后再读 W25Q64 的存储区

```
>>> w25qWriteEnable()
>>> w25qWritePage(0x0, bytes(list(range(0x10))))
>>> inb = w25qReadData(0, 0x10)
>>> print(inb)
bytearray(b'\x00\x01\x02\x03\x04\x05\x06\x07\x08\t\n\x0b\x0c\r\x0e\x0f')
```

12.5　本章小结

为了向 MicroPython 中添加 SPI 类模块，本章分析了 MicroPython 自带的 machine_spi 框架，特别是其中从类属性方法到移植接口函数的调用关系。

machine_spi 框架中包含了软件模拟实现的 SoftSPI 类模块作为范例，SoftSPI 在硬件层面上通过控制 GPIO 引脚的电平变化进行 SPI 总线通信。SoftSPI 使用了 machinc_spi 框架的函数调用关系，使用 drivers/bus/softspi. c 中的函数实现使用 GPIO 引脚进行 SPI 通信的协议。本章在 ports/mm32f3/mphalport. h 文件中补全了在 MM32F3 平台上具体操作 GPIO 引脚的操作函数，与 softspi. c 中控制 GPIO 引脚的函数对接。

通过对 machine_spi 框架和 SoftSPI 实现范例的分析，提取出了移植接口。创建硬件 SPI 模块，完成最基本的移植过程，仅需要开发者自行实现如下两个与 SPI 通信相关的函数：

- init() - machine_hw_spi_init()。
- transfer() - machine_hw_spi_transfer()。

然后，按照 machine_spi 规范的方式将操作函数封装到 mp_machine_spi_p_t 类型的结构体变量中，同 machine_spi 框架中标准的属性方法清单一起封装成 SPI 类对象的类型实例，最终添加到 MicroPython 的 machine 类模块中，作为子类与其他硬件相关的类模块并存。

第 13 章

新建 I2C 类模块

I2C 同 SPI 类似，两者都是微控制器对接外扩传感器常用的通信接口。作者需要在 MM32F3 微控制器平台上为 MicroPython 实现 I2C 类模块，以对接 I2C 接口的功能模块。特别地，MicroPython 中标准 I2C 模型的 scan() 方法，类似于嵌入式 Linux 操作系统中的 i2cdetect()函数，该方法可以扫描出当前 I2C 总线上挂载的所有设备的地址。实际上，这个功能非常有趣，当 MicroPython 的用户拿到一个新的 I2C 接口的传感器模块时，不需要查阅手册查找寄存器信息就可以先验证 I2C 总线连接是否成功。

在实现上，I2C 同 SPI 和 UART 类似，MicroPython 也提供了标准的基于 stream 模型的 machine_i2c 框架，开发者甚至可以借助 Pin 模块直接操作引脚，实现软件 I2C。

13.1 通用 I2C 类模块框架 machine_i2c

同 SPI 模块类似，开发者需要在 mpconfigport. h 文件中配置宏开关 MICROPY_PY_MACHINE_I2C，以启用 extmod/machine_i2c. h(或 machine_i2c. c)定义的通用 I2C 类模块框架，见代码 13-1。

代码 13-1 在 mpconfigport. h 文件中启用 machine_i2c 框架

```
#define MICROPY_PY_MACHINE_I2C          (1) /* enable extmod/machine_i2c.c */
```

MicroPython 在 extmod 目录下提供了 machine_i2c 框架，用来实现基于具体工作平台的 I2C 类模块，并附带了一个可由 GPIO 直接控制引脚模拟 I2C 通信的实例 SoftI2C。本节将具体分析 machine_i2c 框架的机制，以期得到在 MicroPython 中创建 I2C 类模块的实践方法。在阅读代码的过程中，将专注于 machine_i2c 框架，其中还包含一个样例 SoftI2C，借助 SoftI2C 可描述 machine_i2c 框架在具体硬件平台上的移植工作。后面将 SoftI2C 作为 machine_i2c 的一个具体实例，与硬件 I2C 类模块等同，分析 SoftI2C 类模块的实现，并补充完善 machine_i2c. c 文件中需要适配具体硬件平台的部分移植代码。

快速浏览 extmod/machine_i2c. c 文件，跳过 mp_hal_i2c_xxx()和 mp_machine_soft_i2c_transfer()系列函数的部分代码，聚焦到 mp_machine_i2c_xxx()和 machine_i2c_xxx()系列函数，这部分代码将构成 machine_i2c 框架的实现内容。

这里根据前面分析和设计 MicroPython 的类模块的经验，从模块类型的实例化代码入手。以 machine_i2c. c 文件中的 SoftI2C 为例，给出 SoftI2C 类模块的类型 mp_machine_ soft_i2c_type 的定义，见代码 13-2。

代码 13-2 SoftI2C 的 mp_machine_soft_i2c_type

```
STATIC const mp_rom_map_elem_t machine_i2c_locals_dict_table[] = {
    { MP_ROM_QSTR(MP_QSTR_init), MP_ROM_PTR(&machine_i2c_init_obj) },
    { MP_ROM_QSTR(MP_QSTR_scan), MP_ROM_PTR(&machine_i2c_scan_obj) },

    // primitive I2C operations
    { MP_ROM_QSTR(MP_QSTR_start), MP_ROM_PTR(&machine_i2c_start_obj) },
    { MP_ROM_QSTR(MP_QSTR_stop), MP_ROM_PTR(&machine_i2c_stop_obj) },
    { MP_ROM_QSTR(MP_QSTR_readinto), MP_ROM_PTR(&machine_i2c_readinto_obj) },
    { MP_ROM_QSTR(MP_QSTR_write), MP_ROM_PTR(&machine_i2c_write_obj) },

    // standard bus operations
    { MP_ROM_QSTR(MP_QSTR_readfrom), MP_ROM_PTR(&machine_i2c_readfrom_obj) },
    { MP_ROM_QSTR(MP_QSTR_readfrom_into), MP_ROM_PTR(&machine_i2c_readfrom_into_obj) },
    { MP_ROM_QSTR(MP_QSTR_writeto), MP_ROM_PTR(&machine_i2c_writeto_obj) },
    { MP_ROM_QSTR(MP_QSTR_writevto), MP_ROM_PTR(&machine_i2c_writevto_obj) },

    // memory operations
    { MP_ROM_QSTR(MP_QSTR_readfrom_mem), MP_ROM_PTR(&machine_i2c_readfrom_mem_obj) },
    { MP_ROM_QSTR(MP_QSTR_readfrom_mem_into), MP_ROM_PTR(&machine_i2c_readfrom_mem_into_
obj) },
    { MP_ROM_QSTR(MP_QSTR_writeto_mem), MP_ROM_PTR(&machine_i2c_writeto_mem_obj) },
};
MP_DEFINE_CONST_DICT(mp_machine_i2c_locals_dict, machine_i2c_locals_dict_table);

STATIC const mp_machine_i2c_p_t mp_machine_soft_i2c_p = {
    .init = mp_machine_soft_i2c_init,
    .start = (int (*)(mp_obj_base_t *))mp_hal_i2c_start,
    .stop = (int (*)(mp_obj_base_t *))mp_hal_i2c_stop,
    .read = mp_machine_soft_i2c_read,
    .write = mp_machine_soft_i2c_write,
    .transfer = mp_machine_soft_i2c_transfer,
};

const mp_obj_type_t mp_machine_soft_i2c_type = {
    { &mp_type_type },
    .name = MP_QSTR_SoftI2C,
    .print = mp_machine_soft_i2c_print,
    .make_new = mp_machine_soft_i2c_make_new,
    .protocol = &mp_machine_soft_i2c_p,
    .locals_dict = (mp_obj_dict_t *)&mp_machine_i2c_locals_dict,
};
```

这里 mp_machine_soft_i2c_type 定义了 SoftI2C 模块的类型，其中：

- name 中指定了 SoftI2C 作为新模块的名字。
- print 对应打印类对象实例时将要调用的函数。
- make_new 对应实例化对象时调用的函数。
- protocol 指定了该模块内部定义的一组函数，顾名思义，它们都与 I2C 通信协议相关。

- locals_dict 中指定该模块的属性关键字和属性方法，填充其中的 mp_machine_i2c_locals_dict，则具体列出了 machine_i2c 衍生模块（硬件 I2C 和软件 I2C 的实现）提供的所有属性方法。

除了 protocol，其余字段在前面都已经分析过。此处定义的. protocol 专属于 machine_i2c 框架。可在 extmod/machine_i2c. h 文件中可以找到 mp_machine_i2c_p_t 结构体类型的定义，见代码 13-3。

代码 13-3 machine_i2c 框架的 mp_machine_i2c_p_t 协议接口

```
// I2C protocol
// - init must be non - NULL
// - start/stop/read/write can be NULL, meaning operation is not supported
// - transfer must be non - NULL
// - transfer_single only needs to be set if transfer = mp_machine_i2c_transfer_adaptor
typedef struct _mp_machine_i2c_p_t {
    void ( * init)(mp_obj_base_t * obj, size_t n_args, const mp_obj_t * pos_args, mp_map_t
 * kw_args);
    int ( * start)(mp_obj_base_t * obj);
    int ( * stop)(mp_obj_base_t * obj);
    int ( * read)(mp_obj_base_t * obj, uint8_t * dest, size_t len, bool nack);
    int ( * write)(mp_obj_base_t * obj, const uint8_t * src, size_t len);
    int ( * transfer)(mp_obj_base_t * obj, uint16_t addr, size_t n, mp_machine_i2c_buf_t * bufs,
unsigned int flags);
    int ( * transfer_single)(mp_obj_base_t * obj, uint16_t addr, size_t len, uint8_t * buf,
unsigned int flags);
} mp_machine_i2c_p_t;
```

mp_machine_i2c_p_t 中定义的是基于具体硬件实现 I2C 通信协议的一组 API 函数。对于嵌入式系统的开发者而言，init()、start()、stop()、read()、write()等函数都很常见，但是 transfer()和 transfer_single()是做什么的？

根据代码注释中的说明：init()函数是必须要实现的，start()、stop()、read()、write()是可选实现的，如果不实现，只是对应的类方法不再支持而已，不影响使用。transfer()函数是必须由开发者自行实现的，machine_i2c 中提供了一种实现的范例，可以使用 mp_machine_i2c_transfer_adaptor()对接 transfer()。当使用 mp_machine_i2c_transfer_adaptor()对接 transfer()时，就需要开发者再实现另一个与 transfer()函数相关的函数 transfer_single()。从接口声明上看，transfer()函数中使用了 size_t n 和 mp_machine_i2c_buf_t * bufs 作为参数，这表示一组缓冲区，零星存放着所有要进入通信过程的数据，但 transfer_single()函数接口仅定义了一个缓冲区，更接近硬件驱动程序的实现和常规用法。实际上，在 machine_i2c. c 文件中实现的 mp_machine_i2c_transfer_adaptor()函数内容，就是将 transfer_single()接口中的多个缓冲区打包，重新封装成一个缓冲区，以适配 transfer()接口。正如代码中的注释所示，这只是一个“帮忙的”函数，见代码 13-4。

代码 13-4 machine_i2c 框架的 mp_machine_i2c_transfer_adaptor()函数

```
// Generic helper functions
// For use by ports that require a single buffer of data for a read/write transfer
```

```
int mp_machine_i2c_transfer_adaptor(mp_obj_base_t * self, uint16_t addr, size_t n, mp_machine_
i2c_buf_t * bufs, unsigned int flags) {
    size_t len;
    uint8_t * buf;
    if (n == 1) {
        // Use given single buffer
        len = bufs[0].len;
        buf = bufs[0].buf;
    } else {
        // Combine buffers into a single one
        len = 0;
        for (size_t i = 0; i < n; ++i) {
            len += bufs[i].len;
        }
        buf = m_new(uint8_t, len);
        if (!(flags & MP_MACHINE_I2C_FLAG_READ)) {
            len = 0;
            for (size_t i = 0; i < n; ++i) {
                memcpy(buf + len, bufs[i].buf, bufs[i].len);
                len += bufs[i].len;
            }
        }
    }

    mp_machine_i2c_p_t * i2c_p = (mp_machine_i2c_p_t * )self->type->protocol;
    int ret = i2c_p->transfer_single(self, addr, len, buf, flags);

    if (n > 1) {
        if (flags & MP_MACHINE_I2C_FLAG_READ) {
            // Copy data from single buffer to individual ones
            len = 0;
            for (size_t i = 0; i < n; ++i) {
                memcpy(bufs[i].buf, buf + len, bufs[i].len);
                len += bufs[i].len;
            }
        }
        m_del(uint8_t, buf, len);
    }

    return ret;
}
```

阅读源码可知，mp_machine_i2c_transfer_adaptor()函数将多个缓冲区中的数据合并成一组，然后再调用 transfer_single()函数实际执行 I2C 在总线上的通信过程。若还需要执行读操作，则在总线通信过程完成后，将收到的数据拆分到原来的多个缓冲区中。在具体平台的移植项目中，基于底层驱动程序面向硬件 I2C 外设模块实现的 transfer_single()函数通过 mp_machine_i2c_transfer_adaptor()函数这个“马甲”，变身成为 transfer()函数。为了方便对接其他与读写操作相关属性方法的实现，machine_i2c 框架中还将 transfer()函数进一步打包成了 readfrom()和 writeto()函数，见代码 13-5。

代码 13-5 machine_i2c 框架的 mp_machine_i2c_readfrom()函数

```
STATIC int mp_machine_i2c_readfrom(mp_obj_base_t * self, uint16_t addr, uint8_t * dest,
size_t len, bool stop) {
    mp_machine_i2c_p_t * i2c_p = (mp_machine_i2c_p_t * )self->type->protocol;
    mp_machine_i2c_buf_t buf = {.len = len, .buf = dest};
    unsigned int flags = MP_MACHINE_I2C_FLAG_READ | (stop ? MP_MACHINE_I2C_FLAG_STOP : 0);
    return i2c_p->transfer(self, addr, 1, &buf, flags);
}

STATIC int mp_machine_i2c_writeto(mp_obj_base_t * self, uint16_t addr, const uint8_t * src,
size_t len, bool stop) {
    mp_machine_i2c_p_t * i2c_p = (mp_machine_i2c_p_t * )self->type->protocol;
    mp_machine_i2c_buf_t buf = {.len = len, .buf = (uint8_t * )src};
    unsigned int flags = stop ? MP_MACHINE_I2C_FLAG_STOP : 0;
    return i2c_p->transfer(self, addr, 1, &buf, flags);
}
```

实际上，.protocol 中的其他函数也都是通过类似方式被包装起来，以对应 mp_machine_i2c_locals_dict 中的 machine_i2c 框架的属性方法。由 I2C 类模块属性方法调用.protocol 中 I2C 协议操作函数的映射关系如表 13-1 所示。

表 13-1 I2C 类模块属性方法调用.protocol 中的 I2C 协议操作函数

I2C 类模块的属性方法	.protocol 中的 I2C 协议操作函数	描 述
init	init	—
scan	transfer	直接调用 mp_machine_i2c_writeto()
start	start	—
stop	stop	—
readinto	read	—
machine_i2c_write	write	—
machine_i2c_readfrom	transfer	直接调用 mp_machine_i2c_readfrom
machine_i2c_readfrom_into	transfer	直接调用 mp_machine_i2c_readfrom
machine_i2c_writeto	transfer	直接调用 mp_machine_i2c_writeto
machine_i2c_writevto	transfer	—
readfrom_mem	transfer	通过 read_mem 调用了 mp_machine_i2c_writeto、mp_machine_i2c_readfrom
readfrom_mem_into	transfer	通过 read_mem 调用了 mp_machine_i2c_writeto、mp_machine_i2c_readfrom
writeto_mem	transfer	通过 write_mem 直接调用了 transfer

在注释中说明为“primitive I2C operations”的函数有 start()、stop()、readinto()、write()，它们都是可选实现的属性方法。下面以 start()函数的实现为例说明，见代码 13-6。

代码 13-6 machine_i2c 框架的 machine_i2c_start()

```
STATIC mp_obj_t machine_i2c_start(mp_obj_t self_in) {
    mp_obj_base_t * self = (mp_obj_base_t * )MP_OBJ_TO_PTR(self_in);
    mp_machine_i2c_p_t * i2c_p = (mp_machine_i2c_p_t * )self -> type -> protocol;
    if (i2c_p -> start == NULL) {
        mp_raise_msg(&mp_type_OSError, MP_ERROR_TEXT("I2C operation not supported"));
    }
    int ret = i2c_p -> start(self);
    if (ret != 0) {
        mp_raise_OSError( - ret);
    }
    return mp_const_none;
}
MP_DEFINE_CONST_FUN_OBJ_1(machine_i2c_start_obj, machine_i2c_start);
```

阅读代码可知，i2c_p-> start()函数是一个可以不提供的函数，当未指定有效的 start()的函数时，将会声明异常，并提示"I2C operation not supported"，但程序不会出错。但若指定了有效的 start()函数，则调用装入的与 I2C 硬件模块相关的函数，发送 I2C 通信协议中的 START 信号。从经验上看，大多数 I2C 硬件外设模块不会提供单独发送 START 信号的功能，而通常会在发送第一个字节(目标从机地址)的同时，"顺便"在总线上的 SDA 信号线上产生一个下降沿(即 START 信号)。因此，这些函数只有在用 GPIO 配合软件模拟实现的 I2C 驱动程序中，才可能会单独使用。

由上面的分析可知，在移植工程中适配 machine_i2c 框架以实现 I2C 类模块，在最精简情况下，也必须实现. protocol 函数清单中的 init()函数和 transfer_single()函数。

但实际上，一些现存的移植项目进一步简化了适配过程。例如，在 mimxrt 项目实现的 I2C 模块中，仅适配了 transfer_single()函数，至于 init()函数的功能，并未单独封装成类属性方法开放给用户，而是直接在 make_new()函数中调用，这样，仅在实例化 I2C 对象时执行一次初始化操作即可。

13.2 软件 I2C 类模块 SoftI2C

作者在探究 machine_i2c 框架的过程中，发现只要实现 transfer_single()函数就可以适配硬件 I2C 模块后，曾试图立即实现硬件 I2C 类模块并做一些实验。但编写好代码开始编译移植项目，会出现错误，见代码 13-7。原来，是因为 machine_i2c. c 中的 SoftI2C 中使用的一些函数未实现，这需要一定的移植工作，但不复杂，仅需要操作 GPIO 即可。既然绕不过 machine_i2c 自带的 SoftI2C，就先实现它吧。

代码 13-7 不完全适配 SoftI2C 时编译报错

```
../../extmod/machine_i2c.c: In function 'mp_hal_i2c_scl_low':
../../extmod/machine_i2c.c:47:5: error: implicit declaration of function 'mp_hal_pin_od_low';
did you mean 'mp_hal_pin_obj_t'? [ - Werror = implicit - function - declaration]
```

```
   47 |      mp_hal_pin_od_low(self->scl);
      |      ^~~~~~~~~~~~~~~~          |      mp_hal_pin_obj_t
../../extmod/machine_i2c.c: In function 'mp_hal_i2c_scl_release':
../../extmod/machine_i2c.c:53:5: error: implicit declaration of function 'mp_hal_pin_od_high';
did you mean 'mp_hal_pin_write'? [-Werror=implicit-function-declaration]
   53 |      mp_hal_pin_od_high(self->scl);
      |      ^~~~~~~~~~~~~~~~~~          |      mp_hal_pin_write
../../extmod/machine_i2c.c: In function 'mp_hal_i2c_init':
../../extmod/machine_i2c.c:104:5: error: implicit declaration of function 'mp_hal_pin_open_
drain'[-Werror=implicit-function-declaration]
  104 |      mp_hal_pin_open_drain(self->scl);
      |      ^~~~~~~~~~~~~~~~~~~~~../../extmod/machine_i2c.c: In function
'mp_machine_soft_i2c_print':
../../extmod/machine_i2c.c:636:36: error: expected ')' before 'MP_HAL_PIN_FMT'
  636 |      mp_printf(print, "SoftI2C(scl=" MP_HAL_PIN_FMT ", sda=" MP_HAL_PIN_FMT ",
freq=%u)",
      |                                    ^~~~~~~~~~~~~~         |
                                )
../../extmod/machine_i2c.c:635:32: error: unused variable 'self'[-Werror=unused-variable]
  635 |      mp_machine_soft_i2c_obj_t *self = MP_OBJ_TO_PTR(self_in);
      |                                     ^cc1.exe: all warnings being treated as errors
make: *** [../../py/mkrules.mk:77: build-plus-f3270/extmod/machine_i2c.o] Error 1
```

实际上，在 MicroPython 中，作者更推荐软件模拟的 SoftI2C 模块。使用软件 I2C 的好处在于，可以使用任何引脚作为 I2C 总线的引脚，软件编程非常灵活。虽然不能像硬件 I2C 外设模块那样配置通信速度，但实际应用中对 I2C 通信的速率并没有很强的约束，通常通过 I2C 总线通信的数据量也比较少，例如 100kHz 的低速通信已经可以满足绝大多数的应用需求。相比软件模拟 I2C 的易于实现，不同微控制器平台上设计的硬件 I2C 模块千差万别，并且能够支持 I2C 通信协议的程度也参差不齐，不便于抽象。在本章的后半部分描述适配硬件 I2C 类模块的时候，可能会看到，machine_i2c 框架对具体微控制器平台的硬件 I2C 外设模块的要求还是比较苛刻的。

extmod/machine_i2c.c 文件中包含了可以使用 GPIO 配合软件控制时序实现 SoftI2C 模块的大部分代码，预先写好了模拟 I2C 通信协议的全部功能函数，并向上适配 machine_i2c 框架，但缺少面向具体移植项目的基于硬件实现的操作引脚的函数，需要开发者在具体移植项目中补充。

分析 SoftI2C 模块的相关函数可知，SoftI2C 操作 I2C 总线 SDA 和 SCL 引脚的函数为 mp_hal_i2c_sda_xxx()和 mp_hal_i2c_scl_xxx()，见代码 13-8。

代码 13-8 machine_i2c 框架中操作 SoftI2C 引脚的部分函数

```
STATIC void mp_hal_i2c_sda_low(machine_i2c_obj_t *self) {
    mp_hal_pin_od_low(self->sda);
}

STATIC void mp_hal_i2c_sda_release(machine_i2c_obj_t *self) {
```

```
    mp_hal_pin_od_high(self->sda);
}

STATIC int mp_hal_i2c_sda_read(machine_i2c_obj_t * self) {
    return mp_hal_pin_read(self->sda);
}

STATIC void mp_hal_i2c_scl_low(machine_i2c_obj_t * self) {
    mp_hal_pin_od_low(self->scl);
}

STATIC int mp_hal_i2c_scl_release(machine_i2c_obj_t * self) {
    uint32_t count = self->us_timeout;

    mp_hal_pin_od_high(self->scl);
    mp_hal_i2c_delay(self);
    // For clock stretching, wait for the SCL pin to be released, with timeout.
    for (; mp_hal_pin_read(self->scl) == 0 && count; --count) {
        mp_hal_delay_us_fast(1);
    }
    if (count == 0) {
        return -MP_ETIMEDOUT;
    }
    return 0; // success
}
```

阅读代码13-8可知，mp_hal_i2c_sda_xxx()和mp_hal_i2c_scl_xxx()函数内部调用了mp_hal_pin_xxx()和mp_hal_pin_od_xxx()函数以实现对底层硬件的操控。因此，对应在mphalport.h文件中，需要开发者添加部分操作引脚的函数如下，其中部分代码在支持SoftSPI时已经添加了，见代码13-9。

代码13-9 mphalport.h文件中适配操作Pin函数

```
#include <stdint.h>
#include "machine_pin.h"

#define MP_HAL_PIN_FMT              "%q"
#define mp_hal_pin_obj_t            const machine_pin_obj_t *
#define mp_hal_get_pin_obj(o)       pin_find(o)
#define mp_hal_pin_name(p)          ((p)->name)

/* for virtual pin: SoftSPI. */
#define mp_hal_pin_write(p, value) (GPIO_WriteBit(p->gpio_port, (1u << p->gpio_pin), value))
#define mp_hal_pin_read(p)   (GPIO_ReadInDataBit(p->gpio_port, (1u << p->gpio_pin)))
#define mp_hal_pin_output(p) machine_pin_set_mode(p, PIN_MODE_OUT_PUSHPULL)
#define mp_hal_pin_input(p)   machine_pin_set_mode(p, PIN_MODE_IN_PULLUP)

/* for soft i2c. */
```

```
#define mp_hal_pin_open_drain(p) machine_pin_set_mode(p, PIN_MODE_OUT_OPENDRAIN)
#define mp_hal_pin_high(p)       (GPIO_SetBits(p->gpio_port, (1u << p->gpio_pin)))
#define mp_hal_pin_low(p)        (GPIO_ClearBits(p->gpio_port, (1u << p->gpio_pin)))
#define mp_hal_pin_od_low(p)     mp_hal_pin_low(p)
#define mp_hal_pin_od_high(p)    mp_hal_pin_high(p)
```

需要注意的是，通过 mp_hal_pin_od_xxx()函数使用 GPIO 模拟 I2C 的开漏信号时，若移植目标微控制平台的硬件 GPIO 外设模块提供了开漏模式，则可直接指定为"开漏输出"模式，例如在本书中主要使用的微控制器平台 MM32F3270。

若引脚的可选配置中没有开漏模式(实际上很多微控制器的引脚都没有专门设计的硬件开漏模式)，此时，常见的做法是：先指定引脚输出的电平固定为低(不限定驱动强度)，后续不再指定引脚的输出电平，而是通过改变引脚的信号方向来控制输出电平。

- 当需要开漏输出低电平时，指定 GPIO 的方向为输出，GPIO 输出低电平起作用。
- 当需要开漏输出高电平时，切换 GPIO 的方向为输入，总线上的外部上拉电阻起作用，由外部上拉电阻将总线电平拉高。此时，若有从机设备在总线上输出低电平，则可由外部上拉电阻承担压降，GPIO 引脚可直接读到从机设备产生的拉低电平信号。

最后，在 modmachine.c 文件中添加 SoftI2C 模块即可，见代码 13-10。

代码 13-10　向 machine 类中集成 SoftI2C 子类

```
...
#include "extmod/machine_i2c.h"
...
extern const mp_obj_type_t mp_machine_soft_i2c_type;
...
STATIC const mp_rom_map_elem_t machine_module_globals_table[] = {
    { MP_ROM_QSTR(MP_QSTR___name__),  MP_ROM_QSTR(MP_QSTR_umachine) },
    ...
    { MP_ROM_QSTR(MP_QSTR_SoftI2C),   MP_ROM_PTR(&mp_machine_soft_i2c_type) },
};
```

13.3 硬件 I2C 类模块 I2C

掌握了 SoftI2C，现在可以尝试分析硬件 I2C 模块了。本节介绍实现硬件 I2C 模块的过程和方法。

前文提到，基于具体硬件 I2C 外设模块适配 machine_i2c，最简单的做法是只要适配 transfer_single()函数，即可创建一个新的 I2C 模块。但是，如果要开发者自行编写 transfer_single()函数，那么这个接口的传参和行为是什么呢？SoftI2C 中没有使用这个函数，无法提供可以参考的范例实现。作者在设计这部分程序时，在 machine_i2c.c 源码中仔细寻找蛛丝马迹，分析和尝试，最终通过调试验证成功。本节详细解释经过验证的 transfer_single()函数的实现过程。至于创建新类型所必需的 machine_xxx_obj_t 对象类型、make_new()实例化方法的回调函数等，都是常规的实现，在之前的章节中已有详细解释，但为了体现设计材料的完整性，也便于读者查阅，本节仍一并展示出来。

13.3.1 transfer_single()

13.3.1.1 分析接口

前文提到，transfer_single()函数套了一个 mp_machine_i2c_transfer_adaptor()函数的“马甲”，就变身成为 transfer()函数。而 transfer()函数的实现，在 SoftI2C 中是有明确范例的，并且 transfer()函数在 machine_i2c 框架中被使用了很多次，因此，不难反推出 transfer_single()函数的接口和行为。

首先，transfer_single()函数接口位于 mp_machine_i2c_p_t 结构体类型定义的字段中，见代码 13-11。

代码 13-11 mp_machine_i2c_p_t 的 transfer_single 字段

```
typedef struct _mp_machine_i2c_p_t {
    ...
    int ( * transfer_single)(mp_obj_base_t  * obj, uint16_t addr, size_t len, uint8_t  * buf,
unsigned int flags);
} mp_machine_i2c_p_t;
```

在传入的参数中：

- obj 将会是即将实现的类对象的实例，也就是类模块实现代码中常见的 self 或者 self_in。
- addr 就是 I2C 通信总线中使用的目标从机地址。接口上定义了 16 位地址，但实现基本的 8 位地址亦可。
- len 和 buf 描述一个缓冲区。前文已经介绍过，transfer()函数使用多个缓冲区表示零星的多个数据段，已经被 mp_machine_i2c_transfer_adaptor()函数整理成一段连续的缓冲区。
- flags 指定 transfer_single()函数执行过程中的一些变化。通过阅读代码片段可知，flags 可用的选项有：

① MP_MACHINE_I2C_FLAG_READ：若缺省则指定写操作，使用这个标志就指定执行读操作。此处的读操作不是 I2C 读通信过程，仅是其中一部分，即在读通信过程的后半段，跟着 START 信号后发送目标从机的读地址，然后紧跟着连续读数的过程。

② MP_MACHINE_I2C_FLAG_STOP：若缺省则指定在发送或者接收完数据流后不发送 STOP 信号，使用这个表示指定在发送或者接收完数据流后发送 STOP 信号。不发送 STOP 信号主要是为了在后续 I2C 读通信过程中产生 RESTART 信号。关于 RESTART 信号，简单来说，就是前面没有 STOP 信号的 START 信号。

同时，还要特别注意 transfer()函数的返回值。transfer_single()函数的返回值同 transfer()函数是一致的，因此可直接参考 SoftI2C 中的 transfer()函数作为范例，见代码 13-12。

代码 13-12　SoftI2C 的 mp_machine_soft_i2c_transfer()函数接口

```
// return value:
//  >= 0 - success; for read it's 0, for write it's number of acks received
//   < 0 - error, with errno being the negative of the return value
int mp_machine_soft_i2c_transfer(mp_obj_base_t * self_in, uint16_t addr, size_t n, mp_machine_
i2c_buf_t * bufs, unsigned int flags)
```

正如 mp_machine_soft_i2c_transfer()函数的注释中所描述的：

(1) 当执行发送操作时。

- 若全部发送成功，则返回已经发送成功的字节数量，更确切地说，是在发送过程中收到 ACK 的数量。正常情况下返回值大于或等于 0。特别注意，返回值等于 0 也表示发送正常，此时表示发送数据缓冲区长度为 0，但至少回应了发送设备地址的那个字节。
- 若发送过程中出错，则返回由负数表示的错误码。这个错误码将由 MicroPython 的内核以异常的方式返回给调用者，"OSError: N"中的 N 为错误码的绝对值，显示为一个正数。

(2) 当执行接收操作时。

- 若全部接收成功，则直接返回 0，不用返回已经接收成功字节的数量。
- 若接收过程出错，则返回由负数表示的错误码，与发送过程的含义相同。

13.3.1.2　实现范例

由于 MM32F3270 微控制器集成的 I2C 外设模块，在硬件上无法实现仅发送从机设备地址(必须在发送第一个有效数据负载的同时发送从机设备地址)，因此无法支持 scan()的功能。为此，作者使用另一块搭载了 NXP KE18F 微控制器的 POKT-KE18F 开发板，利用 KE18F 微控制器芯片上集成的 LPI2C 模块，实现了支持 transfer_single()函数的完整功能，以此作为本节中设计硬件 I2C 模块的范例，见代码 13-13。

代码 13-13　硬件 I2C 类模块的 machine_hw_i2c_transfer_single()函数

```
STATIC int machine_hw_i2c_transfer_single(mp_obj_base_t * self_in, uint16_t addr, size_t
len, uint8_t * buf, unsigned int flags)
{
    machine_hw_i2c_obj_t * self = (machine_hw_i2c_obj_t * )self_in;
    uint32_t hw_i2c_flags = 0u;
    int ret;

    if (0u == (flags & MP_MACHINE_I2C_FLAG_STOP))   /* MP_MACHINE_I2C_FLAG_STOP. */
    {
        hw_i2c_flags |= LPI2C_TRANSFER_FLAG_NO_STOP;
    }

    if (flags & MP_MACHINE_I2C_FLAG_READ)           /* read. */
    {
        if (self->conf->timeout)
```

```
        {
            ret = LPI2C_MasterReadBlockingTimeout(self->i2c_port, addr, buf, len, hw_i2c_
flags, self->conf->timeout);
        }
        else
        {
            ret = LPI2C_MasterReadBlocking(self->i2c_port, addr, buf, len, hw_i2c_flags);
        }
        ret = 0;
    }
    else /* write. */
    {
        if (self->conf->timeout)
        {
            ret = LPI2C_MasterWriteBlockingTimeout(self->i2c_port, addr, buf, len,
hw_i2c_flags, self->conf->timeout);
        }
        else
        {
            ret = LPI2C_MasterWriteBlocking(self->i2c_port, addr, buf, len, hw_i2c_flags);
        }
    }

    return ret;
}
```

KE18F微控制器平台上移植MicroPython硬件I2C类模块的完整代码位于本书配套代码包中的ports\ke18f\machine_hw_i2c.c中。

13.3.1.3 注意

关于实现transfer_single()函数,有两个要点需要特别提及:

- 一定要设计超时机制。I2C通信过程需要主从机相互配合,如果在通信过程中出现错误,总线可能会被锁死,此时,主机必须通过超时机制,在通信出现错误时及时退出通信过程。MicroPython作为I2C主机不能让整个系统卡在一个硬件外设的通信过程中。
- 解释发送成功返回值0的情况。本章开始的地方曾提到,MicroPython中I2C模块最吸引作者的地方,就是scan()功能。在machine_i2c框架中实现scan()函数的原理是,向0x08~0x78地址范围内的从机设备发送长度为0的空字节串。即使是空字节串,也至少会收到一个针对地址字节的ACK。这个ACK不是有效通信负载的ACK,而是对总线上传送的从机地址做出响应,以区分是否有从机设备响应该地址。在实现transfer_single()函数中的写操作时,就把返回值0分配给这个不计入有效通信负载的ACK。

在machine_i2c框架下scan()属性方法的代码中可以直观地看到这种方法的实现过程,见代码13-14。

代码 13-14　machine_i2c 框架的 machine_i2c_scan()函数

```
STATIC mp_obj_t machine_i2c_scan(mp_obj_t self_in) {
    mp_obj_base_t * self = MP_OBJ_TO_PTR(self_in);
    mp_obj_t list = mp_obj_new_list(0, NULL);
    // 7 - bit addresses 0b0000xxx and 0b1111xxx are reserved
    for (int addr = 0x08; addr < 0x78; ++addr) {
        int ret = mp_machine_i2c_writeto(self, addr, NULL, 0, true);
        if (ret == 0) {
            mp_obj_list_append(list, MP_OBJ_NEW_SMALL_INT(addr));
        }
    }
    return list;
}
MP_DEFINE_CONST_FUN_OBJ_1(machine_i2c_scan_obj, machine_i2c_scan);
```

13.3.2　machine_hw_i2c_type

基于 machine_i2c 框架创建的硬件 I2C 类型模块，仍然使用 extmod/machine_i2c.c 中定义的 mp_machine_i2c_locals_dict 作为 locals_dict，从而可以兼容所有从 machine_i2c 框架衍生出来的 I2C 类型模块，见代码 13-15。

代码 13-15　machine_i2c 框架兼容的 machine_hw_i2c_type

```
STATIC const mp_machine_i2c_p_t machine_hw_i2c_p =
{
    .transfer = mp_machine_i2c_transfer_adaptor,
    .transfer_single = machine_hw_i2c_transfer_single,
};

const mp_obj_type_t machine_hw_i2c_type =
{
    { &mp_type_type },
    .name = MP_QSTR_I2C,
    .print = machine_hw_i2c_print,
    .make_new = machine_hw_i2c_make_new,
    .protocol = &machine_hw_i2c_p,
    .locals_dict = (mp_obj_dict_t * )&mp_machine_i2c_locals_dict,
};
```

从代码中可以看出，由于使用了 transfer_single()函数，就同时需要借用 machine_i2c 框架中预先实现的 mp_machine_i2c_transfer_adaptor()，同 transfer_single()一起打包成 machine_hw_i2c_p，再注册至 machine_hw_i2c_type 中。此处未实现 mp_machine_i2c_p_t 中的 init()函数，对硬件 I2C 模块的初始化代码，将位于 make_new()的实现函数中。

总结一下，基于 machine_i2c 框架，创建硬件 I2C 类模块，除了 transfer_single()，需要实现如下函数：

- machine_hw_i2c_make_new()。

• machine_hw_i2c_print()。

13.3.3 make_new()

硬件 I2C 类模块的 make_new()函数 machine_hw_i2c_make_new()，实现方法同之前已经创建过的模块一样，都需要解析类实例化方法的传入参数，根据参数对 I2C 硬件外设进行初始化配置，返回一个硬件 I2C 模块的类实例对象，见代码 13-16。

代码 13-16　硬件 I2C 类模块的 machine_hw_i2c_make_new()函数

```
STATIC void machine_hw_i2c_init(mp_obj_base_t * self_in, size_t n_args, const mp_obj_t
 * pos_args, mp_map_t * kw_args)
{
    enum
    {
        HW_I2C_INIT_ARG_freq = 0,
        HW_I2C_INIT_ARG_timeout
    };
    static const mp_arg_t allowed_args[] =
    {
        [HW_I2C_INIT_ARG_freq]{ MP_QSTR_freq, MP_ARG_KW_ONLY | MP_ARG_INT , {.u_int =
10000     } },
        [HW_I2C_INIT_ARG_timeout]{ MP_QSTR_timeout, MP_ARG_KW_ONLY | MP_ARG_INT , {.u_int =
255       } },
    };

    /* 解析参数 */
    mp_arg_val_t args[MP_ARRAY_SIZE(allowed_args)];
    mp_arg_parse_all(n_args, pos_args, kw_args, MP_ARRAY_SIZE(allowed_args), allowed_args,
args);

    machine_hw_i2c_obj_t * self = (machine_hw_i2c_obj_t * )self_in;
    if (args[HW_I2C_INIT_ARG_freq].u_int > 400000)
    {
        mp_raise_ValueError(MP_ERROR_TEXT("unavailable param: freq."));
    }
    self->conf->freq = args[HW_I2C_INIT_ARG_freq].u_int;
    self->conf->timeout = args[HW_I2C_INIT_ARG_timeout].u_int;

    /* 配置引脚 */
    PORT_SetPinMux(self->sda_pin_obj->io_port, self->sda_pin_obj->gpio_pin, self->
sda_pin_af);
    PORT_SetPinMux(self->scl_pin_obj->io_port, self->scl_pin_obj->gpio_pin, self->
scl_pin_af);

    /* 配置 I2C 时钟源 */
    CLOCK_DisableClock(hw_i2c_clock_arr[self->i2c_id]);
    CLOCK_SetIpSrc(hw_i2c_clock_arr[self->i2c_id], kCLOCK_IpSrcSysPllAsync);
    CLOCK_EnableClock(hw_i2c_clock_arr[self->i2c_id]);
```

```
    LPI2C_MasterConf_Type lpi2c_master_conf =
    {
        .BaudrateHz = self->conf->freq, /* 10k. */
        .TxFifoWatermark = 4u,
        .RxFifoWatermark = 0u,
        .EnableInDozenMode = false,
        .EnableInDebugMode = false,
        .EnableIgnoreAck = false,
        .EnableAutoGenSTOP = false,
        .ClockCycleDiv = eLPI2C_ClockCycleDiv_16,
        .BusIdleTimeoutCycles = 0u,
    };
    LPI2C_MasterInit(self->i2c_port, &lpi2c_master_conf, CLOCK_GetIpFreq(hw_i2c_clock_
arr[self->i2c_id]));

    //return mp_const_none;
}

STATIC mp_obj_t machine_hw_i2c_make_new(const mp_obj_type_t *type, size_t n_args, size_t
n_kw, const mp_obj_t *args)
{
    mp_arg_check_num(n_args, n_kw, 1, MP_OBJ_FUN_ARGS_MAX, true); /* 1个固定位置参数 */

    const machine_hw_i2c_obj_t *i2c_obj = hw_i2c_find(args[0]);

    if ( (n_args >= 1) || (n_kw >= 0) )
    {
        mp_map_t kw_args;
        mp_map_init_fixed_table(&kw_args, n_kw, args + n_args);
                              /* 将关键字参数从总的参数列表中提取出来,单独封装成kw_args */
        machine_hw_i2c_init((mp_obj_base_t *)i2c_obj, n_args - 1, args + 1, &kw_args);
    }

    return (mp_obj_t)i2c_obj;
}
```

其中,为了适配make_new()函数传入参数的配置信息,以及后续的其他属性函数对缓存信息的需求,需要定义和实现硬件I2C类实例对象的结构体machine_hw_i2c_obj_t(位于本书配套代码包中的\ports\ke18f\machine_hw_i2c.h文件中),见代码13-17。

代码13-17 硬件I2C类模块的machine_hw_i2c_obj_t

```
...
typedef struct
{
    uint32_t freq;
    uint32_t timeout;
} machine_hw_i2c_conf_t;
```

```
typedef struct
{
    mp_obj_base_t base;       // object base class.

    const machine_pin_obj_t * sda_pin_obj;
    uint32_t sda_pin_af;

    const machine_pin_obj_t * scl_pin_obj;
    uint32_t scl_pin_af;

    LPI2C_Type * i2c_port;
    uint32_t     i2c_id;

    machine_hw_i2c_conf_t * conf;
} machine_hw_i2c_obj_t;

extern const machine_hw_i2c_obj_t * machine_hw_i2c_objs[];
extern const uint32_t              machine_hw_i2c_num;
extern const mp_obj_type_t         machine_hw_i2c_type;
...
```

同时，在 ports/ke18f/boards/pokt-ke18f 目录下的 machine_pin_board_pins.c 文件中，定义了预分配的硬件 I2C 的实例化对象列表，见代码 13-18。

代码 13-18　machine_pin_board_pins.c 文件中预分配硬件 I2C 实例化对象

```
...
#include "machine_pin.h"
#include "machine_uart.h"
#include "machine_hw_i2c.h"
...
/* I2C. */
const uint32_t machine_hw_i2c_num = 1u;

machine_hw_i2c_conf_t machine_hw_i2c_conf[1];   /* static mamory instead of malloc(). */
LPI2C_Type * const machine_hw_i2c_port[1] = {LPI2C0};

const machine_hw_i2c_obj_t hw_i2c_0 = { .base = { &machine_hw_i2c_type }, .sda_pin_obj =
&pin_PA2, .sda_pin_af = 3, .scl_pin_obj = &pin_PA3, .scl_pin_af = 3, .i2c_port = machine_
hw_i2c_port[0], .i2c_id = 0u, .conf = &machine_hw_i2c_conf[0]};

const machine_hw_i2c_obj_t * machine_hw_i2c_objs[] =
{
    &hw_i2c_0,
};
```

这里通过 hw_i2c_find()函数在 machine_hw_i2c_objs[]数组中查找预定义的 machine_hw_i2c_type 实例对象，取代动态分配内存的方式，创建一个全新的 machine_hw_i2c_type 实例对象。由于硬件 I2C 的信号是绑定在特定的引脚上，不能分配到任意引脚，因此相对于

SoftI2C，硬件 I2C 不提供可由用户指定 SDA 和 SCL 信号绑定的功能。用户仅可通过 I2C 的端口号来索引可用的 I2C 实例，见代码 13-19。

代码 13-19 硬件 I2C 类模块的 hw_i2c_find()函数

```
const machine_hw_i2c_obj_t * hw_i2c_find(mp_obj_t user_obj)
{
    /* 如果传入参数本身就是一个 I2C 的实例，则直接送出这个 I2C */
    if ( mp_obj_is_type(user_obj, &machine_hw_i2c_type) )
    {
        return user_obj;
    }

    /* 如果传入参数是一个 I2C 端口号，则通过索引在 I2C 清单中找到这个端口，然后送出这个
实例 */
    if ( mp_obj_is_small_int(user_obj) )
    {
        uint8_t i2c_idx = MP_OBJ_SMALL_INT_VALUE(user_obj);
        if ( i2c_idx < machine_hw_i2c_num )
        {
            return machine_hw_i2c_objs[ i2c_idx];
        }
    }
    mp_raise_ValueError(MP_ERROR_TEXT("I2C doesn't exist"));
}
```

13.3.4 print()

machine_hw_i2c 的 print()方法，machine_hw_i2c_print()将在用户调用硬件 I2C 类实例的 print()方法时被调用执行，见代码 13-20。

代码 13-20 硬件 I2C 类模块的 machine_hw_i2c_print()函数

```
STATIC void machine_hw_i2c_print(const mp_print_t * print, mp_obj_t self_in, mp_print_kind_t
kind)
{
    machine_hw_i2c_obj_t * self = MP_OBJ_TO_PTR(self_in);
    mp_printf(print, "I2C( %u, freq = %u)", self -> i2c_id, self -> conf -> freq);
}
```

13.3.5 集成硬件 I2C 模块到 machine 模块中

准备好 machine_hw_i2c 的所有源代码之后，就可以向 MicroPython 中集成 I2C 模块了。在 ports/ke18f/modmachine.c 文件中，同 SoftI2C 类似，将 I2C 类模块作为 machine 类模块的子类，见代码 13-21。

代码 13-21 向 machine 类中集成硬件 I2C 子类

```
...
#include "extmod/machine_i2c.h"
...
extern const mp_obj_type_t machine_hw_i2c_type;
extern const mp_obj_type_t mp_machine_soft_i2c_type;
...
STATIC const mp_rom_map_elem_t machine_module_globals_table[] = {
    { MP_ROM_QSTR(MP_QSTR___name__), MP_ROM_QSTR(MP_QSTR_umachine) },
    ...
    { MP_ROM_QSTR(MP_QSTR_I2C), MP_ROM_PTR(&machine_hw_i2c_type) },
    { MP_ROM_QSTR(MP_QSTR_SoftI2C), MP_ROM_PTR(&mp_machine_soft_i2c_type) },
};
...
```

在 ports/ke18f/Makefile 文件中，将硬件 I2C 的驱动程序源文件 fsl_lpi2c.c 和 I2C 类模块的部分实现代码 machine_hw_i2c.c 添加到编译过程中，见代码 13-22。

代码 13-22 更新 Makefile 文件集成硬件 I2C 类模块

```
# source files.
SRC_HAL_C += \
    ...
    $(MCU_DIR)/drivers/fsl_lpi2c.c \

...
# list of sources for qstr extraction
SRC_QSTR += modmachine.c \
            ...
            machine_hw_i2c.c \
            ...
```

13.4 实验

13.4.1 PLUS-F3270

对于 PLUS-F3270 开发板，可以验证 SoftI2C 类模块能够正常工作。

重新编译 MicroPython 项目，创建 firmware.elf 文件，并将之下载到 PLUS-F3270 开发板。

在样例工程中，将对板载 EEPROM 存储芯片进行读写操作。在 REPL 中输入语句，并观察输出内容，见代码 13-23。

代码 13-23 使用 SoftI2C 类模块读取 EEPROM 存储芯片

```
>>> from machine import SoftI2C
>>> from machine import Pin
```

```
>>> i2c = SoftI2C(scl = Pin('PC6'), sda = Pin('PC7'), freq = 10000)
>>> devaddr = i2c.scan()
>>> print(devaddr)
[80, 104]
>>> buf_read  = i2c.readfrom_mem(devaddr[0], 8, 4)
>>> print(buf_read)
b'\x1c\x06\x06\x06'
>>> buf_write = bytearray(4)
for i in range(4):
    buf_write[i] = (buf_read[i] + 1) % 256
>>> i2c.writeto_mem(devaddr[0], 8, buf_write)
>>> buf_read = i2c.readfrom_mem(devaddr[0], 8, 4)
>>> print(buf_read)
b'\x1d\x07\x07\x07'
>>> print(hex(int.from_bytes(buf_read, 'big')))
0x1d070707
>>>
```

其中，执行 devaddr = i2c.scan()语句时，可以得到两个地址[80, 104]，这里的 80 就是以十进制表示的 EEPROM 芯片的设备地址，104 对应同一个 I2C 总线上挂载的另一个 MPU6050 传感器的 I2C 从机地址。

13.4.2 POKT-KE18F

对于 POKT-KE18F 开发板，可以验证 SoftI2C 类模块和 I2C 类模块都可以正常工作。

可编写代码，验证 SoftI2C 类模块可用于配置 MPU6050 传感器并读取其中的采样值，见代码 13-24。

代码 13-24 使用 SoftI2C 类模块读取 MPU6050 传感器

```
from machine import SoftI2C
from machine import Pin
import time

# setup i2c
i2c = SoftI2C(scl = Pin('PA3'), sda = Pin('PA2'), freq = 10000)
devaddr = i2c.scan()
print(devaddr)
mpu6050_devaddr = devaddr[0]

# setup mpu6050
MPU6050_PWR_MGMT_1    = const(0x6B)
MPU6050_ACCEL_XOUT_H = const(0x3B)
mpu6050_cmd_enable = bytearray([MPU6050_PWR_MGMT_1, 0])
i2c.writeto(mpu6050_devaddr, mpu6050_cmd_enable)

# read mpu6050
```

```
while True:
    time.sleep_ms(200)
    mpu6050_val_sensor = i2c.readfrom_mem(mpu6050_devaddr, MPU6050_ACCEL_XOUT_H, 14)
    print(mpu6050_val_sensor)
```

在 Thonny IDE 中运行，可以看到执行代码后输出的传感器采样值，见代码 13-25。

代码 13-25　使用 SoftI2C 类模块读取 MPU6050 传感器

```
>>> %Run -c $EDITOR_CONTENT
[104]
b'\x00\x00\x00\x00\x00\x00\xef\xf0\x00\x00\xa4\x12\xf4m'
b'\x00\x00\x00\x00\x00\x00\xef\xf0\x00\x00\xa41\xf4|'
b'\x00\x00\x00\x00\x00\x00\xef\xd0\x00\x00\xa4h\xf4'
b'\x00\x00\x00\x00\x00\x00\xf0\x10\x00\x00\xa4_\xf4k'
b'\x00\x00\x00\x00\x00\x00\xf0\x00\x00\x00\xa4\xa1\xf4'
...
```

可编写代码，验证硬件 I2C 类模块可用于配置 MPU6050 传感器并读取其中的采样值，见代码 13-26。

代码 13-26　使用硬件 I2C 类模块读取 MPU6050 传感器

```
from machine import I2C
import time

# setup i2c
i2c = I2C(0, freq=10000, timeout=10000)
devaddr = i2c.scan()
print(devaddr)
mpu6050_devaddr = devaddr[0]

# setup mpu6050
MPU6050_PWR_MGMT_1   = const(0x6B)
MPU6050_ACCEL_XOUT_H = const(0x3B)
mpu6050_cmd_enable = bytearray([MPU6050_PWR_MGMT_1, 0])
i2c.writeto(mpu6050_devaddr, mpu6050_cmd_enable)

# read mpu6050
while True:
    time.sleep_ms(200)
    mpu6050_val_sensor = i2c.readfrom_mem(mpu6050_devaddr, MPU6050_ACCEL_XOUT_H, 14)
    print(mpu6050_val_sensor)
```

在 Thonny IDE 中运行，可以看到不断打印出来的采样值，见代码 13-27。

代码 13-27　使用硬件 I2C 类模块读取 MPU6050 传感器

```
>>> %Run -c $EDITOR_CONTENT
[104]
```

```
b'\x00\x00\x00\x00\x00\x00\xee\xe0\x00\x00\x9e\x90\xd3\xab'
b'\x00\x00\x00\x00\x00\x00\xee\xb0\x00\x00\x9eF\xd3\x94'
b'\x00\x00\x00\x00\x00\x00\xee\xc0\x00\x00\x9e7\xd3\x96'
b'\x00\x00\x00\x00\x00\x00\xee\xc0\x00\x00\x9e8\xd3\x91'
b"\x00\x00\x00\x00\x00\x00\xee\xb0\x00\x00\x9e'\xd3\x8b"
b'\x00\x00\x00\x00\x00\x00\xee\xe0\x00\x00\x9e~\xd3\x83'
b'\x00\x00\x00\x00\x00\x00\xee\xd0\x00\x00\x9eN\xd3\xa0'
b'\x00\x00\x00\x00\x00\x00\xee\xd0\x00\x00\x9e\x15\xd3\x90'
b'\x00\x00\x00\x00\x00\x00\xee\xc0\x00\x00\x9e\x92\xd3q'
b'\x00\x00\x00\x00\x00\x00\xee\xd0\x00\x00\x9e"\xd3d'
b'\x00\x00\x00\x00\x00\x00\xee\xd0\x00\x00\x9e3\xd3\x81'
...
```

13.5 本章小结

MicroPython 自带的扩展模块中包含的 machine_i2c 框架，可用于规范 I2C 衍生类模块的实现过程。绝大多数已有移植项目中的 I2C 类模块，都是从 machine_i2c 框架中衍生而来。本章总结了作者探究 machine_i2c 框架的机制，以及面向具体微控制器硬件平台分别实现 SoftI2C 和硬件 I2C 类模块的设计要点。

SoftI2C 类模块位于 machine_i2c 框架内部，用于提供 I2C 衍生类模块的实现范例。SoftI2C 类模块可由 GPIO 模拟硬件信号，实际对具体微控制器平台的依赖很少，绝大部分操作逻辑都已由软件控制，开发者仅对接少量同引脚相关的操作函数即可完成适配。SoftI2C 作为灵活的、软件可控制的 I2C 衍生类模块的实现，完整地呈现了 machine_i2c 框架提供的全部属性方法。

硬件 I2C 模块可用于对接微控制器平台原生的 I2C 硬件外设，若相关的驱动程序提供合适的 API，也可很方便地适配到 machine_i2c 框架中。在适配过程中，最关键的部分，是实现函数 transfer_single()函数。在实现过程中，需要开发者根据这个函数接口的需要，底层驱动解析合适的参数、执行并用返回值向 machine_i2c 框架告知对应的工作状态。

从内核开发者的角度上看，并不是所有微控制器芯片上集成的 I2C 硬件外设的功能都能满足 transfer_single()函数的要求，例如，仅发送设备地址、发送数据过程和接收数据过程相互独立无关联等，这依赖于微控制器的硬件设计人员，软件可能会无法适配 machine_i2c 框架创建硬件 I2C 类模块，因此，硬件 I2C 类模块的通用性不如 SoftI2C。从用户的角度看，SoftI2C 相对于硬件 I2C，可以灵活指定通信信号的引脚，但对通信速率的准确性要求并不高（通常 I2C 通信的数据量不大），在绝大多数情况下都可以满足开发需要，作者更倾向于使用 SoftI2C 开发应用程序。实际上，作者也查阅了市面上流行的大部分 MicroPython 开发板中对 I2C 衍生类模块的应用，很多 I2C 总线类应用项目都是使用 SoftI2C 完成的。

第 14 章

新建 PWM 类模块

PWM 类模块是电子爱好者设计开发嵌入式项目时常用的模块之一，可以驱动电机、舵机等。MicroPython 的官方开发手册也将 PWM 作为一个通用模块置于 machine 类中。在微控制器芯片中，PWM 的输出信号大多基于硬件定时器模块生成，通常一个硬件定时器模块可以输出多路 PWM，以 MM32F3 微控制器的 TIM 模块为例，每个 TIM 最多能输出 4 路 PWM。对应 MicroPython 中对 PWM 类模块的实现，类似前面介绍的 ADC 模块的设计方法（一个 ADC 转换器对应多个 ADC 转换输入通道），需要使用一个基本定时器推动多路通道输出 PWM 信号。本章将详细描述在 MicroPython 中实现 PWM 模块的过程，并基于 MM32F3 微控制器的 TIM 硬件定时器模块，具体实现多通道共用同一个定时器的设计方法。

14.1 参考范例

PWM 类模块已经被收录在 MicroPython 的 machine 类中，作为常用的硬件相关的模块。在已有的 MicroPython 移植项目中，ESP32、ESP8266 和 RP2 微控制器都提供了 PWM 类模块的实现，可作为开发者设计 PWM 类模块的参考范例。本节通过分析范例实现的源码，梳理其中的接口、方法与函数的调用关系，试图归纳出开发 PWM 类模块的一般方法，为后续在 MM32F3 微控制器上具体创建 PWM 类模块提供依据。

以 ESP8266 项目中对 pyb_pwm 模块的实现为例，在 ports/esp8266/machine_pwm. c 文件中创建了 pyb_pwm 类型对象 pyb_pwm_type，见代码 14-1。

代码 14-1　ESP8266 项目中的 pyb_pwm_type

```
STATIC const mp_rom_map_elem_t pyb_pwm_locals_dict_table[] = {
    { MP_ROM_QSTR(MP_QSTR_init), MP_ROM_PTR(&pyb_pwm_init_obj) },
    { MP_ROM_QSTR(MP_QSTR_deinit), MP_ROM_PTR(&pyb_pwm_deinit_obj) },
    { MP_ROM_QSTR(MP_QSTR_freq), MP_ROM_PTR(&pyb_pwm_freq_obj) },
    { MP_ROM_QSTR(MP_QSTR_duty), MP_ROM_PTR(&pyb_pwm_duty_obj) },
};

STATIC MP_DEFINE_CONST_DICT(pyb_pwm_locals_dict, pyb_pwm_locals_dict_table);

const mp_obj_type_t pyb_pwm_type = {
    { &mp_type_type },
```

```
    .name = MP_QSTR_PWM,
    .print = pyb_pwm_print,
    .make_new = pyb_pwm_make_new,
    .locals_dict = (mp_obj_dict_t *)&pyb_pwm_locals_dict,
};
```

阅读源码可知,pyb_pwm 绑定的属性方法清单 pyb_pwm_locals_dict_table 中定义了 4 个属性方法:

- init()启用 PWM 输出通道。
- deinit()关闭 PWM 输出通道。
- freq()设定基础频率。
- duty()设定输出占空比。实际上,RP2 的实现用了 duty_u16()函数,顾名思义,设定占空比值是 16 位无符号整型数。在本章后续的设计中,也会借鉴 duty_u16()的用法。

有 ESP8266 项目中 PWM 类模块对应属性方法的实现见代码 14-2。

代码 14-2　ESP8266 项目中 PWM 类模块属性方法的实现函数

```
STATIC mp_obj_t pyb_pwm_init(size_t n_args, const mp_obj_t *args, mp_map_t *kw_args) {
    pyb_pwm_init_helper(args[0], n_args - 1, args + 1, kw_args);
    return mp_const_none;
}
MP_DEFINE_CONST_FUN_OBJ_KW(pyb_pwm_init_obj, 1, pyb_pwm_init);

STATIC mp_obj_t pyb_pwm_deinit(mp_obj_t self_in) {
    pyb_pwm_obj_t *self = MP_OBJ_TO_PTR(self_in);
    pwm_delete(self->channel);
    self->active = 0;
    pwm_start();
    return mp_const_none;
}
STATIC MP_DEFINE_CONST_FUN_OBJ_1(pyb_pwm_deinit_obj, pyb_pwm_deinit);

STATIC mp_obj_t pyb_pwm_freq(size_t n_args, const mp_obj_t *args) {
    // pyb_pwm_obj_t *self = MP_OBJ_TO_PTR(args[0]);
    if (n_args == 1) {
        // get
        return MP_OBJ_NEW_SMALL_INT(pwm_get_freq(0));
    } else {
        // set
        pwm_set_freq(mp_obj_get_int(args[1]), 0);
        pwm_start();
        return mp_const_none;
    }
}
STATIC MP_DEFINE_CONST_FUN_OBJ_VAR_BETWEEN(pyb_pwm_freq_obj, 1, 2, pyb_pwm_freq);
```

```
STATIC mp_obj_t pyb_pwm_duty(size_t n_args, const mp_obj_t * args) {
    pyb_pwm_obj_t * self = MP_OBJ_TO_PTR(args[0]);
    if (!self->active) {
        pwm_add(self->pin->phys_port, self->pin->periph, self->pin->func);
        self->active = 1;
    }
    if (n_args == 1) {
        // get
        return MP_OBJ_NEW_SMALL_INT(pwm_get_duty(self->channel));
    } else {
        // set
        pwm_set_duty(mp_obj_get_int(args[1]), self->channel);
        pwm_start();
        return mp_const_none;
    }
}
STATIC MP_DEFINE_CONST_FUN_OBJ_VAR_BETWEEN(pyb_pwm_duty_obj, 1, 2, pyb_pwm_duty);
```

阅读源码,分析其中的传参模式:

- pyb_pwm_init()函数内部调用了 pyb_pwm_init_helper()函数,因此可以使用类似于实例化方法的参数清单。
- pyb_pwm_freq()和 pyb_pwm_duty()两个属性方法的实现使用了可变参数清单,而不是在之前分析模块中固定参数传参的方式,对应地,使用了 MP_DEFINE_CONST_FUN_OBJ_VAR_BETWEEN 宏将可变参数函数转换成 MicroPython 的函数对象实例。这里使用可变参数的好处在于,通过判定传入参数的数量,PWM 类模块可以对应配置或者读取频率(freq)和占空比(duty):当传入参数数量为 1 时,只有一个参数 self,为读操作,返回当前正在起作用的值;当传入参数数量大于 1 时,除了第一个参数 self 外还有会传入一个值,为写操作,将传入值写入到硬件配置中。例如,可以通过 pwm_obj. freq()返回当前 pwm_obj 对象的频率,也可以通过 pwm_obj. freq(10000)设定 pwm_obj 对象的频率。

同时,结合前面介绍的创建 MicroPython 类模块的常规做法,还需要开发者实现 print()方法和 make_new()方法。

pyb_pwm_print()函数的实现见代码 14-3。

代码 14-3　ESP8266 项目中 PWM 类模块的 pyb_pwm_print()函数

```
STATIC void pyb_pwm_print(const mp_print_t * print, mp_obj_t self_in, mp_print_kind_t kind) {
    pyb_pwm_obj_t * self = MP_OBJ_TO_PTR(self_in);
    mp_printf(print, "PWM(%u", self->pin->phys_port);
    if (self->active) {
        mp_printf(print, ", freq=%u, duty=%u",
            pwm_get_freq(self->channel), pwm_get_duty(self->channel));
    }
    mp_printf(print, ")");
}
```

阅读源码可知，当用户调用 PWM 模块的 print()方法，打印 PWM 模块的属性信息时，MicroPython 内核会调用此处的 pyb_pwm_print()函数，打印 PWM 的物理端口号、频率和占空比信息。

pyb_pwm_make_new()函数的实现见代码 14-4。

代码 14-4 ESP8266 项目中 PWM 类模块的 pyb_pwm_make_new()函数

```
typedef struct _pyb_pwm_obj_t {
    mp_obj_base_t base;
    pyb_pin_obj_t * pin;
    uint8_t active;
    uint8_t channel;
} pyb_pwm_obj_t;

STATIC bool pwm_inited = false;

STATIC void pyb_pwm_init_helper(pyb_pwm_obj_t * self, size_t n_args, const mp_obj_t * pos_
args, mp_map_t * kw_args) {
    enum { ARG_freq, ARG_duty };
    static const mp_arg_t allowed_args[] = {
        { MP_QSTR_freq, MP_ARG_INT, {.u_int = -1} },
        { MP_QSTR_duty, MP_ARG_INT, {.u_int = -1} },
    };
    mp_arg_val_t args[MP_ARRAY_SIZE(allowed_args)];
    mp_arg_parse_all(n_args, pos_args, kw_args, MP_ARRAY_SIZE(allowed_args), allowed_args,
args);

    int channel = pwm_add(self->pin->phys_port, self->pin->periph, self->pin->func);
    if (channel == -1) {
        mp_raise_msg_varg(&mp_type_ValueError, MP_ERROR_TEXT("PWM not supported on pin %d"),
self->pin->phys_port);
    }

    self->channel = channel;
    self->active = 1;
    if (args[ARG_freq].u_int != -1) {
        pwm_set_freq(args[ARG_freq].u_int, self->channel);
    }
    if (args[ARG_duty].u_int != -1) {
        pwm_set_duty(args[ARG_duty].u_int, self->channel);
    }

    pwm_start();
}

STATIC mp_obj_t pyb_pwm_make_new(const mp_obj_type_t * type, size_t n_args, size_t n_kw,
const mp_obj_t * args) {
    mp_arg_check_num(n_args, n_kw, 1, MP_OBJ_FUN_ARGS_MAX, true);
    pyb_pin_obj_t * pin = mp_obj_get_pin_obj(args[0]);
```

```
    // 基于给定引脚创建 PWM 输出通道
    pyb_pwm_obj_t *self = m_new_obj(pyb_pwm_obj_t);
    self->base.type = &pyb_pwm_type;
    self->pin = pin;
    self->active = 0;
    self->channel = -1;

    // 确保产生 PWM 的定时器已经被启动
    if (!pwm_inited) {
        pwm_init();
        pwm_inited = true;
    }

    // 进一步初始化配置本通道的 PWM 输出信号
    mp_map_t kw_args;
    mp_map_init_fixed_table(&kw_args, n_kw, args + n_args);
    pyb_pwm_init_helper(self, n_args - 1, args + 1, &kw_args);

    return MP_OBJ_FROM_PTR(self);
}
```

阅读源码可知，当用户调用 PWM 模块的 make_new()方法实例化一个 PWM 类对象时，MicroPython 内核会调用此处的 pyb_pwm_make_new()函数：

- 此处使用引脚绑定到 PWM 输出通道上，用引脚名去索引 PWM 关联的硬件资源，例如对应定时器外设及通道号。并且使用 pyb_pwm_obj_t 结构体内部的字段 active 和 channel 记录当前 PWM 对象的状态信息。
- 确保陈胜 PWM 信号的定时器已经被启动。这应该是同 ESP8266 硬件相关的一个实现，此处实现的 PWM 类可能在硬件上仅绑定了一个定时器，所以仅使用了一个 pwm_inited 变量记录该定时器是否已经完成了初始化配置，如果考虑使用多个定时器为 PWM 类模块实现更多的通道，那么这里可能会使用更多的状态变量来记录各自绑定的定时器的工作状态。
- 进一步配置本通道的 PWM 输出信号。这个环节就需要解析具体的 PWM 通道的参数信息了，在源码中，实际通过 pyb_pwm_init_helper()函数完成。在 pyb_pwm_init_helper()函数中，明确定义了 PWM 类模块实例化方法除了第一个参数用于绑定 PWM 通道的物理引脚外，后续参数需要指定 freq 和 duty，分别对应 PWM 通道输出信号的频率和占空比。在 pyb_pwm_init_helper()函数内部从传入参数清单中解析出对应的值，根据这些值初始化配置 PWM 输出通道的硬件资源，通过 PWM 通道输出 PWM 信号，并更新当前 PWM 对象内部的状态信息，记录当前 PWM 通道已经激活并正在有效的硬件资源上工作。

为了更清晰地了解 PWM 模块在硬件上的行为，作者继续分析了此处引用的 ESP8266 平台上硬件相关的一些函数，包括 pwm_init()、pwm_set_freq()、pwm_set_duty()、pwm_get_freq()、pwm_get_duty()等。这些函数的实现源码位于 ports/esp8266/esppwm.c 文件中。通过阅读源码可知，ESP8266 的 PWM 模块实际是基于 GPIO 配合定时器中断方式实现的，见代码 14-5。

代码 14-5　ESP8266 项目中硬件 PWM 输出波形的实现

```
#define PWM_CHANNEL 8
#define PWM_DEPTH 1023
#define PWM_FREQ_MAX 1000
#define PWM_1S 1000000

struct pwm_param {
    uint32_t period;
    uint16_t freq;
    uint16_t duty[PWM_CHANNEL];
};
STATIC struct pwm_param pwm;

STATIC void ICACHE_RAM_ATTR
pwm_tim1_intr_handler(void *dummy) {
    (void)dummy;

    RTC_CLR_REG_MASK(FRC1_INT_ADDRESS, FRC1_INT_CLR_MASK);

    if (pwm_current_channel >= (*pwm_channel - 1)) { // *pwm_channel may change outside

        if (pwm_toggle_request != 0) {
            pwm_toggle ^= 1;
            pwm_toggle_request = 0;
        }

        pwm_single = pwm_single_toggle[pwm_toggle];
        pwm_channel = &pwm_channel_toggle[pwm_toggle];

        gpio_output_set(pwm_single[*pwm_channel - 1].gpio_set,
            pwm_single[*pwm_channel - 1].gpio_clear,
            pwm_gpio,
            0);

        pwm_current_channel = 0;

        RTC_REG_WRITE(FRC1_LOAD_ADDRESS, pwm_single[pwm_current_channel].h_time);
    } else {
        gpio_output_set(pwm_single[pwm_current_channel].gpio_set,
            pwm_single[pwm_current_channel].gpio_clear,
            pwm_gpio, 0);

        pwm_current_channel++;
        RTC_REG_WRITE(FRC1_LOAD_ADDRESS, pwm_single[pwm_current_channel].h_time);
    }
}
```

使用 esppwm.c 文件中的 PWM 驱动，用户通过 pwm_set_freq()、pwm_set_duty()等函数，配置共用定时器的频率 pwm.freq 和各通道占空比 pwm.channel[]，然后在定时器中断服务程序中以对应的时间间隔翻转 GPIO 引脚的电平。实际上，在具体平台上实现 PWM 模块时，也可以通过带有 PWM 功能的定时器外设，使用硬件绑定的引脚输出 PWM 信号。使用硬件 PWM 的好处在于，控制信号精准，软件也相对简单易读，但限制在于仅能使用特定的引脚输出 PWM 信号，不如 GPIO 引脚模拟灵活。

从源码中也可以看出，ESP8266 的 PWM 输出频率为 1kHz 以内，对应的占空比为 0～1023。这在 MicroPython 的开发者手册也做了说明：

```
PWM can be enabled on all pins except Pin(16). There is a single frequency for all channels,
with range between 1 and 1000 (measured in Hz). The duty cycle is between 0 and 1023 inclusive.
```

如此，在 MicroPython 中创建 PWM 模块，需要开发者在具体移植平台上实现 pyb_pwm_make_new()、pyb_pwm_print()、pyb_pwm_init()、pyb_pwm_deinit()、pyb_pwm_freq()和 pyb_pwm_duty()等函数，然后将它们组装到 pyb_pwm_type 类型对象中即可。

14.2　创建硬件 PWM 模块

借鉴了 ESP8266 实现 PWM 模块的框架，在 MM32F3 微控制器平台上创建 PWM 模块，在底层使用硬件资源的时，直接使用硬件 TIM 外设模块作为 PWM 信号的发生器，由硬件直接产生 PWM 信号，可以达到更高的频率和更高的精度。实际上，MM32F3 微控制的每个 TIM 外设模块最多可以输出 4 路 PWM 信号，为了实现能够最多输出 16 路 PWM 信号，作者在移植中使用了 4 个 TIM 外设模块。

相对于在 ESP8266 平台上实现的 pyb_pwm 范例，在 MM32F3 平台上将使用 machine_pwm 进行命名，按照当前 MicroPython 开发手册的约定，将硬件相关的类模块归于 machine 类之下。

实现 MM32F3 项目中 PWM 类模块的源码，将位于 ports\mm32f3 目录下的 machine_pwm.c 和 machine_pwm.h 源文件中。

14.2.1　machine_pwm_obj_t

对应于 pyb_pwm_obj_t，在 machine_pwm.h 文件中定义 machine_pwm_obj_t，见代码 14-6。

代码 14-6　PWM 类模块的 machine_pwm_obj_t

```
#include "machine_pin.h"
#include "hal_tim_16b.h"

#define MACHIEN_PWM_CH_NUM_PER_TIM 4u        /* 每个硬件定时器可输出 4 个通道 */
#define MACHINE_PWM_TIM_NUM         4u       /* PWM 模块可以使用 4 个硬件定时器 */
#define MACHIEN_PWM_CH_NUM_ALL (MACHIEN_PWM_CH_NUM_PER_TIM * MACHINE_PWM_TIM_NUM)
```

```
#define MACHINE_PWM_DUTY_NUM        1000u      /* 占空比的可调分辨率 */

/* 多个通道共用同一个硬件定时器 */
typedef struct
{
    uint32_t active_channels;                  /* 多个激活通道的掩码 */
    uint32_t freq;  /* pwm freq, the step_freq_hz = freq_hz / MACHINE_PWM_DUTY_NUM. */
} machine_pwm_port_conf_t;

/* 配置 PWM 通道 */
typedef struct
{
    uint32_t duty;                     /* 配置占空比,最大值为 MACHINE_PWM_DUTY_NUM. */
} machine_pwm_ch_conf_t;

/* PWM 类对象私有信息结构体 */
typedef struct
{
    mp_obj_base_t base;                        // 对象基类

    const machine_pin_obj_t * pwm_pin_obj;     /* 绑定的引脚 */
    uint32_t pwm_pin_af;

    TIM_16B_Type * tim_port;                   /* 绑定的定时器 */
    machine_pwm_port_conf_t * port_conf;

    uint32_t tim_ch;                           /* PWM 在绑定定时器内部的通道号 */
    machine_pwm_ch_conf_t * ch_conf;

    uint32_t pwm_id;                           /* PWM 对象的全局编号 */
} machine_pwm_obj_t;

extern const machine_pwm_obj_t * machine_pwm_objs[];
extern const mp_obj_type_t   machine_pwm_type;
```

在 machine_pwm_obj_t 结构体之外，又定义了 machine_pwm_port_conf_t 和 machine_pwm_ch_conf_t，这是考虑到将一部分配置信息存放在 Flash 存储空间，动态的配置信息则存放于 SRAM 存储空间，从而节约微控制器平台上宝贵的 SRAM 内存空间。

在 ports/mm32f3/boards/plus-f3270 目录下的 machine_pin_board_pins. c 文件中定义了预分配的 PWM 类模块对象实例列表，见代码 14-7。

代码 14-7　machine_pin_board_pins. c 文件中预分配的 PWM 类模块对象实例

```
...
#include "machine_pwm.h"
...
/* for PWM. */
```

```
machine_pwm_port_conf_t machine_pwm_port_conf[MACHINE_PWM_TIM_NUM];
machine_pwm_ch_conf_t  machine_pwm_ch_conf[MACHINE_PWM_CH_NUM];

const machine_pwm_obj_t pwm_0  = {.base = { &machine_pwm_type }, .pwm_pin_obj = &pin_PA6,
.pwm_pin_af = GPIO_AF_2, .tim_port = TIM3, .port_conf = &machine_pwm_port_conf[0], .tim_
ch = 0, .ch_conf = &machine_pwm_ch_conf[0], .pwm_id = 0};
const machine_pwm_obj_t pwm_1  = {.base = { &machine_pwm_type }, .pwm_pin_obj = &pin_PA7,
.pwm_pin_af = GPIO_AF_2, .tim_port = TIM3, .port_conf = &machine_pwm_port_conf[0], .tim_
ch = 1, .ch_conf = &machine_pwm_ch_conf[1], .pwm_id = 1};
...
const machine_pwm_obj_t pwm_14 = {.base = { &machine_pwm_type }, .pwm_pin_obj = &pin_PA2,
.pwm_pin_af = GPIO_AF_2, .tim_port = (TIM_16B_Type *)TIM5, .port_conf = &machine_pwm_
port_conf[3], .tim_ch = 2, .ch_conf = &machine_pwm_ch_conf[14], .pwm_id = 14};
const machine_pwm_obj_t pwm_15 = {.base = { &machine_pwm_type }, .pwm_pin_obj = &pin_PA3,
.pwm_pin_af = GPIO_AF_2, .tim_port = (TIM_16B_Type *)TIM5, .port_conf = &machine_pwm_
port_conf[3], .tim_ch = 3, .ch_conf = &machine_pwm_ch_conf[15], .pwm_id = 15};

const machine_pwm_obj_t * machine_pwm_objs[] =
{
    &pwm_0, &pwm_1, &pwm_2, &pwm_3,
    &pwm_4, &pwm_5, &pwm_6, &pwm_7,
    &pwm_8, &pwm_9, &pwm_10, &pwm_11,
    &pwm_12, &pwm_13, &pwm_14, &pwm_15,
};
```

解释使用4个TIM外设模块实现16路PWM通道的要点：选用MM32F3微控制器上用于输出PWM的每个TIM模块只有4路PWM输出，为了提供多达16路PWM输出，作者使用了4个TIM定时器，每个TIM定时器对应4路PWM输出通道。但是，同一个TIM定时器的4路PWM共享同一个时基，即使用相同的频率，但可各自调整占空比。因此，在预分配的类对象中，同一个TIM的定时器的4个PWM通道共用同一个tim_conf来存放共用频率，但各通道有自己专属的ch_conf来存放占空比。后续在实现freq()方法时，通过各PWM通道可以重新配置所属TIM定时器的频率，同时会影响到其他同在一个TIMx定时器下的PWM通道。tim_conf中的active_channels会记录当前已经启用的通道，只有当active_channels=0时，即当前TIM的所有PWM输出通道都是关闭的情况下才能真正修改硬件配置以改变频率。

由此，用户在应用时多加注意，同一个TIM下的多个通道必须使用相同的频率，或者可使用不同TIM定时器的通道以同时获得多个不同频率的PWM输出。

14.2.2 make_new()

PWM类模块的make_new()方法对应的函数machine_pwm_obj_make_new()将在PWM模块的实例化过程中被调用，来接收参数列表并返回一个PWM类模块的对象，见代码14-8。

代码 14-8 PWM 类模块的 machine_pwm_obj_make_new()函数

```
const machine_pwm_obj_t * pwm_find(mp_obj_t user_obj);
STATIC mp_obj_t machine_pwm_obj_init_helper(const machine_pwm_obj_t * self, size_t n_args,
const mp_obj_t * pos_args, mp_map_t * kw_args );

/* return an instance of machine_pwm_obj_t. */
mp_obj_t machine_pwm_obj_make_new(const mp_obj_type_t * type, size_t n_args, size_t n_kw,
const mp_obj_t * args)
{
    mp_arg_check_num(n_args, n_kw, 1, MP_OBJ_FUN_ARGS_MAX, true);

    const machine_pwm_obj_t * pwm = pwm_find(args[0]);

    if ( (n_args >= 1) || (n_kw >= 0) )
    {
        mp_map_t kw_args;
        mp_map_init_fixed_table(&kw_args, n_kw, args + n_args);
                        /* 将关键字参数从总的参数列表中提取出来,单独封装成 kw_args */
        machine_pwm_obj_init_helper(pwm, n_args - 1, args + 1, &kw_args);
    }

    return (mp_obj_t)pwm;
}
```

在 pwm_find()函数中索引预分配的 PWM 类对象实例并返回,见代码 14-9。

代码 14-9 PWM 类模块的 pwm_find()函数

```
const machine_pwm_obj_t * pwm_find(mp_obj_t user_obj)
{
    /* 如果传入参数本身就是一个 PWM 的实例,则直接送出这个 PWM */
    if ( mp_obj_is_type(user_obj, &machine_pwm_type) )
    {
        return user_obj;
    }

    /* 如果传入参数本身就是一个 Pin 的实例,则通过倒排查询找到包含这个 Pin 对象的 PWM 通
道 */
    if ( mp_obj_is_type(user_obj, &machine_pin_type) )
    {
        for (uint32_t i = 0u; i < MACHIEN_PWM_CH_NUM_ALL; i++)
        {
            machine_pin_obj_t * pin_obj = (machine_pin_obj_t *)(user_obj);
            if (    (pin_obj->gpio_port == machine_pwm_objs[i]->pwm_pin_obj->gpio_port)
                && (pin_obj->gpio_pin   == machine_pwm_objs[i]->pwm_pin_obj->gpio_pin)  )
            {
                return machine_pwm_objs[i];
            }
        }
```

```
    }

    /* 如果传入参数是一个 PWM 通道号,则通过索引在 PWM 清单中找到这个通道,然后送出这个
通道 */
    if ( mp_obj_is_small_int(user_obj) )
    {
        uint8_t pwm_idx = MP_OBJ_SMALL_INT_VALUE(user_obj);
        if ( pwm_idx < MACHIEN_PWM_CH_NUM_ALL )
        {
            return machine_pwm_objs[pwm_idx];
        }
    }

    mp_raise_ValueError(MP_ERROR_TEXT("PWM doesn't exist"));
}
```

在 machine_pwm_obj_init_helper()中解析关键字参数,以及完成对外设硬件的初始化,见代码 14-10。

代码 14-10　PWM 类模块的 machine_pwm_obj_init_helper()函数

```
/* PWM 的 make_new()和 init()参数清单 */
typedef enum
{
    PWM_INIT_ARG_freq = 0,
    PWM_INIT_ARG_duty,
} machine_pwm_init_arg_t;

STATIC mp_obj_t machine_pwm_obj_init_helper (
    const machine_pwm_obj_t * self,     /* machine_pwm_obj_t 类型的变量,包含硬件信息 */
    size_t n_args,                      /* 位置参数数量 */
    const mp_obj_t * pos_args,          /* 位置参数清单 */
    mp_map_t * kw_args )                /* 关键字参数清单结构体 */
{
    /* 解析参数 */
    static const mp_arg_t allowed_args[] =
    {
        [PWM_INIT_ARG_freq] { MP_QSTR_freq , MP_ARG_REQUIRED | MP_ARG_INT, {.u_int = 0} },
        [PWM_INIT_ARG_duty] { MP_QSTR_duty , MP_ARG_KW_ONLY | MP_ARG_INT, {.u_int = 0} },
    };
    mp_arg_val_t args[MP_ARRAY_SIZE(allowed_args)];
    mp_arg_parse_all(n_args, pos_args, kw_args, MP_ARRAY_SIZE(allowed_args), allowed_args,
args);

    int freq = args[PWM_INIT_ARG_freq].u_int;
    if (freq < 0)
    {
        mp_raise_ValueError(MP_ERROR_TEXT("freq value is not available"));
    }
```

```
    int duty = args[PWM_INIT_ARG_duty].u_int;
    if ( (duty < 0) || (duty > MACHINE_PWM_DUTY_NUM) )
    {
        mp_raise_ValueError(MP_ERROR_TEXT("duty value is not available"));
    }

    /* 配置引脚复用功能 */
    GPIO_Init_Type gpio_init;
    gpio_init.Speed = GPIO_Speed_50MHz;
    gpio_init.Pins = ( 1u << (self->pwm_pin_obj->gpio_pin) );
    gpio_init.PinMode = GPIO_PinMode_AF_PushPull;
    GPIO_Init(self->pwm_pin_obj->gpio_port, &gpio_init);
    GPIO_PinAFConf(self->pwm_pin_obj->gpio_port, gpio_init.Pins, self->pwm_pin_af);

    /* 在必要情况下初始化定时器计数器 */
    if (   ((self->port_conf->active_channels & 0xf) == 0)  /* 无任何通道激活 */
        || ((self->port_conf->active_channels | (1u << self->tim_ch)) == (1u <<
self->tim_ch))  )                                           /* 仅当前通道激活 */
    {
        /* 启用 TIM 定时器的访问时钟和计数时钟 */
        machine_pwm_enable_clock(self->pwm_id / MACHIEN_PWM_CH_NUM_PER_TIM, true);

        /* 配置硬件定时器模块的计数器 */
        TIM_16B_Init_Type tim_init;
        tim_init.ClockFreqHz = CLOCK_SYS_FREQ;
        tim_init.StepFreqHz = MACHINE_PWM_DUTY_NUM * freq;
        tim_init.Period = MACHINE_PWM_DUTY_NUM - 1;
        tim_init.EnablePreloadPeriod = true;
        tim_init.PeriodMode = TIM_16B_PeriodMode_Continuous;
        TIM_16B_Init(self->tim_port, &tim_init);
        TIM_16B_Start(self->tim_port);
        self->port_conf->freq = freq;
    }

    /* 启用 PWM 输出通道 */
    TIM_16B_OutputCompareConf_Type tim_outcomp_conf;
    tim_outcomp_conf.ChannelValue = duty;
    tim_outcomp_conf.EnableFastOutput = true;
    tim_outcomp_conf.EnablePreLoadChannelValue = true;
    tim_outcomp_conf.RefOutMode = TIM_16B_OutputCompareRefOut_FallingEdgeOnMatch;
    tim_outcomp_conf.ClearRefOutOnExtTrigger = false;
    tim_outcomp_conf.PinPolarity = TIM_16B_PinPolarity_Rising;
    TIM_16B_EnableOutputCompare(self->tim_port, self->tim_ch, &tim_outcomp_conf);
    self->ch_conf->duty = duty;
    self->port_conf->active_channels |= (1u << (self->tim_ch));

    return mp_const_none;
}
```

在 PWM 类模块实例化方法的参数列表中，

- 第一个参数是对象标识符，由 pwm_find()函数索引预分配 PWM 类对象。这个标识符可以是一个绑定 PWM 功能的引脚，也可以是一个表示 pwm_id 的整数。
- 后续可识别关键字参数：freq 指定 PWM 的频率，默认值为 0；duty 指定 PWM 的占空比，默认值为 0，最大可设定的值为 1000。

由于每 4 个 PWM 通道共用同一个 TIM 定时器，因此在初始化 TIM 硬件外设前，需要先确认当前没有正在输出 PWM 的通道，或者仅本通道正在使用，此时重新初始化 TIM 调整定时器基础频率就不会对正在使用的 PWM 产生影响了。

14.2.3 init()和 deinit()

PWM 类模块的属性方法 init()对应的函数 machine_pwm_init()将在调用 init()方法时被调用，以执行对硬件定时器模块以及 PWM 通道的初始化配置。machine_pwm_init()函数内部调用 machine_pwm_obj_init_helper()，解析包含关键字参数的参数列表，并对硬件外设进行初始化配置，见代码 14-11。

代码 14-11 PWM 类模块的 machine_pwm_obj_init_helper()函数

```
/* PWM.init(). */
STATIC mp_obj_t machine_pwm_init(size_t n_args, const mp_obj_t *args, mp_map_t *kw_args)
{
    /* args[0] is machine_pwm_obj_t. */
    return machine_pwm_obj_init_helper(args[0], n_args - 1, args + 1, kw_args);
}
MP_DEFINE_CONST_FUN_OBJ_KW(machine_pwm_init_obj, 1, machine_pwm_init);
```

PWM 类模块的属性方法 deinit()对应的函数 machine_pwm_deinit()将在调用 deinit()方法时被调用，以执行对关闭 PWM 输出通道甚至是停用定时器的操作。machine_pwm_deinit()函数关闭本通道的 PWM 输出，同时在 port_conf-> activa_channles 中“销号”。如果自己刚好是所属 TIM 定时器的最后一个激活通道，则“顺手”停用整个定时器甚至关停整个外设，见代码 14-12。

代码 14-12 PWM 类模块的 machine_pwm_deinit()函数

```
/* PWM.deinit(). */
STATIC mp_obj_t machine_pwm_deinit(mp_obj_t self_in)
{
    machine_pwm_obj_t *self = MP_OBJ_TO_PTR(self_in);

    if (self->tim_ch < MACHIEN_PWM_CH_NUM_PER_TIM)
    {
        /* 标记当前 PWM 通道已经停用 */
        self->port_conf->active_channels &= ~(1u << (self->tim_ch) );

        /* 停用 PWM 通道的输出 */
        TIM_16B_OutputCompareConf_Type tim_outcmp_conf;
```

```
            tim_outcmp_conf.ChannelValue = 0u; /* no duty. */
            tim_outcmp_conf.EnableFastOutput = false;
            tim_outcmp_conf.EnablePreLoadChannelValue = false;
            tim_outcmp_conf.RefOutMode = TIM_16B_OutputCompareRefOut_None;
                                                    /* disable output signal. */
            tim_outcmp_conf.ClearRefOutOnExtTrigger = false;
            tim_outcmp_conf.PinPolarity = TIM_16B_PinPolarity_Disable;
                                                    /* disable output pin. */
            TIM_16B_EnableOutputCompare(self->tim_port, self->tim_ch, &tim_outcmp_conf);

            /* 如果所有 PWM 通道都已停用,则直接关停定时器 */
            if ( 0u == (self->port_conf->active_channels) )
            {
                TIM_16B_Stop(self->tim_port);
                machine_pwm_enable_clock(self->pwm_id / MACHIEN_PWM_CH_NUM_PER_TIM, false);
            }
        }
        return mp_const_none;
    }
    STATIC MP_DEFINE_CONST_FUN_OBJ_1(machine_pwm_deinit_obj, machine_pwm_deinit);
```

14.2.4 freq()

PWM 类模块的属性方法 freq()对应的函数 machine_pwm_freq()将在调用 freq()方法时被调用,设置硬件定时器模块的频率。在实现时要考虑,一个定时器将被多个 PWM 通道共用,如果当前定时器绑定的多个 PWM 通道都在输出 PWM 信号,为了不影响已经工作的 PWM 通道,不允许变更定时器频率。除了当前 PWM 通道外,仅当其余共用定时器的 PWM 通道均被停用时,才允许变更定时器基础频率。此时,为了让新的设定频率生效,还需要重启定时器,见代码 14-13。

参照范例的实现,machine_pwm_freq()函数接收可变长度参数清单:

- 第一个参数是 self。
- 如果没有第二个参数,则读当前 PWM 通道的频率值。
- 如果有第二个参数,则将第二个参数作为设定频率值,配置 PWM 通道的硬件,使得设定频率值生效,并记录当前设定值。

代码 14-13 PWM 类模块的 machine_pwm_freq()函数

```
    /* PWM.freq(). */
    STATIC mp_obj_t machine_pwm_freq(size_t n_args, const mp_obj_t *args)
    {
        machine_pwm_obj_t *self = MP_OBJ_TO_PTR(args[0]);

        if (n_args == 1)     /* 当仅有 1 个 self 参数时,为读操作,返回当前生效的频率值 */
        {
            return MP_OBJ_NEW_SMALL_INT(self->port_conf->freq);
        }
```

```
    /* 若多于 1 个参数,则将 self 参数后续的参数作为新的频率值设定到硬件定时器中 */
    int freq = mp_obj_get_int(args[1]);
    if (freq < 0)
    {
        mp_raise_ValueError(MP_ERROR_TEXT("freq value is not available"));
    }

    if (  (self->port_conf->active_channels | (1u << (self->tim_ch)) ) != (1u <<
(self->tim_ch)) )
    {
        mp_raise_ValueError(MP_ERROR_TEXT("freq can not be changed when the current timer
is sharing."));
    }
    /* 重启计数器,使新的设定频率生效 */
    TIM_16B_Stop(self->tim_port);
    TIM_16B_Init_Type tim_init;
    tim_init.ClockFreqHz = CLOCK_SYS_FREQ;
    tim_init.StepFreqHz = MACHINE_PWM_DUTY_NUM * freq;
    tim_init.Period = MACHINE_PWM_DUTY_NUM;
    tim_init.EnablePreloadPeriod = false;
    tim_init.PeriodMode = TIM_16B_PeriodMode_Continuous;
    TIM_16B_Init(self->tim_port, &tim_init);
    TIM_16B_Start(self->tim_port);
    self->port_conf->freq = freq;

    return mp_const_none;
}
STATIC MP_DEFINE_CONST_FUN_OBJ_VAR_BETWEEN(machine_pwm_freq_obj, 1, 2, machine_pwm_freq);
```

14.2.5 duty()

PWM类模块的属性方法duyt()对应的函数machine_pwm_duty()将在调用duty()方法时被调用,设置当前通道的占空比,有效传参范围为0～1000,见代码14-14。

machine_pwm_duyt()函数接收可变长度参数清单:

- 第一个参数是self。
- 如果没有第二个参数,则读当前PWM通道的占空比值。
- 如果有第二个参数,则将第二个参数作为设定占空比值,配置PWM通道的硬件,使得设定占空比值生效,并记录当前设定值。

代码14-14 PWM类模块的machine_pwm_duty()函数

```
/* PWM.duty(). */
STATIC mp_obj_t machine_pwm_duty(size_t n_args, const mp_obj_t *args)
{
    machine_pwm_obj_t *self = MP_OBJ_TO_PTR(args[0]);

    if (n_args == 1)        /* 读操作,返回当前 PWM 输出通道的占空比 */
```

```
    {
        return MP_OBJ_NEW_SMALL_INT(self->ch_conf->duty);
    }

    /* 写操作,更新当前 PMW 输出通道的占空比 */
    int duty = mp_obj_get_int(args[1]);
    if ((duty < 0) || (duty > MACHINE_PWM_DUTY_NUM) )
    {
        mp_raise_ValueError(MP_ERROR_TEXT("freq value is not available"));
    }
    TIM_16B_PutChannelValue(self->tim_port, self->tim_ch, duty);
    self->ch_conf->duty = duty;

    return mp_const_none;
}
STATIC MP_DEFINE_CONST_FUN_OBJ_VAR_BETWEEN(machine_pwm_duty_obj, 1, 2, machine_pwm_duty);
```

14.2.6 print()

PWM 类模块的 print()方法对应的函数 machine_pwm_obj_print()将在调用 print()方法时被调用,打印当前 PWM 实例对象的属性和状态信息,包括频率和占空比。与范例实现不同的是,由于基于硬件 PWM 实现的 PWM 类,这里打印出来的 PWM 通道标号信息,不是引脚名,而是绑定的通道编号,以便于用户索引。特别是,这里的标号信息还包含了关联通道之间的分组信息(每 4 个 PWM 通道一组),见代码 14-15。

代码 14-15 PWM 类模块的 machine_pwm_obj_print()函数

```
STATIC  void machine_pwm_obj_print(const mp_print_t *print, mp_obj_t o, mp_print_kind_t kind)
{
    /* o is the machine_pwm_obj_t. */
    (void)kind;
    const machine_pwm_obj_t *self = MP_OBJ_TO_PTR(o);

    if ( 0u != (self->port_conf->active_channels & (1u << (self->tim_ch))) )
    {
        mp_printf(print, "PMW(%d, freq=%d, duty=%d)", self->pwm_id, self->port_
conf->freq, self->ch_conf->duty);
    }
    else
    {
        mp_printf(print, "PMW(%d)", self->pwm_id);
    }
}
```

实际上,如果开发者希望使用绑定 PWM 信号的引脚名作为通道标识符,在当前的设计中也是可以实现的,例如,可将打印语句换成另一种方式,见代码 14-16。

代码 14-16 PWM 类模块的 machine_pwm_obj_print()函数的另一种实现

```
if ( 0u != (self->port_conf->active_channels & (1u << (self->tim_ch))) )
{
    mp_printf(print, "PMW('%s', freq=%d, duty=%d)", qstr_str(self->pwm_pin_obj->
name), self->port_conf->freq, self->ch_conf->duty);
}
else
{
    mp_printf(print, "PMW('%s')", qstr_str(self->pwm_pin_obj->name));
}
```

14.2.7 向 machine 类中添加 PWM 类模块

遵循 MicroPython 的设计规范，将硬件相关的类模块作为 machine 类的子模块。向 modmachine.c 添加 machine_pwm 类模块的引用，见代码 14-17。

代码 14-17 向 machine 类集成 PWM 子类

```
...
extern const mp_obj_type_t machine_pwm_type;
...
STATIC const mp_rom_map_elem_t machine_module_globals_table[] = {
    { MP_ROM_QSTR(MP_QSTR___name__),        MP_ROM_QSTR(MP_QSTR_umachine) },
    ...
    { MP_ROM_QSTR(MP_QSTR_PWM),             MP_ROM_PTR(&machine_pwm_type) },
};
STATIC MP_DEFINE_CONST_DICT(machine_module_globals, machine_module_globals_table);
...
```

更新 Makefile，添加 TIM 硬件定时器的驱动程序及 machine_pwm.c 源文件，见代码 14-18。

代码 14-18 更新 Makefile 集成 PWM 类模块

```
# source files.
SRC_HAL_MM32_C += \
    ...
    $(MCU_DIR)/drivers/hal_tim_16b.c \


...
SRC_C += \
    main.c \
    modmachine.c \
    ...
    machine_pwm.c \


...
# list of sources for qstr extraction
SRC_QSTR += modmachine.c \
            ...
            machine_pwm.c \
```

```
        $(BOARD_DIR)/machine_pin_board_pins.c \
...
```

14.3 实验

重新编译 MicroPython 项目，创建 firmware.elf 文件，并将之下载到 PLUS-F3270 开发板。

14.3.1 使用 PWM 类模块输出基本波形

本例使用 PWM 类模块输出基本波形。在本例中，使用了 PWM 的两个通道，分别绑定 PA0 和 PA2 两个引脚。在 REPL 中执行脚本，见代码 14-19。

代码 14-19 使用 PWM 类模块输出 PWM 波形

```
>>> from machine import PWM
>>> dir(PWM)
['deinit', 'duty', 'freq', 'init']
>>> pwm0 = PWM(1, freq = 10000, duty = 200)
set freq.
>>> pwm1 = PWM(2, freq = 10000, duty = 500)
>>> print(pwm0)
PMW(1, freq = 10000, duty = 200), on Pin(PA0)
>>> print(pwm1)
PMW(2, freq = 10000, duty = 500), on Pin(PA2)
>>>
```

每个 PWM 输出信号的频率为 10kHz，占空比分别为 20%和 50%。图 14-1 中显示了示波器采集到的两个 PWM 信号的波形。

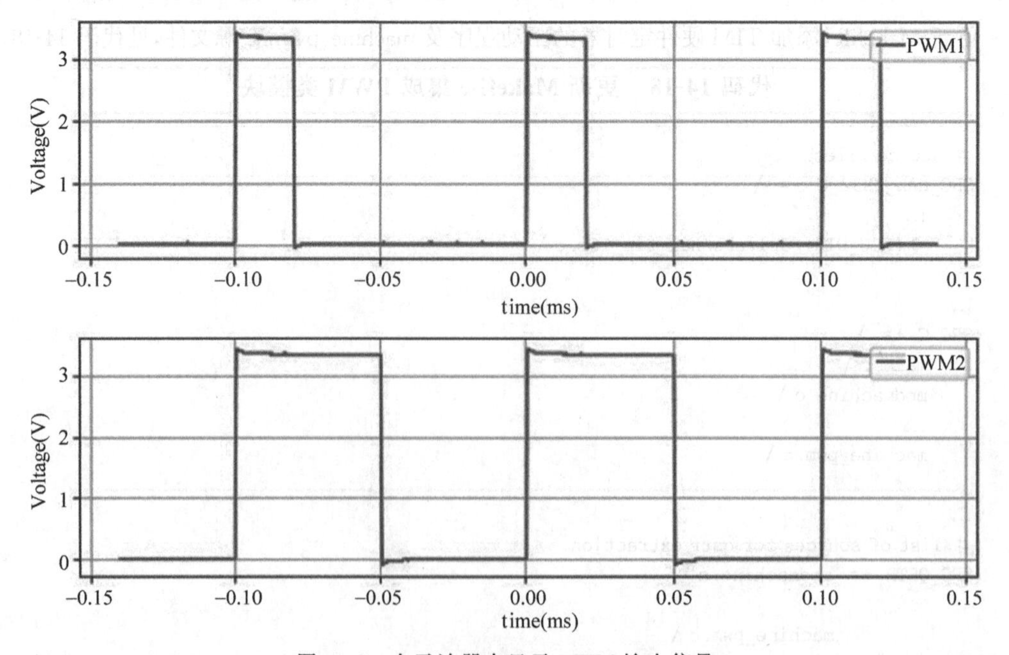

图 14-1 在示波器中显示 PWM 输出信号

由于实现机制的限制，这里的 PWM 模块的频率设定存在一定的误差。如果需要获得更加精确的 PWM 信号的频率，可以参照第 16 章的介绍，使用 mem32 直接访问存储空间中的硬件外设特殊功能寄存器的方法提高输出 PWM 频率精度。

14.3.2 动态改变占空比

使用 duty()方法可以动态改变 PWM 输出信号的占空比。输入数值从 0～1000 对应占空比从 0～100%。

编写示例程序动态改变 PWM 信号输出占空比，见代码 14-20。

代码 14-20 改变 PWM 信号输出占空比

```
from machine import PWM
import time

pwm0 = PWM(1, freq = 10000, duty = 1)

duty = 1
dutyinc = 50
incdir = 0

while True:
    if incdir == 0:
        duty += dutyinc
        if duty >= 1000:
            duty = 1000
            incdir = 1
    else:
        if duty < dutyinc:
            duty = 1
            incdir = 0
        else: duty -= dutyinc
    pwm0.duty(duty)

    time.sleep_ms(20)
```

通过示波器可以观察到 PA0 引脚输出 PWM 信号的占空比在 0～100%周期性变化。

PLUS-F5270 开发板上设计了舵机插座，读者可以进一步自行实验，实现控制舵机的功能。例如，指定对应 PWM 的频率为 100，控制占空比的值在 100～200 变化，对应舵机可以左右摆动。

14.3.3 动态改变频率

如果需要动态改变 PWM 频率，可以使用 init()方法对 PWM 进行初始化，见代码 14-21。

代码 14-21 动态改变 PWM 输出信号频率

```
pwm0 = PWM(1, freq = 10000, duty = 200)
pwm0.init(freq = 5000, duty = 500)
```

最终 pwm0 的频率定义为 5kHz，占空比的设定值为 500。

需要注意的是，由于在 MM32F3 项目中对 PWM 类模块实现的限制，但有多个正在使用的 PWM 通道共用同一个定时器外设模块时，是不能改变这个定时器外设的基础频率的。仅当其他共用定时器的 PWM 通道停用时，才可通过其中一个 PWM 类对象改变自己所属的定时器外设基础频率。

14.4 本章小结

在 MicroPython 中，尚未将 PWM 类模块加入到 machine 类中作为标准实现，但在 MicroPython 现有的多个平台的移植项目中，已经支持了 PWM 类模块。本章以 ESP8266 的 PWM 类模块的实现作为参考范例，结合 MM32F3 微控制器的具体硬件，自定义实现了一个 PWM 类模块。本章实现的 PWM 类模块，基于 MM32F3 的 6 个可以产生 PWM 信号的 TIM 硬件定时器模块，最多可输出 24 路 PWM 信号，约定了 PWM 信号的频率上限为芯片系统主频(120MHz)的千分之一。在实验中，实现了通过 PWM 控制舵机的现象。

PWM 是电子系统中控制机电器件的重要手段，例如，控制智能小车的转向舵机、直流电机的转速或者机械臂的关节等。

第 15 章

新建 Timer 类模块

定时器服务是嵌入式开发中最常用的功能之一，因此在本书第 6 章中就启用了 utime 模块，以便于读者可以尽早地使用时间相关的模块进行 MicroPython 的编程实践。utime 模块可以提供延时服务，除此之外，若希望能实现与硬件定时器周期中断类似的服务，则相当于在主线程之外再启动一个定时触发的支线程，这需要额外实现一个与硬件定时器相关的 Timer 类模块。MicroPython 不能直接对硬件中断进行编程，但可以巧妙地通过注册回调函数的方式，将用户程序“塞到”C 语言的底层实现的硬件定时器中断服务程序中，借用硬件定时器中断周期性地触发回调函数。在这个过程中将面临几个问题：

- 之前开发的模块，都是从 Python 语言层向 C 语言层传值，现在需要向 C 语言层传回调函数的指针。
- Python 和 C 语言对函数的存储方式不一样，如何将 Python 的函数“指针”表达为 C 语言能识别的方式？
- Python 的函数体是以字节码方式或者 Python 解释器处理之前的脚本文本形式存放的，CPU 是执行命令的机构，CPU 中的 PC 寄存器中存放将要执行的下一条指令。

本章将基于 MM32F3 微控制器的 TIM 定时器硬件外设，为 MicroPython 实现硬件定时器 Timer 类模块，实现在 Python 语言层面周期性执行用户注册的回调函数的功能。

15.1 参考范例

硬件定时器类模块 Timer 也被收归到 MicroPython 开发手册(https://docs.micropython.org/en/v1.16/library/machine.Timer.html)中，并被约定为一个标准的与硬件相关的模块。硬件定时器模块可以处理周期性执行的事件。考虑到定时器硬件外设在不同微控制器平台的具体实现千差万别，MicroPython 的 Timer 类对硬件定时器的功能进行抽象，约定了一个基本功能，即在给定的时间内一次或者往复地执行用户注册的回调函数。MicroPython 开发手册中没有限定 Timer 模块仅能实现这个功能，但未作明确约定的功能在不同移植项目中的行为可能不一致。

在本章的设计中，为了尽量与通用的 MicroPython 保持兼容，仅实现了 MicroPython 开发手册中约定的基本功能。如果读者在自己的应用场景中需要增加额外的功能，例如，一些应用可能需要在 utime 类之外实现自定义的读取时间的功能，则可以借鉴本书中多次讲述和演示的为类模块新增属性方法的操作过程，为 Timer 类模块添加新的定制方法。

在 MicroPython 已有的移植项目中，MIMXRT、ESP32、STM32 等都已经实现约定的 Timer 类模块。这里以 MIMXRT 项目中的实现为参考范例。在 ports\mimxrt\machine_timer.c 源文件中，定义了 Timer 类模块的类属性方法清单，见代码 15-1。

代码 15-1 Timer 类模块的类型对象实例 machine_timer_type

```
STATIC const mp_rom_map_elem_t machine_timer_locals_dict_table[] = {
    { MP_ROM_QSTR(MP_QSTR___del__), MP_ROM_PTR(&machine_timer___del___obj) },
    { MP_ROM_QSTR(MP_QSTR_init), MP_ROM_PTR(&machine_timer_init_obj) },
    { MP_ROM_QSTR(MP_QSTR_deinit), MP_ROM_PTR(&machine_timer_deinit_obj) },

    { MP_ROM_QSTR(MP_QSTR_ONE_SHOT), MP_ROM_INT(TIMER_MODE_ONE_SHOT) },
    { MP_ROM_QSTR(MP_QSTR_PERIODIC), MP_ROM_INT(TIMER_MODE_PERIODIC) },
};
STATIC MP_DEFINE_CONST_DICT(machine_timer_locals_dict, machine_timer_locals_dict_table);

const mp_obj_type_t machine_timer_type = {
    { &mp_type_type },
    .name = MP_QSTR_Timer,
    .print = machine_timer_print,
    .make_new = machine_timer_make_new,
    .locals_dict = (mp_obj_dict_t *)&machine_timer_locals_dict,
};
```

阅读源码可知，Timer 类模块提供给用户的类属性方法包括__del__()、init()、deinit()，同时还提供了两个可用于配置定时器触发模式的关键字：TIMER_MODE_ONE_SHOT 和 TIMER_MODE_PERIODIC。

根据 MicroPython 开发手册的说明，init()方法指定回调函数，并启动硬件定时器，指定硬件定时器以一次执行(TIMER_MODE_ONE_SHOT)或者往复执行(TIMER_MODE_PERIODIC)的方式。deinit()方法将用于停止硬件定时器。

15.2 创建硬件定时器 Timer 类模块

本节将以 MIMXRT 项目中的 Timer 类模块的实现作为范例，在 MM32F3 平台上具体实现 Timer 类模块。MM32F3 项目中 Timer 模块的源码位于 ports\mm32f3 目录下的 machine_timer.c 和 machine_timer.h 源文件中。

15.2.1 machine_timer_obj_t

在 machine_timer.h 文件中，定义了 Timer 类实例的私有对象信息结构体类型 machine_timer_obj_t。对应的 Timer 类实例的私有对象信息结构体的实例，仍使用预分配内存的方式创建，可预分配指定值的部分尽量放在 Flash 存储区中，以节约有限的 RAM 存储资源，但考虑到定时器的周期长度、回调函数等信息需要在运行时灵活配置，需单独将这些配置字段安排到 RAM 存储区，因此也专门设计了 machine_timer_conf_t 结构体类型，专门存放 Timer 类模块需要保存在 RAM 中的配置字段。定义 machine_timer_obj_t 和 machine_timer_conf_t 结构体类型的源码见代码 15-2。

代码 15-2 Timer 类模块的 machine_timer_obj_t

```
#define MACHINE_TIMER_NUM   2u

typedef struct
{
    mp_obj_t callback;          /* Python 传来的回调函数 */
    uint32_t period;            /* 超时时长,以 ms 为单位 */
    uint32_t mode;              /* 工作模式: ONE_SHOT | PERIODIC */
} machine_timer_conf_t;

typedef struct
{
    mp_obj_base_t     base;     // object base class.
    TIM_BASIC_Type * timer_port;
    IRQn_Type         timer_irqn;
    uint32_t          timer_id;
    machine_timer_conf_t * conf;
} machine_timer_obj_t;

extern const machine_timer_obj_t * machine_timer_objs[];
extern const mp_obj_type_t         machine_timer_type;
```

在 ports/mm32f3/boards/plus-f3270 目录下的 machine_pins_board_pins. c 文件中定义了预分配的 Timer 对象清单,见代码 15-3。

代码 15-3 在 machine_pins_board_pins. c 文件中预分配的 Timer 对象实例

```
...
#include "machine_timer.h"
...

/* for Timer. */
machine_timer_conf_t timer_conf[MACHINE_TIMER_NUM];

const machine_timer_obj_t timer0 = {.base = {&machine_timer_type}, .timer_port = TIM6,
.timer_irqn = TIM6_IRQn, .timer_id = 0u, .conf = &timer_conf[0]};
const machine_timer_obj_t timer1 = {.base = {&machine_timer_type}, .timer_port = TIM7,
.timer_irqn = TIM7_IRQn, .timer_id = 1u, .conf = &timer_conf[1]};

const machine_timer_obj_t * machine_timer_objs[] =
{
    &timer0 ,
    &timer1 ,
};
```

15.2.2 make_new()

Timer 类模块的 make_new()函数对应的函数 machine_timer_obj_make_new()将会在 Timer 类模块的实例化方法中被调用，对所对应的 Timer 类模块实际进行初始化操作，之后返回一个预分配的 Timer 类模块对象，见代码 15-4。

代码 15-4 Timer 类模块的 machine_timer_obj_make_new()函数

```
/* return an instance of machine_timer_obj_t. */
mp_obj_t machine_timer_obj_make_new(const mp_obj_type_t *type, size_t n_args, size_t n_kw,
const mp_obj_t *args)
{
    mp_arg_check_num(n_args, n_kw, 1, MP_OBJ_FUN_ARGS_MAX, true);

    const machine_timer_obj_t *timer = timer_find(args[0]);

    if ( (n_args >= 1) || (n_kw >= 0) )
    {
        mp_map_t kw_args;
        mp_map_init_fixed_table(&kw_args, n_kw, args + n_args);
                  /* 将关键字参数从总的参数列表中提取出来，单独封装成 kw_args */
        machine_timer_obj_init_helper(timer, n_args - 1, args + 1, &kw_args);
    }

    return (mp_obj_t)timer;
}
```

在 machine_timer_obj_make_new()函数中，可以接收一个预先创建的 Timer 类模块的实例对象和数字表示的索引编号去索引本实例要绑定的硬件定时器，具体通过 timer_find()函数执行索引过程，见代码 15-5。

代码 15-5 Timer 类模块的 timer_find()函数

```
/* 格式化 Timer 对象，传入参数无论是已经初始化好的 Timer 对象，也可以是一个表示 Timer 清单
中的索引编号，通过本函数都返回一个期望的 Timer 对象 */
const machine_timer_obj_t *timer_find(mp_obj_t user_obj)
{
    /* 如果传入参数本身就是一个 Timer 的实例，则直接送出这个 Timer */
    if ( mp_obj_is_type(user_obj, &machine_timer_type) )
    {
        return user_obj;
    }

    /* 如果传入参数是一个 Timer ID 号，则通过索引在 Timer 清单中找到这个通道，然后送出这
个通道的实例化对象 */
    if ( mp_obj_is_small_int(user_obj) )
    {
        uint8_t timer_idx = MP_OBJ_SMALL_INT_VALUE(user_obj);
```

```
        if ( timer_idx < MACHINE_TIMER_NUM )
        {
            return machine_timer_objs[timer_idx];
        }
    }

    mp_raise_ValueError(MP_ERROR_TEXT("Timer doesn't exist."));
}
```

在 machine_timer_obj_make_new()函数中，通过 machine_timer_obj_init_helper()函数解析实例化方法的参数，并完成对硬件定时器外设模块的初始化。顾名思义，此处设计 machine_timer_obj_init_helper()函数的意义在于，在将要实现的 init()方法对应的函数中调用这个 helper()函数，从而尽量复用同一份源码做同样的事情。machine_timer_obj_init_helper()函数的定义见代码 15-6。

代码 15-6 Timer 类模块的 machine_timer_obj_init_helper()函数

```
/* init()函数的参数列表 */
enum
{
    TIMER_INIT_ARG_mode = 0,
    TIMER_INIT_ARG_callback,
    TIMER_INIT_ARG_period,
};

STATIC mp_obj_t machine_timer_obj_init_helper (
    const machine_timer_obj_t * self,    /* machine_timer_obj_t 类型的变量,包含硬件信息 */
    size_t n_args,                       /* 位置参数数量 */
    const mp_obj_t * pos_args,           /* 位置参数清单 */
    mp_map_t * kw_args )                 /* 关键字参数清单结构体 */
{
    /* 解析参数 */
    static const mp_arg_t allowed_args[] =
    {
        [TIMER_INIT_ARG_mode     ]{ MP_QSTR_mode,     MP_ARG_KW_ONLY  | MP_ARG_INT,
{.u_int = TIMER_MODE_PERIODIC} },
        [TIMER_INIT_ARG_callback]{ MP_QSTR_callback, MP_ARG_REQUIRED | MP_ARG_OBJ,
{.u_rom_obj = MP_ROM_NONE} },
        [TIMER_INIT_ARG_period   ]{ MP_QSTR_period,   MP_ARG_KW_ONLY  | MP_ARG_INT,
{.u_int = 1000} },
    };
    mp_arg_val_t args[MP_ARRAY_SIZE(allowed_args)];
    mp_arg_parse_all(n_args, pos_args, kw_args, MP_ARRAY_SIZE(allowed_args), allowed_args,
args);
    self->conf->callback = args[TIMER_INIT_ARG_callback].u_obj;  /* 指定回调函数 */
    self->conf->mode     = args[TIMER_INIT_ARG_mode].u_int;
    self->conf->period   = args[TIMER_INIT_ARG_period].u_int;
```

```
    /* 启用硬件定时器的访问时钟和计数时钟 */
    machine_timer_enable_clock(self->timer_id, true);

    /* 设置硬件定时器的计数步长 */
    TIM_BASIC_Init_Type tim_init;
    tim_init.ClockFreqHz = BOARD_TIM_BASIC_FREQ;
    tim_init.StepFreqHz = 1000; /* 1ms. */
    tim_init.Period = self->conf->period;
    tim_init.EnablePreloadPeriod = true;
    tim_init.PeriodMode = (self->conf->mode == TIMER_MODE_PERIODIC) ? TIM_BASIC_
PeriodMode_Continuous : TIM_BASIC_PeriodMode_OneTimeRun;
    TIM_BASIC_Init(self->timer_port, &tim_init);

    /* 启用硬件定时器中断 */
    NVIC_EnableIRQ(self->timer_irqn);
    TIM_BASIC_EnableInterrupts(self->timer_port, TIM_BASIC_INT_UPDATE_PERIOD, true);

    /* 开始计数 */
    TIM_BASIC_Start(self->timer_port);

    return mp_const_none;
}
```

15.2.3 print()

Timer 类模块的 print()方法对应的函数 machine_timer_obj_print()将会在 Timer 类模块的实例被 print()方法打印时调用，见代码 15-7。

代码 15-7 Timer 类模块的 machine_timer_obj_print()函数

```
STATIC void machine_timer_obj_print(const mp_print_t *print, mp_obj_t o, mp_print_kind_t kind)
{
    /* o is the machine_pin_obj_t. */
    (void)kind;
    const machine_timer_obj_t *self = MP_OBJ_TO_PTR(o);
    qstr mode = ((self->conf->mode == TIMER_MODE_ONE_SHOT) ? MP_QSTR_ONE_SHOT :
MP_QSTR_PERIODIC);
    mp_printf(print, "Timer(channel=%d, mode=%q, period=%dms)",
        self->timer_id, mode, self->conf->period);
}
```

在 Timer 类模块的 print()方法的具体实现中，实际将打印当前 Timer 类实例对象绑定的硬件定时器索引号、单次/周期往复的工作模式，以及以 ms 表示的超时时长。

15.2.4 init()

Timer 类模块的属性方法 init()对应的函数 machine_timer_init()将用于重新启动当前定时器服务，见代码 15-8。

代码 15-8 Timer 类模块的 machine_timer_init()函数

```
/* Timer.init(). */
STATIC mp_obj_t machine_timer_init(size_t n_args, const mp_obj_t *args, mp_map_t *kw_args)
{
    return machine_timer_obj_init_helper(args[0], n_args - 1, args + 1, kw_args);
}
MP_DEFINE_CONST_FUN_OBJ_KW(machine_timer_init_obj, 1, machine_timer_init);
```

实际上，为了实现软件复用，machine_timer_init()函数内部直接调用了之前定义的 machine_timer_obj_init_helper()函数，除了第一个表示本对象的参数 self 之外，init()方法与 make_new()使用相同的用户参数清单。

15.2.5 deinit()

Timer 类模块的属性方法 deinit()对应的函数 machine_timer_deinit()用于停止当前定时器服务，见代码 15-9。

代码 15-9 Timer 类模块的 machine_timer_deinit()函数

```
/* Timer.deinit(). */
STATIC mp_obj_t machine_timer_deinit(mp_obj_t self_in)
{
    machine_timer_obj_t *self = MP_OBJ_TO_PTR(self_in);

    /* 停用硬件定时器 */
    TIM_BASIC_Stop(self->timer_port);
    machine_timer_enable_clock(self->timer_id, false);

    return mp_const_none;
}
STATIC MP_DEFINE_CONST_FUN_OBJ_1(machine_timer_deinit_obj, machine_timer_deinit);
```

15.2.6 __del__()

Timer 类模块的方法__del__()对应的函数 machine_timer__del__()将在 MicroPython 内核回收 Timer 类模块对象实例时被调用。MicroPython 开发手册中并未约定一定要实现 Timer 类模块的__del__()方法，此处的实现是一个可选的设计。__del__()方法可用于停止当前的定时器服务，见代码 15-10。

代码 15-10 Timer 类模块的 machine_timer__del__()函数

```
/* Timer.__del__(). */
STATIC mp_obj_t machine_timer__del__(mp_obj_t self_in)
{
    machine_timer_obj_t *self = MP_OBJ_TO_PTR(self_in);

    /* 停用硬件定时器 */
```

```
    TIM_BASIC_Stop(self->timer_port);
    machine_timer_enable_clock(self->timer_id, false);

    return mp_const_none;
}
STATIC MP_DEFINE_CONST_FUN_OBJ_1(machine_timer__del__obj, machine_timer__del__);
```

15.2.7 实现硬件定时器中断服务

前面实现 Timer 类模块的过程主要是对 Timer 的硬件资源进行封装，Timer 类模块的关键机制以及周期调用回调函数的功能，仍需要硬件定时器的中断服务配合完成。

通过 make_new()或者 init()方法调用 machine_timer_obj_init_helper()函数时，已经初始化好硬件定时器，配置了指定的超时周期、启用终端并开始计数。待定时器达到超时阈值之时，将会进入硬件定时器的中断服务程序。

硬件定时器的中断服务程序是由 C 语言编写的，经 C 语言编译器编译后，最终转换成二进制的机器码交由 CPU 执行。最终通过 machine_timer_obj_init_helper()函数传入的回调函数是 Python 语言定义的函数对象。C 语言编译器只能编译 C 语言的源程序，无法直接编译 Python 语言定义的函数对象，而未经编译的 Python 语言函数更不可能直接交给 CPU 执行。如何能让 CPU 执行这个 Python 语言的回调函数呢？

这里使用了一种很巧妙的做法，不在 C 语言层上直接执行 Python 函数，而是转手将 Python 函数加入到 Python 内核的调度器中。当把 Python 的函数“指针”传入 C 语言描述的硬件定时器中断服务器函数中时，C 语言的硬件定时器中断服务函数不是直接将这个“指针”转给 CPU 的 PC，而是将之插入到 Python 内核的调度器的任务队列中，Python 内核的调度器当然可以执行 Python 函数。Python 内核的调度器相当于 Python 语言的 CPU，Python 内核的多线程机制，会为新插入的任务分配支线程，先执行这个临时插入的支线程，之后再回到主线程。这个由 Python 内核实现的“软中断”机制同微控制器硬件的中断机制如出一辙。最终，实现硬件定时器中断服务程序，见代码 15-11。

代码 15-11 Timer 类模块内部使用的硬件中断服务程序

```
static void machine_timer_irq_handler(uint32_t timer_id)
{
    const machine_timer_obj_t * self = machine_timer_objs[timer_id];

    uint32_t flags = TIM_BASIC_GetInterruptStatus(self->timer_port);
    if (0u != (flags & TIM_BASIC_STATUS_UPDATE_PERIOD) )
    {
        if (self->conf->callback)
        {
            /* 向 Python 内核的调度器注册注入回调函数 */
            mp_sched_schedule(self->conf->callback, MP_OBJ_FROM_PTR(self));
        }
    }
    TIM_BASIC_ClearInterruptStatus(self->timer_port, flags);
```

```
        if (self->conf->mode == TIMER_MODE_ONE_SHOT)
        {
            TIM_BASIC_Stop(self->timer_port);
        }
    }

    /* 硬件定时器中断服务程序入口 */
    void TIM6_IRQHandler(void) { machine_timer_irq_handler(0); }
    void TIM7_IRQHandler(void) { machine_timer_irq_handler(1); }
```

其中，mp_sched_schedule()函数是向 MicroPython 内核的调度器中插入新任务的关键函数。若要启用 mp_sched_schedule()函数，则要在 mpconfigport.h 文件中启用宏选项 MICROPY_ENABLE_SCHEDULER，见代码 15-12。

代码 15-12 在 mpconfigport.h 文件中启用宏选项 MICROPY_ENABLE_SCHEDULER

```
#define MICROPY_ENABLE_SCHEDULER       (1) /* 启用调度器组件,将用于 IRQ */
```

mp_sched_schedule()函数在 py/scheduler.c 文件中定义，见代码 15-13。

代码 15-13 scheduler.c 文件中的 mp_sched_schedule()函数

```
...
#if MICROPY_ENABLE_SCHEDULER
...
bool MICROPY_WRAP_MP_SCHED_SCHEDULE(mp_sched_schedule)(mp_obj_t function, mp_obj_t arg) {
    mp_uint_t atomic_state = MICROPY_BEGIN_ATOMIC_SECTION();
    bool ret;
    if (!mp_sched_full()) {
        if (MP_STATE_VM(sched_state) == MP_SCHED_IDLE) {
            MP_STATE_VM(sched_state) = MP_SCHED_PENDING;
        }
        uint8_t iput = IDX_MASK(MP_STATE_VM(sched_idx) + MP_STATE_VM(sched_len)++);
        MP_STATE_VM(sched_queue)[iput].func = function;
        MP_STATE_VM(sched_queue)[iput].arg = arg;
        MICROPY_SCHED_HOOK_SCHEDULED;
        ret = true;
    } else {
        // schedule queue is full
        ret = false;
    }
    MICROPY_END_ATOMIC_SECTION(atomic_state);
    return ret;
}
```

从源码可以看出，mp_sched_schedule()函数要求在第一个参数传入回调的函数，第二个参数传入回调函数的参数。在 machine_timer_irq_handler()函数中，将 machine_timer_obj_init_helper()函数中存入的 callback 和 Timer 对象实例本身作为参数传入 MicroPython

的任务调度器。需要特别注意的，在 Python 语言层面上，也要定义格式相同的函数作为回调函数传入，函数原型见代码 15-14。

代码 15-14 Timer 的 callback()函数原型

```
def timer_callback(self):
    # 使用 self 可访问 Timer 类对象内部的所有资源
    pass
```

在 callback()函数内部，可以通过传入的参数访问到 Timer 类对象的所有资源。

硬件定时器中断服务程序借助 MicroPython 内核的调度器执行 Python 回调函数，将执行权转交给了调度器。由调度器执行回调函数，就不再具备直接由硬件中断服务程序调用的实时性。若调度器的任务队列中已经有其他的任务在排队，则只能等早先排入队列的执行完再执行此处插入的“临时任务”。从实际的使用情况来看，加入队列中的“临时任务”在执行过之后就被移出任务队列了，因此，如果在周期触发的硬件定时器中断服务程序中不断地向任务队列中插入任务，每插入一次任务，就执行一次，最终回调函数也将被多次执行。

这里要注意一个特例，当使用轮询接收方式的 UART 对接 MicroPython 的 REPL 时，REPL 在 C 语言的轮询过程中等待 UART 从用户终端输入命令时，始终占用 CPU，此时 MicroPython 内核的调度器也得不到 CPU 的使用权，此时注册到调度器任务队列的函数不能被执行。要避免这样的情况，要么改用中断方式对接 REPL，要么在 REPL 中加入延时，或者直接让 REPL 执行 Python 层面的死循环，将 CPU 的控制权从底层驱动转交给 Python 内核。

15.3 实验

重新编译 MicroPython 项目，创建 firmware.elf 文件，并将之下载到 PLUS-F3270 开发板。

15.3.1 通过定时器中断控制小灯闪烁

本例使用 Timer 类模块的中断回调函数实现周期控制小灯闪烁。可编写并运行 Python 程序，见代码 15-15。

代码 15-15 Python 通过定时器中断控制小灯闪烁

```
from machine import Pin
from machine import Timer
import time

led0 = Pin('PA1', mode = Pin.OUT_PUSHPULL)
led1 = Pin('PA2', mode = Pin.OUT_PUSHPULL)

def t0_callback(self):
    led0(1 - led0())

t0 = Timer(0, mode = Timer.PERIODIC, callback = t0_callback, period = 500)
```

```
while True:
    time.sleep_ms(200)
    led1(1 - led1())
```

在程序中，实例化了两个可以控制小灯闪烁的对象 led0 和 led1，其中 led0 由回调函数 t0_callback()控制闪烁，t0_callback()函数被注册到 Timer 类对象实例 t0 中，以 500ms 为周期被重复调用。同时，作为类比实验，在程序末尾的 while 循环中，使用 time 类模块的延时方法，控制 led1 以 400ms(200ms 翻转一次输出电平)为周期闪烁。运行程序后，可看到开发板上对应的两个小灯以各自的周期进行闪烁，特别是 led0 的闪烁过程是由 Timer 类对象的回调函数控制的，验证 Timer 模块工作正常。

需要特别注意的是，使用 Timer 调用回调函数的用例，必须从文件系统导入执行，不能在 REPL 逐句执行。原因是，当前移植项目中的 REPL 在底层对接的 UART 驱动是以轮询方式工作的，REPL 在等待用户输入时，处于 UART 驱动轮询输入标志位的循环中，无法执行 Python 调度器。以文件系统导入模块的方式执行的脚本则始终在 Python 调度器的掌控之中，因此可以正常运行临时插入调度队列的“子线程”任务。

15.3.2 周期性采集 ADC 信号

如果需要周期性完成某项操作，那么相比于利用 timer 软件延迟，利用定时器可以保证周期更加精确。本例利用定时器中断完成模拟信号的采集与输出。使用 ADC0 通道(对应 PA0)采集信号，使用 DAC0 通道(对应 PA4)输出采集到的模拟信号。采集的周期为 1ms。编写 Python 程序见代码 15-16。

代码 15-16　Python 采集 ADC 信号

```
from machine import Pin, Timer, DAC, ADC
import time

led = Pin('PB2', Pin.OUT_PUSHPULL)
adc = ADC(0, init = True)
dac = DAC(0)

dac.write_u16(0x8000)

def t0_callback(self):
    dac.write_u16(adc.read_u16())
    led(1 - led())

t0 = Timer(1, mode = Timer.PERIODIC, callback = t0_callback, period = 1)

while True:
    pass
```

在 PA0 输入幅值为 1V、零点为 1.5V、100Hz 的正弦波。执行后程序，在 PA4(DAC0)引脚可以测量到 DAC 的输出信号，如图 15-1 所示。相比前面通过软件延时进行信号采集的效果，利用定时器中断采集信号可以精确实现每毫秒采集一次信号。

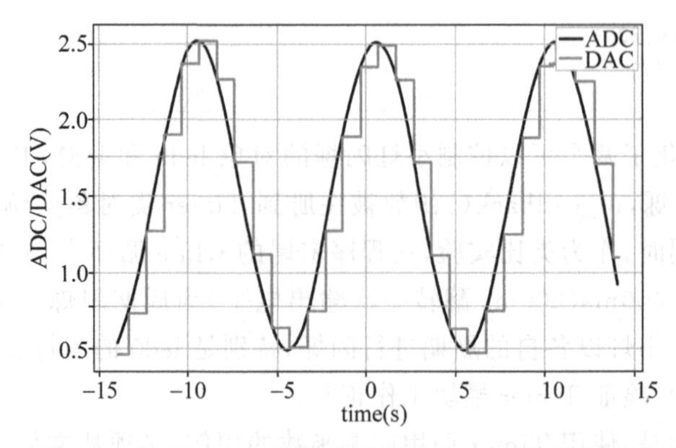

图 15-1 使用 Timer 类模块控制采集 ADC 信号并输出

15.4 本章小结

本章以 MicroPython 中已有的 MIMXRT 项目中的 Timer 类模块作为范例，在 MM32F3 微控制器平台上具体创建了 Timer 类模块。实现 MicroPython 开发手册中约定的属性方法 init()、deinit()即可创建 Timer 类模块。

Timer 在实现硬件回调 Python 函数时，C 语言定义的硬件中断服务程序将 Python 回调函数转交给 MicroPython 内核的调度器执行，巧妙地规避了 C 语言解析 Python 函数对象的问题。Python 回调函数实际会在硬件定时器中断服务程序的控制下执行。

第 16 章

使用 mem 类方法

到目前为止，在 MicroPython 中使用硬件外设，仍需要先基于 C 语言，访问外设相关功能寄存器，创建类模块，然后整合到 machine 类模块中，再通过 MicroPython 内核调用新建类模块来操作硬件。然而，但凡需要改动 MicroPython 内核，就需要准备必要的软硬件工具，并且进行比较烦琐的编译、调试、下载过程。如果要临时加一个需要访问硬件资源的轻量级的功能，那么有没有可能避开编译内核的过程，像导入和运行 Python 模块一样，在 Python 层面上解决问题呢？本章提出了一个解决思路：利用 MicroPython 的 mem8、mem16、mem32 方法，以及 ARM 微控制器的内存映射机制，利用 Python 脚本直接访问硬件外设相关的特殊功能寄存器，甚至可以在 Python 语言层面上封装对硬件寄存器的操作，实现在 MicroPython 内核中使用 C 语言编写驱动程序所实现的功能。

16.1 mem 类方法的使用

MicroPython 内核中的 mem8、mem16、mem32 方法从属于 MicroPython 访问硬件外设的 machine 类，可用来直接访问内存空间中的数据，对给定地址执行读和写的操作。考虑到 ARM 内核微控制器的外设功能寄存器也位于通用的内存映射地址空间中，因此，实际可以通过 mem 类方法，通过读写位于通用内存映射地址空间中的特殊功能寄存器，直接控制硬件外设的行为。

下面给出在 MicroPython 中使用 mem 类方法的例子，见代码 16-1。

代码 16-1　在 MicroPython 中使用 mem 类方法

```
from machine import mem8, mem32, mem16

for i in range(10):
    print("%08x" % mem32[i << 2])
```

在 REPL 中运行程序，将产生输出，见代码 16-2。

代码 16-2　在 MicroPython 中使用 mem 类方法的输出

```
20010000
0800042d
08000491
```

```
08000495
0800048d
0800048d
0800048d
00000000
00000000
00000000
```

这个用例通过使用 mem32 方法，打印了从 0 地址开始的 10 个 32 位字的内容，这实际上对应微控制器内部位于存储映射空间首部的中断向量表中的内容，第一个表项是栈顶地址，第二个表项是复位向量入口函数的地址，等等。

在这个用例中，细心的读者可以发现，当在 Python 环境中调用 mem 类方法时，使用的是中括号"[]"，类似于访问数组的操作，而不是调用常规函数使用的小括号"()"。这里出现了一个有趣的语法现象，那么接下来，将追溯到 MicroPython 的内核当中，探索其中的实现方法。

16.2 探究数组方法的实现

mem 类方法的实现源码位于 extmod 目录下的 machine_mem.c 文件中。在 machine 类模块的属性方法清单中注册的 mem 类方法对象 machine_mem8_obj、machine_mem16_obj 和 machine_mem32_obj 均为 machine_mem_type 类型衍生而来，见代码 16-3。

代码 16-3 machine_mem.c 文件中的 machine_mem_type 及其衍生对象

```
const mp_obj_type_t machine_mem_type = {
    { &mp_type_type },
    .name = MP_QSTR_mem,
    .print = machine_mem_print,
    .subscr = machine_mem_subscr,
};

const machine_mem_obj_t machine_mem8_obj = {{&machine_mem_type}, 1};
const machine_mem_obj_t machine_mem16_obj = {{&machine_mem_type}, 2};
const machine_mem_obj_t machine_mem32_obj = {{&machine_mem_type}, 4};
```

进一步，追溯 machine_mem8_obj、machine_mem16_obj 和 machine_mem32_obj 的类型，有 machine_mem 类模块的结构体 machine_mem_obj_t 定义，见代码 16-4。

代码 16-4 machine_mem.h 文件中的 machine_mem_obj_t

```
typedef struct _machine_mem_obj_t {
    mp_obj_base_t base;
    unsigned elem_size; // in bytes
} machine_mem_obj_t;
```

其中，除了表示基本对象类型的 base 字段之外，还有 elem_size 字段，用于表示本次访问的字节长度，例如，mem8 对应 1 字节访问、mem16 对应 2 字节访问、mem32 对应 4 字节访问。

同时还注意到，定义 machine_mem_type 类型实例中，没有在其中包含之前常用的 locals_dict 字段，而是指定了 subscr 字段，并用 machine_mem_subscr()函数填入其中。在 py 目录下的 obj. h 文件中，可以看到定义 mp_obj_type_t 类型的源码中包含了关于 subscr 字段的解释，见代码 16-5。

代码 16-5 machine_mem_type 类型结构体的 subscr 字段

```
...
typedef mp_obj_t ( * mp_subscr_fun_t)(mp_obj_t self_in, mp_obj_t index, mp_obj_t value);
...
struct _mp_obj_type_t {
    ...
    // Implements load, store and delete subscripting:
    //   - value = MP_OBJ_SENTINEL means load
    //   - value = MP_OBJ_NULL means delete
    //   - all other values mean store the value
    // Can return MP_OBJ_NULL if operation not supported.
    mp_subscr_fun_t subscr;
    ...
    // A dict mapping qstrs to objects local methods/constants/etc.
    struct _mp_obj_dict_t * locals_dict;
    ...
};
```

由代码 16-5 中的注释可知，subscr 指定了一个回调函数，用于实现读出、存入和删除数组元素“切片”的功能：向这个回调函数的第三个参数 value 传入 MP_OBJ_SENTINEL 时，对应读取操作；传入 MP_OBJ_NULL 时，对应删除操作；传入其他值时，表示将存储传入值到给定下标标记的位置。第二个参数 index 表示即将操作的数组下标。

实际上，在 machine_mem. c 文件中实现的 machine_mem_subscr()就是 mp_subscr_fun_t 类型回调函数的一个具体实例，见代码 16-6。

代码 16-6 machine_mem. c 文件中的 machine_mem_subscr()函数

```
STATIC mp_obj_t machine_mem_subscr(mp_obj_t self_in, mp_obj_t index, mp_obj_t value) {
    // TODO support slice index to read/write multiple values at once
    machine_mem_obj_t * self = MP_OBJ_TO_PTR(self_in);
    if (value == MP_OBJ_NULL) {
        // delete
        return MP_OBJ_NULL; // op not supported
    } else if (value == MP_OBJ_SENTINEL) {
        // load
        uintptr_t addr = MICROPY_MACHINE_MEM_GET_READ_ADDR(index, self->elem_size);
        uint32_t val;
        switch (self->elem_size) {
            case 1:
                val = ( * (uint8_t * )addr);
                break;
```

```
            case 2:
                val = ( * (uint16_t * )addr);
                break;
            default:
                val = ( * (uint32_t * )addr);
                break;
        }
        return mp_obj_new_int(val);
    } else {
        // store
        uintptr_t addr = MICROPY_MACHINE_MEM_GET_WRITE_ADDR(index, self->elem_size);
        uint32_t val = mp_obj_get_int_truncated(value);
        switch (self->elem_size) {
            case 1:
                ( * (uint8_t * )addr) = val;
                break;
            case 2:
                ( * (uint16_t * )addr) = val;
                break;
            default:
                ( * (uint32_t * )addr) = val;
                break;
        }
        return mp_const_none;
    }
}
```

在 machine_mem_subscr()函数中，针对 MP_OBJ_NULL、MP_OBJ_SENTINEL 和其他值实现了 3 个分支操作。正如源码中所呈现的那样，MicroPython 内核在 C 语言层面上的实现，最终落实到使用指针访问的方法，对给定地址的内存单元进行读或者写的操作。这也是在 C 语言层面实现指针（地址）访问通常会采用的方法。下面再补充一些源码实现的细节解释：

- mp_obj_get_int_truncated()函数用于在 MicroPython 内核中实现多种对象类型向整型类型的显式转换。
- MICROPY_MACHINE_MEM_GET_READ_ADDR()和 MICROPY_MACHINE_MEM_GET_WRITE_ADDR()专用于对读地址和写地址进行有效性检查，并将有效地址转换成整型数返回给调用者。

16.3 一些 Python 驱动外设的用例

本节向读者展示一些用例，即利用 mem 类方法的功能和 ARM 微控制器芯片的存储映射机制，使用 Python 语言直接访问微控制器硬件外设完成一些之前在 MicroPython 内核中未集成的功能。

16.3.1 访问微控制器的设备唯一编号

使用微控制器芯片的设备唯一编号，可以在某些应用场景中，完成 Python 程序的加密，以及判断软件运行环境等。

根据 MM32F3270 的用户手册中描述芯片的 MCU_ID、DEBUG_CR、JEDEC_ID 等寄存器的地址，下面查看这些寄存器的内容，见代码 16-7。

代码 16-7 Python 使用 mem 类方法查看芯片寄存器的值

```
from machine import Pin, mem8, mem32, mem16
from micropython import const

mcu_id = const(0x40007080)
debug_cr = const(0x40007084)
jedec_id = const(0xe00ff000)

print('DEV ID: % 04x' % mem32[mcu_id])
print('DEBUG_CR: % 04x' % mem32[debug_cr])
print('JEDECID: % 04x' % mem32[jedec_id])
```

运行程序后输出结果，见代码 16-8。

代码 16-8 Python 使用 mem 类方法查看芯片寄存器值的输出结果

```
DEV ID: - 33655f19
DEBUG_CR:0000
JEDECID: - f0ffd
```

16.3.2 使用 COMP 外设模块

MM32F3270 微控制器有两个模拟比较器：COMP1 和 COMP2，它们挂载在内部 APB2 总线上。MM32F3270 微控制器的外设系统框图如图 16-1 所示。

在当前移植的 MicroPython 项目中，并没有实现模拟比较器相关的类模块。此时，可以通过 mem32 方法来对模拟比较器进行初始化，并读取比较器输出状态。

模拟比较器挂载在 APB2 总线上，在使用之前，需要通过 RCC 控制器启用 COMP1 和 COMP2 的时钟。可通过 APB2 寄存器启用模拟比较器时钟，见代码 16-9。

代码 16-9 Python 启用硬件模拟比较器时钟

```
RCC_BASE     = const(0x40021000)
APB2ENR      = const(RCC_BASE + 11 * 4)
APB1ENR      = const(RCC_BASE + 12 * 4)

mem32[APB2ENR] | = 0x8000
```

从 MM32F3270 的用户手册可查到模拟比较器对应的控制寄存器内部功能字段的定义，如图 16-2 所示。

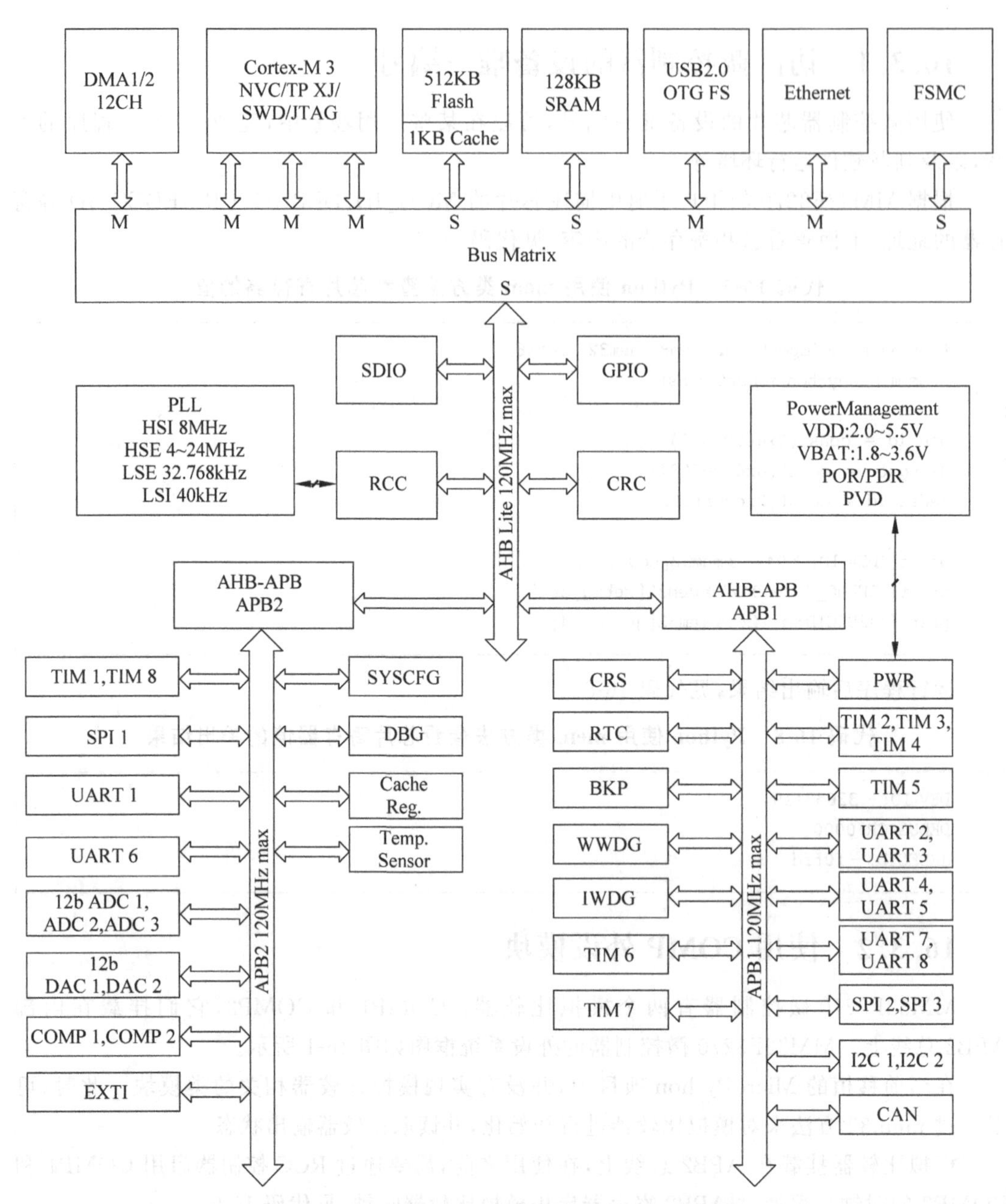

图 16-1 MM32F3270 微控制器的外设系统框图

Bit	31	30	29	28	27	26	25	24	23	22	21	20	19	18	17	16
Field	LOCK	OUT	Res.									OFLT			HYST	
Type	rw	r										rw			rw	
Bit	15	14	13	12	11	10	9	8	7	6	5	4	3	2	1	0
Field	POL	Res.	OUT_SEL				Res.	INP_SEL		Res.	INM_SEL		MODE		Res.	EN
Type	rw	rw	rw				rw	rw		rw	rw		rw		rw	rw

图 16-2 模拟比较器控制寄存器字段定义

通过改变该寄存器设置，可以选择模拟比较器的输入和输出引脚，以及工作模式。模拟比较器的输出(OUT)位于比较控制寄存器的第30位。通过代码可对COMP进行初始化配置，见代码16-10。

代码16-10　Python配置硬件模拟比较器

```
COMP_BASE = const(0x40014000)
COMP_CSR1 = const(COMP_BASE + 0xc)
COMP_CSR2 = const(COMP_BASE + 0x10)
COMP_CRV  = const(COMP_BASE + 0x18)
COMP_POLL1 = const(COMP_BASE + 0x1c)
COMP_POLL2 = const(COMP_BASE + 0x20)
mem32[COMP_CSR1] |= 0x1
mem32[COMP_CSR2] |= 0x1
```

根据上面的设置，COMP的两个输入分别为PA0(正向输入端)、PA4(反向输入端)。通过代码可以查看两个COMP的输出，见代码16-11。

代码16-11　Python打印硬件比较器的状态寄存器值

```
print('%08x' % mem32[COMP_CSR1])
print('%08x' % mem32[COMP_CSR2])
```

通过外部连线，设置PA0为高电平，PA4为低电平。查看COMP的输出状态为：

```
40000001
40000001
```

可以看到显示结果中第30位是1，表示COMP输出高电平。

再通过外部连线，设置PA0为低电平，PA4为高电平。查看COMP的输出状态为：

```
00000001
00000001
```

显示结果中的第30位是0，表示COMP输出为低电平。可以看到CSR寄存器中的OUT字段位置反映了COMP比较输入电压的结果。

本例给出了通过mem32方法直接访问微控制器中COMP外设模块的控制寄存器，实现比较器工作的方法。读者也可以进一步研究MM32F3270微控制器的用户手册，开发COMP更多有趣的使用方法。

16.3.3　使用灵活高精度PWM

在当前在MM32F3移植项目中实现PWM类模块的频率精度会出现比较大的误差。这是由于PWM定时器的ARR寄存器(控制PWM翻转输出电平时刻的寄存器)被固定为999，定时器的CNT的计数范围是0～999。这是为了向用户提供统一的用户接口，能够实现千分比的占空比设定。但如果用户需要更灵活的配置，那么现有的PWM类模块就不易实现，除非用户自行调整MicroPython内核中PWM类模块的实现源码。

图 16-3 使用当前 PWM 类模块设置频率为 500～2000Hz，通过外部频率计实际测量输出信号的频率，它们之间的绝对误差随着设定频率的不同而发生变化。设定频率越高，可能产生的误差越大。

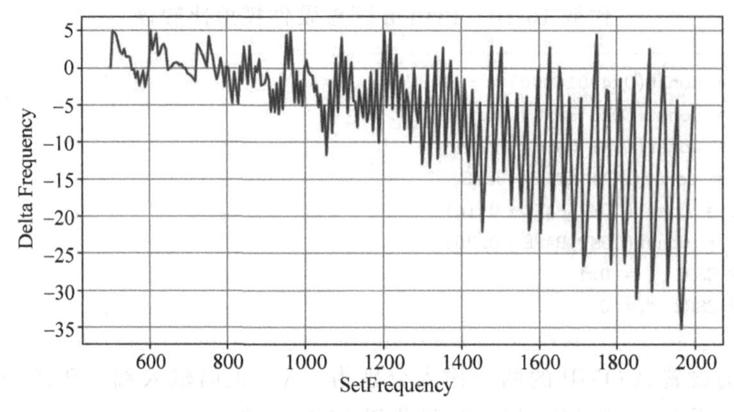

图 16-3　PWM 类模块输出信号频率误差随着频率设定值产生的变化

产生误差的原因来自 PWM 定时器中的分配计数器只能取整数。若微控制器定时器的工作频率来自于 MCU 主频，对应频率为：

$$f_{\text{core}} = 120\text{MHz}$$

对于 ARR = 999，PWM 的频率是由 TIM 定时器预分频计数器的数值决定：

$$f_{\text{PWM}} = \frac{f_{\text{core}}}{(1 + \text{PSC}) \cdot (\text{ARR} + 1)}$$

由于 PSC 必须采用整数，所以对应输出的 f_pwm 会存在一定的误差。

如果针对 PWM 频率误差，同时调整 ARR 的取值，使其能够补偿由于 PSC 取整所带来的误差。下面代码利用了 mem32 方法直接调整 TIM 外设模块中 ARR 寄存器的值，补偿频率误差，见代码 16-12。

代码 16-12　Python 使用 mem 方法配置 PWM 硬件外设

```
from micropython import const
APB1PERIPH_BASE = const(0x40000000)
TIM3_BASE       = const(APB1PERIPH_BASE + 0x0400)
TIM4_BASE       = const(APB1PERIPH_BASE + 0x0800)
TIM_TYPE_CR1    = const(0 * 4)
TIM_TYPE_CR2    = const(1 * 4)
TIM_TYPE_SR     = const(4 * 4)
TIM_TYPE_CNT    = const(9 * 4)
TIM_TYPE_PSC    = const(10 * 4)
TIM_TYPE_ARR    = const(11 * 4)
TIM_TYPE_CCR1   = const(13 * 4)
TIM_TYPE_CCR2   = const(14 * 4)
TIM_TYPE_CCR3   = const(15 * 4)
TIM_TYPE_CCR4   = const(16 * 4)

def pwmFreq(f, pwm):
```

```
fosc = 96e6
psc = int(fosc/f/1000) - 1
arr = int(fosc/(1 + psc)/f) - 1

if pwm < 4: base = TIM3_BASE
else: base = TIM4_BASE

mem32[base + TIM_TYPE_PSC] = psc
mem32[base + TIM_TYPE_ARR] = arr

return arr
```

经过实际测量,PWM 的输出频率与设定频率之间的误差约为 0.1%,这就极大地提高了 PWM 频率的精度。

16.4 本章小结

通过 mem32、mem16、mem8 等方法,用户可以在 MicroPython 中像使用数组一样,访问内核指定的一块存储空间。MicroPython 在 ARM 微控制器平台的移植中,将这块存储空间映射得到 ARM 内核模型中的通用存储空间,这就意味着用户可以使用 mem 系列方法访问到其中的控制硬件外设的特殊功能寄存器,从而直接控制硬件外设。这是一个非常有趣的功能,当用户需要试用 MicroPython 在某个具体的微控制器平台尚未创建对应类模块的硬件外设时,可以通过直接访问内存的方法,在 Python 语言层面直接控制硬件,驱动其工作。

第17章 使用 Thonny IDE 开发 MicroPython

在很长一段时间内，作者在调试 MicroPython 的源码时，都有一个困扰：每次验证 MicroPython 小程序，都需要重新在串口终端中输入所有代码，并且不敢出错，否则会导致可能被 MicroPython 识别成错误的代码块。哪怕可以在常规的代码编辑器中提前写好 Python 代码，再复制到 MicroPython 的串口终端中，来来回回也是比较麻烦的事情。能不能像使用 Keil 或 IAR 等集成开发环境调试 C 代码一样，可以在代码编辑界面启动运行程序，先编辑好代码，再一次性执行呢？后来，在国内的 MicroPython 开发者社区中，作者发现有很多玩家使用 Thonny 开发基于 ESP32 的 MicroPython，意识到 Thonny 可能是理想的开发 MicroPython 的集成开发环境。Thonny 提供了一个简约的 Python 代码编辑界面，支持关键字高亮，可以通过 UART 串口建立同 MicroPython 电路板之间的连接。更令人惊喜的是，Thonny 还能实现通过 UART 向 MicroPython 开发板的文件系统中下载 Python 脚本文件的功能，这样就可以让 MicroPython 开发板上电启动之后直接执行已经下载到文件系统中的 Python 文件。

17.1 Thonny 简介

Thonny 是由爱沙尼亚的 Tartu 大学开发的、非常适合初学者和教学的一款轻量级 IDE，提供可视化的编程界面，并可逐句调试运行 Python 程序。

其显著特性是：提供了多种方式逐步执行代码，可以逐步求表达式的值，对调用堆栈可视化，便于用来解释引用内存和直接在堆中分配内存的概念。特别适用于支持教育和研究工作。它可以被免费下载和使用，并可由用户在开放的框架中自行开发扩展功能。

Thonny 基于 Python 开发，天然支持跨平台，目前支持 Windows、Linux 和 Mac OS 三大主流操作系统，可以从官网(https://thonny.org/)直接下载安装包并进行安装到个人计算机上。

通过网络浏览器进入 Thonny 的官网后，选择对应的操作系统直接下载即可，如图 17-1 所示。

Thonny 本身的源代码也在 github 上开源(https://github.com/thonny)。

Thonny 的用户手册请参见 https://github.com/thonny/thonny/wiki。

Thonny 对 MicroPython 的特别支持的说明请参见 https://github.com/thonny/thonny/wiki/MicroPython。

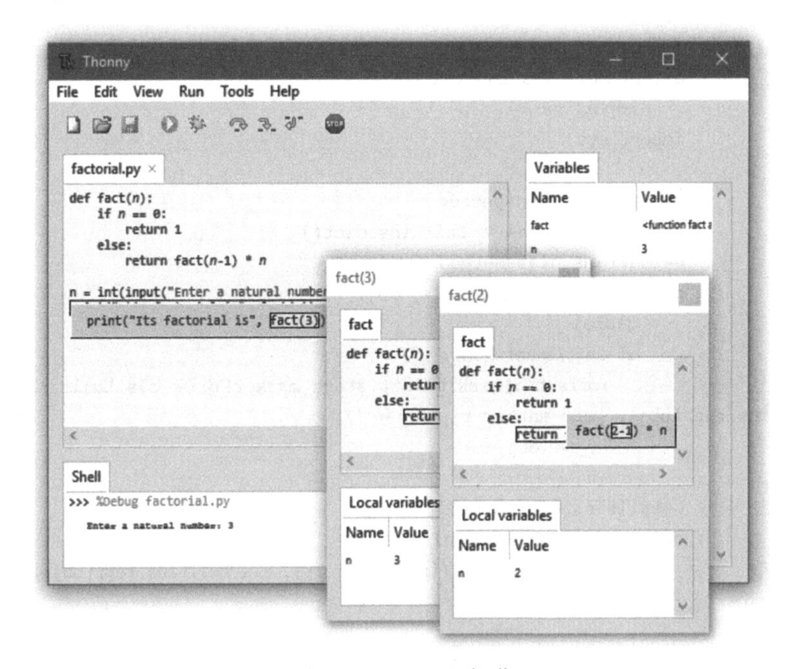

图 17-1 Thonny 概览

目前，Thonny 在国内 ESP8266/ESP32 的 MicroPython 平台中使用比较多。本书将以 MM32F3 微控制器为例，将现有的 MicroPython 开发板适配到 Thonny 环境中。

17.2 改写 MicroPython 代码适配 Thonny

实际上，在本书中作为分析对象的 v1.16 版 MicroPython 不能直接支持 Thonny。Thonny 在试图同 MicroPython 开发板对接的过程中，需要通过 UART 传送命令，在 MicroPython 开发板上执行一系列脚本，建立好 Thonny 的运行环境后，才能在后续的调试过程中与 Thonny 对接。以作者安装了 Windows 10 操作系统的主机为例，Thonny 在启动连接后，首先执行位于 C:\Program Files (x86)\Thonny\lib\site-packages\thonny\plugins\micropython 目录下的 backend.py 脚本程序。

backend.py 脚本程序在目标开发板上的 MicroPython 中创建__thonny_helper 类，其中引用了 builtins、os 和 sys 模块，见代码 17-1。

代码 17-1 backend.py 脚本程序引用 builtins、os 和 sys 模块

```
def _get_all_helpers(self):
    # Can't import functions into class context:
    # https://github.com/micropython/micropython/issues/6198
    return (
        dedent(
```

```
                """
            class __thonny_helper:
                import builtins
                try:
                    import uos as os
                except builtins.ImportError:
                    import os
                import sys

                # for object inspector
                inspector_values = builtins.dict()
                @builtins.classmethod
                def print_repl_value(cls, obj):
                    global _
                    if obj is not None:
                        cls.builtins.print({start_marker!r} % cls.builtins.id(obj),
cls.builtins.repr(obj), {end_marker!r}, sep = '')
                        _ = obj

                @builtins.classmethod
                def print_mgmt_value(cls, obj):
                    cls.builtins.print({mgmt_start!r}, cls.builtins.repr(obj), {mgmt_end!r},
sep = '', end = '')

                @builtins.classmethod
                def repr(cls, obj):
                    try:
                        s = cls.builtins.repr(obj)
                        if cls.builtins.len(s) > 50:
                            s = s[:50] + "..."
                        return s
                    except cls.builtins.Exception as e:
                        return "<could not serialize: " + __thonny_helper.builtins.str(e) + ">"

                @builtins.classmethod
                def listdir(cls, x):
                    if cls.builtins.hasattr(cls.os, "listdir"):
                        return cls.os.listdir(x)
                    else:
                        return [rec[0] for rec in cls.os.ilistdir(x) if rec[0] not in ('.', '..')]
            """
            ).format(
                start_marker = OBJECT_LINK_START,
                end_marker = OBJECT_LINK_END,
                mgmt_start = MGMT_VALUE_START.decode(ENCODING),
                mgmt_end = MGMT_VALUE_END.decode(ENCODING),
            )
            + "\n"
            + textwrap.indent(self._get_custom_helpers(), "        ")
        )
    ...
```

对应地，在 v1.16 版本的 MicroPython 中，仅有 builtins、uos 和 usys 模块。但是，其中 uos 和 usys 的功能同这里使用的 os 和 sys 模块兼容，只要改名即可进行适配。

还有部分代码引用了 time 模块及其 localtime 方法，见代码 17-2。

代码 17-2 backend.py 脚本程序引用 time 模块

```
def _fetch_epoch_year(self):
    if self._connected_to_microbit():
        return None

    # The proper solution would be to query time.gmtime, but most devices don't have this function.
    # Luckily, time.localtime is good enough for deducing 1970 vs 2000 epoch.

    # Most obvious solution would be to query for 0 - time, but CP doesn't support anything
below Y2000,
    # so I'm querying this and adjusting later.
    val = self._evaluate(
        dedent(
            """
        try:

            from time import localtime as __thonny_localtime
__thonny_helper.print_mgmt_value(__thonny_helper.builtins.tuple(__thonny_localtime(%d)))
            del __thonny_localtime
        except __thonny_helper.builtins.Exception as e:
            __thonny_helper.print_mgmt_value(__thonny_helper.builtins.str(e))
    """
            % Y2000_EPOCH_OFFSET
        )
    )
    ...
```

而在 v1.16 版本的 MicroPython 中，仅有 utime 模块。但与这里使用的 time 模块兼容，也只要改名即可使用。

因此，针对适配 Thonny，最终需要修改名字的模块有*：

- 将 uos 模块改为 os。
- 将 uio 模块改名为 io。
- 将 usys 模块改名为 sys。
- 将 utime 模块改名为 time。

在 ports\mm32f3\mpconfigport.h 文件中修改 utime 和 uos 的模块名，见代码 17-3。

代码 17-3 在 mpconfigport.h 文件中修改 utime 和 uos 的模块名

```
extern const struct _mp_obj_module_t mp_module_machine;
extern const struct _mp_obj_module_t mp_module_utime;
extern const struct _mp_obj_module_t mp_module_uos;
```

* 在 MicroPython 的后续版本中，均使用更名后的类名，如 os、io、sys、time。

```
#define MICROPY_PORT_BUILTIN_MODULES \
    { MP_ROM_QSTR(MP_QSTR_machine), MP_ROM_PTR(&mp_module_machine) }, \
    { MP_ROM_QSTR(MP_QSTR_time), MP_ROM_PTR(&mp_module_utime) }, \
    { MP_ROM_QSTR(MP_QSTR_os), MP_ROM_PTR(&mp_module_uos) }, \
```

在 py/objmodule.c 文件中修改 uio 和 usys 的模块名，见代码 17-4。

代码 17-4　在 py/objmodule.c 文件中修改 uio 和 usys 的模块名

```
STATIC const mp_rom_map_elem_t mp_builtin_module_table[] = {
    { MP_ROM_QSTR(MP_QSTR___main__), MP_ROM_PTR(&mp_module___main__) },
    { MP_ROM_QSTR(MP_QSTR_builtins), MP_ROM_PTR(&mp_module_builtins) },
    { MP_ROM_QSTR(MP_QSTR_micropython), MP_ROM_PTR(&mp_module_micropython) },

    #if MICROPY_PY_IO
    { MP_ROM_QSTR(MP_QSTR_uio), MP_ROM_PTR(&mp_module_io) },
    //{ MP_ROM_QSTR(MP_QSTR_uio), MP_ROM_PTR(&mp_module_io) },
    { MP_ROM_QSTR(MP_QSTR_io), MP_ROM_PTR(&mp_module_io) },
    #endif
    ...
    #if MICROPY_PY_SYS
    { MP_ROM_QSTR(MP_QSTR_usys), MP_ROM_PTR(&mp_module_sys) },
    //{ MP_ROM_QSTR(MP_QSTR_usys), MP_ROM_PTR(&mp_module_sys) },
    { MP_ROM_QSTR(MP_QSTR_sys), MP_ROM_PTR(&mp_module_sys) },
    #endif
    ...
};
```

需要特别注意的是，如果要使用 Thonny 向 MicroPython 中下载 Python 代码的功能，务必要在 MicroPython 支持文件系统之后，向 uos 或者 os 模块绑定对文件系统的操作，因为 Thonny 将会通过 os.listdir()读文件系统中的文件清单，并通过 open()、write()等方法向 MicroPython 的文件系统中写入新文件(详见 C:\Program Files (x86)\Thonny\Lib\site-packages\thonny\plugins\micropython\bare_metal_backend.py)。若只是要实现在线调试和运行，则不用考虑适配文件系统的支持。

Thonny 控制 MicroPython 开发板的行为，都是通过 UART 通信在后台发送 Python 语句，模拟每次人工直接在 REPL 中输入代码的过程。如果有读者对这部分内容感兴趣，或者在调试过程中遇到麻烦，可以在目录 C:\Program Files (x86)\Thonny\Lib\site-packages\thonny\plugins\micropython 下对应的 Python 源文件中找到对应通信过程的源码，如图 17-2 所示。

调整过模块名之后，重新编译 MicroPython 移植工程，下载到开发板后，复位运行。然后启动 Thonny 软件。

在 Thonny 软件主界面中选择 Run-> Select interpreter 命令，在 Thonny options 对话框中选择运行 MicroPython 的开发板对应的串口，如图 17-3 所示。

选定正确的端口之后，Thonny 会执行连接脚本，同 MicroPython 通信，建立连接，如图 17-4 所示。

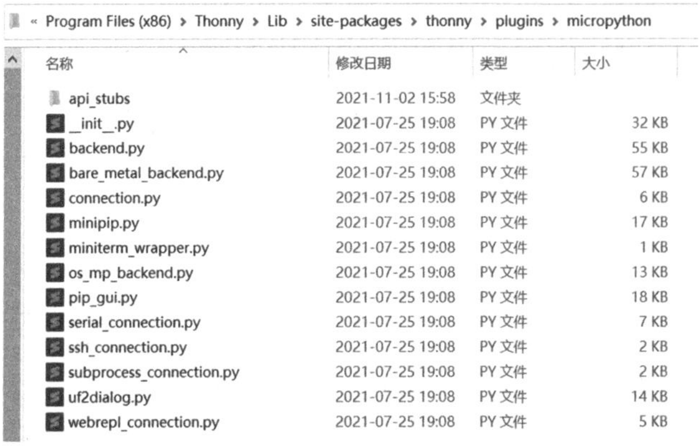

« Program Files (x86) › Thonny › Lib › site-packages › thonny › plugins › micropython
名称 修改日期 类型 大小
api_stubs 2021-11-02 15:58 文件夹
__init__.py 2021-07-25 19:08 PY 文件 32 KB
backend.py 2021-07-25 19:08 PY 文件 55 KB
bare_metal_backend.py 2021-07-25 19:08 PY 文件 57 KB
connection.py 2021-07-25 19:08 PY 文件 6 KB
minipip.py 2021-07-25 19:08 PY 文件 17 KB
miniterm_wrapper.py 2021-07-25 19:08 PY 文件 1 KB
os_mp_backend.py 2021-07-25 19:08 PY 文件 13 KB
pip_gui.py 2021-07-25 19:08 PY 文件 18 KB
serial_connection.py 2021-07-25 19:08 PY 文件 7 KB
ssh_connection.py 2021-07-25 19:08 PY 文件 2 KB
subprocess_connection.py 2021-07-25 19:08 PY 文件 2 KB
uf2dialog.py 2021-07-25 19:08 PY 文件 14 KB
webrepl_connection.py 2021-07-25 19:08 PY 文件 5 KB

图 17-2　Thonny 操控 MicroPython 的脚本源文件

Thonny options
General
Interpreter
Editor
Theme & Font
Run & Debug
Terminal
Shell
Assistant
Which interpreter or device should Thonny use for running your code?
MicroPython (generic)
Details
Connect your device to the computer and select corresponding port below
(look for your device name, "USB Serial" or "UART").
If you can't find it, you may need to install proper USB driver first.
Port
USB-SERIAL CH340 (COM4)
OK
Cancel

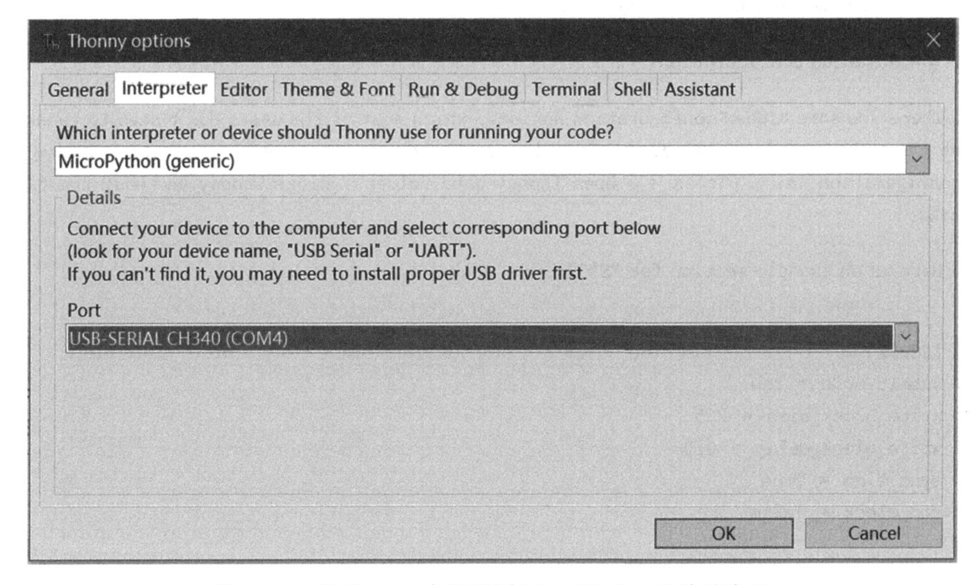

图 17-3　在 Thonny 中选择同 MicroPython 连接的串口

Thonny - <untitled> @ 1 : 1
File Edit View Run Tools Help
<untitled>
Shell
WARNING: Could not determine epoch year (can't import name localtime), assuming 2000
WARNING: Could not sync device's clock: can't import name RTC
WARNING: Could not validate time: can't import name RTC
MicroPython v1.16 on 2022-04-05; PLUS-F3270 with MM32F3277G9P
Type "help()" for more information.
>>>
MicroPython (generic)

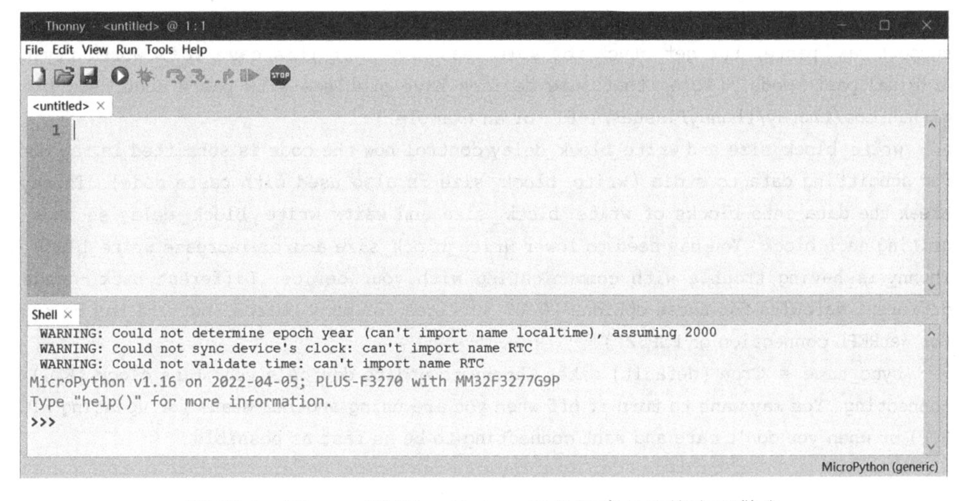

图 17-4　Thonny 同 MicroPython 开发板建立连接出现警告

从图 17-4 中可以看到，在 Thonny 建立连接的过程中仍出现了警告，从提示内容看，这些警告是关于同步时间的。Thonny 的开发文档说明见代码 17-5。

代码 17-5　Thonny 的开发文档说明

```
> https://github.com/thonny/thonny/wiki/MicroPython
>
> ## Time Synchronization
>
> Thonny will automatically sync the RTC (Real Time Clock) on your board with your local time on connection. If you'd like to disable this, see the sync_time configuration option below. If this is supported for your board, calling utime.time ( ) will give you the correct time automatically.
>
> Until version 3.3.3 RTC was synced to UTC. Since 3.3.4 it is synced to local time by default, but you can choose UTC by setting utc_clock to True.
>
> ## Advanced configuration
>
> There are some hidden configuration options, which most of the users don't need to tweak, but which may be useful in some cases. In order to change them, you need to find the location of * configuration.ini *  (Tools => Open Thonny data folder), close Thonny and edit the file by hand.
>
> Here is an example section for ESP32 back-end:
>
>
> [ESP32]
> submit_mode = raw
> write_block_size = 255
> write_block_delay = 0.03
> sync_time = True
> utc_clock = False
>
>
> - submit_mode controls how code is sent to the board. Thonny 3.2 sent it via raw mode, Thonny 3.3.0 and 3.3.1 via paste mode and since 3.3.2 the default is raw_paste if the device supports it (a new mode appearing in MicroPython 1.14) or raw as fallback. Some devices are supposed to support raw_paste, but get stuck for some reason -- in this case it's worth trying the original paste mode. (Note, that some devices have problems with paste mode, see https://github.com/thonny/thonny/issues/1461 for an example.)
> - write_block_size and write_block_delay control how the code is submitted in raw mode and for submitting data to stdin (write_block_size is also used with paste mode). Thonny will break the data into blocks of write_block_size and waits write_block_delay seconds after writing each block. You may need to lower write_block_size and/or increase write_block_delay Thonny is having trouble with communicating with your device. Different back-ends have different defaults for these options (0.01 suffices for many boards, but 0.5 may be required for WebREPL connection on ESP32.)
> - sync_time = True (default) makes Thonny to update device's real time clock (RTC) after connecting. You may want to turn it off when you are using another means for updating RTC (eg. NTP) or when you don't care and want connecting to be as fast as possible
```

```
> - utc_clock = False means device's RTC gets synchronized to (or is assumed to keep) local time (default since Thonny 3.3.4). utc_clock = True would use UTC instead (default until 3.3.3). File browser will adapt to either setting and shows modification times in local time.
>
> The section identifiers for different back - ends are ESP32, ESP8266, GenericMicroPython, CircuitPython, microbit, RP2040, RPiPico. If the section doesn't exist yet, then add it, but make sure you don't end up with several sections with same identifier (Thonny won't start then). If you mess up the configuration file, then you may delete it and Thonny will start with default options.
```

由代码 17-5 可知，Thonny 在连接到开发板时，会自动与开发板上的 RTC 同步时间。如果用不到这个功能，则可以在隐藏的高级选项中关闭这项功能。其中，sync_time 选项就是控制在连接之后同步 RTC 的，默认为打开。启用这个功能也需要耗费一些启动时间，如果不需要使用同步时间功能，可以关闭它。

实际上，作者通过调试发现，如果要消除所有的警告，还需要关闭 validate_time 选项。

在 Thonny 主界面的工具栏中，选择 Tools-> Open Thonny data folder 命令，在打开的目录中编译 connection. ini 文件。切记，应在关闭 Thonny 软件后，再编译该文件并保存，之后再启动 Thonny 导入最新的设置；否则 Thonny 每次关闭时会将最后的工作配置写回到这里的文件，已经编辑好的配置可能被之前的配置覆盖。改写 connection. ini 文件中对应的配置内容，见代码 17-6。

代码 17-6 改写 connection. ini 文件中对应的配置内容

```
[GenericMicroPython]
sync_time = False
validate_time = False
```

此时，再次启动 Thonny 之后的 Shell 界面就不会出现警告了，如图 17-5 所示。

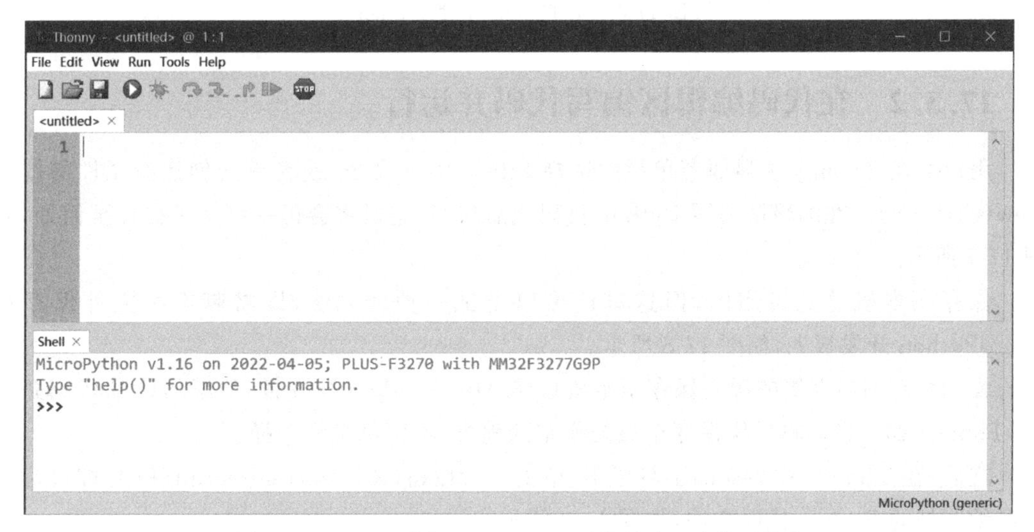

图 17-5 Thonny 同 MicroPython 开发板建立连接无警告

17.3 在 Thonny 中调试 MicroPython

Thonny 提供了两种运行 Python 脚本的方式：在 Shell 命令行中逐行输入脚本即时执行，或在代码编辑区中预先写好代码一并执行，并且可以选择将在编辑区的 Python 脚本保存到计算机或者 MicroPython 开发板上。

17.3.1 在 Shell 中执行 Python 脚本

用户可在 Thonny 主界面下半部的 Shell 中输入 Python 语句。注意，必须先单击输入提示符>>>所在的一行，才能输入有效的字符，如图 17-6 所示。

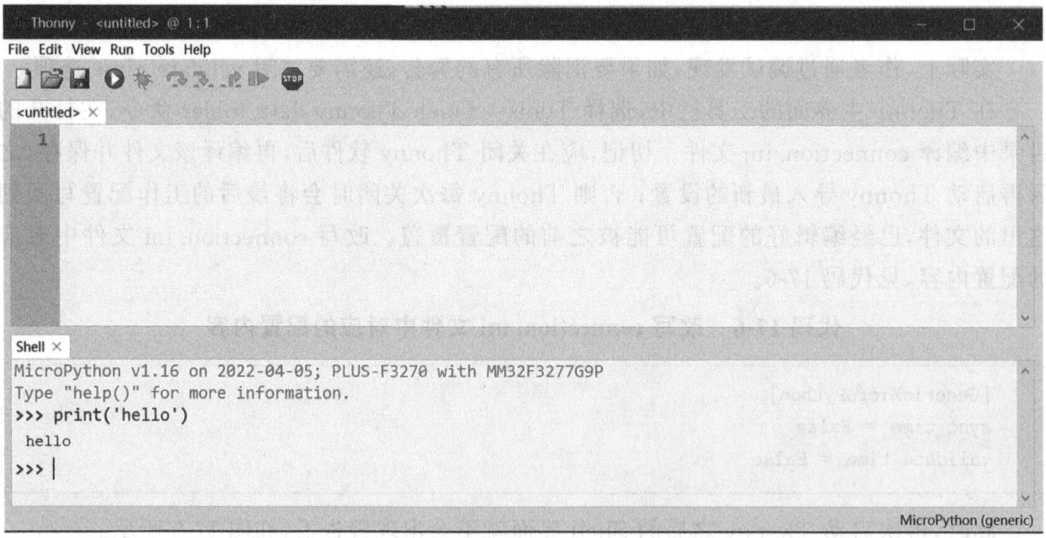

图 17-6 在 Thonny 中使用 Shell

17.3.2 在代码编辑区编写代码并运行

用户可在 Thonny 主界面菜单栏中选择 File-> New 命令，或者单击创建新文件的按钮 New(Ctrl＋N)。在编辑区编写 Python 代码之后保存，这时将会提示将文件保存至何处，如图 17-7 所示。

保存在本机总是可用的，但这里还可以尝试一种新方法，即将脚本源文件保存在 MicroPython 开发板上，如图 17-8 所示。

无论指定当前编辑的源码保存至本机还是 MicroPython 开发板，后续再改动代码并保存，Thonny 都会自动将代码保存至最初指定的地方，不用每次都选择。

之后，在 Thonny 主界面的工具栏中，单击运行按钮(Run current script(F5))即可运行已经编写好的 Python 代码文件，如图 17-9 所示。

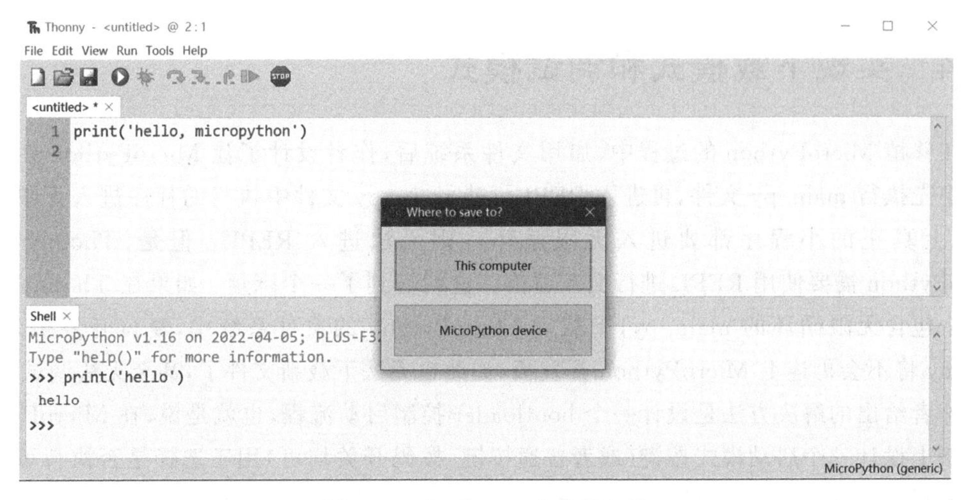

图 17-7　在 Thonny 中保存文件

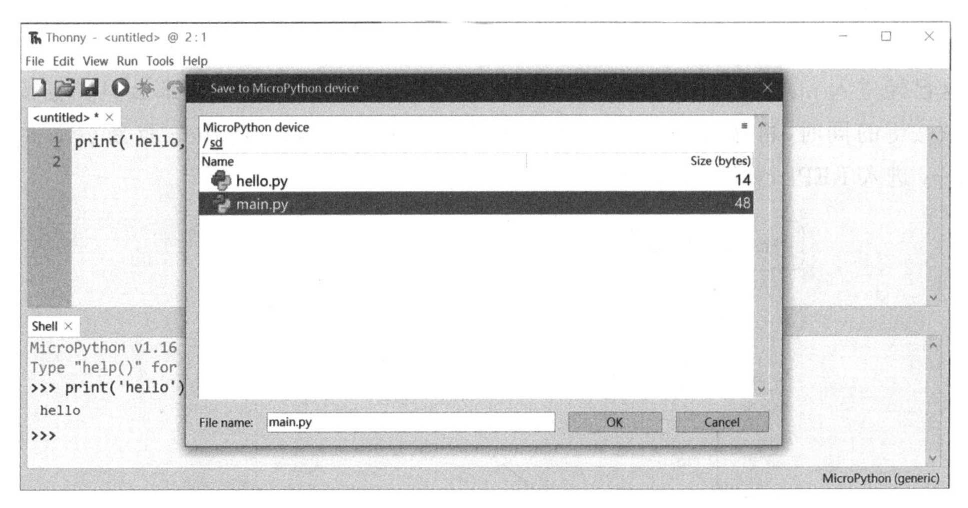

图 17-8　在 Thonny 中保存文件到 MicroPython 开发板

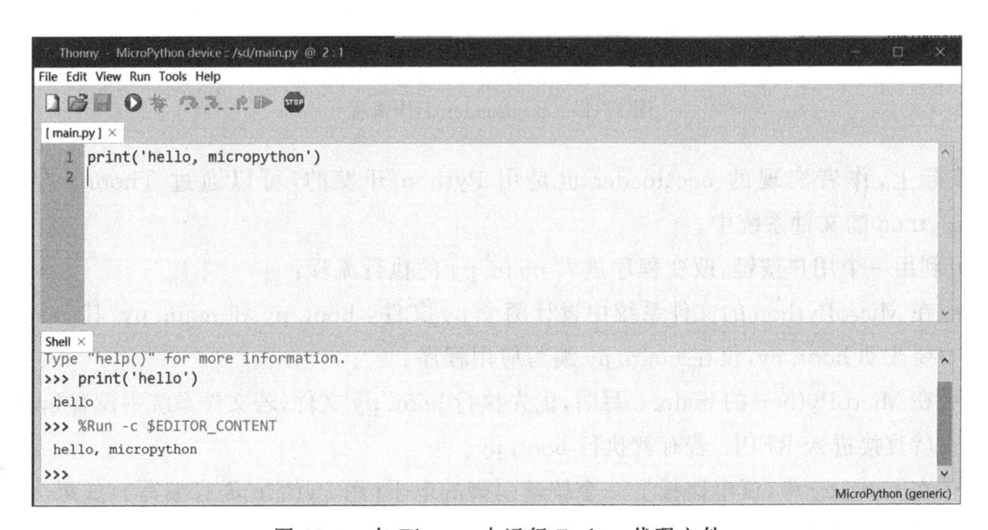

图 17-9　在 Thonny 中运行 Python 代码文件

17.4 实现下载模式和调试模式

在移植 MicroPython 的过程中，启用文件系统后，作者设计了让 MicroPython 在启动过程中先执行 main. py 文件，再进入 REPL。若 main. py 文件中执行的程序进入无限循环(实际上真正的小程序都要进入无限循环)，则无法进入 REPL。但是，Thonny 连接 MicroPython 需要使用 REPL 进行交互通信。这就遇到了一个麻烦：如果在 Thonny 中写了一个包含无限循环的 main. py，下载到 MicroPython 的文件系统中，复位开发板之后，Thonny 将不会再连上 MicroPython 开发板，如此也无法下载新文件了，甚至无法调试。

作者给出的解决方法是设计一个 bootloader 控制启动流程，也就是说，在 MicroPython 开发板上设计一个启动模式按键(或者普通按键、拨码开关均可)用于选择是否执行可能包含无限循环的 main. py 文件。在 MicroPython 启动过程中，先判断启动模式按键是否按下：若按下，则跳过 MicroPython 文件系统中的 main. py，直接进入 REPL，之后 Thonny 可以通过 REPL 连接 MicroPython 开发板；若未按下，则在判断后正常执行到 main. py 文件。若要在已经进入 main. py 中的无限循环后返回同 Thonny 的连接状态，那么只要在按下启动模式按键的同时，再按开发板的硬件复位按键，即可让 MicroPython 重新启动并跳过 main. py 进入 REPL，如图 17-10 所示。

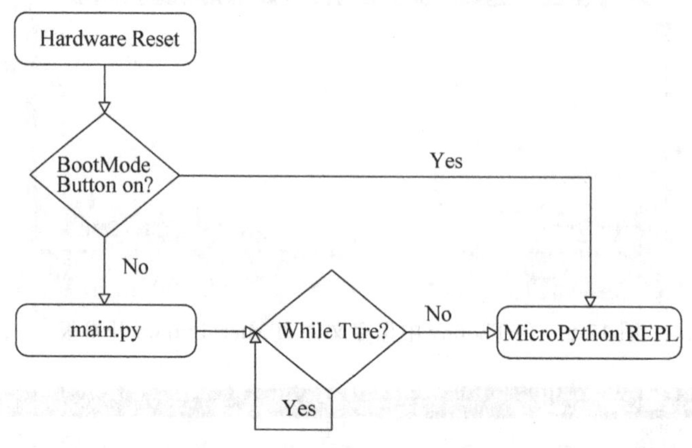

图 17-10 bootloader 工作流程

实际上，作者实现的 bootloader 也是用 Python 开发的，可以通过 Thonny 存放在 MicroPython 的文件系统中。

可利用一个用户按键，改变程序进入 main. py 的执行流程：

- 在 MicroPython 的文件系统中设计两个 py 文件：boot. py 和 main. py，其中用户不要改动 boot. py，仅在 main. py 编写应用程序。
- 在 MicroPython 的 main. c 写明，优先执行 boot. py 文件，若文件系统中没有 boot. py 就直接进入 REPL，若有就执行 boot. py。
- 在 boot. py 中，读电路板上一个按键引脚的电平(用 Python 语言编写)，如果为默认的高电平，则转入 main. py，否则直接进入 REPL。

这样设计将会产生的效果是：

- 默认在不按按键的情况下，MicroPython 会一直执行到 main. py。如果所有的应用程序都在 main. py 中无限循环，板子上电就可以正常工作。
- 在 main. py 中有无限循环时，按下 boot. py 指定的用户按键，再执行硬件复位或者重新上电，在人为参与的情况下，可以跳过包含无限循环的 main. py 直接进入 REPL，此时就可以用 Thonny 连上 MicroPython。

改动 ports\mm32f3\main. c 文件，将原先默认执行 main. py 的操作改为执行 boot. py，见代码 17-7。

代码 17-7　调整 main. c 文件从启动到 boot. py 文件

```
{
    vfs->str = "/sd";
    vfs->len = 3;
    vfs->obj = MP_OBJ_FROM_PTR(vfs_fat);
    vfs->next = NULL;
    for (mp_vfs_mount_t **m = &MP_STATE_VM(vfs_mount_table);; m = &(*m)->next) {
        if (*m == NULL) {
            *m = vfs;
            break;
        }
    }
    MP_STATE_PORT(vfs_cur) = vfs;

    /* run the main.py in sdcard. */
    const char * main_py = "boot.py";
    pyexec_file_if_exists(main_py);
}
```

查阅 PLUS-F3270 核心板上的原理图，可以选用 PTF11 引脚连接的拨码开关作为控制启动模式的按键，如图 17-11 所示。

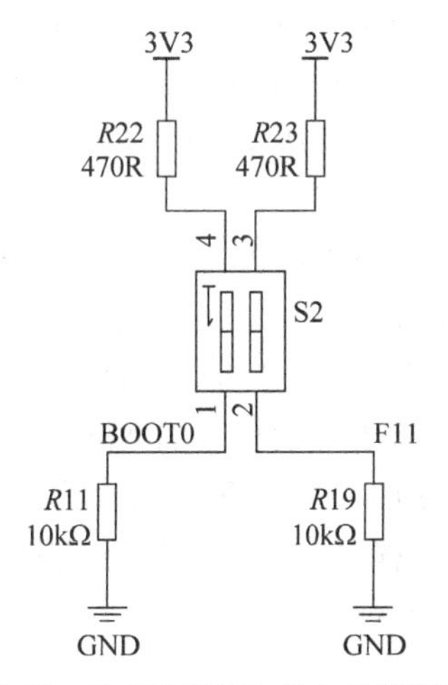

图 17-11　PLUS-F3270 板上的拨码开关

在 Thonny 中编写 boot.py 文件作为 bootloader，并将之保存到 MicroPython 文件系统中，见代码 17-8。

代码 17-8 将 boot.py 文件保存到 MicroPython 文件系统中

```
from machine import Pin
import os

btn = Pin('PF11', mode = Pin.IN_PULLUP)

if 0 == btn():
    print('skip main.py')
else:
    if 'main.py' in os.listdir():
        import main
    else:
        print('no main.py in filesystem')
```

在 Thonny 中编写 main.py 文件作为验证执行过程的应用程序，在无限循环中闪烁小灯，将之保存到 MicroPython 的文件系统中，见代码 17-9。

代码 17-9 保存 main.py 到 MicroPython 的文件系统中

```
from machine import Pin
import time

led0 = Pin('PA1', mode = Pin.OUT_PUSHPULL, value = 1)
while True:
    time.sleep_ms(200)
    led0(1 - led0())
```

重新编译 MicroPython，下载可执行文件到开发板。再在 Thonny 中编写 boot.py 和 main.py 文件并存入 SD 卡文件系统中。如果之前 SD 卡中的 main.py 已经是无限循环，那么此时不得不把 SD 卡从开发板上拆下来，用读卡器专门改写里面的源文件。如果之前的 main.py 被执行完毕后还能返回到 REPL，则可以直接用 Thonny 将新文件保存到新的 MicroPython 文件系统中。

直接复位板子，程序跳过 main.py 进入 REPL，Thonny 可以连接 MicroPython 开发板，也可以在调试模式下运行 main.py 文件，可观察到小灯闪烁。将拨码开关由 0 拨至 1，再按下复位按键重启微控制器芯片，芯片启动后小灯闪烁，说明可以进入 main.py 文件中执行程序，但此时 Thonny 已经连不上开发板上的 MicroPython 了。实验成功。

实际开发时，可在调试阶段时钟将拨码开关设置为 0，以确保每次通过复位按键启动 MicroPython 都能进入 REPL。当程序调试完毕达到预期设计时，再将拨码开关切换至 1，让微控制器上电后进入调试好的 main.py 中运行。

17.5 本章小结

本章引入了一个方便用户使用 MicroPython 的集成开发环境、一个优秀的开源软件——Thonny。Thonny 本身是一个轻量级的 Python 开发环境，同时也支持包括串口在内的多种方式同 MicroPython 连接，作为 MicroPython 的可视化开发环境。作为本书分析对象的 MicroPython v1.16 不能直接对接新版的 Thonny v3.3.13，但作者通过阅读 Thonny 的源码，了解到只要在 MicroPython 的源码中更改一些类模块的名字便可适配 Thonny。并且通过配置 Thonny 的选项，关闭与 RTC 相关的不必要的功能，进一步消除了 Thonny 连接当前 MicroPython 开发板的警告信息。

使用 Thonny 调试 MicroPython 有两种方法：在 Thonny 的 Shell 窗口逐行输入 Python 脚本运行，或在 Thonny 的代码编辑区中编写好 Python 文件一次性执行。Thonny 还能将编辑好的 Python 文件保存到 MicroPython 开发板上的文件系统中，实现下载代码的功能。

为了解决 MicroPython 直接运行到文件系统中 main.py 的无限循环导致 Thonny 无法再通过 REPL 与之连接的问题，作者设计了使用 bootloader 启动 MicroPython 的过程，在 boot.py 中选择启动模式，在启动模式按键的控制下，可选跳过 main.py 直接进入 REPL，确保 MicroPython 能够同 Thonny 相连进行调试。在调试完成之后，将最终的 main.py 下载到 MicroPython 的文件系统中，切换启动模式，可以让 MicroPython 在启动后进入 main.py，在 main.py 的无限循环中执行应用程序的任务。

附录 A

图 索 引

后　记

本书记录了我从早期开始探究 MicroPython 内核的一些方法和心得，受限于本人的学术水平和时间精力，其中描述的部分推理过程并没有像学术著作那样环环相扣、严丝合缝，但至少顺着软件工程师的思维，从一开始浅显的表象入手，顺藤摸瓜追溯其中的关联关系，从用户接口逐渐追溯到底层实现，借鉴和模仿已有的成功案例，进行归纳总结，然后在一个新的平台上进行尝试，并逐渐加入自己的一点因地制宜的奇思妙想。虽然撰写本书的这些内容，原本是用来作为一系列关于 MicroPython 的开发指南，但我更想记录的，是曾经从无到有、由表及里的思维过程，从阅读代码，经过理解和猜想，逐步尝试实现期望功能并验证的过程和方法。不时回顾这段探索的过程，可以让我保持继续钻研的信心，相信只要遵循合适的方法，总有机会能看清貌似复杂的问题，从一团乱码（乱麻）找到解题的线索。也期望能够给同行的开发者一点慰藉——总是可以找到理解问题和解决问题的思路。在本书中记录的心得和方法，偶尔存在一些不够严谨之处，也希望读者能够包涵。

归纳总结和探索创新是相辅相成的，在撰写本书的过程中，我学习和探索 MicroPython 内核的历程仍未停止。在最终完稿时，再看 MicroPython 的官网，MicroPython 的版本又经过多次更新，已经到了 v1.19.1。在更新的版本中，除了添加了更多芯片平台的支持之外，也针对低配置和低性能处理器平台进行了一系列优化，这反映出 MicroPython 更加贴近微控制器的发展方向。同时，随着 MicroPython 开发者社区的不断壮大，参与 MicroPython 内核开发的开发者不断增多，也进一步完善了 MicroPython 的开发规范，例如，在新版本中已经明确要求对硬件外设驱动模块使用各自专用的宏开关进行选配以便于裁剪内核。随着内核的更新，代码会逐渐变得复杂，但也会更加规范，并引入一些新的特性等等，总体来说，仍是向着方便用户和开发者的方向发展。而我自己，也在尝试在一个新的微控制器去移植最新版的 MicroPython 内核，去体验这些新的功能。

在使用本书的早期内容向开发者们介绍 MicroPython 时，我也收到了一些实用和有趣的建议。为了方便展开 MicroPython 开发课程，来自高校的资深教师和一线的培训工程师都曾提出需求，希望在微控制器内部或者片外 Flash 存储器装载文件系统，而不是现在使用的 SD 卡，因为在几十人的大课堂上，SD 卡这个关键零件实在太容易丢失或者损坏了。我在早期倾向使用 SD 卡的原因，在于一旦调试程序失败，很容易通过 SD 卡读卡器查看和复原挂载其中的文件系统。当然，在积累了不少的调试经验之后，我也开始考虑进行进一步解锁 MicroPython 的 VFS 的功能，将基于 Flash 存储器的 LittleFS 文件系统用起来。本书的另一位作者，清华大学自动化系的卓晴老师，也时时刻刻念念不忘想解锁 MicroPython 中动态加载库的功能，或者寄希望于以后能在更强算力和更大存储空间的处理器平台上，更多地利用丰富多彩的 Python 语言生态开发 MicroPython 内核，而不仅仅在略显单调的 C 环境下追溯隐藏在内核中的蛛丝马迹。诚然，不断改善 MicroPython 开发方式，使其更容易地扩展生态，也是继续探究 MicroPython 的一个非常有意义的前进方向。诸如此类，随着更多的人接触和认识 MicroPython 内核开发，各种想法像雨后春笋般接踵而来，大家能够对 MicroPython 有更多的期望。

受限于篇幅，本书仅收录了最基本但最重要的开发工作。我希望能够抛砖引玉，帮助一些仍在 MicroPython 内核中徘徊的同仁尽快度过这个阶段，让更多的人了解和熟悉开发 MicroPython 内核的方法，在更多的微控制器平台上移植 MicroPython，从而可以让更多的人继续探索 MicroPython 更有趣的一些用法，催生出更多有价值的设计。更多基于 MicroPython 的作品和软件，将会扩大 MicroPython 开发者的圈子，进而促进 MicroPython 生态的发展。若是能以我微末的力量，对 MicroPython 开发者社区和生态发展做出些许贡献，那对我而言，应当是一件值得自豪的事情。

苏 勇

2023 年 3 月，上海